JN223605

和合の郷

祖母・傾山系　土呂久の環境史

川原一之

世織書房

祖母・傾山系土呂久 関係地図

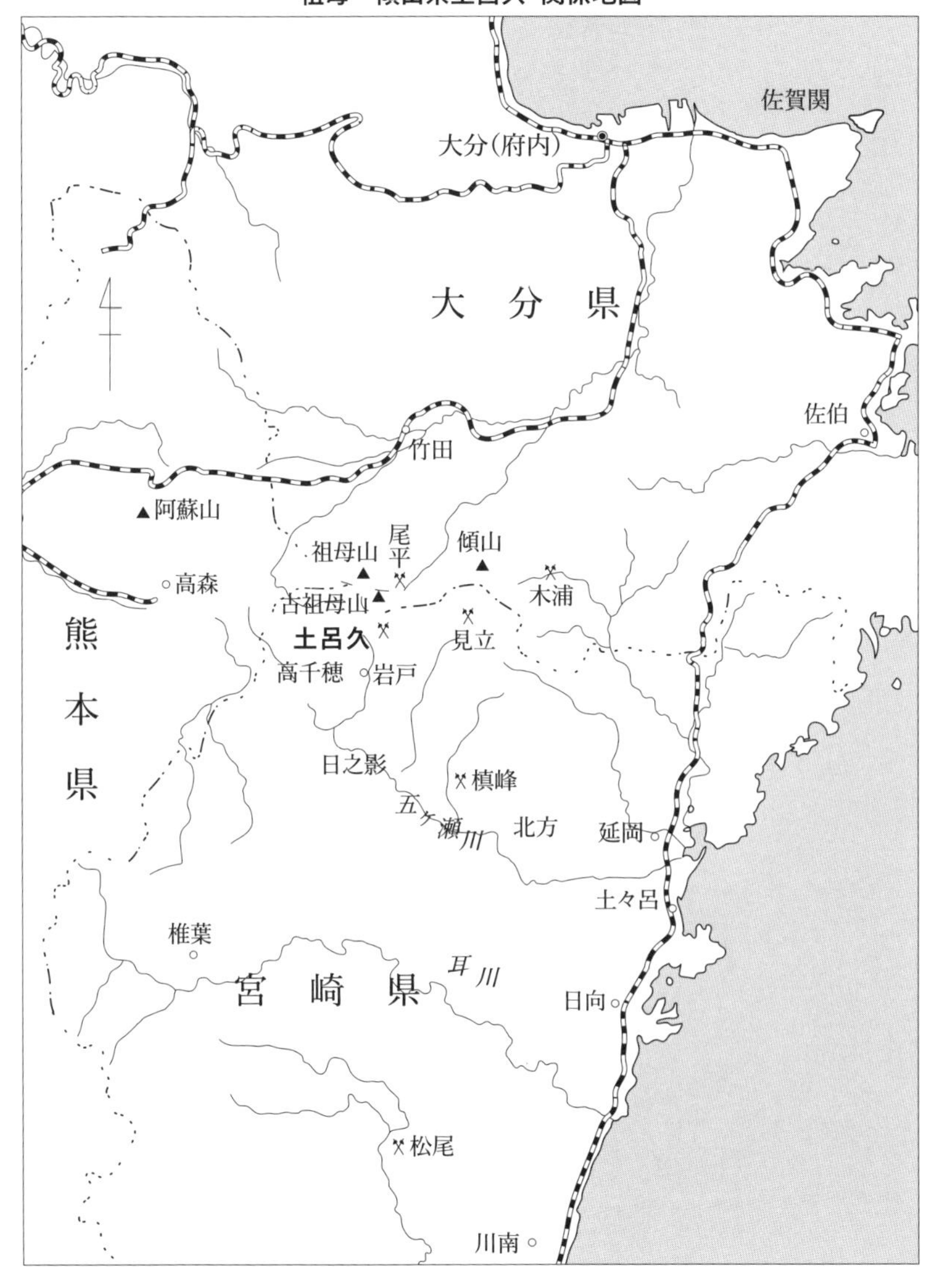

和合の郷

祖母・傾山系土呂久の環境史

はじめに

宮崎県高千穂町の土呂久（とろく）は、宮崎県と大分県境にそびえる祖母・傾（かたむき）山系の谷間に奥深く分け入った集落です。現在、日本の山間地では農業離れ、少子高齢化が進んで、多くの集落の存続が危ぶまれています。土呂久も廃屋が目立ち、年寄り1人もしくは2人世帯が増えて、3世代家族は数えるほどしか残っていません。限界集落になった土呂久ですが、１９６０年代初頭まで鉱山が操業して社宅が立ち並んでいました。その鉱山が猛毒の亜ヒ酸を製造したことにより、土呂久の環境が汚染され、農林畜産物だけでなく人の健康が侵されて、73年に環境庁（現・環境省）から公害地域に指定された稀有な歴史をもつ集落です。

現在の土呂久の世帯数は明治初期とほぼ同じなのに、人口は明治初期の3分の1に減少し、若者が多かった興隆期から年配者ばかりの衰退期へ凋落しました。わずか１６０年の間に、山間地農業が成り立たなくなり、若者たちの都市流出が進んだのです。

本書は、存続が危ぶまれる山間の集落の一つ土呂久の生誕から衰退にいたるまでの詳細な自然と人間の関係史、すなわち環境史です。小さな集落であっても、歴史的資料を丹念に掘りだして、根気強く聞き取りをおこなえば、闇の底から人の心に響く記録が浮きあがってくるものです。「記録が大がかりになれば世界の記録になる」（武田泰淳『司馬遷―史記の世界』）という壮大な仮説を実証したくて、本書の執筆をつづけました。

私が初めて土呂久を訪ねたのは1971年11月、朝日新聞宮崎支局（現・宮崎総局）に赴任して3年目の駆けだし記者のときでした。地元の岩戸小学校教師が調査・発表した公害の取材にでかけたのですが、健康被害よりも強く印象に残ったのが「煙害によって『和合会』が『けんか会』になった」という村社会のできごとでした。農林畜産物被害に苦しんだ裕福な農家が鉱山操業に反対するのに対し、鉱山で働いて賃金を得ていた貧しい農家は鉱山の擁護に回り、村の内部で矛盾と対立が生じたというのです。

和合会は、明治中期に貨幣経済が山村に浸透したころ、富裕な農家が資金をだしあって金銭に困った農家に低利で貸しだす金融機関として創設されました。江戸時代までの農山村には、山林を共有し、用水を共同で管理し、農繁期に労働力を融通しあうといった村落共同体のシステムがありました。このシステムは資本主義によって解体されていくのですが、土呂久では金融機関だった和合会を自治組織に発展させて、宗教は浄土真宗に統一し、共有財産（共有金・共有林）をもち、共同購入・共同販売を進め、60年代半ばまで共同体の維持につとめました。亜ヒ酸煙害を起こした鉱山に操業中止を要求して闘ったのも和合会でした。

土呂久には「公害の村」という〈暗〉の側面だけでなく「和合の郷」という〈明〉の側面もありました。本書で試みたのは、「公害の村」とは異なる「和合の郷」の視点で土呂久の歴史を読み替えることでした。

私が新聞記者として働いたのは6年4か月の短い期間だったのですが、その間、もっとも仰天したのが72年1月17日の朝日新聞夕刊（西部本社版）1面に「集落ぐるみ鉱毒病」の見出しの記事が掲載されたことでした。すでに宮崎版では土呂久公害のことは報道していたのに、宮崎支局には何の連絡もなく、イタイイタイ病や水俣病に四日市ぜんそくを加えたような公害病が山奥に埋もれているという記事が、東京本社から出稿されたのです。この衆目を集めた記事がきっかけになって、福岡や東京から新聞・テレビ・雑誌の記者が押しかけて報道合戦が始まり、公害否定に動いていた行政の方向を修正させて、翌年土呂久は、環境庁から公害地域に指定されました。

1社が大々的に報道し、それを追いかける多数のメディア、世論が動き、政治・行政の方向を転換させる。その渦中に投げこまれた私は、初めてマスメディアによるキャンペーンのすさまじさを体験し、当時の新聞がもっていたパワーに目を見張ったのですが、あの発端の記事の過大な表現には違和感が残りました。

その後、土呂久の亜ヒ酸鉱山周辺の牛の死亡を新聞が報じたのは１９２５年にさかのぼることがわかりました。宮崎県内の図書館に保存されている新聞を探せば、戦後の亜ヒ酸製造再開をめぐる動き、シイタケの無発芽や草木の枯死や牛の不妊といった被害の記事も見つかりました。小学校教師が調査・発表するよりずっと前から、土呂久の煙害報道はなされていたのです。土呂久に関する記事を丹念に見つけだし、注意深く亜ヒ酸公害の歴史と重ねていくと、「公害と報道」について考えさせられることがたくさんあります。多くの埋もれていた記事を発掘して紹介するのも、本書の目的の一つです。

１９７５年に福岡勤務を最後に新聞記者を辞め、記者振りだしの宮崎に戻った私は、土呂久の被害者支援と記録作業に取りかかりました。ヒ素に関する文献を集め、古文書を写真撮影し、ルーズリーフを持ち歩いて被害者の話や法廷での証言や支援者の討議をメモに取り、それらをファイルに綴じて残しました。公害体験者の録音テープ、亡くなった被害者の遺品、戦前の鉱山の写真などとともに、２０２３年現在、宮崎大学の土呂久歴史民俗資料室に陳列しています。本書は、その資料をふんだんに使って書きあげました。

　執筆にあたって心掛けたのは、誤った認識を正していくことでした。たとえば土呂久鉱山で亜ヒ酸製造が始まったのはいつだったのか。公害患者の認定にあたって絶対に必要な基礎データであるのに、長いこと明確でなく、81年に環境庁がまとめた『慢性砒素中毒症に関する会合検討結果報告書―別添資料―』には「亜ひ酸の製錬は明治の中期から大正9年迄、岩戸村住人竹内令胙（れいさく）によって行われ……」となっており、『宮崎県環境白書』も２０１９年版までは、亜ヒ酸製造が「明治時代中期（１８９４年頃）から昭和37年（１９６２年）まで断続的に行われました」と記載していました。私は、正確な亜ヒ酸鉱山開始の年月を明らかにするために、明治から昭和初期の『宮崎県統計書』、『福岡鉱務署管内鉱区一覧』、『本邦鉱業ノ趨勢』、『日本鉱業名鑑』などの記録と、録音テープに残されていた古老の記憶を照合して、亜ヒ酸鉱山開始時期が「１９２０年６月」だったことを確信しました。

　亜ヒ酸の製造が始まる前の土呂久はどんな集落だったのか。土呂久に鉱山が開かれたのはいつの時代だったのか。その鉱山で亜ヒ酸が製造されるようになった背景に何があったのか。狭い谷間の集落のただ中で猛毒亜ヒ酸の製造を始めたのはどんな人物だったのか。その後、鉱山周辺の環境汚染、農林畜産物被害、労働者や住民の健康被害、集落に生じた矛盾と対立、自治組織和合会による抗議、健康被害者救済の運動はどんなふうに展開したのか。こうした史実を裏付ける資料を探しながら思ったのは、私が今、正確に歴史を記しておかなければ、土呂久で起きたことは次の世代に伝わっていくことがないということでした。

１９７５年から15年間つづいた土呂久公害訴訟が最高裁で和解したあと、90年代半ばからアジアのヒ素汚染地で土呂久の経験を活かした国際協力が始まりました。土呂久では、壊された環境が復元して緑がよみがえり、春になると、元鉱夫が植樹した１００本を超えるサクラが鉱山跡地を美しく彩ります。そんな中で深刻な過疎化が集落を襲っています。２０１０年代半ばに宮崎県が土呂久を舞台にした環境教育を提唱してから、毎年、少子高齢化する集落にフィールドワークの大学生がやってくるようになりました。その大学生が住民と協働して、サクラの植樹地を「憩いの広場」にする活動が始まりました。これからどんな現代史が祖母・傾山系の小集落で繰り広げられるのか。私は期待をこめて、近年の土呂久で目にした光景も本書に描きこみました。

祖母・傾山系の一集落・土呂久に関して集積した事実をもとに、その生誕から衰退にいたる環境史を記して後世に伝えたいという思いの詰まった本書は、土呂久歴史民俗資料室のエッセンス、土呂久の歴史の集大成です。

和合の郷

もくじ

第5章

軍需産業の傘下に

永久史料に綴じてあった獣医師の煙害調査書／解剖書の結論は連続する有害物の中毒／村長の記憶を裏付ける日州新聞記事／異変をルポした獣医師は風流好んだ自由人／土呂久産の亜ヒ酸を輸出した神戸の貿易商／大正後期の西臼杵郡内に7か所の亜ヒ酸鉱山／亜ヒ酸煙害の爆心地で暮らした人びと／金が仇の人生を送った亜ヒ焼き労働者／亜ヒ酸生産量日本一は足尾銅山製錬所／亜ヒ焼きの煙から逃げて国東の漁港へ／悲願背負って死につぶれた一家／鉱山解散後の歩みは異なってもヒ素の烙印は共通

椀がけでスズを探した元パイロット／軍用機のメッキに使うスズの鉱山へ変貌／日本鉱業傘下の松尾、佐賀関、笹ケ谷で亜ヒ酸製造／亜ヒ酸を原料にした2種類の毒ガス／土呂久産亜ヒ酸の大久野島へのルート／亜ヒ酸を運搬した船乗りにボーエン病多発／「農の実務にある者として不審あり」と文部大臣に御伺／直接内務省に亜ヒ酸精製絶対反対を陳情／被害が特に激しかった豆類とシイタケ／谷を登った墓所場に死んだ牛馬を埋葬／鉱毒の入った水田の稲の生育障害／軍需産業に挑んだ和合会史上最強のチーム／亜ヒ酸製造認めた代わりに渡された煙害料／中島商事が描くスズの採掘、選鉱、精錬の青写真／延岡・土々呂港に最新技術のスズ精錬所／東岸寺選鉱場の周辺は深刻な環境汚染／豊富な水が土呂久鉱山のいのち取りに／電化機械化した近代的鉱山を象徴した空中索道／磁力選鉱を〝試し〟た反射炉による煙害／反射炉煙害から避難した一家の苦

び立つ軌跡／知事あっせんのあと住民は積極的に、認定患者は増加／土呂久公害には公健法の給付金の財源なし／裁判に負ければ財産失うという反対を押し切って提訴／環境保健部長室で亜ヒ焼きを再現／補償金受けて哀しや命の代価／全身の多彩な症状を証明した医師たち／非特異的症状を総合判断してヒ素中毒を判定／土呂久公害を象徴した「樋の口」の解体、主戦場は東京に／松尾訴訟の原告は全面勝訴後、会社と協定締結／住友鉱と円満解決をかかげた自主交渉の会結成／土呂久訴訟の原告勝訴に人権尊重の時代を知る／住友鉱社長にぶつけた患者を看取った家族の苦悩／立ち現れた見えざる敵の強大な姿／一審で受け取った金額を返還せよという控訴審判決／56日間の住友鉱前座り込みを支えた考える会／禁句だった「和解」が飛び交った湯布院会議／裁判での請求と公健法の給付を両立させた二陣判決／原告・被告の納得する和解案を示した最高裁調査官／自主交渉の会と即決和解後、土呂久から足をぬいた住友鉱／知事あっせんで請求権を放棄した公害患者の悲鳴／住友鉱との和解後、訴訟組と非訴訟組がエールを交換／公健法の財源確保の努力を怠った東京の官僚／過去の被害は一括慰謝料、現在と将来の被害は年金的補償がベスト／都市の支援者が土呂久と結びついた固有の理由／世界に類を見ない慢性ヒ素中毒の健診データ

第8章 国際協力

アジア各地からヒ素汚染情報届く／土呂久の経験をアジアのヒ素対策に生かすＮＧＯ／自主検診と行政健診の垣根を取り払う／バングラデシュのシャムタ村

第9章　環境学習

第1章 自然と人間の関係史

進み始めた環境教育推進事業

宮崎県高千穂町岩戸の土呂久地区に多発していた慢性ヒ素中毒症が、環境庁（現・環境省）によって「第4の公害病」に指定されたのは1973年2月のことでした。「第4」というのは、すでにイタイイタイ病、水俣病、大気汚染による呼吸器疾病の3種が公害病に指定されていたからです。この3種の公害について全国の小・中学生は学校で習いますが、土呂久と島根県津和野町笹ケ谷地区で発生した慢性ヒ素中毒症については、その機会がありません。同じように国が指定しているのに、右記三つの公害病と慢性ヒ素中毒症の間には大きな差がありました。

公害指定から40年以上たった2016年8月、宮崎県環境森林部環境管理課は土呂久公害を風化させないために県内の児童・生徒が学ぶ機会をつくろうと考えて、宮崎市に本部を置く「アジア砒素ネットワーク（AAN）」に土呂久を教材とする環境教育のあり方の検討を依頼しました。AANは土呂久公害患者を支援した団体を中心に結成した非政府組織（NGO）で、ヒ素汚染に関する豊富な知見と経験をもっています。

AANは、土呂久の住民4人と土呂久外の有識者4人に環境教育の報告書を検討する委員になってもらい、現地見学と検討会をおこないました。古祖母山にいだかれた自然豊かな集落を散策して、路傍の神仏に伝統の祈りを感じ、鉱山跡地で公害の悲惨に思いをはせ、畜産で集落の活性化をはかる農家に勇気づけられる。土呂久が教えるのは、ヒ素公害の歴史だけではありません。公害以前に「和合」をかかげて山の自然と共生した集落の暮らし、公害以後に襲われた過疎の試練。それらを総合的に学べる土地が土呂久でした。

環境教育の検討報告書は、「土呂久には文化、歴史、自然、特徴的な地質があって、公害が起こり、そこから立ち直っていくという教育のストーリーがある」として、「環境教育の適地」と結論づけました。

その報告を受けた環境管理課は2017年度から「土呂久公害の教訓を次世代に引き継ぐための環境教育推進事業」を開始、環境教育の教材になるDVD『公害に学ぶ 土呂久―未来へ語り継ぐために』を制作して宮崎県内の小・中学校に配りました。こうして土呂久を教材にした学習が始まりました。DVDを使うところを参観したいと思っていると、宮崎県立五ヶ瀬中等教育学校でDVDを使った授業をすることがわかりました。同校は、山に囲まれた五ヶ瀬町で中高一貫教育をおこなうユニークな県立学校。宮崎県内で唯一、土呂久で環境学習をおこなってきた実績があります。

同校が隣町の土呂久で総合的学習の時間を使って現地研修を開始したのは02年11月でした。09年には5年生(高校2年)の濱本志穂さんが制作した教材『土呂久』を使って、修学旅行で訪れた東京の開成高校生47人に授業をおこないました。国際人材育成を目的にするスーパー・グローバル・ハイスクールに選ばれたときは、14年に生徒6人、翌年は生徒2人と引率教師がバングラデシュを訪ねて、AANのヒ素汚染対策プロジェクトを見学。生徒の提案で「命の水募金」を集めて、乾季でも地下水を汲みあげることのできる改良井戸を1基寄付し、安全な水対策に協力しました。土呂久に学んだパイオニアです。

私は２０１８年11月、２年生（中学2年）の社会科の授業を見せてもらいました。ＤＶＤ『土呂久』を視聴した生徒たちの感想文に、次のような疑問が書いてありました。

「公害を起こさないようにできなかったのか」

「公害が知られるまで長い時間がかかったのはなぜか」

「原状回復までの道のりを知りたい」

「公害による被害と鉱山操業による利益とどっちが大きかったか」

こうした問題意識をもって、生徒たちは翌日、土呂久を訪れました。佐藤マリ子さんが演ずる、２人の女性患者の友情と闘いを描いた紙芝居「十連寺柿」（本書５４０ページ参照）を鑑賞し、夫の慎市さんに鉱山跡地を案内してもらって、それぞれの疑問の答えを探しました。身近なところで起きた公害を通して、自然環境と人の健康を守ることの大事さを学習したのです。

一般の小・中・高校が児童・生徒を土呂久に連れていくのはかなり困難ですが、21年度に高千穂町立上野（かみの）中学校の3年生14人が現地学習を実施し、卒業したあとに在校生とともに土呂久鉱山跡地でサクラを植樹したこともあります。

環境管理課は17年度から環境教育プログラムの一つとして、大学生を現地に招いて「土呂久を学ぶためのフィールドワーク」をおこなってきました。23年度までに宮崎大学、熊本大学、佐賀大学、宮崎国際大学、南九州大学、宮崎公立大学の学生たちが現地で学んだことで、その研修コースも定まってきました。

公害を引き起こした鉱山操業が終わってから60年以上たち、緑のよみがえった土呂久の谷に、生徒が、教師が、一般の人が足を運んで、環境について深く学ぶ時期に入りました。土呂久に付き添って半世紀、私の経験を軸に、正確な資料に基づいて「和合の郷」の環境史をわかりやすく語ってみます。土呂久の魅力発見の旅の始まりです。

土呂久山荘で紙芝居を見る五ヶ瀬中等教育学校の生徒たち（2017年11月）

公民館に「和合一致」をかかげる

高千穂町岩戸にある天岩戸神社から北へ5キロ、川沿いの細い道を車で10分ほど登ると、土呂久に着きます。ところが、この道はカーナビにはでてきません。初めて車で訪れた人が、カーナビに従って土呂久に向かい、林道を大回りさせられて通常より30分以上かかってしまうことがしばしばありました。そこで環境管理課は２０１８年3月、通常のコースで行けるように、道を間違いやすい3か所に道しるべの案内板をつけました。

天岩戸神社横の県道を北へ４００メートル進むと、

道が左右に分かれています。ここに最初の「土呂久」と書いた案内板があります。指示に従って左の道に入り、２００メートル行くと、右手に橋が見えます。ここに2か所目の案内板。橋を渡って、落立神社を通り過ぎ、立宿の集落に入ると、右下に橋がかかっています。ここに３か所目の案内板があります。橋へは向かわず、土呂久川の流れる音を右下に聞きながら、人家の途絶えた道を登っていって、左手に見えてくる民家が土呂久の入口。このあたりを畑中組と呼びます。

立宿で案内板に従わず、右下の橋を渡って集落をぬけてくねくねした道を登っていくと、民家が見えてきます。ここが南組です。畑中組と南組は土呂久川をはさんで向かいあった小集落。それぞれ北へ道を進むと、土呂久橋で合流します。川を右に見ながら、さらに６００メートル登ると、左手に白い倉庫だけ残した家の跡があります。ここから上手を惣見組と呼びます。畑中、南、惣見の三つの組からなっているのが土呂久地区です。

白い倉庫の対岸には、１９６２年まで鉱石を掘りだしていた大切坑があり、閉山後も大量の坑内水が流れだしています。緑につつまれた現在の風景からは想像できないのですが、土呂久鉱山はこのあたりで亜ヒ酸という猛毒物を生産しました。惣見組と畑中組・南組の接点、人びとが暮らす集落のど真ん中に鉱山があったのです。

過疎と少子高齢化が進み、１９７１年当時は55世帯２６９人が住んでいたのに、２０２３年2月には33世帯63人に減少し、このままでは集落が成り立たなくなる。そんな不安をいだく住民の寄り合い場が土呂久公民館です。襖の上の壁を見ると、納税完納の表彰状などと並んで飾

岩戸から土呂久への道程
（朝日新聞連載「和合の郷」第2話より）

られた額入りの写真。よほど重要な人物にちがいありません。約50年前に、長老の佐藤竹松さんからこんな話を聞いたことがあります。

「明治23（1890）年当時、高利貸がはびこっていたので、金に困っている人を助けるため、金の融通できる人が和合会に金を預けておいて、借りたい人に貸し付けるようにした。和合会の創立者は佐藤善縁（ぜんえん）という坊さんだった。土呂久を統一するには金融機関をつくらねばと考えたようだ」

写真は、約130年前の土呂久に「和合会」という金融機関を創設した佐藤善縁さんだったのです。仏教には「一味和合」の教えがあります。いろんな川の水が流れてきても、海に入れば一つの味になるという意味です。公民館の右手舞台の中央に額に入った「和合一致」の書が飾ってあり、舞台上手の角に和合会の議事録や関連資料を並べた展示ケースが置いてあります。仲よく助けあいながら、一つにまとまって発展しよう。土呂久は、祖母・傾山系の奥まった谷間で「和合」を理念としてかかげてきた「和合の郷」でした。

明治中期に創設された〝村の銀行〟

2006年にノーベル平和賞を受けたバングラデシュのムハマド・ユヌス博士は、貧しい農村の女性が手工業や家畜飼育や店を営むために必要なお金を貸す「グラミン・バンク」の創始者です。ベンガル語の「グラミン・バンク」を日本語にすると「村の銀行」。佐藤善縁さんが1890年に土呂久に創設した和合会も、まさに「村の銀行」でした。

和合会は、総会のたびに書記が議事録を残し、木の箱に入れて自宅に保存しました。今は土呂久公民館の展示ケースに並んでいる和綴じの文書の中に、表紙に「和合会盟約条例」と書いたものが混じっています。

開いてみると、最初のページに「本村大字岩戸土呂久門において創立する和合会盟約条例を認定す　明治二十三年九月十三日　西臼杵郡岩戸村長　土持信敞」とあって、岩戸村長の公印が押してあります。村長が集落につくられた会を認定したのはなぜ、と素朴な疑問がうまれてきます。ページをめくって読んでいくと、第2条に「本会盟約公衆の財産は、一般盟約公衆へ融通し、互に公正の利をはかるものとする」、第7条に「本会公衆に限り、税金その他生死等急迫の際は、抵当無しで貸与する」、第13条に「本会公衆に限り、みだりに抵当品を他村に書込むことを禁ず」とあります。(＊)

1890年当時、貨幣経済が山村に浸透して、お金に困った人が田畑を担保に入れて高利貸などから借金し、返済できずに、土地が都市の手に移るといったことが起きていました。土呂久の土地がよそ者の手に渡らないように、裕福な家が金をだしあって基金をつくり、お金を必要とする家に低利で貸して、共同の力で土呂久の和を守ろうとしたことがわかります。和合会は、土呂久の財布を一つにする「村の銀行」でした。だから、村長の認定を必要としたのでしょう。

こんな銀行を考えた佐藤善縁さんは、どんな人だったのでしょうか。

江戸から明治に移るころ、善縁さんは土呂久惣見組の「長石」(＊＊)という屋号の家に生まれました。14歳で岩戸の浄土真宗泉福寺の伴僧になり、京都で修行したあと滋賀県の彦根に行きます。「長石」には、手に数珠をもち、僧衣をまとった善縁さんをガラス板に感光させた写真が残っていました。写真を入れた木箱には、彦根の写真館の名前が印字されていました。善縁さんは、和合会のヒントになる金融互助の組織を修行先で見聞したのでしょう。

ユヌス博士の「村の銀行」は、都市の大銀行が目もくれなかった農村の貧しい女性に少額の融資をし、起業を助けて村を活性化しました。善縁さんは、都市の大銀行が助けようとしなかった貧しい農民に低利でお金を貸して、村の土地がよそ者の手に渡るのを防ぎました。時代が違い、国が違っても、助け合いの精神をもって貧しい農民を援助した点では共通しています。

ノーベル賞を受けたことで、ユヌス博士の志は国際的に高く評価されました。一方、祖母・傾山系の谷間の公民館にかかげられた写真、舞台に飾られた「和合一致」の書、展示ケースに収められた和合会議事録が、善縁さんの志を次の世代へ語りかけています。「和合の精神を忘れるな」と。

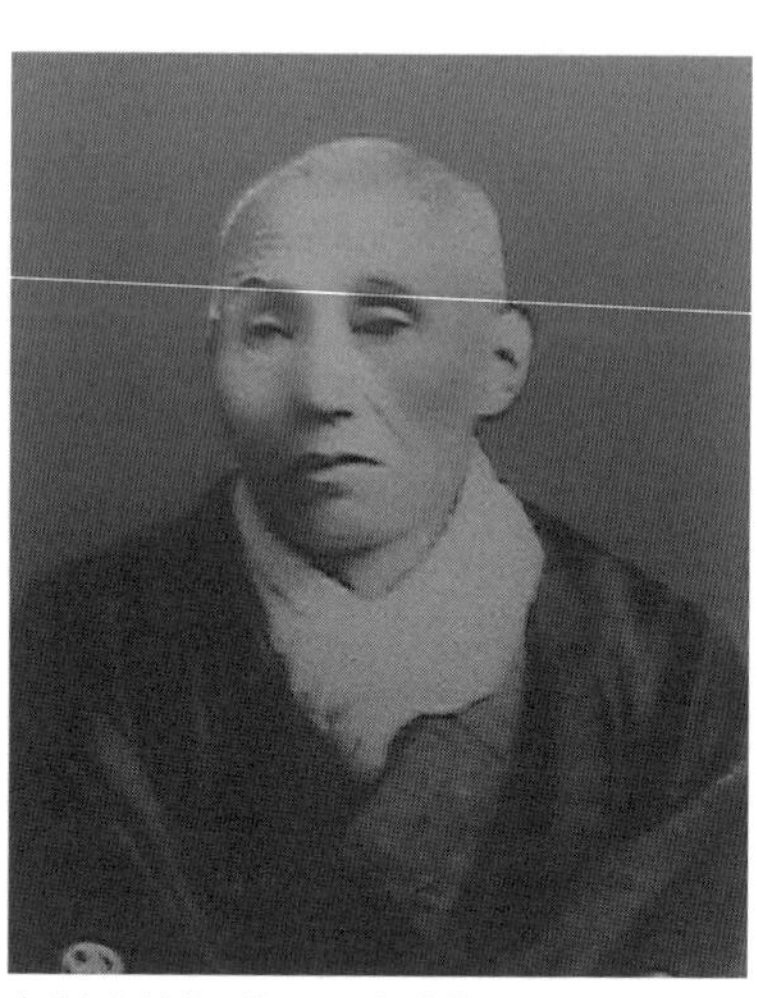
土呂久公民館に飾られた佐藤善縁さんの写真

＊和合会議事録の旧字体とカタカナで書かれた原文は新字体とひらがなに直しました。今後でてくる古文書や明治～戦前の文書も同様にします。また、漢数字は算用数字にしてあります。
＊＊土呂久には佐藤姓が多いため、お互いを呼ぶときは姓の代わりに屋号を使っていました。本書では屋号を「」で囲んで表します。

金融機関を脱皮して自治組織へ

和合会議事録が、土呂久の外の人の目に触れたのは1971年11月のことでした。そのとき議事録を保管していたのは、土呂久公民館の書記をしていた佐藤菊男さん。埋もれていたヒ素公害の調査をしていた岩戸小学校の齋藤正健先生が「煙害問題を話しあったことが議事録に記録されている」と聞いて、菊男さんを訪ねてきました。木の箱から取りだされた議事録をめくっていく齋藤先生の目に、「亜ヒ酸煙害事項の件」という文字が飛びこんできました。こうして、和合会議事録は過去の公害を裏付ける重要資料として社会的に注目されることになったのです。

そもそも金融機関として出発した和合会が、どうして鉱山に抗議したり、村役場に陳情したりするようになったのでしょうか。議事録を読んでみると、明治から大正に移る時期に組織の役割が変化していたことがわかりました。

1911年5月25日の議事に「和合規約両会合併の件」とあります。土呂久には和合会とは別に規約会という組織があり、この二つの会を合併することを決議したのです。規約会の正式名称は「外録（とろく）組合改良規約会」。どんな組織だったのか、規約の第2条にこう書いてあります。

「本会の目的は、品行端正を旨とし、改良的進歩のうえ、そうじて諸般の整理改革をはかるにあり」

正しいおこないを原則とし、改良・進歩につとめ、いろいろなことを整理し改革していくことが目的だというのです。このあとの条文を読むと、時間を厳守すること、納税期日を守ることなどをかかげて、履行しないときは過料を課し、違反者から取り立てたお金は、道路の補修などにあてると決めています。明治時代の末、近代化の波が山間の土呂久にまで押し寄せてきたとき、規約会は、土呂久の住民に古い生活態度を改めて、近代社会の規律を身につけることを勧めたのです。

この合併によって、和合会は金融機関を脱皮して、集落の重要事項の決定、執行、さらに司法権をもった自治組織に成長をとげました。大正時代に入ると、農産物の共同購入や共同販売を奨励し、集落の産業の育成にも関与します。

「農事小組合の発展を期する事、すなわち農事の改良、共同事業の実行等をなし、基本金の増殖をはかること」（大正3年11月25日）

「産物売買につき共同販売をなし、物品買入については共同購入を実施し、組合内に利殖をはかること」（大正7年3月6日）

明治以前の日本には、山林原野を共同で利用し、田植えや稲刈り、カヤ屋根のふき替えなどで互いに労力をだしあう村落共同体がありました。明治に入って貨幣経済が浸透すると、お金を払って労力を買ったり、家ごとに農機具を買ったりするようになり、共同体は崩れていきます。そんな時期に、和合会は近代化の流れを半ば受け入れ、半ば抵抗しながら、昔からの共同性を守る役割を担いました。

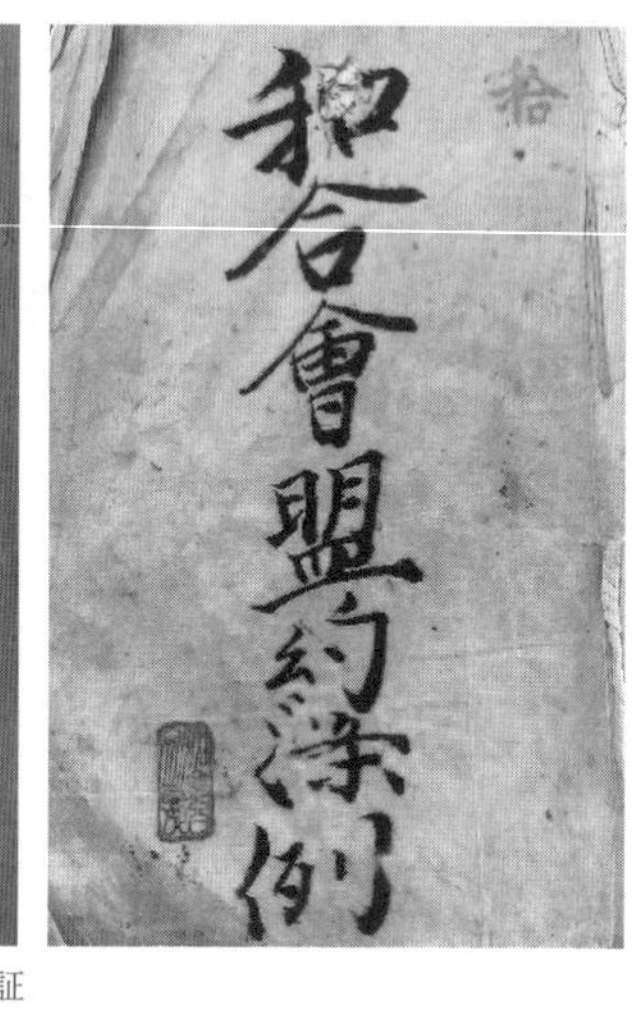

和合会盟約条例の表紙と村長の認定証

産業のことだけでなく、村会議員選挙や児童の教育に関することも、和合会で討議し、決めていたことが議事録からわかります。

「村会議員候補者2名なるも不幸にして1名のみ当選。協議の結果、次回は畑中組より選出することに満場一致決す。運動費用の半金は和合会より出費する」（大正14年5月25日）

「学芸会の会費は各戸10銭ずつとし、その準備は組の受け持ちとする。本年度の会場は惣見組に

決定す」（昭和6年3月12日）

さらに、大正中期に土呂久鉱山で亜ヒ酸製造が始まって昭和中期に閉山するまで、和合会は煙害に反対する住民の運動の柱になりました。

今もつづく親鸞への報恩の行事

土呂久の特徴の一つは、全戸が浄土真宗泉福寺の門徒になっている点です。

２０１９年1月のこと。アフリカの飲料水供給プロジェクトの日本研修を計画していたＪＩＣＡ（国際協力機構）の職員が、その事前調査として、土呂久畑中組の簡易水道の見学にやってきました。案内役になった私が、畑中川の脇から湧きだす水源へ引率する途中で、谷を下ってくる10数人のかたまりに出会いました。先頭を歩くのは泉福寺の住職、その横に講元の佐藤洋さん、うしろから畑中組の人たちがついてきます。その日は「お取越し」がおこなわれていたのです。

お取越しとは、浄土真宗の開祖親鸞の命日（旧暦11月28日、新暦1月16日）の前に、経を読んで念仏を唱えて感謝の気持ちを伝える行事のことです。泉福寺の住職は毎年、新暦の命日の前後に門徒のいる集落を訪れて、いっしょに家々を回り、仏壇の前で経を読みます。横に付き添う講元（「こぼんさん」とも言います）は、土呂久でお寺の代わりをつとめる人のことで、お坊さん不在のときは、読経して代役を果たします。
私はずいぶん前に、お取越しの一行に加わって惣見組を回ったことを思いだしました。泉福寺の住職のあとに、講元の洋さん、組の寺世話の佐藤金男さん、そのあとに組の人たちが布製の手提げ袋を持ってついて行きます。門徒の家に入って仏壇の前に坐り、住職が読む讃(さん)仏偈(ぶつげ)にみんなで声を合わせます。読経が終わると、「なもあみだんぶー、なもあみだんぶー、なもあみだんぶー、なー」と念仏を唱和しました。

住職の説教が終わると、家の人は「ありがとうございました」と挨拶し、女性たちがお茶出しを手伝って、「おまいもん」と呼ばれる米の菓子を配りました。住職が「欲得はなんもない。差しだされたものはありがたくいただきます。報恩感謝じゃ」と茶を飲み、同行した人たちが菓子を手提げ袋に収めると、次の家に向かいました。

夕方から雪になりました。橋のたもとの空き家の前で、住職は立ち止まると「南無阿弥陀仏」と手を合わせました。空き家には、土呂久に生まれ、土呂久と縁を結んで、土呂久の土に還っていった人が住んでいたのです。

3日間つづいたお取越しの最後の夜、土呂久じゅうの人が講元の家に集まってきます。そこには、自分の家の仏壇と別に「土呂久講中の仏壇」と呼ばれる金色の大きな仏壇が置いてありました。その前で、住職の読経に村人が声を合わせる光景を見ていると、土呂久には共に阿弥陀仏に帰依する一体感と安心感があることが伝わってきました。和合の郷の根っこにあるのは、この宗教的なつながりなのでしょう。

宮崎県環境管理課は、土呂久を次世代に引き継ぐ環境教育として、２０１７年から23年までに宮崎大学生、熊本大学生、佐賀大学生、宮崎国際大学生、南九州大学生、宮崎公立大学生のフィールドワークをおこないました。講元の家にあがった学生たちは、洋さんから土呂久の文化や民俗について話を聞き、集落の仏壇を目にして驚き、「いつからこんなに大きな仏壇があるのですか」と尋ねました。洋さんは「江戸時代に銀山が栄えたころ、坑内事故で死人がでると、土呂久で葬式をして供養していました。その当時、鉱山が仏壇を寄進したのだと思います」と答えました。

講元の佐藤洋さんと土呂久講中の仏壇（右）

洋さんの話は、学生たちの想像を遠い遠い昔の土呂久へ飛ばせます。

「江戸時代に栄えた銀山があったとは、ほんとうだろうか」

「この山中で鉱山が発見されたのは、いつのことだったのか」

「どうしてこの地から銀やヒ素が掘りだされたのか」

和合の郷での環境教育は、山の自然と共に生きてきた人びとの暮らし、文化、宗教、特徴的な地質、鉱山で発生した公害の歴史へと広がっていきます。

宮崎大学土呂久歴史民俗資料室のエッセンス

宮崎大学教育学部棟2階の教員研究室に「土呂久歴史民俗資料室」の看板がかかげられたのは2020年6月29日のことでした。東西の壁際の書棚にずらりと並んだ土呂久関連資料、南側に執筆用の机と椅子、中央に来訪者が資料を調査するテーブル。この資料室がオープンした日、次のように書いたチラシが配布されました。

「祖母・傾山系の谷間の集落・土呂久に関する総合的な資料を収集・保存・公開しています。土呂久の地質、自然、人びとの暮らし、山岳宗教、山間地農業の歴史、銀山時代の繁栄、亜ヒ焼きによる公害、健康被害と補償、環境破壊と復元、アジアで展開する国際協力、現在直面している過疎………。資料室を訪れる学生、研究者、一般の方が資料を手に取って、ここを学びの場としてくださることを願っています」

思い起こせば、この資料収集のきっかけは1976年10月から3年9か月間、私の文章に川原由紀子さんの版画を添えたガリ版刷りB5版6ページの冊子『土呂久つづき話 亜砒鉱山（あひやま）』を月2回発行し、土呂久で配布したことでした。「つづき話」は72話に及び、80年に『口伝 亜砒焼き谷』と改題されて岩波新書として発行されます。この作品を書く際、まず土呂久の人びとから聞き取った話をB5版のルーズリーフに走り書きし、帰宅後、それをB6版の横書きカードに清書して、カードをもとにストーリーを構成していきました。

カードには表題が付けてあり、それを「土呂久鉱山史」「鉱山労働・亜ヒ焼き」「環境破壊・鉱毒病」「反鉱毒の闘い」「土呂久の生活」「宗教・信仰」などに分類して、35冊の布製バインダーに綴じていきました。カードを使った整理法を教えてくれたのは梅棹忠夫著『知的生産の技術』(岩波書店、1969年)でした。

ルーズリーフにメモを取る習性ができると、土呂久訴訟の法廷で、被害者や支援者の集会で、行政や企業と闘う場でルーズリーフを開いて、いささかも歴史的瞬間を書きもらすまいと傾注するようになりました。このルーズリーフを紙製のB5ファイルに綴じていくと、70年代後半から90年代前半の詳細な土呂久年代記ができました。さらに土呂久関連の文献や被害者の手記や新聞記事のスクラップなども集めて、書棚に並べました。

私は2000年にJICAからバングラデシュ政府にヒ素汚染対策アドバイザーとして派遣されました。宮崎市内の借家を引き払ったとき、土呂久資料で埋まった書棚を預かってもらったのが高鍋町の野の花館でした。野の花館は、江戸末期に土呂久に建てられた家を解体し、トラックで120キロ運んで建て替えた古民家です。ふだんは子どもたちの遊び場、ハレの日は演劇、コンサート、イベントなどの会場に姿を変えます。この野の花館の楽屋の一角が、土呂久資料が並んだ書棚の仮住まいの場になりました。

野の花館のオーナーの則松節男さんと和恵さん夫妻が年をとり、館の維持管理が難しくなったころ、宮崎大学の「地域学入門」という授業で、私が案内役をつとめて土呂久実習がおこなわれました。ここから宮崎大学産学・地域連携センター(現在は研究・産学地域連携推進機構)とつながりができ、國武久登センター長（当時）の尽力によって、教育学部棟に土呂久歴史民俗資料室の部屋が確保されたのです。資料室の家具や事務用品を準備し、入口のドアの横に看板をかかげ、大学図書館に土呂久展示コーナーを設置してくれた職員は中川佳奈子さん。土呂久被害者の運動を法律面で応援した中川義朗元教授（行政法）の娘さんでした。

土呂久資料が野の花館に置いてあった08年から1年間、アジア砒素ネットワークのスタッフだった浅尾歩さんがマイクロソフト社から受けた助成金250万円で、6万点の資料をデジタル化しました。その作業を手伝ったのが、宮崎公立大学の学生だった佐藤瑞穂さん。土呂久の慎市さんとマリ子さんの長女です。土呂久が結んだ強くて濃い縁によって土呂久資料は保存されてきました。

宮崎大学土呂久歴史民俗資料室を利用する研究者（2023年3月）

資料室をぐるりと見回せば、江戸時代の銀山を調査した民俗学者の山口保明さんのノート、大正時代に始まる土呂久関連の新聞記事、亜ヒ酸の製造法や用途に関する文献、戦後の亜ヒ酸製造再開をめぐる資料、被害者から聴取した齋藤正健さんの録音テープ、被害者の家族が保管していた遺品、土呂久訴訟の調書や書面、アジアのヒ素汚染地でおこなった国際協力、近年進む環境教育と新土呂久研究……。これら豊富な資料を余すところなく活用して『和合の郷』は誕生しました。

第2章

栄枯盛衰の銀山

マグマが造形したエコパークの一角

宮崎市から高千穂町土呂久まで約150キロ、東九州自動車道と九州中央自動車道を使うと2時間半で着きます。私が初めて訪れた1971年は、延岡から高千穂へ五ヶ瀬川沿いの狭い国道を走ったので4時間半かかりました。当時の道は、しばしば落石で通行止めになりましたが、南北から迫ってくる渓谷美を楽しむことができました。山の上につくられた現在の道は、渓谷とは違う魅力をもっています。人類誕生よりはるか昔、活動的だった地球がつくりだした雄大なモニュメントを鑑賞できるのです。

東九州自動車道で延岡に入って三須トンネルをぬけると、田園の奥にどっしり座った行縢(むかばき)山の雄岳と雌岳の岩壁が目に飛びこんできます。九州中央自動車道を西に向かっていると、右手に、向かいあってそびえたつ険しい岩山を見ることができます。ロッククライミングやボルダリングで知られる比叡山と矢筈(やはず)岳です。

いつも車窓から眺める景観が世界的にも貴重なのだと知ったのは、2017年6月にユネスコが祖母・傾・大崩(おおくえ)山系を生物圏保存地域（エコパーク）に登録したときでした。急峻な山岳地形と渓谷美、多様な動植物の種の宝庫、山岳信仰や民俗芸能の継承などが評価されたのです。

そのころ、高校の元地学教師の白池図(はかる)さんと高千穂に行く機会がありました。大崩山系の成り立ちを聞かせてもらううちに、なにげなく目にしていた景色が、実は地球が長い時間をかけて彫った悠遠で壮大な造形美だとわかってきました。

何億年も前は海の底。海の堆積物が移動するプレートに押しあげられて陸地になり、プレートの活動の影響を受けて、祖母・傾・大崩地域で約１４００万年前に火山活動が活発化しました。まず祖母山と傾山が噴火して周辺にカルデラができ、そのあと大崩山の地下にマグマがたまって地上がふくれあがりました。盛りあがったところと平坦なところの境に割れ目ができ、そこから噴きだしたマグマが冷えて、楕円上に花崗岩の岩脈（リングダイク）を形成しました。いま目にする可愛岳、行縢山、比叡山、矢筈岳、丹助岳などの巨岩・奇岩は、千数百万年をかけた浸食によって残された岩脈の一部なのです。

国道２１８号が日之影町から高千穂町に入る手前で、天気のよい日は阿蘇山を遠望できます。阿蘇山は12万〜8万年前までに4度の大爆発をし、流れだした溶岩がこのあたりをおおい、雨や川に浸食されて、山水画のような高千穂特有の地形がうまれました。

県道7号で岩戸地区に入ると、北に祖母・傾の連山が屏風のようにそびえています。この連山も約１４００万年前の火山活動でつくられました。この連山に食いこんだ谷間は、その後の陥没、隆起、阿蘇火砕流による埋没、浸食によってつくられた地球の造形美なのです。

地上の雄大なモニュメントの創作者は、地下から噴きだしたマグマでした。鉱物を溶かした高温のマグマの熱水が、地表近くでゆっくり冷却すると、凝固する温度や比重の違いから特定の鉱石を濃集させた鉱床ができます。海で堆積した石灰岩などがマグマと接触したところでは、熱で変成した鉱床がうまれます。

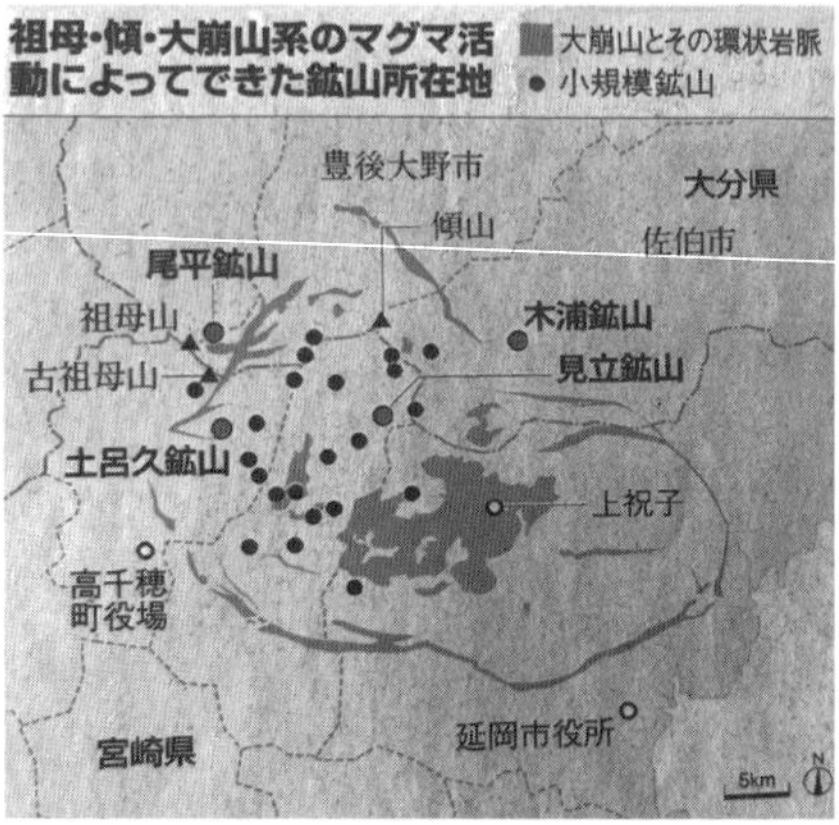

祖母・傾・大崩山系のマグマの活動によってできた鉱山
（朝日新聞連載「和合の郷」第6話より）

ユネスコエコパークに登録された地域には、こうした鉱床が豊富に存在し、有用な鉱石を掘りだす数か所の大規模鉱山と数多くの小規模鉱山が操業しました。土呂久は、この日本有数の鉱山地帯の一角に位置します。

鉱物愛好家にとってズリ山は宝の山

初めて高千穂町土呂久を訪れた１９７１年11月、集落の真ん中にあった鉱山跡で、草木の育たない円錐形の小山が並んでいるのを目にしました。地下から鉱石を掘りだしたあと、価値あるものだけ選んで、残った不要な石を捨ててできた人工の山です。炭鉱の「ボタ山」に似たその山を地元の人は「ズリ山」と呼んでいました。

防壁がないので、川のそばに放置されたズリ山は、大雨が降れば土呂久川に崩れ落ちそうでした。環境汚染の源だったズリ山は、鉱物愛好家の目には貴重な「鉱物博物館」と映っていました。土呂久公害が社会問題化する前年の70年、高校の理科の教師だった足立富男さんは、夜中の10時すぎに土呂久を訪れて、ズリ山を紫外線ランプで照らしてみました。あちこちから返ってくる美しい黄緑色の光。「マラヤ石だ!」と興奮しました。スズを含んだ価値ある鉱石なのに、鉱山関係者はそのことを知らずに、不要な石として捨てていたのです。

79年に宮崎県内の高校の地学の先生たちが『宮崎県 地学のガイド』(コロナ社)という本をまとめました。足立さんは、その本に土呂久周辺の地質について執筆しました。

「約80種の鉱物が採集できました。その中には、世界で3か所しかでていないレグランド石、紫外線を当てると黄緑色の蛍光を放つマラヤ石(スズを含む鉱物、その大きさは世界一)など珍しいものが多くでました」と、土呂久のズリ山の体験を書いています。

２０１９年2月、私は当時95歳の足立さんを門川町の自宅に訪ねました。「土呂久はダンブリ石(ダンビュライト)や斧石や珍しい鉱物の多いところ。何十回行ったかわからん」と、土呂久に魅了されていた40代半ばから60代までを振り返ってくれました。全国の鉱山を回って、集めた標本は約5千点。指導を受けた愛媛大学の研究室に寄贈したので、手元には残っていません。残念なことに、土呂久産の鉱物標本は県外にでてしまいました。

宮崎県が１９６３年に刊行した『宮崎県の地質と地下資源』も、土呂久鉱山は「極めて多種の鉱物を産する」と書いて、産出した鉱石の名前を列記しています。「硫砒鉄鉱・磁硫鉄鉱・黄銅鉱……カレドニア石・レッドヒル石・藍銅鉱・孔雀石……」。ここにでてくる鉱石だけでも40

数種。多くが初めて目にする名前です。鉱物の見分けができる足立さんには、土呂久のズリ山はまさに「宝の山」だったでしょう。

土呂久の鉱床は、何億年もの昔に海底から押しあげられた石灰岩が、1400万年前に地下からせりあがってきたマグマと接触し、その熱で変成した多様な鉱物を含んでいます。土呂久から日之影町の見立にかけて操業した数多くの鉱山のうち、萱野、中野内、黒葛原、音ケ淵、千軒平、水無平、山宇良、大分県側の尾平、豊栄、木浦などは、土呂久と同様に1920年代に硫ヒ鉄鉱を掘りだし、それを焼いて猛毒の亜ヒ酸を生産しました。

そうした鉱山の一つなのに、どうして土呂久にだけ多くの慢性ヒ素中毒患者がでたのか。話が亜ヒ酸製造の時期に進んだときに、その理由を考えることにします。

野生動物と人間が共存する空間

マグマがつくった祖母・傾・大崩山系は、急峻な山岳地形と豊富な鉱物を含んだ鉱床とともに、人の踏みこんだことのない奥深い原生林を育てました。山奥にすんでいる動物は、ときどき人里に降りてきて、驚きを置き土産に帰っていきます。そんな動物の一つがツキノワグマです。土呂久では、「クマが来たので鉄砲を向けたところ、鉄砲を折られてしもて、取っ組みあいになって崖から落ちた」といった武勇伝が語られてきました。クマとの遭遇は、神秘の森への畏れであり、酒の席の笑い話の種でもありました。

惣見組の上手から4番目の佐藤幸利さん宅に、肉も骨も爪もなく、なめした皮にごわごわの真っ黒い毛がついたクマの右手が保管してあります。2014年に亡くなった幸利さんの母トネさんは生前、「クマは安産らしいったい。それにあやかって、クマの手で妊婦のおなかをさすると、赤ちゃんを楽に産めると言われてきた」と話していました。

その近所で育った富高コユキさんは「私の家にもクマの手があって、子どものころ泣いていると、真っ黒い毛のはえたクマの手をつきつけられた」と語っていました。コユキさんの叔父の佐藤千代太さんが撃ったと伝えられるクマの手は、おそらく幸利さん方の手と対になっていたのでしょう。

大分の登山家加藤数功さんは、幕末から1941年までに祖母・大崩山系で捕獲した50頭のクマの一覧表を作成し、立石敏雄さんとの共著『祖母・大崩山群』(しんつくし山岳会、1961年)に掲載しました。この一覧表に、岩戸地区上村集落の藤野光清さんの先祖が、1881年に障子岳で射殺したクマのことが記載されています。備考欄に「障子岳頂上に熊社あり。手足を保存」とある通り、藤野さんの家には今も、桐の箱にていねいにクマの手と足が保存されています。熊社とは、「クマを殺すと七代たたられる」と恐れられてきたので、供養のために建てた社のことです。

一覧表のクマの捕獲は1941年で終わっています。それ以後、目撃情報はあっても実際に捕獲したケースはなく、「九州のクマは絶滅した」と考えられていました。87年11月に、大分県豊後大野市の山中で射殺されたクマは、専門家の鑑定で、本州からもちこまれたクマだと結論づけられました。ところが10数年前、土呂久でクマを見た人が現れたのです。

２００９年１月、惣見組の佐藤春喜さんが、幸利さんの仕掛けたイノシシ用の箱わなにうずくまっていた黒い動物を見つけました。春喜さんと幸利さんが知人に知らせようと、わなを離れた数十分の間に、黒い動物は姿を消してしまいました。「箱わなから自力で脱出できる動物はクマしか考えられん」と幸利さんは言います。

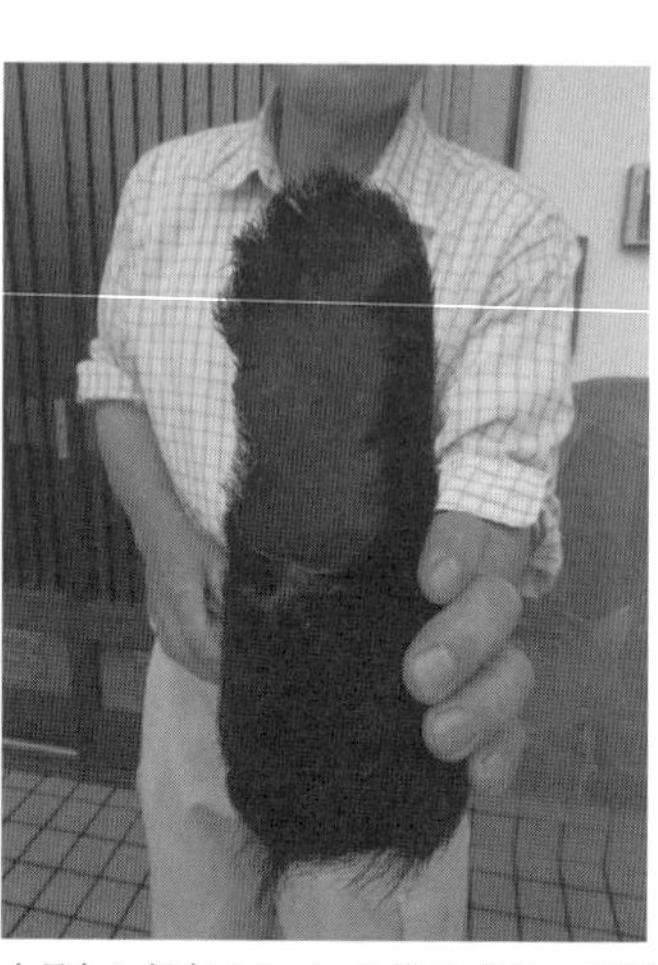

土呂久に保存されている約100年前に捕獲したクマの手

その3か月後、畑中組の佐藤洋さんが土呂久集落の上の林道を小型トラックで運転していると、犬に追われた大きな黒い動物が道を横切って林に消えました。「ぽんぽん跳ぶような走り方で、あとに爪跡を残していない。あれはクマだった」と洋さんは振り返ります。

3人の目撃者は、黒い動物はクマだったと語るのですが、客観的な証拠はありません。ナゾの動物は神秘の森に戻ってしまいました。祖母・傾山系に生息する野生動物と谷間で暮らす人間が共存してつくる空間、それが土呂久です。

石器時代人が暮らしていた?

「人はいつごろから、こんな不便な山奥に住むようになったのだろうか」

土呂久に通い始めてから、長い間、そんなふうに思っていました。人間の歴史は平地で始まり、のちに山間地に広がっていったと思いこんでいたのです。その誤りを正されたのは、南組の佐藤富喜男さん宅の土間で、土呂久の社やお堂の歴史について話を聞いていたときでした。奥さんのツルさんが、部屋の奥からもってきた手提げ袋を食台の上でひっくり返しました。ジャラジャラッと音がして、目の前にころがりでてきたものに、目を丸くしてしまいました。石の斧があります。石の包丁があります。黒曜石の矢じりもあります。

「どこで見つけたのですか」

「子どもたちが珍しい石で遊びよるき、その石をもろて、袋にしもてきたったい」

土呂久で石器がでていた！　驚いていると、さらに富喜男さんが付け加えました。

「畑を掘り返したときに、獣の骨やら土器のかけらがいっぱい埋まっとるとこを見つけち、こりゃ大ごと、郷土史家に知られると、掘らせろと言うてきて仕事にならん」

だから、そのことはずっと黙ってきたと言うのです。磨製の石器に獣骨に土器……。祖母・傾山系の谷間の集落には、相当に古い時代から人が定着して生活していたようです。

宮崎県内でもっとも古い遺跡は、日之影町の見立鉱山の上手にある出羽洞穴(いずるは)（標高920メートル）です。1965年におこなわれた調査で、「旧石器時代から新石器時代にかけての先住民族の生活の場であり、鉱物組成の分析の結果は、すべての層が阿蘇の火山灰から成っており、1万5千年前から8千年前のものと思える石器類が出土」（日之影町編『郷土の自然と文化財』1983年）しました。出羽洞穴から土呂久まで直線距離にして約10キロ。山歩きに慣れた石器時代人なら、1日の行動範囲に入ることでしょう。

ひるがえって、自分の住んでいる宮崎市のことを考えました。近くの檍（あおき）中学校の校庭に、小児用の甕棺（かめかん）（壺棺（つぼ））が見つかった弥生前期の墓地遺跡があります。

『宮崎県史』は、弥生時代は住居の近くに墓地が設けられていたことから、中学校の墓地遺跡も「近くに集落が存在していた可能性は大きい。しかも、古砂丘の東西には沖積地も広がっており、水田開発も可能ではなかったかと推察される」（『宮崎県史　通史編　原始・古代1』）と記述しています。

佐藤ツルさんが見せてくれた土呂久で出土した石器

弥生時代の始まりは紀元前300〜1000年ごろとされているので、水田耕作をおこなう弥生人が宮崎平野で暮らし始めたのは、早くても現在より3千年前のこと。それよりはるか昔の1万5千年前から8千年前に、石器時代人は祖母・傾山系で狩猟採取の生活を送っていたのです。人はもともと山で暮らしていたのだと気づきました。

「いつから不便な山奥で暮らすようになったのか」と問うことは、現代人の思いあがりでした。

土呂久で出土する石器や土器や獣骨を専門家に鑑定してもらえば、山に住んできた人びとの歴史に光がさすことでしょう。しかしその期待は、畑を掘らせたのでは「仕事にならん」という言葉の前では、打ち消すしかありません。

畑の隅のお堂に15体の仏像

土呂久には「やんぼし様の墓」と呼ばれている石塚が数か所あります。「やんぼし」とは山伏のことで、山伏がなまって「やんぶし」、さらに「やんぼし」になったのです。

そのうちの1か所は畑中組の斜面の道端に立っていて、歯の神様と信じられ、歯痛で悩む人が白旗を立ててお祈りしたそうです。石塚に刻まれた銘を読むと、1780年に建てられたものだとわかりました。その対岸の盛り土の上に、目の神様と信じられてきた「やんぼし様の墓」があります。この石塚の銘からは、1819年に力蔵という人が3部の仏教経典を納めたことが読みとれます。これらは、山伏の墓ではなくて、山伏が建てた経塚だったのです。

山伏は修験者とも言われ、山の霊力を身につけるために山にこもって修行を積む人のこと。険しい岩山がつづく祖母・傾・大崩山系は、九州の著名な修験の道場の一つでした。高千穂の郷土史家小手川善次郎著『高千穂神楽』(1976年)に、「修験者の本院である祖母山の樒原(しきみばる)東福寺三十六坊」という言葉がでてきます。榁原（今は「四季見原」）は、キャンプ場になっている見晴らしのよい高台で、土呂久から車だと20分の距離です。

南組の佐藤富喜男さんの畑の隅に、修験とのつながりを伝える１・８メートル四方のお堂が立っています。このお堂を初めてのぞいたときのことは忘れられません。薬師如来、その脇侍の日光・月光菩薩、守護神の十二神将、ぎっしり並んだ15体の仏像に目を見張りました。小さなお堂が、まるで薬師寺ではありませんか。お堂に置いてあった鰐口には、南組の折原集落に住んでいた国政という人が、室町時代の応永19（１４１２）年に「東林寺」の薬師如来に奉納したと刻んでありました。昔、土呂久に「東林寺」という寺があったのです。

「今はどこに行ったかわからんちゃけど、円い鏡の形をした仏具もあった」と、富喜男さんがもってきた本のコピーにまたびっくり。その仏具の写真を載せて、「木造漆箔で御正体に光背を浮出している。光背の紋様は美しい花模様であるのも珍しい」として、表には「本宮」、裏には「永享八年丙辰六月一日」と漆で書いてある、と紹介していました。コピーをとった本の名前は、神道文化会編『高千穂・阿蘇』。１９６０年に出版された総合学術報告です。この仏具は御正体（懸仏）と言って、神社のご神体である鏡に、仏の姿を浮き立たせたもので、神道と仏教を融合させた神仏習合がうみだしたものだといいます。「本宮」とは、修験者の聖地である和歌山県の熊野本宮のこと。永享８年すなわち１４３６年に、熊野本宮とつながりのあった修験者が、土呂久に残した確かな足跡でした。

お堂では、まだまだ驚くべきことがつづきました。30余年前のある日、お堂の横に高さ１メートルくらいの塔が並んでいるのを見てびっくり。「以前から、薬師さんの脇に重ねておいた丸や三角の石を組み立ててみたら、こげな塔ができあがった」。富喜男さんが組み立てたのは8基の五輪塔(ごりんのとう)でした。その話と歴史を重ねると、こんな経過が見えてきました。

東林寺は南組の「堂屋敷」という場所にありました。明治政府がだした神仏分離令で、神仏習合の東林寺は壊され、五輪塔を組み立てていた石はばらばらにされて畑の石垣に。薬師三尊など15体の仏像と御正体と鰐口は、富喜男さんの祖先が家に持ち帰って、押し入れにかくまったのです。太平洋戦争が終わると、畑の隅にお堂が建ち、仏像は80年ぶりに日の目を見ました。それから毎朝、この家の女性たちはお茶とご飯のお供えを絶やしません。

畑の隅のお堂にまつられた薬師如来と脇侍と十二神将

畑の隅の小さなお堂が、600年にわたる山岳信仰の歴史を静かに伝えています。

南組の道端に立つ祖母山の下宮

土呂久公民館から南に下っていくと、「唵婆嶽神社」という難しい名前の額のかかった社があります。なんと読むのかと思って、漢和辞典を開くと、「唵」は梵語（サンスクリット語）で「オン」、「婆」は梵語で「バ」と発音することがわかりました。おそらく梵語に通じた修験者が、「唵婆嶽」の字を当てて「オバダケ」と読ませているのです。

近くの人がこの社を「おば宮さま」だとか「うば宮さま」と呼んでいるので、その由来を調べてみました。民俗学者の折口信夫が「七夕祭りの話」の中で、古代人は、山の峰のくぼんだところから湧きでる水をみそぎに使っていて、その水を守る女性を「『おも』または『をば』と称し、『をば』が変化して『うば』となり、山に住むことから平地の人は『山うば』と呼ぶようになった」と解説しているのを見つけました。

この説に従えば、唵婆嶽神社の近くに水の湧きでる場所があるはず。神社を守ってきた佐藤全作さんに尋ねると、「近くに『しうんもと』というて、お塩井に使っていた水の湧きでる場所がある」と教えてくれました。塩井とは、みそぎに使った塩分を含んだ湧き水のことですが、海から遠いところでは、塩分はなくてもみそぎに使う清水を塩井と呼んでいたようです。「しうんもと」すなわち「塩井の元」の水を守った女性の住まいが、おば宮（うば宮）だったのでしょう。

このおば宮（うば宮）が、江戸時代の神明帳では「折原祖母宮」の名前ででてきます。縦60メートル、横47メートルの境内に1・8メートル四方の本殿があり、祭神は豊玉姫命と日子穂々出見命。9月13日の祭礼には神楽を奉納すると書いてあります。現在の唵婆嶽神社は、道路脇の狭い場所に立っていますが、折原祖母宮と呼ばれていたころは、別の場所に広い境内をもっていたと思われます。全作さんに聞いてみると、昔は上手に大きな神社が立っていたのですが、火事で焼けたために下の段に降ろされ、さらに1937年ごろ道を拡幅したときに、社を小さくして後方に移動した、ということでした。

神明帳がつづいて「祖母嶽大明神下宮之社也。八方ニ八王神之一社也」と記載しているのに興味がわきました。みそぎの水を守る女性の住まいだったのに、いつの間にか祖母山をご神体とする神社の下宮になり、しかも八方八王神の一社だったというのです。

八方八王神。その神秘的な名前にひかれて、1983年の秋、神明帳に書かれていた祖母山の下宮八社めぐりの旅にでました。面白いことがわかりました。下宮八社は祖母山を取り巻く形で、大分、熊本、宮崎3県にまたがって、それぞれ山の頂を向いて立っていたのですが、向きあう山がさまざまなのです。祖母山と対していたのは、大分県の尾平と神原（こうばる）、熊本県の永野、宮崎県の五ケ所にある4か所の祖母宮で、大分県の奥嶽祖母宮は傾山、宮崎県の上野（かみの）祖母宮は親父山、阿蘇原祖母宮は古祖母山。土呂久の折原祖母宮は、江戸時代に立っていた場所がはっきりせず、どの山と向きあっていたのかわかりませんでした。

山岳信仰では、社と向きあってそびえる山がご神体です。それなのに祖母山の下宮が、祖母山以外の山と向きあっていたことをどう解釈すればよいのでしょうか。

南組の道端に立っている喰婆嶽神社

古祖母山の元の名前は祖母嶽

宮崎（日向）と大分（豊後）の県境に1500メートルを超える峰々が連なっています。最高峰の祖母山（1757メートル）から、登山者の足で2時間余りのところに古祖母山（1633メートル）があります。山名に「古い」と付いているのはなぜなのか。古祖母山にいだかれた深い谷間の集落、土呂久ではこんな話が聞かれます。

「昔は、古祖母山のことを祖母山ち言いよった。ところが、背比べをして向こうの方が高かったので、向こうが新祖母、こっちが古祖母になったつよ」

古地図では、現在の古祖母山が「祖母嶽」、現在の祖母山が「姥嶽（うばだけ）」となっています。したがって祖母嶽が姥嶽から祖母山の名前をとられたという通りなのですが、その理由は高さ比べだったのでしょうか。1983年に、唵婆嶽神社を出発して祖母山の下宮八社（八方八王神）を回ったとき、この歴史パズルに挑戦してみました。

大分県豊後大野市の尾平祖母宮で、鳥居の根本に立てかけてあった腐れかけの額を見つけました。「健男社（たけおしゃ）」と書いてあります。つづいて訪ねた奥嶽と神原の祖母宮も健男社となっていました。豊後では、山麓の農民が霜を支配しているのは山だと信じて、ご神体の山に「健男霜凝日子（たけおしもごりひこ）」の名前を贈り、社を建てて雨乞いや霜よけを祈願していたのです。農民の自然な信仰からうまれた社に、いつからか、神話にでてくる豊玉姫と日子穂々出見が祭神に加えられ、社は

「祖母宮」と呼ばれだしました。何があったのでしょうか。

大分県竹田市の神原祖母宮の近くの穴森神社に、こんな伝説が残っています。

「夜ごと、美しい姫のもとへ若者が通ってくる。身重になった姫は、若者の身元を知りたくて、衣のえりに針を刺した。世が明けて、小手巻の糸をたどっていくと、嫗嶽の岩穴から『針が顎に刺さって痛くてたまらぬ』と苦しむ声が聞こえてくる。『姿をお見せください』と声をかけると、穴からでてきたのは世にも恐ろしい大蛇。『わが子は名高い人物になる』と言い残して息絶えた。大蛇は、嫗嶽の神の化身であった」

この大蛇伝説は、姫が産んだ男子は成長して大神大太惟基（おおがだいたこれもと）と名乗り、肥後から妻を迎え、高千穂太郎、阿南（あなみ）次郎、稙田（わさだ）七郎、大野八郎、臼杵九郎の五男をもうけた、とつづきます。一族は豊後南部と日向北部を支配し、その子孫の緒方三郎惟栄が「神の子」と称して源平合戦で大暴れして名をはせます。一族の先祖をさかのぼると海の民で、祖先神とあおいでいたのが海神の娘の豊玉姫。そこで、豊後と日向の境に高くそびえる姥嶽に豊玉姫をまつり、それに連なる峰々の麓の村の祭神に豊玉姫を加えていきました。農民の純朴な祈りに根ざしていた山の信仰が、権力者によって変えられたのです。豊玉姫が、神話では神武の祖母にあたることから、これらの社は「祖母宮」と呼ばれるようになりました。

ここで問題が生じました。日向の岩戸地区の人たちが祖母嶽と呼んで敬っていた山が、すでにあったからです。その名の由来は、険しく高い峰々をさす古語の「襲（そ）」と山裾へ下る「尾」を合わせた「襲尾（そお）」が転じて「祖母」になったもの。「神武の祖母」と「襲尾が転じた祖母」、二つの祖母が入り混じった混乱を収拾するために、祖母嶽は「古祖母山」と名前を変えられました――。これが、八方八王神をめぐって得た私の推論です。

義経の忠臣を祖先とする伝説

土呂久で「佐藤さんのお宅はどこでしょうか?」と道を尋ねると、「ここは佐藤ばかりじゃき、佐藤だけではわからんたい」と笑い声が返ってきます。今は過疎が進んで30世帯ばかりになってしまいましたが、50世帯くらいあった1980年ごろ数えてみると、約8割の家が佐藤姓でした。だからお互いを呼びあうときは、姓の代わりに屋号を使い、たとえば「荒谷(あらだに)の義雄さん」というふうに呼んだのです。

「荒谷」は、畑中組の傾斜地のもっとも高いところにあります。荒々しい谷だから、この屋号になったのでしょう。小字や家業や場所の特徴などが屋号に使われています。

「荒谷」を訪ねると、仏壇の上に、岩戸の泉福寺の住職藤寺非宝さんがつくった家系図がかかげてありました。非宝さんは、民家に残っていた古文書や家系図をもとに、岩戸地区の歴史を書いて残した郷土史家でした。

佐藤家の系図は、大化の改新の中心人物だった藤原鎌足から始まり、20代目が佐藤忠信になっています。忠信は源義経につかえた武将で、吉野山の合戦で義経の身代わりになって敵陣に切りこみ、京都にのがれて隠れているところを襲われて自害しました。歌舞伎の「義経千本桜」ではキツネ忠信として大活躍します。そんな有名人だけに、全国各地に忠信の子孫だと称する佐藤さんがいます。

非宝さんの考察では、忠信の子どもの忠治が3歳の基信を抱いて日向に落ち、成長した基信が仏門に入って道元（どうげん）と名乗り、高千穂町上野（かみの）村秋原にしばらく住んだあと、土呂久の「荒谷」にしばらく住んで八幡宮を建立し、その後、東に山を越えた西の内に移り住んで、岩戸地区に一大勢力を築いたということです。それを裏付けるように、「荒谷」には「道元屋敷跡」があって、その近くに源氏が崇拝していた八幡社が立っています。現在、八幡社は壊れかけた階段の上の小さな社ですが、明治初頭の文書には、70メートル四方の境内に社殿があって、祭りの日に夜神楽が舞われていたと記してあります。土呂久に佐藤姓が多いのは、「私たちは佐藤忠信の子孫だ」とする落人伝説ゆえでした。

道元が忠信の孫だったかどうか、真偽はさだかではありませんが、道元なる人物が実在したのは間違いないようです。郷土史家の西川功さんは、その著『増補版　高千穂太平記』（青潮社、1987年）に「道元が高千穂入りをした時、はじめて笈（おい）を降ろした所が五ケ所の笈の町であり、笈の町にも道元の墓があると伝えられている。いずれにしても、この様な伝説や、道元越という地名まで残すほどの人物であるから、相当な人物であったに違いない」と書いています。

ここで注目されるのは、道元が「笈」を背負って高千穂入りしたくだりです。歌舞伎で、武蔵坊弁慶に守られて奥州平泉に向かう義経が、山伏のかっこうをして背負っていたのが笈でした。広辞苑によれば、笈とは「行脚僧・修験者などが仏具・衣服・食器などを入れて背に負う箱」のこと。笈を背にして旅した道元は修験者だったと想像できます。山岳で修行を積んだ修験者の特技の一つが、鉱物を探し当てることでした。

道元がしばらく住んだ秋原の東にある尾野山の北面には、鉱山があったと伝えられています。最後に定住した西の内周辺にも多くの鉱山がありました。そして、土呂久でも。

浄土の輝きを求めた修験者

岩戸地区から真北に泰然と腰をすえた古祖母山（昔は「祖母嶽」）が見えます。頂から麓に伸びる太くてたくましい尾根は、まるで大鵬の背骨、その尾根から左右に広がった翼が、ゆるやかに東西の谷筋へ降りていきます。そびえるのではなく、どっしりとかまえた山にいだかれた谷間の集落は、四季折々の恵みを受けて年輪を重ねてきました。

山はいつでも慈母のように優しかったわけではありません。時に黒雲を呼んで嵐を起こし、雷を落とし、大雨を降らせると、谷川がはんらんし、斜面は地鳴りをあげて崩れ落ちました。怒りたけった姿は、まさに厳格な父親でした。日照りつづきや早霜も、父が与える試練に思われました。谷間と麓の人びとは、厳父の怒りを鎮めるために、深い畏れと敬虔な祈りを絶やすことがありませんでした。

山は生命の故郷です。生命は山からうまれ、山の実りによってはぐくまれ、いずれは山へかえっていくのです。けだかい山に素朴な祈りが結晶して、山はご神体となり、祠や社にまつられました。この山岳信仰をベースに、険しい山で修行を積んで気象、地形、鉱物、植生、動物の生態などに精通して、山の霊力を身につけたのが修験者です。

土呂久は、天岩戸神社から古祖母山へ登る谷筋のもっとも高いところにある集落です。土呂久に入ると間もなく、それまで見えていた古祖母の頂が、近くの山陰に消えます。代わって西から姿を現してくるのが榁原です。古文書に「修験者の本院である榁原東福寺」があったと記されている山。そこから見下ろす土呂久の谷には、修験者の足跡がいくつも残されています。

修験者は、山中に諸仏を配して浄土に見立てたといいます。それにならって、江戸時代に書かれた神社仏閣簿を参考に、中世から近世の土呂久の神仏配置図を描いてみました。

山麓から土呂久に入ると、病を治して苦悩を除く薬師如来を安置した東林寺があります。境内に、亡くなった人を供養する五輪塔。ここには短期間、阿弥陀如来も鎮座して慈悲のまなざしを注いでいました。折原祖母宮の下を通って土呂久川のほとりに着くと、地獄へ落ちる人を救う地蔵尊がまつってあります。川を渡ると天神さま、鉱山で働く人や家族が参拝する浄土真宗泉福寺の支坊、さらに上手に澄んだ瞳で人間世界を見守る観音菩薩。そして真北に、この小さな宗教世界を胸にいだいた古祖母山がどっしりと座っているのです。

この地を浄土に見立てるには、もう一つ必要なものがありました。それは金や銀や宝石の輝きです。北陸を舞台に中世の宗教史を研究した井上鋭夫氏は、著書『山の民・川の民』（平凡社、

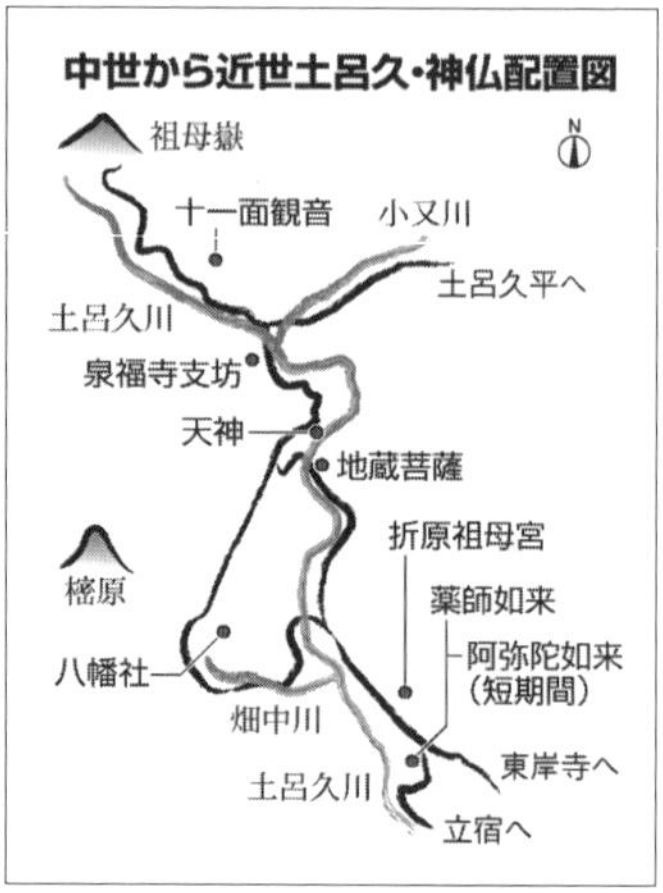

中世から近世の土呂久の神仏配置図
（朝日新聞連載「和合の郷」第14話より）

1981年）に「修験者にとって、『金（かね）』は財政的価値よりも聖なる価値をもつものであり、仏であり光明であった」「戦国大名が鉱山採掘を大規模に行なう以前においては、鉱山採掘は験者（または僧侶）の経営するところであった」と書いています。

土呂久で最初に銀を含む鉱石を探しだしたのは修験者ではなかったでしょうか。古文書も伝承も残っていないのですが、修験者だった佐藤道元とその子孫が土呂久に住んで探し求めたのは、浄土の輝きを放つ銀だったように思えてなりません。そのころ銀は「聖なる価値」をもつものとして、仏具などに使われていました。

夢を買って九州一の大金持ちになった三弥

日本で大規模な鉱山が開発されるのは、戦国大名が金、銀、銅などを軍資金、恩賞などに使い始めてからです。信長、秀吉によって国の統一が進むと、それまでの銅銭に代わって金銀が通貨としての価値を増してきました。そのとき活躍したのが、鉱床を見つける技術をもった鉱山師（やまし）でした。鉱山師は、山の形、山から立ちのぼる精気、鉱物を好む植物の生育、谷川に沈んだ砂の種類などから、鉱物のありかを探知したと言われています。

鉱山の開発は一攫千金の夢を秘めていました。山の霊気に感応して鉱山を掘りあてた話は、神秘的なできごととして語られてきました。高千穂町土呂久には、夢を買った行商人が鉱山を掘りあてて大金持ちになった話が伝わっています。この話は、民俗学者の柳田国男が編集した『日本の昔話』にも載っています。要約すると――。

「日向の国の三弥(もしくは山弥)という貧乏な旅商人が、友人と山越えして高千穂の村へやってきた。木陰で眠った友人の鼻の穴から、蜂がでてきて飛んでいき、しばらくして帰ってくると、男の顔のあたりを回ったあと、いなくなった。目を覚ました友人が『珍しい夢を見た。一つの谷が金で埋まっていた』と言うので、『まことか。その夢を私に売ってくれ』と三弥が頼むと、友人は『夢が何になるものか。ばかなことを言う』と笑った。それでも三弥は、友人に酒などをやって夢を買い取って、近くの山という山を探した。とうとう外録(とろく)(江戸時代はこう書いていた)という金山を見つけて、夢で見た通りに莫大な金を産出し、九州一の大金持ちになった」

土呂久の古老は、『日本の昔話』に収録してある話と少し違った話を聞かせてくれました。三弥は府内(現・大分市)から来た行商人で、友人が見た夢と行商の品物を交換し、外録で銀山を掘りあてた、というのです。私は、人を楽しませるための作り話だと思っていたのですが、この民話の主人公は実在した人物だと教えてくれた人がいました。のちに宮崎民俗学会会長になった山口保明さんです。祖母・傾山系に伝わる民謡や民俗の調査をするうちに、土呂久にあった銀山の歴史に関心を向けることになったのです。

山口さんが1976年に書いた「山弥時代の土呂久─伝承から鉱山史への試み─」(『鉱脈』11号)に導かれて、大分市を訪ねてみると、大分県庁近くの大手町に「史蹟・山弥長者屋敷跡」がありました。大分県立図書館で読んだ『大分市史』(1955年)には、山弥長者の本名は守田三弥之介氏定(うじさだ)で「天正12年(1584)に生まれ、日向の銀山を経営して大富豪となり、府内に美麗な家宅を作った。諸国に稀な巨商であった」と書いてありました。市史の記述は、福岡藩の本草学者貝原益軒が三弥の死から約50年後に記した『豊国紀行』に基づいており、きわめて信憑性の高いものです。山口さんは「三弥伝承について─ある一つの淵源─」という小論で、三弥の在世は1584年から1647年で、府内藩に関わりをもった〈かなやま師〉だったと述べています。民話の裏には史実が隠されていたのです。

大分市の史蹟になっている山弥長者屋敷跡(2016年2月撮影)

戦国時代のあと、銀山開発は鉱山師だった三弥を諸国に稀な豪商に育てるほど、莫大な収益をもたらしました。中世には、鉱石を探した修験者の目に「聖なる価値」として映っていた銀が、近世に入ってから、一攫千金の儲けをねらう鉱山師にとっては「俗なる価値」でしかなくなっていたのです。

西鶴のモデルになった三弥長者の没落

貧しかった行商人が外録銀山を掘りあてて大金持ちになったところで話が終われば、めでたしめでたしの致福譚（たん）だったのですが、土呂久で語られてきた民話は、突然暗転して、次のような没落譚に変わります。

「ある日、殿様が三弥の建てた豪邸を見学にきた。南蛮渡来のギヤマン（ガラス）天井の部屋で、三弥はごろっと寝ころがって、天井の上に張った水中を泳いでいる色とりどりの金魚を足でさし、殿様に説明を始めた。『無礼者め!』。怒った殿様は、三弥がどんなに謝っても許そうとはせざった。三弥の財産を取りあげ、四従兄弟（よいとこ）まで打ち首にしてしもたげな。それから、鉱石を運ぶときに『ヨイトコサンヤ』の掛け声が聞かれるごつなった」

土呂久の人たちは、三弥の無礼な態度を面白おかしく語ってきました。ギヤマン天井の上の金魚を足でさしたのは作り話にしても、藩主と三弥の間でいさかいがあったのは事実だったようです。貝原益軒が書いた『豊国紀行』には、こうあります。

「いささか城主の気に背（そむ）くことがあって、三弥の妻子一族ことごとく刑にあう。父に勘当されていた子も呼び寄せられて殺された。余財の銀三千貫目、その他の器物の価千貫目、およそ四千貫目、みな城主の日根野氏から没収された。時の人は日根野氏をそしって『その罪は軽くしてその刑は重し。罪にことよせて財を奪った』と言っている」

この紀行文から、「いささか気に背くこと」を理由に一族を処刑し、財産を奪い取った城主に対する、市井の人たちの憤りが読みとれます。この事件は、江戸時代に入って50年ばかりたった社会状況を反映していました。三弥は、事業を起こして資産を蓄えていく新興商人を象徴し、城主は、それにいらだって権力で商人から金を奪おうとする武士階級を象徴していたのです。

三弥をモデルにした小説が世にでました。書いたのは浮世草子作家の井原西鶴。代表作の『日本永代蔵』に収められた「国に移して風呂釜の大臣」が、その作品です。

万屋(よろずや)三弥は、父親の「世渡りの種を大事にせよ」という遺言の「種」を菜種のことと思いこみ、荒地に菜種をまき、新田開発にいそしんで、西国一の富豪にのしあがります。成金長者の三弥は、京都見物で知った優雅な遊びの味が忘れられず、大分に戻って、京都の音羽(おとわ)の水をたるに詰め、舟で運んで湯殿に使うなど、ぜいたく三昧に明け暮れて、ついに身を滅ぼしてしまうのです。西鶴はのびのびとした筆で、京都風の豪華さをまねした屋敷の中で、享楽の限りを尽くす三弥の姿をみごとに描きだしました。

この小説は、銀山開発を新田開発につくりかえるなど明らかなフィクションなのですが、実際の三弥長者の栄華と没落の噂が、大分から遠く大阪の西鶴の耳にまで届いていたのは間違いありません。ここで、疑問が起こります。ほんとうに外録銀山から、そんな大富豪をうみだすほど大量の銀が産出されたのだろうか。

貝原益軒の『豊国紀行』には、「日向の銀山で銀を多く取って大富人となった」とあるだけで、具体的な銀山名はでていません。三弥が開発した「日向の銀山」はどこのことで、いったいどんな操業がなされていたのでしょうか。

民俗学者が描いた外録銀山の景色

土呂久に伝承されてきた話を少ない記録で補って、外録銀山の景色を探ったのが、2012年に亡くなった宮崎民俗学会会長の山口保明さんでした。1965年に南九州大学の講師になった山口さんは、68年から祖母・傾山麓に伝わる民謡や民俗の調査を始めます。日之影町の見立地域で鉱山唄を録音し、鉱夫が使った道具をスケッチし、古文書を読み解くうちに、関心は見立から土呂久にかけて広がる鉱山の歴史に向かいました。

2人の大学生の協力を得て、本格的な外録銀山の調査に入ったのは69年夏のことでした。岩戸神社まではバス、そこから歩いて土呂久へ登り、炎天下20日間におよぶ現地調査と古老からの聞き書きをおこないました。さらに4年後、民話の「夢買い長者」のモデル守田三弥が実在したことを明らかにするために、大分に足を伸ばしました。並はずれた探究心と冷静な観察眼と柔道4段の体力で、根気のいる研究をつづけて、76年に「山弥時代の土呂久―伝承から鉱山史への試み―」を書きあげました。山口さんの前にも後にも、外録銀山に光をあてた研究者はいません。

「山弥時代の土呂久」に描かれた景色は――。

運営の中心に鉱山師がいて、その下に、鉱石を掘りだす「掘り大工」の組と、鉱石を選んで銀を精錬する「吹き大工」の組が分業して働いていました。金掘りが、岩盤に鑿（のみ）をあてて槌（つち）でたたいて掘り進むと、手子（てご）（補助者）が、重たい鉱石をカルイで背負って運びだします。その近くで水引きが、湧きだす水を桶で汲んで竹樋に流しています。地の底で体を張って働く坑夫たち。「粉塵は大変なものであり、明かりの油煙も心と身体を蝕んでいったに違いない」。坑夫の健康を案ずる文章に、山口さんの優しさがにじみでています。

かね吹き（精錬）について、二人の古老から聞いた話は、実に興味深いものです。

一人の話は「土壁の大きな炉をつくり、鉱石と木炭を混合して投入し、畳一枚ほどのフイゴを5、6丁並べ、いっせいに風を送る。そして炉から土で固めた溝をつくり、それを通じて流れ出る溶鉱を箱型の舟で受けた」。もう一人は「五尺フイゴを2丁並べて、炉に向けて吹くが、その炉には、樫炭で良質の長い炭棒を渡して、その上に鉱石をのせる。下方に壺を仕組んで、銀が流れ出てくるのをためた」と語りました。

二人の話を合わせると、当時の銀の精錬方法が浮かんできます。

山の斜面に土壁の床屋（精錬場）が立っています。手子が運んできた銀を含む鉱石（方鉛鉱（ほうえんこう））が、木炭とともに床屋に投げこまれ、畳1枚ほどの手吹きフイゴ5、6台から、いっせいに風が送られます。床屋の中で燃えあがる炎。鉱石に含まれていた銀と鉛の溶鉱（「貴鉛（きえん）」と呼ぶ）が溝から流れだします。この溶鉱を別の床屋に運び、樫炭の棒を並べた上にのせ、2台のフイゴから風を送って熱すると、溶けた鉛は炭と灰に吸収され、純度の高い銀が下の方に流れでてくるのを壺に溜めるのです。

　土呂久で歌い継がれてきた「かね吹き歌」に、「床屋千軒　みな吹きたつりゃ　空を飛ぶ鳥みな落てる」という歌詞があります。「床屋千軒」はおおげさにしても、谷のあちこちから銀を精錬する煙がたちのぼっていました。

　そんな400年昔の外録銀山の景色を「山弥時代の土呂久」が見せてくれるのです。

謎めいた歌詞に煙毒とロマンの解釈

　江戸時代の外録銀山の景色を伝えてくれる民謡があります。「土呂久かね吹き歌」です。銀山の床屋でフイゴを押したり引いたりのゆったりした動作に合わせた歌なので、何につけてもスピード化した現代にはついていけず、土呂久ではもうこの歌を聞くことはできません。
　1975年ごろまで、訪ねてくる民謡の愛好家に自慢の喉を聞かせていたのが、畑中組の「荒谷」の佐藤義雄さんでした。「飲んでからの方がはずみがええ」という義雄さんに歌ってもらうには、焼酎を飲んでひとしきり雑談をかわす時間が必要でした。喉がうるおってから、哀調を帯びた歌が流れだすのです。
　土呂久かな山　誰が掘りそめた
府内山弥どんのヨー　掘りそめた

トコトウトウ　トコトウトウ

義雄さんは、「トコトウトウ　トコトウトウ」がフイゴのリズムにぴったりの合いの手なのだと説明して、歌をつづけます。府内から来た守田三弥によって、盛大にかね吹きがおこなわれるようになりました。なんの変哲もなかった山が、銀の湧きだす泉に変わった驚きが、次の歌詞に表れています。

鳥が舞う舞う　床屋の上を
鳥じゃござらぬヨー　かねの神
かねはわき出る　薬缶はたぎる
府内新造はヨー　茶碗酒

土呂久には「山弥屋敷跡」が2か所あります。1か所は鉱山の中心、惣見組の「町」と呼ばれていたところ、もう1か所は鉱山と隣りあわせた南組のはずれです。庭園をそなえた邸宅に、三弥は府内から新造(若妻)を連れてきていたのでしょう。薬缶でわかした熱燗の日本酒を、なまめかしく茶碗で飲むご新造さん。その姿が、当時の土呂久の人びとの目には、手の届かぬぜいたくに映っていたにちがいありません。

かね吹き歌には、こんな謎めいた歌詞もありました。

土呂久かな山　山弥どんの庭にゃ
夏の夜でさえヨー　霜が降る
霜じゃござらぬ　十七、八の

山口保明さんが録音し、菊村清隆さんが採譜した「土呂久かね吹きうた」

娘白髪をヨー　霜と見た

土呂久の集落は南北に長く伸びていて、標高は低いところで450メートル、高いところだと800メートル。夏の夜、霜が降ることはまずありません。その村に「夏の夜降る霜」とは何をさしているのか。「娘白髪」は何の比喩なのか。

土呂久で二つの解釈を聞きました。一つは、床屋からたち昇る煙に混じっていた粉塵が霜のように白く降っていたという説。もう一つは、ポルトガルから来た娘の金（銀）髪のことを歌っているという説です。煙毒とロマン、なんとも対照的な解釈ではありませんか。

ポルトガルから来た鉱山技術者

「土呂久かな山　山弥どんの庭にゃ　夏の夜でさえ　霜が降る　霜じゃござらぬ　十七、八の娘白髪を　霜と見た」という謎めいた歌詞の解釈の一つは煙毒説です。銀を精錬する床屋からたち昇る煙に白い粉塵が混じっていて、それが霜のように地上に降って、娘の黒髪を白くした、というのです。

この説を裏付ける古文書が残っていました。1690年に高千穂地方の庄屋9人が連名で、さまざまな事情で例年通りにできなかった産物の税金を減らしてほしいと申し出たのに対し、延岡藩が17の項目について減免を認めた文書です。その項目の中に「岩戸村煙痛漆木六十八本六歩此漆一貫三百七十二匁指免候事」、つまり、岩戸村の鉱山の煙害でウルシの木68・6本が被害を受け、ウルシの実の収量が約5キロ落ちたので、小物成(雑税)を減額するというのです。前後の年の記録を見ると、1687年から91年まで毎年、銀48匁余り(今の約5万円)を減免していたことがわかりました。

煙害の原因物質は何だったのか。

鉱石を精錬するとき、煙に混じって飛び立ち、上空で冷えて霜のように降ってくる毒物があります。古来、その毒物を「砒霜(ひそう)」と呼んできました。文字通りヒ素の霜。明治になって、ヨーロッパの化学が入ってきてから「亜ヒ酸」という名前に変わります。銀の精錬に使った鉱石(方鉛鉱)は、鉛のほかに少量の銀やヒ素を含んでいて、床屋で炭を熱して銀を採取するとき、ヒ素は酸化されて砒霜(亜ヒ酸)になって煙とともに吐きだされます。このヒ素の霜が降ってきて娘の黒髪を白髪のようにした、というのが第一の説です。

第二の説は、外録銀山に技術指導に来ていたポルトガル人の娘が金(銀)髪だったので、それが白髪に見えたというのです。この説は、「鉱山技術者の名前がヨセフ・トロフだったので、土呂久という地名になった」という地名譚に結びついて、土呂久でよく語られてきました。最初に聞いたとき、私は「400年もの昔、こんな山奥にヨーロッパ人が来るなんてありえない」

と信用しなかったのですが、日本の銀山の歴史や、豊後における国際貿易の歴史がわかってくると、「ありえたのではないか」と考えが変わってきました。

1543年にポルトガル人が種子島に漂着したあと、1583年にスペイン、1600年にオランダ、1613年にイギリスが日本にやってきます。ヨーロッパ人の目的は、中国(明)で需要の高かった日本産の銀をマカオに運び、その代わりにマカオから中国産の生糸や絹織物などを日本にもってくる〝仲介貿易〟でした。豊後を治めた大友宗麟(1530~1587年)がキリスト教の洗礼を受け、積極的にヨーロッパ文明を取り入れたのは、そうした時期で、府内と臼杵はポルトガル船や中国船が盛んに出入りする国際貿易港でした。この時代背景を頭に置くと、豊後と日向の境に位置する外録銀山に、ポルトガル人の鉱山技術者が娘を連れてきたことは、十分にありえた話だと思えるのです。

1958年8月14日の宮崎日日新聞「珍説地名考」というコラムで、岩戸の郷土史家の藤寺非宝さん(泉福寺住職)が、土呂久の地名はヨセフ・トロフに由来するという説を紹介したあと、こんな伝承を語っています。

「トロフは、徳川幕府から外人追放の命令であちこち逃げ回り、ついに祖母山の入口にあたる五ケ所高原で部落民の手あつい看護のもとに一生を終わったが、部落民は後難をおそれてトロフの墓とはいわず〝きつね塚〟と呼び、今なおその塚が残っている」

私は2022年6月、岩戸出身の獣医師工藤寛さんの案内で高千穂町五ケ所の牟田集落に「きつね塚」を訪ねました。こじんまりした塚かと思っていたのに、農家の裏に赤い鳥居の「傳(でん)

福稲荷神社」が立っているのに驚きました。この農家では、迫害された異国人を不憫に思ってかくまっただけでなく、亡くなったあと数百年にわたって篤く弔ってきたのです。

このエピソードは、最新の技術を必要とする鉱山がどんなに山奥であっても文明の最先端に結びつくこと、国を越えて悲運の死をとげた人を弔いつづける民の心の優しさを教えてくれます。

ソバの花咲き乱れる三弥屋敷跡

外録銀山を研究した民俗学者の山口保明さんは「穂銘」の号をもつ俳人でもありました。生き方の手本にしたのが、放浪の俳人種田山頭火の句。「この道しかない春の雪ふる」。山口さんの「この道」は、口伝えの民謡や民話を聞き取って、昔の人びとの暮らしを歴史に残していくことでした。2012年に亡くなってからも、「穂銘庵」の表札のかかった2階建ての書斎は生前のままで、迷路のように立ち並ぶ本棚に民俗や歴史や文学の書籍がぎっしり、調査資料はテープごとに綴じられ、録音テープや写真のネガは引き出しや箱にきちんと整理されて、まさに宮崎の民俗学の宝庫です。

外録銀山について聴取した録音テープが残っていました。それをデジタルにしてパソコンで聞いてみました。惣見組に「富高屋」という屋号の家があります。日向市の富高から来て、外録銀山の中心地で酒屋を始めた家です。「富高屋」の佐藤カジさん(1897年生まれ)の声が50年ぶりによみがえってきました。

山口　惣見の上の方に女郎屋敷がありましたか。

カジ　川の向かいに「有馬屋」という女郎屋敷もあったですわ。ここへんは「町」というて、
にぎやかな所じゃったそうです。

古老たちから聞き集めた話をもとに、山口さんは銀山の中心地の略図を描きました。地図には、惣見組の奥のアンチン山とヤゼ山の間に、旧女郎屋敷跡（オイラン屋敷）の記載があります。鉱山で働く人たちでにぎわう「町」には、酒屋、料理屋（新女郎屋）などのほか、全国から集まっていた坑夫がお参りする寺もありました。2か所にある「山弥屋敷跡」は、銀山を経営した守田三弥が、府内の豪邸のほかに土呂久にもっていた邸宅の跡です。

山口保明さんが描いた江戸時代の外録銀山中心地の略図

民俗学の基本は、現地を歩いて、人びとの話に耳を傾け、民衆史の痕跡を探すこと。県内外を回った車の運転、調査地でのビデオ撮影、完成した原稿のパソコン打ち、それらは夫人の加津子さんの役目でした。加津子さんは、民俗学者で歌人だった谷川健一さん主宰の文芸誌『花礁』に「西鶴文学の題材を追う」のタイトルで、土呂久の三弥屋敷跡を訪ねたときの思い出を書いています。

「目に入る渡る風さえも冴えざえとして、道

沿いの岩ばしる水のきらめきは、まるで光の噴水のようだった。この僻遠の地に家のつくりまで贅沢をつくし、庭園まで工（たくみ）のわざを凝（こ）らしたという鉱山師三弥の屋敷跡をはやく見てみたい。そこは、緑に覆い尽された山と眩（くら）むような深い谷とのはざまに、ちょっとした台地があり、夏蕎麦（そば）の花が一面に咲き乱れていた。ただ、緑の五月の風が吹くばかり、そこが一代出世の鉱山師三弥の屋敷跡だった」

あざやかな文章から400年昔に三弥が建てた華麗な邸宅が目の前に浮かんでくるようです。加津子さんは、このエッセイに「祖母山麓の山深いこの一帯には、外録銀山・登尾（のぼりお）銀山・見立錫山・大吹（おおぶき）山鉛山等々が開鉱されており、かね吹きの烟（けむり）の絶える間はなかったと伝えられている」とも書きました。外録銀山と同じような景色が、近隣の山々でも見られたというのです。

三弥が開発した「日向の銀山」の規模

東西1キロ、南北2・5キロの谷間の集落、土呂久のほぼ真ん中で土呂久川がコの字に曲がっています。ここを中心に半径500メートルの円を描けば、その中にすっぽりおさまるほど、大正から昭和にかけて亜ヒ酸煙害を起こした鉱山の規模は、小さいものでした。江戸時代初期に大分の守田三弥が開発して大富豪になった「日向の銀山」は、そんなに小さい規模ではなかったはずです。では、「日向の銀山」はどこにあったのか。山口保明さんは、「日向の銀山」の範囲は土呂久を中心にした古祖母山腹一帯だったと考えたようです。

山口さんが書いた「山弥時代の土呂久」の中に、土呂久の西の道元越と榁原の間に三弥は坑道をもっていて、「それを『囲い山坑』と称している」というくだりがあります。さらに、土呂久から東に山越えした上岩戸地区の登尾鉱山にも目を向けました。高千穂の桑野内の庄屋が「登尾という所で銀山が始まった。町家の数は二千軒」と記した文書が残っています。たいへんにぎわった集落でした。この登尾が外録銀山の「一番鋪(しき)（一番坑）」に相当するのかもしれない」と、山口さんはみています。

江戸時代の登尾の繁栄ぶりをうかがわせる文章を、郷土史家の甲斐畋常さんの著書『高千穂村々探訪』（私家版、1992年）に見つけました。甲斐さんは、登尾鉱山の中心だった三合(みつあい)を訪ねて、こう書いています。

「石積の段々に屋敷跡があり、二千軒まではなくとも鉱山町の跡歴然としている。土地の人が代官屋敷跡と称する所は、おそらく銀山奉行の屋敷ではないかと思われるが、或は三本松関所の役宅かも知れない。女郎墓などもあり最盛時のにぎやかさが思われる」

ここにでている三本松関所（正式には「三本松口屋番所(くちやばんしょ)」）は、通行人から商品の移出移入に対する手数料を取る延岡藩の出先の役所でした。外録銀山から見立錫山にかけて操業していた鉱山へ運ばれる物資を調べたり、鉱山で生産した銀、錫、鉛などの1割を税として受け取ったりしていたのです。

登尾に関して、もう一つ注目されるのが、1590年におこなわれた太閤検地の台帳（『竿前(さおまえ)

御改書上帳』）に、高千穂郷23村の1村として扱われ、耕作地の石高がでていることです。

高百二石五斗八升五合　山裏

高二拾二石九斗八合　登尾

それから10数年後、江戸時代に入って登尾が山裏村に含まれるまで、小さな独立した村とみなされていました。この台帳では、土路久村も岩戸村から独立して書きだされています。理由は、登尾も土路久も純粋の農村ではなく、鉱山集落だったからです。

土呂久鉱山関係地図
（朝日新聞連載「和合の郷」第21話より）

土呂久に関係する鉱山の広がりを地図にしてみました。中世に修験者の佐藤道元が移り住み、江戸時代に鉱山師の守田三弥が開発し、内藤藩の三本松番所が管轄し、昭和10年代に岩戸鉱山会社が鉱山や選鉱場を設けた場所が、土呂久を核にして祖母・傾山系の山腹・山麓に広がっていたことがわかります。大富豪になった三弥が開発した「日向の銀山」は、この一帯にあった銀山の総称ではなかったでしょうか。

外録銀山関係者が江戸で高めた天岩戸神社の評判

土呂久から約5キロ下ったところに天岩戸神社があります。近年、休日は駐車場が満杯で車をとめるのに困るほど、多くの観光客がやってきます。この神社は、江戸時代中期まで地元以外ではまったく知られていなかったのに、幕末に江戸で有名になるのですが、そのことに外録銀山が大きく貢献していました。

天岩戸神社は、岩戸川をはさんで西本宮と東本宮に分かれています。観光客は、西本宮から対岸の絶壁の木の茂みの陰にある岩屋をのぞみます。太陽神の天照(あまてらす)が、弟の素戔嗚(すさのお)の粗暴に怒って岩屋に隠れ、世の中が暗闇になったとされる神話の舞台です。

江戸時代の中期、岩屋のある側の東本宮には小さな「氏神社」が立っていたのに、西本宮には川を隔てた岩屋を拝む場所(遥拝所(ようはいじょ))があるだけでした。天岩戸を訪れた有名人の紀行文を読み比べると、西本宮の変わりようが見えてきます。

最初の紀行文は1792年、勤王の志士だった高山彦九郎が著した『筑紫日記』。古事記や日本書紀の神話の場所を求めて諸国をまわる中で、天岩戸にやってきました。「岩は10丈(1丈は約3メートル)ばかり、前に川が流れ、入口は北西に向いて、木が生い茂って見えない」と書いています。川の西側、岩屋に向きあう遥拝所については触れていません。

1837年に訪ねたのが伊勢(三重県)の探検家松浦武四郎。アイヌ文化の研究で知られる松浦は、九州を紀行して『西海雑志』を書き残しています。天岩戸に来たときは、「道の傍に二間（3・6メートル）に三間（5・4メートル）の遥拝所」があり、「岩の面に天の磐戸と名付ける洞穴があるのをこちらの岸より遥拝する」と記しています。このときは岩屋の対岸に遥拝所ができていました。

1863年に、延岡藩の命令で高千穂を調査したのが樋口種実。『高千穂庄神跡明細記』の中で、天岩戸に入った者が1日ほどしてでてきて、ものが言えなくなったまま死んだ、という奇怪なできごとにつづけて、「拝殿は川を隔ててあり、ここに神楽殿もあり、御宝殿もある」と書いています。このときは、岩屋の対岸に拝殿、神楽殿、御宝殿が立って、神社の姿を整えていました。松浦の訪問から樋口が調査に来るまで25年の間に、たんなる遥拝所から神社へ発展していたことがわかります。この間に、大きな変化をもたらした何かが起きたのです。

『高千穂町史』（1973年）に、こんな記述があります。

「服部伝兵衛等の肝入りで、天岩戸神社の名は江戸の花町に知れ渡り、江戸の高貴な方、人気役者、有名画家、吉原遊女の信仰を集め、沢山の寄進物が、これら鉱山関係者を通じて天岩戸神社に奉納され、岩戸神社の有名な織部燈籠といわれる饅頭型の石燈籠や、神楽殿の岩戸開きの額縁は、当時、江戸から寄進されたものである」

服部伝兵衛とは、江戸の旗本から延岡藩に雇われて、銀山奉行を補佐する役をつとめた人物。この人物が、江戸の町に天岩戸神社の名前を広めたというのです。

1853年に書かれた『天岩戸へ江戸より奉納の品略記』という文書に、江戸から贈られた御初穂、押絵、神灯、鈴、手拭いなど奉納品の目録が記してありますが、そこに「奉納の品々は江戸で服部氏が集めて、外録銀山に送り、酒井氏より引き渡された」と、服部のほかに酒井の名前がでています。酒井とは、銀山奉行の酒井五左衛門のことで、外録銀山だけでなく延岡藩内の銅、鉛、錫山を管理する奉行をつとめた人物です。

国学者が、絶壁の木々に隠れた岩屋が古事記にでてくる天照大神の隠れた場所だと判定した時期に、酒井や服部ら外録銀山関係者が江戸で天岩戸神社の名前を広めたのでした。

「世界にまれ」と鉱山師が広げた大風呂敷

外録銀山は江戸時代に二度、活気にあふれる時期がありました。江戸初期の三弥時代（1616〜1647年）のようすは、語られてきた伝承を少ない記録で補うしかなかったのですが、後期の内藤藩直営時代（1845〜1868年）になると、延岡藩主だった内藤家の文書や高千穂の庄屋の文書など、かなり多数の文献が残っています。

内藤家文書は明治大学に保管されていますが、そのごく一部を『日之影町史7 史料編4』に収められた内藤家文書で読むことができます。そこに収録されている「外録銀山御用留之内覚書抜」に、1852年から56年にかけての銀山のようすが記してあります。

その中に、外録銀山の銀の生産量について書いたところがあります。1852年2月、延岡藩は幕府に1万5千両（1両を今の15万円とすると22億5千万円）の借金を願い出ました。銀山は守田三弥が盛大に操業したあと、湧き水が強くて100年余り休山。休んだ間に崩落した坑道を掘りあけ、排水や排気の穴をぬいたりして、フル操業するための資金を用立ててほしい、というのです。そこに、1851年の銀の生産量が書いてありました。1か月平均7貫目（26・25キロ）、1年で84貫目（315キロ）だった、と。

その3か月後の5月、3年後の銀の生産量を予測した文書がつくられました。坑道の整備を終えてフル操業が始まると、銀は1か月平均200貫目（750キロ）、1年で2400貫目（9トン）生産できると見込んでいます。1851年の実績の30倍近く増産し、これを銀座（銀貨を鋳造するところ）にもっていくと、販売額は年に金10万両で利益は5万両にのぼるという皮算用です。現在の円に換算すると、銀の販売高は年に150億円で利益は75億円。たいへんな大風呂敷を広げたものです。

借金のお願い状の署名人は「内藤能登守家来・服部伝兵衛」。天岩戸神社の名前を江戸の町に広めた、あの人物でした。増産を予測した文書の署名人は酒井五左衛門。2人は江戸から延岡藩に雇われ、酒井はこの年7月に銀山奉行に取り立てられています。

酒井の署名入りで、鉱山の専門用語を駆使しながら「外録から大吹まで7里（約28キロ）四方、どこも銀、銅、錫、鉛の鉱脈が通っていて」「外録は世界にまれな御宝山」と絶賛した文書が残っています。こんな大ぼらを吹く人物は鉱山師だとみて間違いないでしょう。酒井本人が鉱山師だったのか、その部下に有能な鉱山師がいたのか、わかりませんが……。

外録銀山から5キロ下った天岩戸神社の境内に、酒井と服部が奉納した灯籠が立っています。半球形の笠を頭にのせた、全体にまるっこい苔むした灯籠です。現代人でも、あれっと目を向ける新奇なデザインの灯籠に、当時の岩戸の人たちは、江戸のしゃれた文化を感じたのではなかったでしょうか。

銀山奉行の酒井五左衛門が天岩戸神社に奉納した灯籠

酒井が銀山奉行になって1年4か月後の1853年11月、延岡藩主の内藤政義は延岡から外録まで60キロの山道を7泊8日の行程で往復し、外録銀山を視察します。殿様の休息・宿泊所の近くには「煙管(きせる)、唄、浄瑠璃は禁止」、行列の通る村には「つつしんで平伏する(両手をついて頭を地につける)こと」といったお達しがだされました。今から思えば、江戸から来た鉱山師の「世界にまれな御宝山」という言葉に乗せられ、三弥長者の栄華の再来を夢見て仕立てた大名行列でした。

財政難に苦しむ藩主の銀山視察

延岡市の城山公園は、1603年の築城から1869年の版籍奉還まで260余年、高橋・有馬・三浦・牧野・内藤の5代にわたり、県北を治めた延岡城のあったところです。藩政が終わりに近づいた1853年11月24日午前6時ごろ、内藤家7代藩主の政義は駕籠に乗って、西に60キロ離れた古祖母山腹の外録銀山へ、行列を仕立てて視察にでかけました。

銀山視察はどのようなものだったのか。内藤家文書と高千穂町岩戸の庄屋土持家の日記から再現してみると――。

一行が、本陣（殿様の宿泊所）にした岩戸・永の内の酒屋に着いたのは、延岡をでた翌日の夕刻のことでした。明けて26日朝8時ごろ、降っていた雨がやむと、殿様は天岩戸神社に参拝して神楽を見たあと、駕籠で山道を登ります。銀山役所に着いたのは昼すぎ、麻の服を着た銀山奉行の酒井五左衛門が一行を迎えました。酒井にとって、殿様にお目見えするのは初めてのことでした。昼食をすませると、鋪（しき）（坑道）や床屋（精錬場）のある大曽（おぞ）から吹谷（ふきだに）を順番に見て回りました。

翌27日は晴天で、殿様は鶴亀鋪（つるかめしき）を見学したりして銀山内で一日を過ごし、その夜も宿泊しました。山の中の鉱山で2晩、殿様が泊まることになったのだから、その場所探しは大変でした。

山麓の岩戸から登っていくと「番所」がありました。見張りの侍が、出入りする人を厳しく尋問し、荷物の検査をするところです。今の土呂久は、惣見、畑中、南の三つの組からなっていますが、江戸時代の後期は、外録、畑中、折原、南の四つの門に分かれていて、外録門は銀山と農家が混在し、ほかの三つの門は番所より下手の農村にありました。農村に、殿様の宿泊にふさわしい家がないことから、銀山内の役所を宿泊所に使うことになりました。「御湯殿・御雪隠・さっと取り建て」という文面から、殿様の使う風呂と便所が急いで建てられたことがわかります。寝具は、身分の高い者は延岡から供の者に運ばせ、低い者は銀山役所が準備した1枚の布団を2人で身を寄せあって使いました。食事を用意する賄いは、銀山役所が引き受けたので、農家が手伝うことはありませんでした。

27日の午後、銀山視察に奔走した岩戸の庄屋土持霊太郎ら3人が、殿様から銀5匁（約1万2500円）、銀山の賄い所から酒5升と魚2尾を受け取りました。夕方、翌朝の出発にそなえて人足（運搬の従事者）414人が到着。銀山内に泊まる場所がないことから、畑中、折原、南の農家に分かれて泊まりました。

翌28日の昼ごろ銀山を発った一行は、午後5時に永の内の本陣に到着。29日に岩戸を発って、延岡城に帰り着いたのは12月1日のことでした。

7泊8日の大名行列は、多くの人を巻きこみ、苦労を強いたものになりました。慢性的な財政難に苦しむ内藤藩が、外録銀山に寄せた期待の大きさが現れていました。しかし期待通りにはいかず、「その後鉱山は次第に下火となり、（所有は）内藤家から熊本細川家に移った」と、『高千穂町史』は書いています。

幕末の主要鉱産物は銀から鉛へ

延岡藩主の内藤政義が外録銀山を視察する半年前の1853年6月3日、日本を揺るがす大事件が起こっていました。アメリカのペリー艦隊が、黒船に乗って江戸湾(浦賀)に現れたのです。その2週間後、内藤藩の江戸屋敷は徳川幕府の銀座役所(銀貨を鋳造する場所)に呼びだされて、次のお達しを受けました。

「市中で鉛が底をついているので、量にかかわらず、灰吹き銀一同を売りにだすこと」

黒船の来航で、幕府だけでなく、外国に恐れをいだいた諸藩も軍艦、大砲、銃などの海防軍備に追われるようになりました。鉄砲鍛治(かじ)や鋳物師(いもじ)らに仕事が殺到し、大いに潤ったことから「黒船特需」と言われたりします。外国の脅威とその防備で国内が騒然とする中で、銃弾の原料である鉛の需要が急増し、市場に出回らなくなってきました。

鉛の不足と外録銀山に、どんな関係があったのか。この疑問に答える際の参考になる文書があります。1884年に作成された『岩戸村字向土呂久銀鉱山ニ係ル取調書』。「向土呂久(むかいどろく)」は外録銀山の南の端に位置する字(あざ)の名前です。

16世紀の半ば以降、日本の銀山は「灰吹き法」という技術を用いて銀を精錬しました。外録銀山では、鉛の鉱石(方鉛鉱)から銀を精錬したのですが、同時に鉛も採れたのです。この取調書から、外録産の鉱石から採取した銀と鉛の割合を知ることができます。そこには、樫(かし)の炭

150キロを使って300キロの鉱石を熔解すると、鉛131キロと銀1・31キロが生産できたとあります。つまり方鉛鉱を精錬すると、銀の重さの100倍の鉛が採れました。

銀座役所が通達した「灰吹き銀一同」というのは、灰吹き法で採れた銀と鉛をいっしょに市場にだせということでした。通達を受けた外録銀山の役所は、「鉛は450貫800目（約1・7トン）ありますが、そのうち150貫（562・5キロ）を上納しますので、3貫（約11キロ）につき1両（15万円）でお買い上げください」と返事しました。

幕府は1854年にアメリカと和親条約を結ぶと、函館、横浜、神戸などの港を開いて、イギリス、ロシア、フランス……と貿易を始めますが、同時に外国への警戒をゆるめることはありませんでした。延岡藩は「17歳以上50歳までの者は毎月3日ずつ鉄砲の稽古をし、異国船が着いたときは、その海岸にすぐに駆けつけるように」という指示をだす一方で、鉄砲と鉛と硝石の確保に動きます。外録には、鉛の一手買い付けをまかせた商人を住ませ、鉛を精錬するときは三本松口屋番所に立ち会わせて、鉛がよそに流出しないように厳しく管理しました。こうして、幕末の外録の主要鉱産物は銀から鉛に転換したのです。

明治維新の前年の1867年4月、延岡藩最後の藩主内藤政挙が高千穂の村々を巡行しました。外録の視察は実にあっさりしたもので、12日の朝、山裏村を出発した行列は、山を越えて外録銀山で休憩すると、すぐに天岩戸神社に下っていきました。前の藩主が銀山役所に2泊したときの熱気は、もう感じられませんでした。

明治に入ると、外録銀山は延岡藩の手を離れます。1868年に肥後の細川藩に引き渡され、

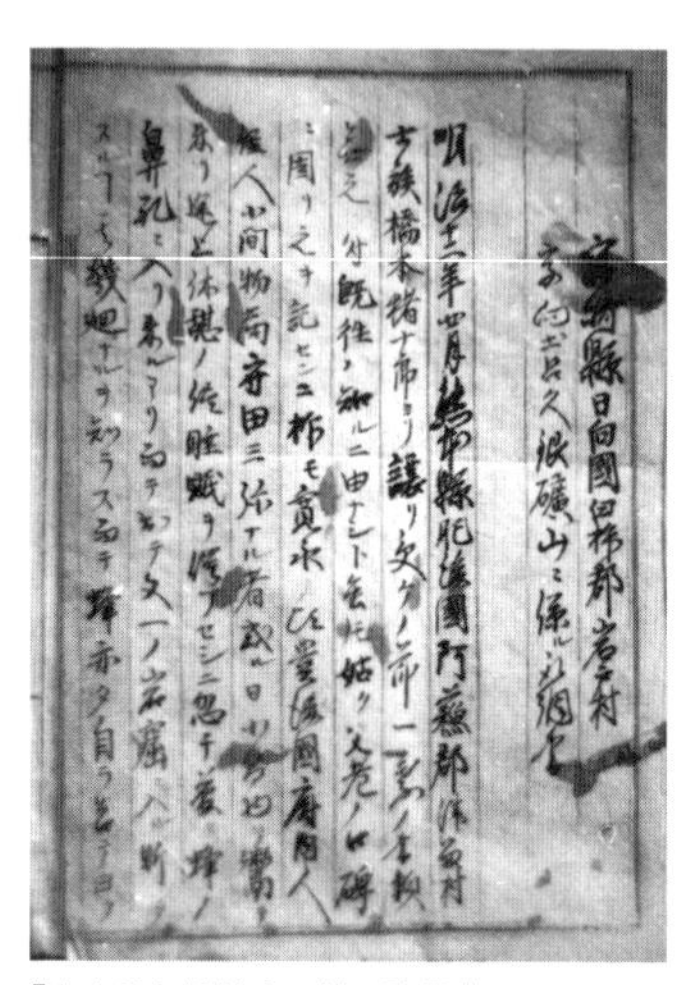
宮崎縣日向國臼杵郡岩戸村
字向土呂久銀礦山ニ係ル取調書

『向土呂久銀鉱山ニ係ル取調書』
（1969年ごろ高千穂町岩戸支所で、山口保明さん撮影）

1879年に肥後から薩摩の長崎豊十郎と武一郎に譲渡されました。『向土呂久銀鉱山ニ係ル取調書』は、そのころの年間の銀の生産量を48・75キロと記しています。年間の銀の生産量9トン（10万両相当）を夢見てから27年後のさびしい現実でした。

銀の精錬労働者に砒霜の病

江戸時代後期の外録銀山を知るうえで、たいへん役に立つのが『日之影町史7　史料編4』の内藤家文書に収められている「外録銀山御用留之内覚書抜」です。この文献を読んでいるうちに、思ってもみなかった言葉に出合って、わが目を疑いました。その言葉は、1853年に江戸幕府の銀座役所が「市中の鉛が底をついているので、灰吹き銀一同を売りにだすように」求め、それに対し、外録銀山の役所が返した文書にでていました。精錬がはかどらない理由として、こう書いていたのです。

「砒霜之毒気ニて吹越(ママ)病気引込多ニて、早々薬用砒霜除手当」

「砒霜（ひそう）の毒気」にあたって、病気でひきこむ吹大工（精錬工）が多いので、薬を用いて体内から砒霜を除く手当をしている、というのです。すでに説明したように、鉱物を精錬するとき、鉱物に含まれていたヒ素は酸化されて煙とともに飛び立ち、空中で冷えると白い粉じんになって降ってきます。まるで霜のようだったので「砒霜」、すなわちヒ素の霜と呼びました。明治以降は「亜ヒ酸」と呼ばれるようになった毒物です。大正から昭和にかけて、鉱山が硫ヒ鉄鉱という鉱石を焼いて亜ヒ酸を製造したとき、撒き散らされたヒ素によって労働者と周辺住民がヒ素中毒にかかって苦しみました。その病気が、江戸時代の終わりに、すでに外録銀山で現れていたのです。

自然は実に巧妙な仕組みをもっています。人間が銀という富を欲し、生産を増やせば増やすほど、ヒ素という毒が多量に環境にばらまかれ、人の健康を害するのです。ヒ素の毒は、自然が人間に与えた欲望の歯止めのように思われます。

日本に「灰吹き法」という銀精錬の技術をもちこんだのは、１５３３年に島根県の石見銀山を開発した博多の商人神谷寿禎です。神谷は単身、中国・明に渡り、銀の精錬技術を学んで帰国しました。

明代の技術書として知られる宋応星撰『天工開物』に、「鉱石をとかし銀と鉛を製錬する」図と「鉛を沈めて銀を取りだす」図が載っています。前者の図では、人の背丈ほどの角型の炉に鉱石と木炭を入れ、鞴（ふいご）で風を送って鉱石を溶かしています。溶鉱には銀と鉛が混じっています。後者の図は、内側を松の炭で囲った分金炉に、その溶鉱を入れて、鞴や大きな団扇（うちわ）で風を送って火を強くし、鉛が灰に吸収されて炉の底に沈んだあと、残った銀を採取する作業を描いています。

同じ時代に、東ヨーロッパのチェコでおこなわれていた銀精錬の図が『中世仕事図絵』(ヴァーツラフ・フサ編著、藤井真生訳、八坂書房、2017年)に載っています。それを見て、鉛を灰に吸収させて銀と分離させる「灰吹き法」が、16世紀の世界のあちこちに広がっていたことを知ることができました。日本では、高炉ではなく地面を掘った炉を使いましたが、原理は同じです。金儲けの技術が新たに開発されると、たちまち普及するのに、ヒ素の害を防いで環境や健康を守る技術の開発を急いだ形跡は見当たりません。

毒物のヒ素は人間に、富める者をますます富ませる開発の技術だけでなく、弱い者を保護する技術も研究・開発せよ、と教えていたのではないでしょうか。

銀山の繁栄語る渡り坑夫の墓

岩戸にある浄土真宗泉福寺で「銀山出入之者改所(ぎんざんでいりのものあらためしょ)」と書いた立札を見たことがあります。住職の藤寺心一さんから「先代の住職が、土呂久の民家の台所の踏み板になっていたのをもらってきた」と聞きました。江戸時代の外録銀山の入口に、この立て札が立っていて、見張りの侍が人物と荷物を検査していたのです。その場所は「番所」と呼ばれました。

大正時代に番所の跡で道路の拡張工事をしたときのことです。「わしたちが死骸を掘りだした。穴掘ってさかさまに落としこんどる。そういうのを何人も掘りだした」と語ってくれたのは「荒谷」の佐藤義雄さんでした。見張りの侍が、犯罪人を見つけて切り殺し、さかさまに埋めていた、というのです。土呂久川をはさんだ番所の対岸に「八人塚」と呼ばれる石積みの墓があり、そこには斬殺された八人の坑夫が埋葬されている、という言い伝えも聞きました。鉱山の外に住む農民の目には、番所の向こうの鉱山が、異なる世界として映っていたにちがいありません。

徳川家康は『山例五十三ケ条』という文書で、「目の前に黄金の山があっても、鉱山師と採鉱夫がいなければ、黄金を使うことができない」と説き、「たとえ名城の下であれ、鉱脈があるところは採掘してかまわない」と鉱業重視の考えを打ちだし、「人を殺した鉱山師や採鉱夫が鉱山に駆けこんだときは、その経歴が確かなら、留め置いて働かせること」と、鉱山技術者を重んじるように指示しています。

鉱山師が重用された異質な世界をもっと知りたかったのでしょう。延岡藩主の内藤政義が、外録銀山を視察した翌月、側用人を介して外録銀山の役所に質問し、役人が殿様に回答した文書が残っています。

「外録には何軒あるのか」

「百姓家が14軒で、鉱山関係者の家が113軒です」

「何人住んでいるのか」

「総人口が313人で、そのうち男が232人、女が81人です」

殿様の質問は、「掘り大工（採鉱夫）の数は」と進みます。

「35人です」

「掘り子（鉱石運搬の者）は」

「36人です」

「どこに住んでいるのか」という問いに、役所はこう答えました。

「彼らは『渡り坑夫』と呼ばれ、生野や院内などの銀山から来た者たちで、飯場（労働者の合宿所）というところに住んでいます。飯場は3軒あります」

どこの鉱山にも、全国を渡り歩く坑夫が亡くなったときに弔うための寺がありました。外録銀山の「町」に立っていたのは、山麓の岩戸にある泉福寺の支坊でした。支坊の近くには広い墓地がありました。大正年間に幼駒の運動場をつくったとき、墓地の一部はつぶされたのですが、今でも探せば、斜めに傾いた古い墓を見つけることができます。

江戸時代後期の渡り坑夫とその家族の墓が立つ土呂久の墓地

「豫州新郡別子村　新蔵　安政二年六月二十三日」
「佐伯　俗名十兵衛　五十才　安政六年十二月十日」
「出羽金堀　柏木千代松　娘　あさの　年四才　文久三年三月二十二日」
江戸時代の後期、四国の愛媛や東北の秋田、山形から鉱山を渡り歩いて、最後に古祖母山腹の外録銀山でいのちを落とした坑夫や家族の墓です。風化が進み、刻まれた碑銘が薄れ、誰を葬ったのかわからなくなっても、無縁墓は、土呂久で銀山の栄えた時代を語りつづけます。

第3章

和合の郷の形成

鰐口を奉納した裕福な農民

これまで土呂久で開発された銀山の歴史をたどってきましたが、ここからは、銀山と隣りあわせて展開した農村の歴史をさかのぼってみます。まず、室町時代から戦国時代（1336～1590年ごろ）の土呂久を語る三つの史料について話します。

第一の史料は、南組の「母屋」の佐藤富喜男さん方に保管されている鰐口です。表に「奉施入東林寺薬師瑠璃光如来御宝前　日向州高知尾郷折原村居住国政敬白」、裏に「応永十九年壬辰九月念九日」と、タガネで彫ってあります。室町時代の1412年9月29日に、高千穂の折原（現在の土呂久南組）に住む国政という人物が、東林寺の薬師如来に奉納した鰐口であることがわかります。東林寺は土呂久南組に立っていて薬師三尊をまつっていました。

15世紀のはじめ、土呂久・折原に住む国政が奉納した鰐口。高千穂町指定文化財になっている

ほぼ同じ時期につくられた鰐口が、日之影町七折の嶽神社に保管されています。同町が編集した『郷土の自然と文化財』によれば、タガネ彫りの銘から、1425年に東福寺に奉納されたものだということです。東福寺は、樒原（しきみばる）（現・四季見原）にあった天台宗の修験の本院なので、嶽神社も土

呂久の東林寺も、榁原を囲んで立っていた修験者の巡拝する寺院の一つだったのでしょう。
『郷土の自然と文化財』は、日之影町の鹿川観音堂に、江戸初期に大吹銀山の隆盛を願って奉納された鰐口が保管されていると書いています。注目されるのは、その鰐口に「豊後国駄原町住人安倍佐衛門」と制作者の名前が彫ってあること。駄原(現・大分市)は高度の技術をもった鋳物師の集団で有名な町でした。

この三つの鰐口を並べると、修験・鉱山・鋳物師でつながるネットワークが見えてきます。祖母山系には、日向の谷間から山を越えて豊後の町へ伸びていく道があったのです。

第二の史料は、1985年に富喜男さんが、薬師堂のまわりにころがっていた四角や三角や球形の石を積んで組み立てた高さ80センチばかりの8基の塔です。訪ねてきた郷土史家が「これは灯籠ではなくて五輪塔。むかし土呂久にえらい人がおって、その人の墓のごとある」と、目を丸くしたといいます。

古祖母山に切れこんだ谷筋のいちばん奥にある土呂久は「どんづまりの集落」と言われたりします。自然環境がきびしく、周囲から閉ざされて、生活は貧しかったと思われがち。ところが土呂久には、国境の峠の向こうの鋳物師に鰐口を注文したり、五輪塔を建てて死者をまつったりするほど裕福な農民が住んでいたのです。この豊かさの源は、恵まれた自然と埋蔵する地下資源ではなかったでしょうか。

第三は、土呂久畑中組の地侍の名前を記した『筑紫軍記』。戦国時代の末期、豊後の大友と薩摩の島津の九州を二分する争乱のとき、島津方についた岩戸の佐藤一族は、大友軍のたてこもる緒方攻めに加わりました。西川功著『増補版 高千穂太平記』は、『筑紫軍記』が、この戦で活躍した侍として「岩戸土呂久佐藤五郎兵衛信興」の名前をあげていることを紹介しています。信興は、畑中組の「荒谷」の佐藤家系図にでてくる人物です。

薬師如来に鰐口を奉納した折原の国政、鍬の替わりに刀をもって戦場に駆けつけた「荒谷」の信興。室町から戦国時代の土呂久に住んでいた2人の顔がぼんやりと見えてきました。

連綿とつづく農家の歴史を伝える検地台帳

江戸時代初期から中期の土呂久の姿を、岩戸の庄屋の家に保存されてきた検地の台帳が伝えてくれます。領主が農民から年貢を取り立てるために、耕作地の種類、等級、面積などを調査した台帳なのですが、今では、当時の農村を知る有力な史料です。

高千穂地方で最初の検地は、九州を平定した豊臣秀吉が実施した「太閤検地」でした。高千穂町五ケ所の庄屋が保管していた『天正18(1590)年竿前御改書上帳』に、高千穂郷23村の1つとして「土路久村(とろく)」の名前がでてきます。石高は14石7斗9合。これが「とろく」の地名のでてくるもっとも古い文書です。

次に古いのが、延岡藩が慶長14(1609)年におこなった検地です。そのときの台帳『岩戸竿帳』が高千穂町岩戸支所に保存してありました。この竿帳(さおちょう)を最初に見たのは1983年ごろのこと。「これが日本史の授業で習った検地の台帳の実物なのだ」と感激し、難解なくずし字の向こうに400年昔の土呂久があるのだと思って、写真に撮って帰り、印画紙に焼き付けました。それから10年余りたって、『岩戸竿帳』は『宮崎県史　史料編　近世1』に活字になって収録され、今は図書館に行けば、誰でも読むことができます。

当時の農村の基本単位は門(かど)でした。土地開発者の百姓と、数人の名子(なご)、かしげと呼ばれる労働提供者で構成されるのが門です。名子は、百姓の土地で働いて収穫を分配してもらい、新たな土地を開墾することで自立していきました。かしげは、百姓に従属した存在で、軒下などに小屋をつくって暮らしていました。

この竿帳から、岩戸村が65の門からなり、今の土呂久が南、折原、白石、猪鹿(とろく)の4つの門からなっていたことがわかります。南門と折原門が現在の土呂久の南組、白石門が畑中組、猪鹿門が惣見組にあたります。それぞれの石高を計算すると、南門が5石6斗、折原門が10石、白石門が8石5斗、猪鹿門が19石3斗。その20年前の太閤検地の土路久村の石高(14石7斗9合)と比べると、土路久村に相当するのは猪鹿門だと思われます。そうだとすれば、そもそも「とろく」と呼ばれていたのは、現在の土呂久の範囲より狭く、惣見組を中心にした山深い一帯を指していたと考えられるのです。

竿帳には、一筆ごとの耕作地の場所、種類(屋敷、田、畑、山畑、切野)、面積、耕作者が記載されています。丹念に見ていると、江戸時代初期の土呂久がおぼろげに浮かんできます。

折原門に藤左衛門という百姓がいました。菜園や竹木を含む屋敷は、8間(14・4メートル)と

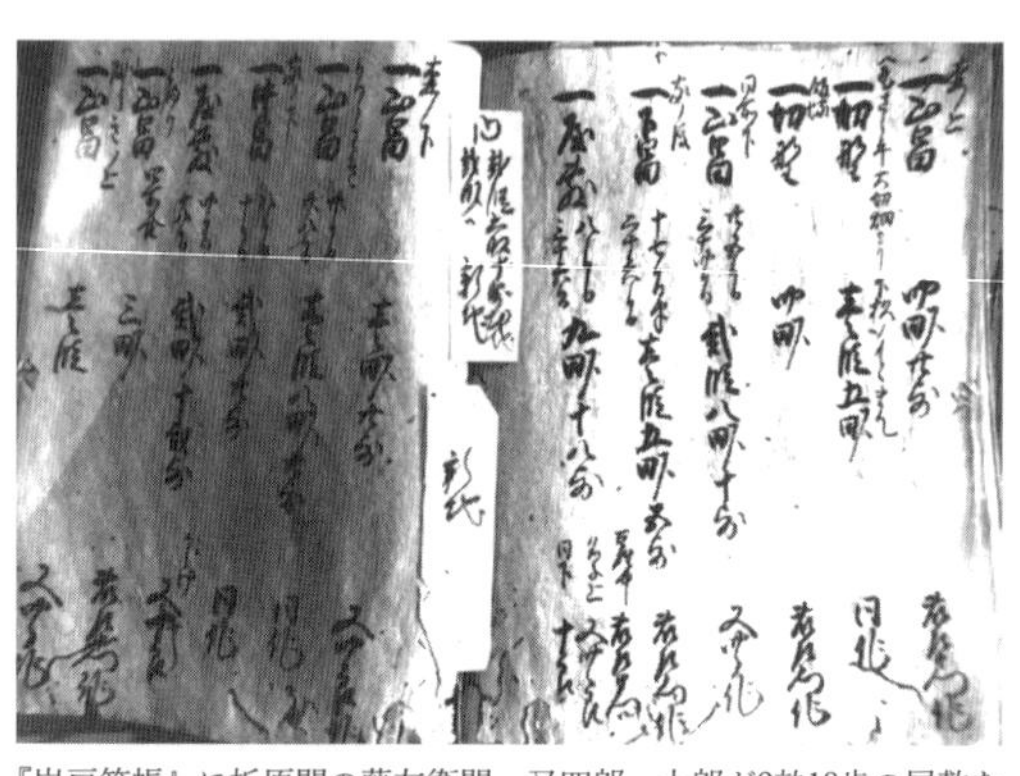
『岩戸竿帳』に折原門の藤左衛門、又四郎、十郎が9畝18歩の屋敷をもっていたことが記載されている

36間（64・8メートル）なので、面積は約930平方メートル。この広い屋敷に、名子の又四郎、名子の十郎といっしょに住んでいました。おそらく、この3人は親族でしょう。ほかに、かしげの又十郎が約200平方メートルの屋敷に住んでいましたが、耕作地がないので、藤左衛門の土地で働いて収穫の一部をもらって暮らしていたと思われます。農民の中にも階級があって、耕作地をもたないかしげの生活のきびしさが想像できます。

思いだされるのは、それより200年前に折原に住んでいて、薬師如来に鰐口を奉納した国政のことです。裕福な農民だった国政の子孫が藤左衛門だったと思われます。折原に「本屋敷」という場所があるので、そこに家を構えていたのではなかったでしょうか。

『岩戸竿帳』から120年余りのちの享保17（1732）年の検地の台帳を見ると、藤左衛門の耕作地は重左衛門に引き継がれていました。先祖伝来の耕作地で汗を流した農民の連綿とつづく歴史が、検地の台帳から読めるのです。

『岩戸竿帳』を読み解いたガリ刷りの論文

土呂久の集落の歴史を手探りで調べていたころ、いつも手元に置いて参考にしていたガリ版刷りの論文がありました。小手川善次郎さん（1889〜1957年）が書いた「慶長の頃に於ける岩戸村の部落構造に就いて」。内容は、慶長14（1609）年におこなわれた検地の台帳『岩戸竿帳』を読み解いたものです。

小手川さんは高千穂町の中心部で呉服店を営みながら、こよなく愛した高千穂をくまなく歩いて回り、古代、中世、近世の歴史、民俗、宗教に精通した地方史研究者でした。店を継いでいる孫の小手川慎子さんは、「調査から戻ってきて、原稿なしで、いきなり鉄筆で原紙を切って、謄写版で印刷して、郷土史の仲間に配っていたのを憶えています」と、祖父をなつかしみます。

小手川さんが生前に書いたガリ版刷りの冊子は115点にのぼるそうです。郷土史研究の仲間が編集に協力し、1976年に第一遺稿集『高千穂神楽』が刊行されると、すぐに高い評価を得て、今では高千穂神楽に関心をもつ人のバイブルになっています。

神楽以外の研究もたくさんありました。その中から土呂久に関する論文を選んで私に見せてくれたのが、宮崎県総合博物館長をしていた柳宏吉さんでした。1985年ごろのことです。その論文は、湧きあがってくる言葉をこらえることができず、下書きも推敲もなく、鉄筆で原紙に書きつけたもので、文字と文章はかなり読みづらいものでした。それでも、あふれだす知識と深い洞察と鋭い直感に圧倒され、魅了された私は「慶長の頃に於ける岩戸村の部落構造に就いて」を自分の字で清書して、座右の書にしていたのです。この論文は「慶長時代の岩戸村の部落構造」と改題されて、第二遺稿集『高千穂の民家他歴史資料』（1993年）に収められました。そこには傾聴すべき見解が随所に散りばめられています。

たとえば、岩戸地方の山岳信仰について「岩戸の人々がはじめに祭ったのは古祖母であり、これは地主神として山を祭ったので、それが後に祖母祭祀に統一された」。土呂久に関しても「土呂久鉱山の開発は大友氏以前と推定せらるる」「土呂久鉱山の飯米は恐らく豊後から運ばれたであろう」など。こうした達見に、私は多くのヒントを得ました。

宿題を与えられたように思ったのが、土呂久の近世についての次の指摘です。

「（『岩戸竿帳』に土呂久の鉱山が門としてでていないのを見ると）当時すでに（鉱山は）中止の状態にあったのか、あるいは耕地のないゆえに別個に取り扱われていたのであるか、ただし、猪鹿という門が例外的に6町1反の耕地と5人の百姓を有していることが、なんらの指示をなすものか研究の余地がある」

『岩戸竿帳』には、東岸寺と浄源寺という二つの寺が門（かど）として記載され、耕作地をもっていました。それなのに、土呂久の鉱山が門としてでていないのは、どうしてなのか。検地のときに休山していたからか、それとも耕作地にかけられる年貢とは別の税金を取られていたからなのか、というのが第一の問いです。

第二の問いは、ふつうの門は百姓が1人か2人で耕地面積は1～3町（1～3ヘクタール）なのに、猪鹿門（とろく）には5人の百姓がいて、合わせて6町1反（約6・1ヘクタール）の耕作地をもっているのは、何を意味するのか。「研究の余地がある」という小手川さんの宿題の答えを探して、猪鹿門について調べてみることにしました。

銀山町の商人が納めた運上金

小手川さんの問いに応えるために、当時の資料をもとに土呂久の地図を描いてみました。慶長検地のとき、今の土呂久は南門、折原門、白石門、猪鹿門の4つの門に分かれていました。現在の字図を参考にして門の範囲を確定し、銀山と農村の境界に赤線を引いた地図に、農民（百姓と名子とかしげ）を赤い点、御鉄砲衆を青い点で打っていきました。南、折原、白石門は、ふつうの農村の構成だったので簡単だったのですが、難問は猪鹿門でした。面積が広いので、農民7人と御鉄砲衆3人の計10家族がどこに住んでいたのか、はっきりさせるために苦心しました。役に立ったのが、その後の検地の台帳である『岩戸村新地帳』（1692年）と『御検地帳』（1732年）でした。時代の異なる3冊の台帳を重ねたことで、この10家族が住んでいた場所を特定できました。

できあがった土呂久地図を見ると、北と東と西に山林が広がり、猪鹿門の南部から白石、折原、南門にかけて17軒の屋敷がかたまっています。その北の空白をはさんで、もっと上手に3

軒の屋敷。この空白地は、商人が店を営んでいた銀山町だと推測できます。

作図をしたうえで第一の問いの答えを探していて、1692年の『岩戸村新地帳』で注目すべき記載に気づきました。『新地帳』は、1609年の『岩戸竿帳』のあとに開墾された新たな耕作地の台帳ですが、そこに1軒の屋敷が新たに登録されていました。屋敷の所有者の肩書は、百姓ではなく「町」となっています。つまり、銀山町に住んでいた商人が、銀山の操業が中断したあと店を閉じ、山畑と切野を開墾して農業を始めたのだと考えられます。銀山が操業していた1609年は、商人たちは耕作地をもたず、延岡藩に納めていたのは年貢ではなく運上金（事業税）だったのでしょう。銀山町は、耕作地から年貢を取り立てるための検地の対象からはずれていたというのが、第一の問いへの答えです。

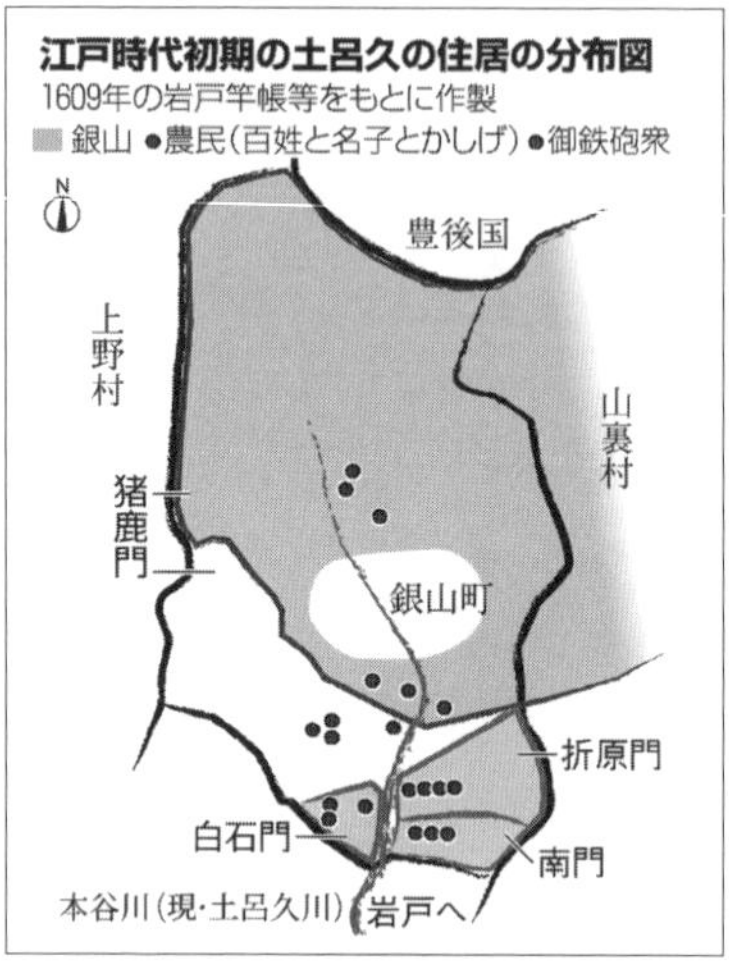

江戸時代初期の土呂久の住居の分布図
（朝日新聞連載「和合の郷」第32話より）

では運上金の額はどのくらいだったのか、と思って調べると、江戸後期の1853年に外録銀山の役所が作成した文書（内藤家文書『外録銀山御用留之内覚書』所収）にでていました。銀山町には酒屋、宿屋、穀物商、魚屋、髪結などの店が開かれ、商人が納めた運上金は、酒屋と宿屋と髪結が毎月銀6匁（1万5000円）、穀物商と魚屋は銀4匁5分（1万1250円）、豆腐売りは銀3匁（7500円）、日稼ぎの労働者は1日3厘（250円）でした。販売された商品には、豊後（大分県）から運ばれてきたものもありました。それら移入品は、国境の三本松口屋番所を通るときに口銀（移動する商品にかける税）を取られました。武士階級は、農民からは四公六民、五公五民、六公四民といった高率の年貢、商人からは運上金に口銀というように、容赦なく税金をしぼりとっていたのです。

山の民と里の民が一つになって土路久組へ

小手川さんの第二の問いに答えるために、普通の農村とは異なる構成をしていた猪鹿門について調べていると、渡辺尚志・五味文彦編『新体系日本史3　土地所有史』（山川出版社、2002年）という本で、平安中期以降、イノシシ（猪）やシカ（鹿）がすむ荒野を「猪鹿の立庭」と呼んでいたことを知りました。猪鹿門は、イノシシやシカのような野生動物がすむ土地に付けられた地名だったようです。

「とろく」を「土呂久」と書くことが定着したのは1935年ごろです。それ以前は「土路久村」「外録銀山」「猪鹿門」など異なった表記がされていました。このことは、最初に「とろく」の地名があって、あとから漢字が当てられたことを意味しています。

では「とろく」の語源は何なのか。これまで二つの説がありました。第一の説は、古語辞典に『『とほく』』の転。奥の方。底の方。辺地」と載っていることから、「とろく」には人里から遠く離れた「僻遠の地」の意味があるという説。第二の説が、約400年の昔に銀山技術の指導に来ていたポルトガル人「ヨセフ・トロフ」のトロフにちなんで「とろく」の地名が付いたという説です。これに、平安中期以降にイノシシ（猪）やシカ（鹿）がすむ荒野を「猪鹿の立庭」「猪鹿の薗」と呼んでいたことがわかって、第三の説が加わりました。初めは「ちょろく」と呼ばれていたのに、それがなまって「とろく」になり、「土路久」「外録」の漢字が当てられたという新説です。

野生動物のすみかに入りこんで開拓したのは、山に生きる人たちだったでしょう。山の民のいちばんの仕事は狩猟です。弓矢や鉄砲をもって山に分け入り、イノシシやシカや鳥を撃ち、ときにはクマと遭遇して格闘しました。獲得した野生動物は、肉を食べるだけでなく、獣皮や熊（くま）膽（のい）のような珍品を、行商人が運んでくる海産物などと交換しました。

山中に築いた窯からは、クヌギやナラの木を蒸し焼きにする煙が立ちのぼります。木炭を製造しているのです。木炭は鉱石を精錬する際に使われました。坑道を支えるための坑木も山から伐りだしました。鉱山操業には、山に生きる人たちの協力が不可欠でした。

豊後（大分県）佐伯藩の炭焼師が寛永年間（1624～1643年）に、炭窯のそばの枯れ木にシイタケが自然発生しているのを見つけて、菌が付きやすいようにナタで原木に切れ込みを入れる栽培法を考案しました。この方法は、数年のうちに祖母山系に広まりました。

狩猟、伐木、炭焼き、シイタケ栽培など、山の仕事は、田畑を耕すような共同作業と違って、労働力を束ねる門の組織を必要としませんでした。だから慶長14（1609）年の『岩戸竿帳』では、猪鹿門に百姓5人、名子1人、かしげ1人、御鉄砲衆3人がいて、ふつうの農村とは異なる構成になっていたのでしょう。それから123年後の享保17（1732）年の『御検地帳』では、猪鹿門が小さな門に分かれて記載されています。数えてみると、荒谷門、上荒谷門、岩下門、向土路久門、土路久河地門、土路久門（ひノ口）、土路久門（惣見）、土路久靏門の8つです。門は、農民が協働して耕作する集落の組織。猪鹿門の分化は、山で生活していた人たちが農業へ比重を移して、小さな共同体をつくり始めたことを表しています。

「享保17壬子歳11月　御検地帳5冊之内　岩戸村土路久組」と書いてある1732年の検地台帳の表紙は、新しい出発を象徴していました。南門、折原門、白石門に猪鹿門が分化した8つの門。合わせて11の門からなる土路久組が誕生したのです。

猪鹿門が山で暮らす人たち（山の民）が開いた土地だったのに対し、南、折原、白石門は農業をするために麓から移り住んだ人たち（里の民）が開墾した土地でした。17世紀から18世紀に移る時期に、猪鹿門の山の民と、南、折原、白石門の里に民が和合して土路久組ができたと考えられます。

谷の湧き水を使って開田

土呂久の傾斜地は、その昔、大きな岩がごろごろころがり、太い雑木におおわれていました。

農業は、傾斜地の木を伐り倒し、根を掘り起こし、藪を焼いて、その灰を肥料にして作物を育てることから始まりました。焼畑です。土呂久では「藪（ヤボ）作」と言います。ヤボ作は、太平洋戦争後の食糧難の時代にもおこなわれました。経験者の佐藤福市さんが、こんな話をしてくれました。

「ヤボを焼いたあとにトーキビを2、3年植えると、畑地のようになって、大豆でも小豆でもできる。5、6月ごろ、土を掘って青みがかった草を埋めておくと、その草が肥やしになる。ヤボ作は難しゅうない。素人でもできる」

土呂久では、1950年ごろまでヤボ作がおこなわれていたそうです。

慶長14（1609）年におこなわれた検地の台帳（『岩戸竿帳』）に、農地の種類として、田、畑、山畑、切野、そして屋敷がでてきます。田と畑は上中下の3ランクに分けられ、屋敷（家、菜園、竹木を含む）は、上畑と同じとみなされて石高の計算がされました。

今の土呂久地区（当時の南門、折原門、白石門、猪鹿門）をぬきだして、4つの門の耕作地の面積を表にしてみました。ここで「山畑」となっているのが、山の斜面を利用して、数年ごとに移動しながらヤボを焼いて作物を育てた耕作地。つまりヤボ作をつづけていた土地です。ヤボを焼いたあとに育つ草を家畜の飼料や屋根のふき替えに使っていたのが「切野」。農業の技術が進んで、斜面を平らにならし、畝を立てて堆肥を与え、輪作を可能にした耕作地が「畑」です。田は、その当時の4つの門のどこにもありませんでした。

当時、岩戸村は65の門に分かれていましたが、田をもっていたのは、そのうちの12の門で、ほ

『岩戸竿帳』(1609年)に記載された土呂久の耕作地

	屋 敷	中 畑	下 畑	山 畑	切 野	計
南 門	9畝10歩	3反5畝27歩	2反9畝	6反1畝20歩	1反5畝	1町5反27歩
折原門	1反2畝	5反1畝14歩	8反2畝24歩	1町1反4畝5歩	1反9畝	2町7反9畝13歩
白石門	9畝10歩	2反7畝6歩	6反2畝28歩	1町7反4畝1歩	1反9畝5歩	2町9反2畝20歩
猪鹿門	2反3畝3歩	1反8畝20歩	2町4反7畝	1町9反9畝18歩	1町2反9畝5歩	6町1反7畝16歩
合 計	5反3畝23	1町3反3畝7歩	4町2反1畝22歩	5町4反9畝14歩	1町8反2畝10歩	13町4反16歩

*1町=約1ヘクタール;1反=約10アール;1畝=約1アール;1歩=3.3平方メートル

とんどが500平方メートル未満の狭い田でした。理由は、水源が沢の水か湧き水に限られ、水量が少なかったからです。

土呂久で最初の田は、享保17(1732)年の『御検地帳』に記載されています。白石門の「家の前」に180平方メートル、「たて屋南」に600平方メートル、「川むこ」に220平方メートル。3か所合わせて1000平方メートルでした。こうしてヤボ作でつくる陸稲より、はるかにおいしくて腹持ちのよい水稲栽培が始まりました。

土呂久の谷は、北に標高1633メートルの古祖母山、東西に1000メートル級の山に囲まれています。尾根の内側に降った水を集めて、土呂久川が流れ下り、谷のあちこちに水の湧く場所があります。土呂久は水に恵まれた集落です。

延岡藩の地方役所が小さい田を調べてつくった台帳を『見取田小前帳』と言い、安政3(1856)年の『見取田小前帳』に、土呂久で12人の農民が17か所合わせて約2000平方メートルを開田したことが記録されています。平均120平方メートル足らず、湧き水を使った小さな田でした。

幕末になると、山麓の農民が大規模な開田を計画し、土呂久川のどこから取水するか、調査を始めました。土呂久地区内に取水地を定めて用水の開削工事に取りかかります。そんなときも、土呂久の人たちが開いていたのは、谷に湧く水を利用した小さな田でした。

土呂久川から取水した東岸寺用水

岩戸地区の水田開発の歴史を書いたのが、藤寺非宝さんの編著『上向き田米―岩戸山裏維新以前田成開発史』（岩戸地区公民館連絡協議会等、２０００年）です。非宝さんは、浄土真宗泉福寺の住職で、西臼杵地方の神社仏閣や岩戸地区の農業の歴史に詳しい郷土史家でした。本名は宝なのですが、「自分は宝ではない」と言って、法名を非宝と名乗った人。門徒の人たちからは「宝坊さん」と親しみをこめて呼ばれていました。

『田成（たなり）開発史』を読むと、ほとんど平地のない岩戸地区で、江戸時代後期からどうやって水田が開かれていったか、よくわかります。当時の技術では、深い谷底を流れる川から、高台の農地まで水を上げるのは不可能でした。山麓の農民が考えたのは、古祖母山の中腹に取水場所を見つけて、そこから用水路を掘りぬくこと。岩戸の五大用水路と言われる黒原用水（１８５４年）、東岸寺用水（１８５５年）、日向用水（１８５９年）、上寺用水（１８６３年）、日添用水（１８７１年）が開通してから、急速に開田が進みます。この5本のうち東岸寺用水と上寺用水は、土呂久川

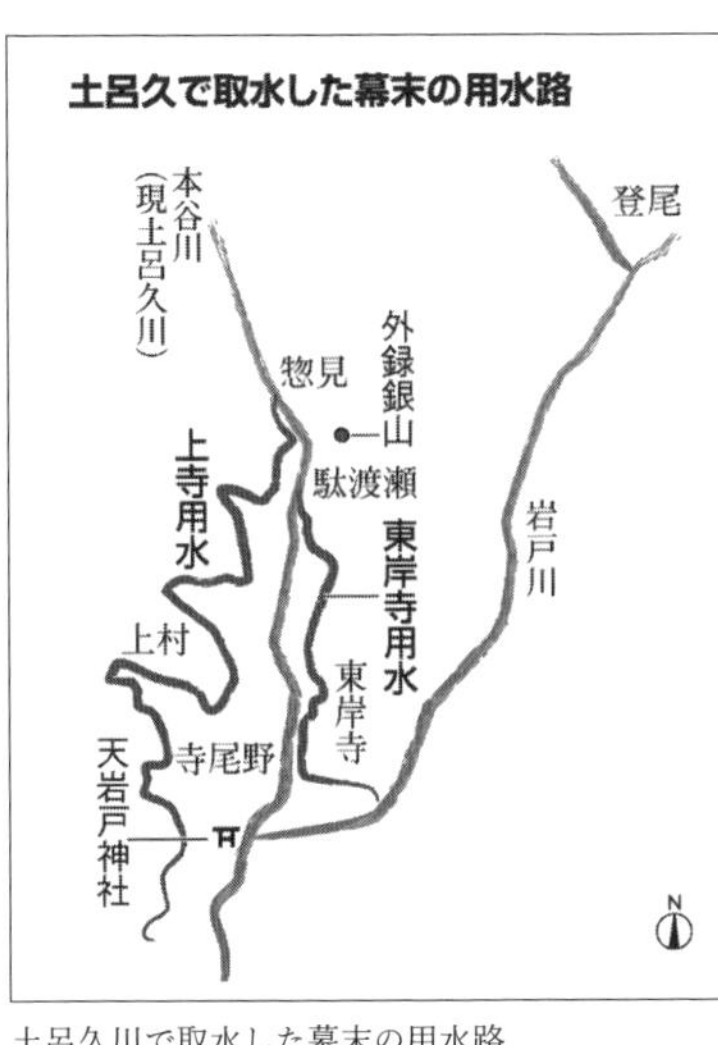

土呂久川で取水した幕末の用水路
（朝日新聞連載「和合の郷」第35話より）

の上流に取水口を求めました。

東岸寺は土呂久の南4キロにある集落です。通水記念碑に「飲料水ハ常ニ渓谷ニ汲ミテ、馬ノ背ニ依リテ運搬シ、僅ニ其ノ用ヲ充タスニ過ギズ」と記してあるように、谷底の土呂久川で汲んだ水を桶に詰め、馬の背で数十メートル上の集落まで運んでいたのです。

水の乏しい集落に大惨事が襲いかかりました。文政2（1819）年10月、40軒の家が全焼する大火に見舞われたのです。「水さえあれば！」と、村人の水への渇望は増すばかりでした。

庄屋の土持霊太郎の尽力と内藤藩から100両（現在の1500万円）の貸し付けがあって、火事から36年後の安政2（1855）年2月、土呂久川の上流を水源とする用水の掘削工事に着手しました。

取水地点は、外録銀山と農村の境にある駄渡瀬（だわたぜ）。そこから折原、南地区の山肌をぬって東岸寺まで5・5キロを掘りぬく難工事でした。近隣の村からも多数が加勢して、工事に関わった延べ人数は5200人、233日を要し、東岸寺に水が届いたのは10月5日でした。庄屋の日記が、その喜びの瞬間を書き留めています。

「午前10時頃、水が流れ始め、暮れの6時頃、東岸寺へ流れ着いた。2月9日より今日まで

２３３日。利用者22軒の老若男女は井手端にそろって立ち、歓びの声はしばらく鳴りやまず」水が運ばれるようになって2年後には、「水田皆無」と言われていた東岸寺に新田２２１枚が開かれて、実り豊かな水稲をもたらしたといいます。

用水路の工事は、土呂久の人たちの目の前で進められました。佐藤全作さんから「土呂久の者は『どうして東岸寺まで水が行こか』と悪口ばかり言うて、用水路開削に協力しなかったから、明治のころは水利権を渡してもらえんかった」という話を聞いたことがあります。

土呂久の人たちは用水路の開通を疑っていたのです。なぜなのか。第一に、水に恵まれている土呂久には、水を熱望する東岸寺の気持ち、目的に向かって結集する和の強さが理解できなかったこと、第二に、山の斜面に用水を掘りぬく土木技術が信じられなかったことがあげられます。

水利権をめぐる訴訟に展開

最初に土呂久川の水を稲作灌漑に使おうと考えたのは、土呂久の6キロ下流の上寺（かみでら）地区の農民でした。測量に取りかかったのは文政12（１８２９）年の正月。そのとき水源に考えたのは「樋の口」の下の川の脇から湧いている水でした。水源を少し上流に変えて測量したのが天保6（１８３５）年。それでも決まらず、さらに上流の「惣見」に変更して、ようやく工事に着手したのが万延2（1861）年1月でした。水源の確定までに32年かかる間に、東岸寺地区では、安政2（1855）年に用水が完成して開田が始まっていました。

土呂久川の東斜面を掘った東岸寺用水の長さが5・5キロだったのに対し、土呂久川の西斜面をはう上寺用水の距離は14キロ。着工から開通までに2年8か月かかりました。最大の難所は125メートルのトンネル工事で、この仕事を請けおったのは、ぬきほり熊五郎。南北から同時に掘り進み、トンネルの中ほどで貫通させたといいます。1861年に作成された見分測量図を高千穂町岩戸支所で見たときは、「江戸時代の土呂久でトンネル工事が成功していたとは！」と素直に感動しました。

熊五郎は、東岸寺用水でも口屋坂隧道（83メートル）を掘りぬいています。「土呂久の水を麓まで運べるものか」と高をくくっていた土呂久の人たちに、幕末の土木の技の高さを見せつけたのでした。

目の前の川を流れる水が、山麓の農地に運ばれて、大規模な稲作が始まりました。取水口のある惣見組の人たちが、あわてて土呂久川の水を使って水田耕作を始めようとすると、上寺の農民が水利権を理由に待ったをかけました。「目の前の川の水が使えない」のは、土呂久にとって驚愕のできごとでした。宮崎大学教授の上野登さんがこの水争いを「土呂久闘いの系譜―明治の教訓を今訴訟に―」（『鉱毒』第17号、1976年10月）というエッセイに書いています。

「惣見の人たちは、西南戦争で遅れた地租改正後、現金収入の増加に迫られていた。家計を安定化する最高の手段は開田である。ついに惣見の人たちは、簡易水路を作って開田化に踏み切った。これをみて、上寺用水の水利権所有者は、水利権の侵害だと苦情を申し入れてきた」

惣見組の小笠原利四郎さんと佐藤為三郎さん、2人の青年が「裁判をすれば家と財産を失う」という周囲の反対を押し切って、宮崎地裁に提訴します。一審で有利な判決を勝ちとると、逆にあわてた上寺用水側が長崎控訴院にもちこみます。利四郎さんらは遠く長崎まで何回も足を運びました。2人の父親、徳三郎さんと栄八さんは「生き別れのような気持ちになって、道元峠から2人の青年を見送った」と、上野さんは書いています。長い争いの末、裁判は和解で決着し、2人に合わせて1・5ヘクタールの水田を開くことが認められました。

水利権争いの原因になった上寺用水

明治の青年の果敢な行動が、自分たちの集落を流れる川を利用するという当たり前のことを可能にしたのです。湧き水に頼っていた水田から、谷を流れる川の水を使った水田開発へ、画期的な転換がもたらされました。

東岸寺用水路と上寺用水路の開削は、土呂久にとっても大きなできごとでした。学んだことが二つあったと思います。一つは、麓の人たちが心を一つにして難工事を成功させた〝和〟のすごさ。もう一つが、権利を主張して闘うことの重要さでした。

岩を焼いて割って築いた大石垣

土呂久川をはさんで鉱山跡地と向きあうところに「ひのくち」という屋号の農家がありました。今では「樋の口」と表記しますが、昔の文書には「鏈ノ口」と書いたものもあります。「樋」ならば坑内水を排出する樋の先端、「鏈」ならば鉱脈が地表にでている露頭のこと。いずれにしても、鉱山と関係の深い地名です。

1609年の『岩戸竿帳』には、「樋の口」に住んでいた百姓善九郎の耕作地として、下畑25アールと山畑28アールと切野27アールが記載されています。水稲をつくり始めたのは幕末になってからで、「樋の口」を継いだ歳松さんが、土呂久川のほとりの湧き水を利用して小さな田2枚、合わせて約300平方メートルを開墾しました。

歳松さんが亡くなったのは1901年。「樋の口」から約1キロ上手に住む2人の青年が上寺用水組合と水利権を争い、控訴院で和解して1・5ヘクタールの開田が認められたころでした。それを機に、土呂久では川の水を使った水田耕作の機運が高まりました。歳松さんの没後、「樋の口」の農業の中心になったのは妻のモカさんでした。

「モカは性質きわめて勝気で、いわゆる男勝りであった。幼児から最も好んだのは石垣築きで、女に似合わず頭をいつも手拭いで徳利巻きにきりっと締め、夜となく昼となく近くの石原同然の原野を開墾した」

佐藤モカさんが水田を支えるために築いた大石垣

岩戸の泉福寺住職で郷土史家だった藤寺非宝さんの編著『上向き田米—岩戸山裏維新以前田成開発史』に、そう書かれている農婦です。山間地の原野には、大きな岩がごろごろころがっていました。モカさんの玄孫になる操（みさお）さんの妻ツルエさんから、こんな話を聞いたことがあります。

「モカばあさんは昼間、山から薪をいっぱい集めてきて、大きな岩のまわりに積み重ね、夜になると、それに火をつけて岩を熱した。熱くなったところで水をかけて、ひびが入ると、大きな玄翁でたたき割った。昼は薪を集め、夜は火のそばで番をして、一日中働いた」

この岩の割り方を「焼き割り」と言います。割ってできた石を積んで、田を支える石垣を築いていきました。非宝さんの『田成開発史』には、歳松とモカ夫婦が大変な苦労をして開いた田畑と石垣の面積が書き留めてあります。それによると、田は13枚で総面積25アール、その田を支える石垣は２０００平方メートル。畑は16枚で、総面積１・１ヘクタール、畑を支える石垣は１３２０平方メートルだといいます。

これらの石垣の中に、非宝さんが「実際に見ないと合点が行かぬ大石垣である。夫婦相和した歳松、モカの開田事業は、その石垣と共に永久に記念されるであろう」と書き残したほどの大石垣があります。その言葉に促されて現場を訪ねました。

「みごとなものだ。高い所は8メートル、幅は25～30メートルだろうか。この石垣の上がもと田んぼだったとは！　これまで知らなかったことが恥ずかしい」というのが、1983年12月に初めて大石垣を目にした私の感想です。

モカさんが大石垣の上に開いた田は、1935年ごろ亜ヒ酸を製造する鉱山に買い取られ、硫ヒ鉄鉱を焼いた殻の捨て場にされました。太平洋戦争後の農地解放で「樋の口」の所有に戻ったのですが、鉱毒に侵された土に二度と作物が育つことはありません。

やがて、この大石垣とその上の狭い田に、ヒ素鉱山と隣接した農家の屈折した物語が埋もれていることがわかってきます。

歴史も古い屈指の畜産地

標高450～800メートルに位置する土呂久は、空気がおいしい、水が澄んでいる、飼料になる草がよく育つなど、家畜を育てるのに最適な環境をしています。そのことはわかっていても、「江戸時代から大正半ばまで放牧場が開かれていた」と聞いたときは、「急な傾斜地に囲まれた谷のどこに」と信じられませんでした。「牛や馬が逃げださんように掘った壕の跡があるから、現地に行けばわかるよ」と、古老から教えられました。集落の上を東西にぬける林道沿いの「仁戸内（にとうち）」から、さらに登った「土呂久平（だいら）」に放牧場は開かれていたといいます。

『岩戸村土呂久放牧場及土呂久亜砒酸鉱山ヲ見テ』という報告記を読むと、土呂久の畜産の歴史がわかります。この文書は、1925年に池田牧然（ぼくねん）という獣医師が、亜ヒ酸製造が始まって鉱山の周辺で起きた異変を目撃して書いたものですが、その冒頭に、土呂久放牧場のことが記してあります。

「明治中ごろ、土呂久地区所有の放牧場になり、面積は2ヘクタールに広がった。（略）日之影町七折、高千穂町上野方面の牛も収容することになった。その成績はまことに良好で、5月初旬に入場して10月下旬に退場するときは、入場当時の面影をとどめないくらい、よく成長肥満して、飼い主に満足してもらったものである」

土呂久の農家は、この放牧場の事業とは別に、自分の馬の改良にも励んでいました。西臼杵郡畜産組合からアルゼリー二代雑種の「桔梗号」という種オス馬をもらいうけ、これで体型をととのえ、さらにトロツタ一雑種の種オス馬を買い入れて、農耕や運搬用の足が短くてがっしりした小型馬をつくりだしました。「土呂久馬は強くて使役にいちばん」と、仲買人から評判をとるまでになったと言われています。

明治中ごろから大正にかけて、土呂久では、川の水を利用した開田が進む一方で、馬の生産でも成果をあげていたのです。優秀な軍馬を産していたことを裏付ける賞状が、惣見組の佐藤幸利さん方に残っていました。

賞状をもらったのは、幸利さんの曽祖父の為三郎さんの叔父にあたる熊彦さんで、1903年生まれのトロツタ一雑種の栗毛メス馬「下山号」を所有していました。下山号の産む子馬が軍馬に適していると評価されて、1910年から16年までの7年間、熊彦さんは軍馬の改良育種を奨励していた馬政局の長官から、合計440円（現在の約44万円）の奨励金を授与されたのです。

11年には、南組の佐藤十三郎さんを筆頭に土呂久の農家20人が連帯して、農工銀行から1500円（現在の150万円）を借りて、種オス馬を購入して馬の改良に取り組んだことがありました。そのことを証すのが、十三郎さんのひ孫にあたる勝喜さんが納屋で見つけた「農工銀行借入金契約書」です。農工銀行は、農地を担保として長期低利の資金を農家に貸しだす政府の金融機関。多い人は11筆の土地を担保にだし、担保のだせない人は2人以上の連帯保証人をつけて、農工銀行から借りたお金で優良な種オス馬を購入しました。20農家で構成した馬産組合は、1口17円50銭の株を40株発行し、1株につき毎年1頭の種付け権を与えます。自分のメス馬、あるいは他人のメス馬に種を付けて収入にしたりして、小農家が力を合わせて馬産地づくりをめざしました。

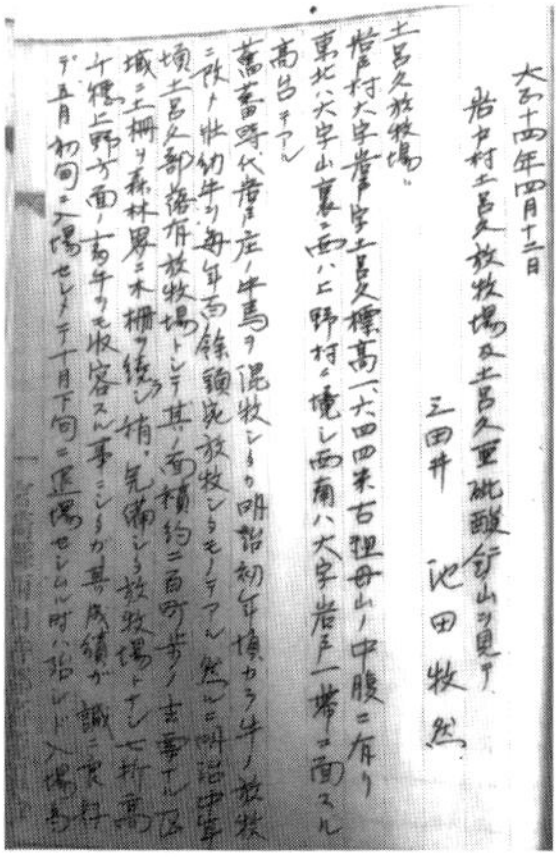

池田牧然獣医師は『岩戸村土呂久放牧場及土呂久亜砒酸鉱山ヲ見テ』という報告記の中に土呂久の畜産の歴史を書き残した

ところが13年2月25日の和合会議事録に「牛馬の改良はもっか大いに必要なことで、当地でも漸次改良につとめているが、いまだ良い成績をみることができない」とあるように、この計画は行き詰りました。明治から大正に移った時期は、岩戸地区の畜産の主流が馬から牛へ転換したころにあたります。牛は馬よりも、農耕や堆肥づくりに役立つだけでなく、出産率が高いので収入が多かったのです。土呂久の農家も牛への切り替えを進め、品評会で優勝してせり市の価格が西臼杵郡1位になることもありました。

「土呂久は畜産の歴史も古く指を屈する畜産地」と、牧然さんは書いています。

享受した山の豊かさ

土呂久を訪ねると、岩陰や納屋のひさしの上などに置かれた長方形の箱を見かけます。在来のミツバチの巣箱です。現在は、ハチミツを採集する農家は減ってしまいましたが、100年前はほとんどの家が巣箱をもっていたと、池田牧然さんの報告記『岩戸村土呂久放牧場及土呂久亜砒酸鉱山ヲ見テ』の中に書いてあります。

「ミツバチの巣箱を100箱以上持っている者もいて、土呂久のハチミツの総生産高は実にたいしたもの。1年間のハチミツの収入で、いりこ、かつお節、砂糖、油代は十分にあったと言っている」

報告記はさらに、主要産物のシイタケの生産高で、納税その他農家の必要経費を払っていた、と書いています。それを裏付ける話をしてくれたのは、畑中組の佐藤仲治さんでした。仲治さんの母イチノさんは1913年に29歳でなくなったのですが、「3年間、胸の病気で入院したときにたいへんな金がいったが、親父は、シイタケを売ったお金で借金は残さなかったと言っていた。それくらいシイタケはたくさん採れよった」と語っていました。

南組の勝喜さんの納屋で見つかった文書の中に『椎茸貫高幷価格控帳』という帳面がありました。1905(明治38)年に、勝喜さんの曽祖父になる十三郎さんが世話人になって、石井常吉という人が収穫し乾燥させたシイタケを100匁(375グラム)につき33銭5厘(現在の約335円)で、仲買人に売り渡していたときの帳面です。その年3月14日には、シイタケ16貫400匁(61・5キロ)を55円76銭(約5万5千円)で売ったと記してあり、当時は、けっこうな収入になっていました。

石井さんは、家族を連れて山村を転々とし、村の人から原木を買って、シイタケを栽培する椎茸山師(なばやまし)でした。土呂久に滞在中に死んだ子どもは、南組の佐藤藤夫さん方の墓地に葬られています。同じように山村を渡り歩いて、竹林を買っては竹細工や竿竹売りで生計を立てる竹山師(たけやまし)もいました。豊かな山の生産力は、土呂久の人だけでなく、各地を転々として山に生きる人たちも養っていたのです。

小さな川をまたぐようにしてオコギ小屋が立っていました。女性たちが、畑に育った麻を日で干し、水に浸し、表皮をはぎとって大釜で煮沸します。そのあと、川の流れで薄皮をこぎ落とし、竹の竿につるして乾燥させて、アサオ(麻苧)をつくっていました。アサオは強い繊維なので、当時は、布や袋の原料として使われていました。

山深い谷間にあって、恵まれた自然の中でハチミツを採取し、シイタケを育て、牛馬を飼って、竹山師に竹林を利用させ、斜面の大岩を割って築いた石垣の上に畑や水田を耕す。こうした土呂久を「牛馬の売上代とか農産品の売上金は貯えとなったらしい。それで一般に暮らし向きが良い」と、牧然さんの報告記は書いています。

山の豊かさを享受して暮らし向きのよかった土呂久の人たちには、地区外の金融機関や事業家に頼ることなく、自分たちで決めて実行し、発展しようとする気迫がありました。それを実現する組織が和合会。明治の中ごろ金融機関として出発した和合会は、明治の終わりに自治組織へ発展していました。

全国に先駆けた相互扶助の金融機関

埼玉県熊谷市に住んでいる元山形大学教授の楠本雅弘さんは、土呂久に保管されてきた和合会関連の文書やその背景となる高千穂地方の資料を丹念に読んできた近代日本の農村社会経済史の研究者です。

楠本さんが読みこんだ和合会関連資料は、和合会盟約条例（1890年9月）、外録組合改良規約会規約条券（1901年旧正月）、改良規約会議結筆録簿（1901年7月〜1905年旧8月）、規約会議事筆録簿（1909年2月〜1915年3月）、和合会議事録5冊（1916年2月〜1965年8月）、和合会金預帳（1890年6月）、和合会金弁共有金貸出帳（1890年6月〜）など。こうした文書を読んだうえで、2023年4月11日に土呂久公民館で、集まった住民を前に「和合会について」の講演をしました。

楠本さんは「和合会は土呂久の信用組合だった」と語り始めました。信用組合とは、地域のお金の余裕のある人が預金し、お金を必要とする人が借り入れることで地域の繁栄を目的にした相互扶助の金融機関です。楠本さんによれば、和合会が設立された1890年ごろ、明治政府はヨーロッパの制度に学んだ信用組合法を議会に提出したのですが、なかなか議会を通らず、1900年に中小零細企業を救済するための産業組合法が成立したことで、同法に裏付けられた信用組合が全国に設置され始めたといいます。土呂久の和合会は、全国の動きに先んじた相互扶助の金融機関だったがゆえに、その設立にあたって岩戸村長の認証、つまり公的なお墨付きを必要としたのです。和合会を言いかえれば「土呂久信用組合」。岩戸信用組合ができたのは1922年でしたから、それより30年以上早く設立されたことになります。

和合会の根底には弱者救済の心があったと、楠本さんは指摘しました。「盟約条例」の随所に、その心が現れています。例に引いたのが、条例第21条のこういう定めでした。

「永代売りした地所の買戻しを子孫が嘆願することになったとき、役員がもっともだと認めるならば、ただちに売り戻すべきである」

要するに、破産して家屋敷を処分した場合でも、子孫がその財産を買い戻したいと嘆願してきたときは、家の復活を認めて返してあげようというのです。

大きな事業に共同で取り組む精神が大正中期に電気を引いたときに発揮されている、と楠本さんは話しました。それまでの夜の明かりは石油ランプ。学校帰りに岩戸の店で5合（900cc）、1升（1・8リットル）と灯油を買って帰るのが子どもたちの仕事でした。電気は誰もが望んだ文明の灯だったのですが、谷間のいちばん奥の土呂久まで電線を引くのは大事業、たいへんなお金を必要とします。このお金を和合会の共有金から支出したことが議事録に書いてあります。

「設置に要する費用は、工夫賃などを各自の支出とするほか、（電線設置のための）運動費および1か月分の電気代は共有金から補助する」（大正6年3月1日）

「架設に関する運動費200円のうち150円は惣見方面、50円は南、折原、畑中方面の架設に支出する」（大正9年2月5日）

このころ高千穂地方で発電事業を手掛けていたのは延岡藩の最後の藩主内藤政挙氏でした。『高千穂町史』（1973年）は、内藤氏が1914（大正3）年に押方川に136馬力（70キロワット）、夕ケ鶴（ゆうがづる）川に370馬力（200キロワット）の発電所をつくったこと、同年7月に高千穂の町の中心部で点灯されたこと、1922（大正11）に中川登集落に電灯記念碑が建ったことを記載しています。その記念碑の文面に「当地方のような僻地にあって電灯の恩恵を受ける地はごくわずか」と刻んであります。中川登は高千穂の中心地と岩戸の中ほどにある集落。土呂久よりずっと開けた土地でさえ電気が来ていなかった時期に、和合会は電力会社に働きかけて山間の集落に電線を引き、希望する家庭に共有金を補助して文明の灯を届けたのです。

「行政に頼るのではなくて、和合会が金を出して新しい生活ができるようにした。これこそ自治」と、楠本さんは強調しました。

古祖母山中腹の谷間をつつむ豊かな自然、大岩のころがる斜面に田畑を開いた先人の努力、富む者も貧しい者も分かちあい、助けあう精神。そして土呂久には、忘れてはならないもう一つの宝がありました。江戸時代に銀山としてにぎわった歴史。祖母・傾山系に埋もれた地下資源という宝です。

＊

これまでにたどってきた歴史は、銀山の繁栄の裏に、環境汚染、農林産物被害、労働者の職業病といった負の側面があったことを教えています。「かね吹き歌」の歌詞には、銀を精錬すれば「夏の夜でさえ（ヒ素の）霜が降る」というくだりがありました。煙害によってウルシの実の収穫が減ったので、税金を減免されという古文書もありました。外録銀山を経営した内藤藩の文書は、銀の精錬工が「砒霜の病」にかかったことを記していました。

こうした被害の防止策をとらずに、経済的利益だけを求めて地下資源の開発を急ぐと、どんな事態が待っているのか。土呂久の環境史を現代へと下ってみます。

第4章

毒物を産する鉱山

刑場にのぼらんとする三弥の遺言

土呂久鉱山には長い間、三弥の未練がさまよっていました。江戸時代初めに外録銀山を開発して大富豪になった府内（大分市）の鉱山師（やまし）。城主の逆鱗に触れて処刑され、銀4千貫の財産を奪われ、鉱山を掘り尽くせないままこの世を去った守田三弥の未練です。

三弥の足跡は、いろいろな形で残されています。大分市の大智寺には、三弥が生前に建てた墓（逆修塔）や「広智院幻室宗観大居士」という位牌、大分県庁の近くには、市の史跡になっている山弥長者屋敷跡。福岡藩の本草学者貝原益軒（1630〜1714年）が書いた『豊国紀行』には、三弥の栄華と没落の人生が留めてありました。

江戸時代後半に延岡藩を治めた内藤家の文書にも、三弥が掘り残した坑道のことだけでなく、口屋番所の建設に献金したことがでています。

江戸初期に日向の北部を治めた有馬氏は、日向御前（ひゅうがごぜん）の湯沐料（とうもく）（化粧料）にあてるために、国境に口屋番所を建てたと言われています。日向御前は徳川家康の孫娘で、家康から養女として育てられ、有馬直純の奥方になった女性。女人禁制だった延岡市の愛宕山に「女も登ってよいはず」と禁を破って登って、神社で願をかけたと語り継がれています。今も延岡周辺で「日向御前を知っている？」と聞けば、「ああ、あのお転婆（てんば）さんね」という答えが返ってきます。湯沐料には、そんな奥方に付き添う女性たちの経費も含まれていました。口屋番所を通過する物品、鉱山に運ばれる物資、鉱産物などから取りたてた税があてられたのです。日向の銀山で稼ぎ、豊後に豪邸をもっていた三弥は、延岡、府内の両藩の金づるとみなされて献金をせびられていたのでしょう。

岩戸の浄土真宗泉福寺の境内に、三弥の供養塔が立っています。塔には「南無阿弥陀仏／豊後国府内森日三弥塔／文政5壬午3月日供養」と彫ってあります。三弥の姓が「森日」となっている理由を、民俗学者の山口保明さんは「山弥が罪人であったゆえ、意図的に一画落して刻示させたともいわれている」(「山弥伝承研究ノート」)と説明しています。

それにしても、重罪人として処刑された三弥の死後175年たった1822(文政5)年に、なぜ三弥の供養塔が建てられたのか、という疑問がわいていたのですが、その答えが見つかりました。『高千穂町史　郷土史編』(2002年)に、1820年ごろ岩戸から10キロ離れた田原村の栄吾という人物が、休止していた土呂久鉱山の試掘を願い出たと載っていました。内藤家文書には、文政年間(1818〜1831年)に土持寛治と山崎民助に土呂久鉱山での稼業を認めたという記述がありました。つまり供養塔は、江戸後期に始まった土呂久鉱山再開発の動きとつながっていたのです。

1884(明治17)年に作成された『向土呂久銀鉱山ニ係ル取調書』に、村人が語り継いできた民話とはかなり違う「夢買い三弥」の伝承が載っています。この話は、刑場にのぼらんとする三弥が、見物に来ている人びとにこう言い残して結ばれます。

「土呂久の鉱床はあたかも牛が横たわっているようだ。自分が掘ったのはわずかにその一角だけ。私は死を恐れたりはしない。ただ、掘削したのが牛のしっぽにも及ばないことが残念でならない。後世の人よ、私の志を継いで採掘の業を怠らないでくれ」

この伝承は、鉱山師によって語り継がれてきたと思われます。ここでは、三弥が土呂久鉱山の鉱石採掘を怠るな、と遺言したことになっています。この遺言を供養塔の背景に置くと、三弥を供養した目的がはっきりしてきました。供養塔を建てた人物は、刑場に消えた三弥の無念の死を悼み、その魂を鎮め、鉱石の採掘をつづけることを誓ったのでしょう。

供養塔建立から約100年後に、土呂久で猛毒を産する亜ヒ酸鉱山が開かれるのですが、そこには三弥伝説に引きよせられて金儲けを夢見た4人衆の協力がありました。

故郷の家再興をめざした一家

亜ヒ酸鉱山の開始に力を合わせた4人衆の1人が佐藤喜右衛門という鉱山敷地の地主でした。喜右衛門さんがどうして鉱山地主になったのか知りたくて、私は1976年の夏、延岡市北方町三ケ村に小林仁市郎さんを訪ねました。仁市郎さんは喜右衛門さんの甥にあたります。

「母のスギが藤じいさんのことをよく話しておりました。三ケ村で火事を起こして何軒も延焼した。『火元はよそより先に家を建ててはならん』という掟があるので、村はずれに小屋を建てて暮らしていましたが、子どもが3人に増えて、銭とりが必要になって、三弥長者の伝説のある銀山へ、希望をもって家族とともに移っていったそうです」

三ケ村から約40キロ離れた道元越（どうげんこし）に移ったのは、藤じいさんと妻ケサさんと3人の子でした。故郷を離れるとき、藤じいさんは竹摺峠（たけずり）から谷を見おろしながら、こう口にしたそうです。

「二度と三ケ村を見ることはなかろうぞ」

藤じいさんらが住みついた道元越は、土呂久と上野（かみの）の境にある峠で、見下ろせば、土呂久の谷のあちこちで銀を精錬する煙がのぼっています。江戸後期の安政年間（1854〜1860年）、土呂久は延岡藩直営の銀山としてにぎわっていました。一家の仕事は、鉱山で働くことではなく、山中に炭焼き窯を築いて、できた木炭を銀山に売ることでした。木炭は銀の精錬や鉱山道具の鍛冶（かじ）に欠かせない燃料です。藤じいさんも、成長した長男の利喜治さんも、たいへんな働き者でした。寒い時期は炭を焼いたり、ヤボ（藪）を伐ったり、暑くなるとヤボ作（焼畑）に精をだし、トーキビ、大豆、小豆、ヒエ、アワなどをつくって、稼いだお金を貯めていきました。

利喜治さんの最初の嫁が死んだあと、後添いを三ケ村からもらいました。そのときお腹の中にいたのが喜右衛門さんです。この一家の三ケ村への思いは強く、利喜治さんの長女スミさんと二女スギさんは三ケ村に嫁いでいきました。スギさんには男の子ができなくて、婿養子に迎えたのが、やはり三ケ村の仁市郎さんです。

「母は、利喜治じいさんから『本当の故郷は三ケ村ぞ』と言い聞かされて育った、と話していました」と、仁市郎さんは語りました。竹摺峠で藤じいさんが口にした「二度と三ケ村を見ることはなかろうぞ」という言葉は、「いつの日か故郷に帰って家を再興させようぞ」という一家の目標になっていたのです。

一家が暮らした道元越は集落から孤立していたのですが、1890（明治23）年に土呂久和合会が創設されたときは、会員として迎えられました。盟約条例に名前を連ねた35人の中に佐藤利喜治の署名捺印があります。そのとき利喜治さんは39歳の働き盛り、藤じいさんは70歳で隠居する年になっていました。藤じいさんが亡くなったのは1903（明治36）年5月、建てられた墓には「俗名藤治郎84歳」と刻まれています。

藤じいさんが死んで半年たったころから、利喜治さんは、休山していた鉱山周辺の土地の買収にかかりました。宅地、田、畑、原野、森林など合わせて4・5ヘクタール余りを買い占めたのです。鉱山が操業を再開すれば、土地を貸して稼ぎ、家族で働いて稼いで、そのお金で三ケ村に家を再興するのが目標でした。

利喜治さんは購入した上下2段の宅地に家を建てました。上の段の広い家に利喜治さん夫婦と二男の百熊（ももくま）さんの家族。下の段の狭い家に長男の喜右衛門さんの家族が住んで、それぞれの家は「百熊屋敷」「喜右衛門屋敷」と呼ばれました。利喜治さんが二男家族といっしょに暮らしたのは、百熊さんは実の子なのに喜右衛門さんがそうではなかったからでしょう。村では「喜右衛門と百熊は、気性も違えば体つきも違う」と噂されていました。

利喜治さんは晩年、胃腸の病に苦しんで、よく足を壁に立てかけていました。孫の小笠原イセノさんは、死ぬ前の利喜治さんが口にした言葉を憶えています。

「鉱山が来て銭とりが始まる。いいあんばいじゃが、話によると、毒のある鉱山げな」

待ちに待った再開なのに、その鉱山は「毒の鉱山」だと耳にし、この世に心を残して去っていったのです。

亜ヒ酸製造開始時期の誤りを正す

土呂久の古老から聞いた話と土地の登記簿は、利喜治さんが明治中期に休山していた鉱山周辺の土地を買い占めたことを裏付けています。ところが宮崎県は、土呂久公害が社会問題になったあとの調査報告書『土呂久地区の鉱害にかかわる社会医学的調査の要約』(1972年7月)に、こう書いています。

「明治の中期から大正9年まで、岩戸村の住人竹内令胙氏が亜ヒ酸の製錬を行った」

さらに、同じときに発表した『土呂久地区の鉱害にかかわる社会医学的調査成績』の「亜砒酸採取期と居住期間調べ」という表では、1890(明治23)年から1920(大正9)年までは「亜砒酸焙焼」、1921(大正10)年から32(昭和7)年までは「ほとんど休山」となっています。

これでは、利喜治さんが土地を購入したころ鉱山は休んでおらず、亜ヒ酸を製造していたことになります。住民の体験とまったく異なる見解でした。亜ヒ酸製造時期を確定することは公害行政の出発点であるべきなのに、宮崎県はどうして住民の声を無視したのか。亜ヒ酸採取期の表に「『九州の金属鉱業』通産省編による」と出典が書いてあるので、1959年に刊行された『九州の金属鉱業』(福岡通商産業局鉱山部編)を読んでみると、土呂久鉱山の沿革を書いたところに『社会医学的調査の要約』とまったく同じ文章がありました。宮崎県は、真偽を検証することもなく、そのまま報告書に使っていたのです。

その影響は学術報告書や学生の論文にまで及んでいます。環境省の委託を受けた「慢性ひ素中毒症に関する会合」が81年にまとめた報告書の別添資料には、「亜ひ酸の製錬は明治の中期から大正9年迄、岩戸村住人竹内令吽によって行われ」と記載されていました。2023年3月に卒業した大学生も、その卒論で亜ヒ酸の製造が「明治時代中期(1894年頃)から昭和37年(1962年)まで断続的に行なわれた」と書いています。土呂久鉱山で明治中期に亜ヒ酸製造が始まったとする誤った認識はいまだに払拭されていません。

『九州の金属鉱業』の記述の根拠はどこにあるのだろうか。私は古い文献を調査してみることにしました。最初に訪ねたのが宮崎県庁6号館にある宮崎県文書センター。『宮崎県統計書』の閲覧を申請すると、1週間ほどたって準備ができたと連絡があり、明治時代からの統計を見ることができました。県庁にでかけなくても、国立国会図書館のオンラインで検索すれば、自宅や職場のパソコンやスマートフォンに『宮崎県統計書』の画像を呼びだすことができます。

もっとも古い統計書は1884(明治17)年度のものでした。鉱業のページを開くと、九つの郡(当時)ごとに金、銀、銅、鉛、鉄、スズ、アンチモニの七つの鉱石を登録した鉱山の数と製錬出来高が載っています。91(明治24)年度から、郡別の統計は個別鉱山の統計に変わり、「外録鉱山」(公文書には1935年ごろまで外録鉱山と書かれています)の名前がでてきました。そのころ外録鉱山の採掘の登録をした鉱石は、銀と銅と鉛で、ヒ鉱は見当たりません。1894年度から採掘の権利をもつ人（鉱業人のちの鉱業権者）が竹内令胙氏に代わります。

私は1972年2月に、竹内氏の養子の勲さんに会って話を聞いたことがあります。

「義父は山口県の萩の出身で、兵庫県の生野銀山の技師でした。延岡の内藤家鉱山部の技師長と仲がよかったことから、三弥の伝承のある岩戸に来たのです」

竹内氏は、江戸初期に外録銀山で大富豪になった三弥長者の栄華にひかれて、土呂久で銅や鉛の採掘に着手しました。『宮崎県統計書』によると、竹内氏が1894年度と96年度に銅と鉛を掘って精錬したあと、外録鉱山は20年余り中断し、次に外録鉱山が統計書にでてくるのは1922（大正11）年度で約280トンの鉱石を採掘しています。

国会図書館オンラインで『日本鉱業名鑑』（1924年刊）という書籍を見ることができました。そこには22年の外録鉱山の鉱業権者は竹内氏で、掘った鉱石がヒ鉱だったこと。その2年前の20（大正9）年に約193トンのヒ鉱を掘っていたことが載っていました。ヒ鉱とは硫ヒ鉄鉱のことで、亜ヒ酸の精錬に使われたにちがいないのですが、亜ヒ酸の生産量の記載はありません。なぜか。これは鉱業の統計なので、載っているのは鉱業権者がおこなった事業に関するもの。竹内氏はヒ鉱を採掘して別の精錬業者にヒ鉱を売っていたので、亜ヒ酸の生産は鉱業ではなく、工業の産物だと考えられたのでしょう。

いろいろ文献にあたったのですが、『九州の金属鉱業』が「明治の中期から大正9年まで、岩戸村の住人竹内令胙氏が亜ヒ酸の製錬を行った」と記述した根拠は見つかりませんでした。そ

明治中期から大正中期の外録鉱山

年	鉱山名	鉱種	坪数	採掘高	鉱石販売 高精錬高	製品 販売高	鉱業人
1891年(明24)	(岩戸土呂久吹谷外1字)	銀、銅、鉛	13,743坪	1,071貫	31貫	37円	新井宜哉(借区人)
1892年(明25)	外録	銀、銅、鉛	13,743坪	—	—	—	木村直次郎
1893年(明26)	外録	銀、鉛、銅	13,743坪	—	—	—	木村直次郎
1894年(明27)	外録	銀、銅、鉛	13,743坪	銅2,876貫 鉛159貫	銅 2,626貫 532斤 鉛159貫 84斤	55円 14円	竹内令胙
1895年(明28)	外録の記載はない						
1896年(明29)	外録	鉛、銀、銅	13,743坪		250貫 74斤	10円	竹内令胙
1897年(明30) ～1911年(明44)	郡別の統計になって、個別鉱山の記載はない						
1912年(大1)	岩戸村 休	銀、銅、鉛	12,250坪				竹内令胙 (許可年月日) 明治27年10月22日
1913年(大2)	休	銀、銅、鉛	12,250坪				竹内令胙
1914年(大3) ～1921年(大10)	外録の記載はない						
1922年(大11)	外録	金、銀 銅、錫、砒		75,650貫	83,150貫	1,215円	—

＊『宮崎県統計書』より作成。統計書の1893年と1894年は、年を誤っていると思われるので入れ替えた

の代わりに竹内氏が、大正中期から採掘したヒ鉱を提供して、亜ヒ酸製造に協力していた事実が明白になりました。

ちなみに、『宮崎県統計書』に試掘（試験的に掘ること）された鉱石として「砒」が初めて登場するのは１９１２（大正元）年のこと。明治中期にヒ鉱や亜ヒ酸を産出した鉱山は、宮崎県内にはありませんでした。

古老の記憶と獣医師の記述は開山時期で一致

誰がいつ土呂久で亜ヒ酸製造を始めたのか。それを確定するために、当時を憶えている年寄りから聞き取りをおこなったのは、１９７６年の夏が過ぎてからでした。確かな証言をしてくれたのが「富高屋」の佐藤カジさん。「富高屋」は、江戸時代後期に日向の富高から銀山で栄える土呂久に移ってきて、銀山町に開いた商店の屋号です。

「宮城さんが亜ヒ焼きを始めたのは大正9（１９２０）年じゃ。5月ごろ、窯築（かまつき）にでよった夫の良蔵が、早く帰ってきては、道路づくりの手伝いに行っていた。同じころ、実父の豊三郎も道路のカーブづくりにでていて、ハッパにかかって左手の指2本が飛んでしもうた」

窯築は、山や川にころがっている石を運んできて積み上げ、亜ヒ焼き窯を築くことです。カジさんは、鉱山開始を前に道路工事にでていた父親が、大けがをしたのが１９２０年5月で、その事故から間もなく亜ヒ焼きが始まったと憶えていました。亜ヒ焼きを始めた宮城さんは、大分県の佐伯から来た人だったといいます。

大正時代の鉱山で鉱石運搬の仕事をした佐藤実雄さんも、開山時期を記憶していました。実雄さんの話をもとに、私は著書『口伝 亜砒焼き谷』に、亜ヒ酸が最初につくられた場面をこう書きました。

「『できたぞ。できた』。男が『樋の口』の土間に駆け込んで大声をあげた。両手に、新聞紙の包みを大切そうにかかえてある。家ん中から、年保さんと助（つよし）さんが飛び出しちくる。土間に置いた包みが、二人の目の前で開かれた。出てきたのは、雪んように真白い粉。一升ばかりあったろうか。この粉を見て、年保さんは跳びあがって喜んだ。さっそく八畳の居間では、窯祝いの飲み方たい」

岩戸尋常小学校を１９２０年3月に卒業した実雄さんが、鉱山の南側の農家（「樋の口」）に年季奉公にでたばかりのときの体験です。亜ヒ酸製造の開始に深くかかわっていたのが「樋の口」でした。

私よりも5年早く、亜ヒ焼き開始の時期を特定しようとした岩戸小学校の教師がいました。齋藤正健先生です。住民から話を聞いたときの録音テープが、現在、宮崎大学の土呂久歴史民俗資料室に保管されています。

「宮城さんが土呂久に来たのはいつでしたか?」と、齋藤先生が質問します。

宮城さんとは、大分県佐伯から土呂久に来て、亜ヒ酸製造を始めた人物です。

「大正9（１９２０）年じゃ」と、はっきり答えたのが小笠原イセノさん。

根拠にしたのは「利喜治じいさんが死んで、そのつづきで亜ヒ鉱山（やま）が始まった」という記憶でした。利喜治さんは、江戸末期の銀山に木炭を売ったりして金をため、明治半ばに休山していた鉱山周辺の土地を買い占めて、鉱山の再開を待っていました。利喜治さんの墓碑を見ると、亡くなったのは１９２０年5月2日でした。

カジさんも実雄さんもイセノさんも、自分や家族に起こったできごとと結びつけて、亜ヒ酸鉱山の開始時期を覚えていたのです。

開山時期を明記した文書が高千穂町に保管されていました。25年4月12日に西臼杵郡畜産組合の池田牧然獣医師が書いた『岩戸村土呂久放牧場及土呂久亜砒酸鉱山ヲ見テ』と題する報告記です。

「土呂久亜砒酸鉱山は、惣見集落の下組、土呂久の中央部を貫流する川のそばにある。同鉱山は大正9年6月の開山で……」

1970年ごろまで土呂久に残っていた亜砒焼き窯の跡

この報告記が書かれたのは、開山からわずか5年後、きわめて信憑性の高いものです。3人の住民の記憶と獣医師の報告記の記述はぴったり一致しています。獣医師の報告書が見つかったのは、宮崎県が『社会医学的調査の要約』をまとめる半年前だったのに、県はこの記述を無視し、「明治の中期から大正9年まで亜ヒ酸の製錬を行った」と誤った時期を書きました。こうした誤謬の原因は、国の機関の著作（『九州の金属鉱業』）を重んじて、住民の体験や民間の報告記を軽んじた姿勢にあったとしか考えられません。

土呂久に来た佐伯の亜ヒ酸工場経営者

齋藤先生と住民との会話の録音テープには、こんなくだりもありました。

ハルエ　宮城さんは「樋の口」におらしたとの。

カジ　そうばい。

齋藤　家内のところの（三世代前の）年保さんが連れてきたとですね。

カジ　そうそう。

この話から「樋の口」出身の佐藤年保さんが宮城氏を連れてきて、亜ヒ酸製造が始まったことがわかります。「樋の口」は江戸時代に繋栄した外録銀山の南の端にありました。年保さんは幼いころから三弥長者伝説を聞いて育ったことでしょう。祖父母は、傾斜地に石垣を築いて次々と田畑を開いていった勤勉な農民でしたが、年保さんは農業を嫌って、鉱山の魔力にとりつかれました。親類も「頭の計算がけた違い。えらい大きな話をする」と、別格に扱う異端者に育ちました。『高千穂町史』の中の鉱山開発史年表の1911年の項に、「岩戸村佐藤善衛、佐藤年保、小芹鉱山を開発し、大阪高橋安次郎に売渡す」と記載されているように、20代の若さで、鉱石を試掘し探し当てた鉱床を鉱山業者に売って儲ける鉱山師になっていたのです。

もう一人の宮城氏は大分県佐伯から来たと、土呂久の年寄りは語るのですが、佐伯で何をしていたのか誰も知りません。

私は1976年秋に佐伯を訪ねました。日豊線で佐伯駅に着くと、宮崎大学で東洋史を教えていた山内正博教授の教え子が車で待っていてくれました。最初に案内してもらったのは佐伯市立図書館。書棚から『佐伯市史』(1974年)を取りだして「市民生活と公害」の章を開いたとき、思いもしなかった事実が飛びこんできました。

「佐伯で亜ヒ酸をつくっていた人物だったとは!」

そのページには19年7月27日の佐伯新聞の記事が引用されていました。見出しは「亜砒酸工場の煙毒問題再燃/70名連署で移転請願」。内容は、亜ヒ酸の活況にともなって亜ヒ酸工場は5か所に増加、農作物被害が激しくなったので、大分県知事に工場移転を請願する協議が始まった、というものです。つづいて、これより2年前に、亜ヒ酸煙害問題を起こして、工場の移転を迫られただけでなく、農作物被害の補償として100円を支払った工場経営者のことが紹介されていました。佐伯市史に名前を刻んだ亜ヒ酸工場経営者こそ、宮城正一氏だったのです。

図書館をでた私たちは、宮城氏が工場を経営した鳥越(とりごえ)という地区に行きました。そこで幸運にも、宮城氏をよく知る鮫島ヤエさんに会うことができました。

「宮城さんは九州の亜ヒ酸の元祖ですよ。四国の人でしたが、大正の初めに佐伯に長くおって、鉱山を見つけて回る鉱山師でした」

年保さんと宮城さんは鉱山師と呼ばれる仲間同士でした。どこかで知りあった2人は意気投合し、土呂久で亜ヒ酸を製造することを計画したのでしょう。宮城氏は佐伯で亜ヒ酸工場を経営し、まわりの農地に被害を出して補償した経験をもちながら。

こうして、亜ヒ酸製造開始に重要な役回りをした4人の姿が見えてきました。

1人目は、鉱山の土地の所有者だった佐藤喜右衛門さん。父親の利喜治さんは、一家の故郷である北方町三ケ村に家を再興するため、休山していた鉱山周辺の土地を買い占めて操業再開を待ちました。その遺志を継いだ長男の喜右衛門さんは、家の再興という一家の夢を実現するために、地主として鉱夫頭として再開した鉱山を盛り立てました。

2人目は、鉱石を掘る権利をもっていた竹内令胙氏です。ヒ鉱の需要が高まってきた18年8月、新たに鉱業権を登録して硫ヒ鉄鉱の採掘を始め、亜ヒ酸に精錬する原料を提供しました。

3人目が、佐伯で亜ヒ酸工場を経営して、亜ヒ酸の製造法を熟知していた鉱山師の宮城正一氏。

4人目は、土呂久の大きな百姓家の跡取りでありながら、鉱山の魔力にとりつかれて鉱山師の道を歩むようになり、佐伯から宮城氏を呼んできた佐藤年保さんです。

亜ヒ酸製造開始に力を合わせた4人衆は、鉱山の地主、ヒ鉱(硫ヒ鉄鉱)の採掘者、亜ヒ酸製造を熟知した鉱山師、土呂久出身の鉱山師という顔ぶれでした。役割は別々でしたが、金儲けを目的にしている点で共通していました。

この中の宮城氏は、亜ヒ酸を製造すればどんな被害が起こるか、佐伯で農作物被害をだして補償をした経験からわかっていたはずです。それなのに土呂久で亜ヒ焼きを始めた心の中に「山奥だったら被害をだしてもかまわない」という「辺境差別」の意識があったように思えてなりません。

鉱山を取り仕切った雇われ経営者

「宮城さんはちょっとの間だけ亜ヒ焼きをしていなくなった」と語られるように、宮城氏は土呂久に長いこと滞在しませんでした。年保さんも亜ヒ酸鉱山が始まると、10年余りつとめた和合会の役員を辞め、家督を弟の勛さんに譲って、土呂久を離れていきました。2人は土呂久を去ったあと、どこへ行ったのか。追跡していると、『福岡鉱務署管内鉱区一覧』(大正10年7月1日現在)の宮崎県東臼杵郡の試掘の欄に、2人の名前が2行へだてて並んでいるのを見つけました。

試登1060　大正9年9月　門川村　金銀銅　23万6500坪　佐藤年保
試登1072　大正9年10月　北川村　金銀銅鉛砒　15万0000坪　宮城正一

年保さんが1920(大正9)年9月に門川村(当時)、宮城氏が10月に北川村(当時)で鉱石の有無や量や品位などを調査する届けをだしていました。6月に土呂久で亜ヒ焼きを始め、その数か月後、2人は足並みをそろえて東臼杵郡で鉱床探しに取りかかっていたのです。亜ヒ酸製造の枠組みをつくり、それを亜ヒ酸事業に関心をもつ資本家に売って、その資金を元手に次の鉱床探しに移ったと考えると、2人の行動に納得がいきました。

亜ヒ酸製造の枠組みには、地主から鉱山の敷地を借りる、鉱業権者から採掘したヒ鉱を買い取る、ヒ鉱を精錬する亜ヒ焼き窯を所有する、精製された亜ヒ酸を商人に売るという工程が含まれます。では、その枠組みを買った資本家は誰だったのか。土呂久の古老から、元佐伯町長や神戸の貿易商の名前を耳にしましたが、確実なことはわかりません。はっきりしているのは、2人が去って1、2年たってから、川田平三郎氏が雇われ経営者として鉱山を取り仕切ったことです。川田さんの甥の堀江武雄さんは、川田さんのプロフィールをこんなふうに話していました。

「織物の町栃木県佐野の出身で、家は機織り(はた)に使う舟みたいなもの(杼(ひ))をつくっていた。二男坊で、家出をした放蕩者(ほうとう)。鉱山師で口が達者。行方不明だったのに、突然戻ってきて『九州でこんなことをやってる』と話した。それから毎年挨拶に来るようになり、何回目かに、私は土呂久についていった。川田は土呂久に来る前は大分県の佐伯にいた。それまではどこを歩いていたかわからない」

堀江さんは、土呂久の鉱山住宅で川田さんの家族とともに10年余り暮らした人です。その話からわかるように、川田さんも宮城氏と同じく、祖母・傾山系の亜ヒ酸生産の要所だった佐伯からやってきました。同伴したのが、高純度の亜ヒ酸をつくる技術者の野村弥三郎さん。亜ヒ焼き窯でヒ鉱を焼いて粗製亜ヒ酸(粗ヒ)をつくるのは、地元で雇った労働者にもできたのですが、粗ヒから純度99・9％以上の精製亜ヒ酸(精ヒ)をつくるには、佐伯に蓄積された熟練の技術が必要でした。

祖母・傾山系の亜ヒ酸生産の要所は佐伯

現在は佐伯市に含まれている木浦鉱山で、20世紀初めに亜ヒ酸がつくられていたことが『斧石 林勝見先生遺稿』（1960年）という本の「第2回木浦紀行」からわかります。1904年12月30日に大野郡小野市村（当時）の木浦鉱山を訪ねた林氏は、亜ヒ酸を製造する現場で見た光景をこう書きました。

「其一帯山の斜面は草木枯死して鉱毒の深刻さを如実に物語る。荒廃さは木浦山中の一奇観である」

亜ヒ酸煙害のすさまじさを「山中の一奇観」という言葉で表現したのです。

木浦は、宮崎県日之影町の見立鉱山から傾山系を越えて東に位置する鉱山です。土呂久も属する祖母・傾山系の大分県側で、ヒ素に関するどんな鉱山活動が、いつごろからおこなわれていたのか。国会図書館オンラインで『大分県統計書』にアクセスして調べてみると、1894年に大野郡にヒ鉱を試掘する鉱区のあったことが記録されています。林氏が見たのは、この試掘地の光景ではなかったでしょうか。

『宮崎県統計書』にヒ鉱の試掘が記載されている最初の年は1912年ですから、それより20年近く早かったことになります。

国会図書館オンラインで、『福岡鉱務署管内鉱区一覧』、『日本鉱業名鑑』（1918年）を引きだして、『大分県統計書』とあわせて読むと、祖母・傾山系にできていたヒ鉱の採掘・亜ヒ酸の精錬・製品出荷のルートが見えてきました。

祖母・傾山系で、試掘ではなく本格的なヒ鉱の採掘が始まったのは1915年で、場所は木浦地区の瓜谷鉱山、鉱業権者は最初は南海部郡佐伯町(当時)の人、その後、東京市日本橋区(当時)の事業家に代わりました。注目されるのは、瓜谷鉱山はヒ鉱を掘るだけでなく、その鉱石を焼いて粗製の亜ヒ酸(粗ヒ)をつくっていたことです。粗ヒはそのあと精製工場へ運ばれ、純度99・9%以上の精製亜ヒ酸(精ヒ)になって出荷されるのですが、佐伯新聞の記事によれば、宮城氏が佐伯に亜ヒ酸工場を建設したのは15年。ぴったり符合します。

では、製品になった亜ヒ酸はどこからどこへ運ばれたのか。『大分県統計書』に、大分県内の港の輸出入物品を掲載したページがあります。そこで亜ヒ酸を積みだしていた港を見つけました。佐伯港でした。祖母・傾・大崩山系の東に位置し、リアス式海岸につくられた天然の良港。佐伯から船で神戸、大阪などに輸送されていたのです。

これで、宮城氏が佐伯に亜ヒ酸工場を建設した歴史的背景が明らかになりました。明治の後期から大正にかけて、佐伯は祖母・傾山系の亜ヒ酸生産の要所になっていました。

用途はねずみ取りから殺虫剤へ

国会図書館オンラインで年ごとの『本邦鉱業ノ趨勢』を開くと、「鉱山事業ノ概況」の章に、それぞれの年の主な鉱産物の概況が簡潔に説明してあります。この章に「砒」が登場するのは1921（大正10）年。つまりこの年から亜ヒ酸製造が国内の主な事業に加えられたのです。その背景に、亜ヒ酸の需要が増大したことがありました。それを示す文学作品が宮沢賢治の戯曲「植物医師」。書かれたのは23（大正12）年です。

この劇は、「百姓のことなんざ、何とでもごまかせるもんだよ」と公言する、インチキ植物医師が植物病院の看板をあげるところから始まります。根切虫の害で枯れた稲を手にした農民たちに、「虫を殺すとすればやっぱり亜ヒ酸が一番いいですな」と、亜ヒ酸を高く売りつけます。喜んで買って帰った農民たちが、すぐに病院へ押しかけてきます。植物医師の指示通りに亜ヒ酸を水で溶かして稲にかけたところ稲が全滅したというのです。亜ヒ酸の毒性と危険性がほとんど知られていなかった時代を背景に、劇は展開します。

この作品からわかる通り、日本では、亜ヒ酸を原料にした殺虫剤が使われるようになったのは大正時代の後半でした。それ以前、亜ヒ酸はどんな使い方をされていたのでしょうか。

明治になるまで、亜ヒ酸は「砒霜（ひそう）」あるいは「灰毒（はいどく）」と呼ばれていました。庶民に親しまれていたのは「石見銀山ねずみ取り」という商品名です。江戸下町を舞台にした落語や怪談に、よく登場します。たとえば三遊亭円朝の「心中時雨傘」――。

猛火の中から女房の母親を助けだした職人が、焼け落ちた梁の下敷きになり、利き腕が使えなくなったことから、将来を悲観して自殺を考えていると、そこへ「ねずみ取り薬」と書いた幟をもった行商人がやってきます。

「いないかな、いないかな。いたずらものはいないかな。石見銀山ねずみ取り、一服でころりころり取れるよ」

「よく効くかねえ」

「犬にでも猫にでも一口食わせれば即座に死にます」

「それじゃあ人間にも毒だろうなあ」

そうつぶやいた職人が、3服買って、女房と心中したという人情噺です。

石見銀山は、島根県大田市にある江戸時代最大の銀山。訪ねてみると、資料館に「石見銀山ねずみとりの原鉱」が展示してありました。その説明文に、「笹ケ谷銅山(島根県鹿足郡)で掘った鉱石から殺ソ剤になる亜ヒ酸をつくって、ここ石見銀山へ送って来た」と書いてあります。石見銀山の名前を冠しているけれど、生産していたのは、同じ県内の笹ケ谷銅山だったといいます。「石見銀山ねずみ取り」は、江戸の吉田屋小吉という商人が、よく売れるようにと、有名な銀山名をかぶせて考案した効果的なネーミングだったのです。

私は1985年2月に「西の小京都」と呼ばれる津和野町の中心から約8キロ離れた笹ケ谷鉱山跡を訪ねました。近くの小学校の資料室の棚に、赤いラベルに大きく「ヒ素」と書いたガ

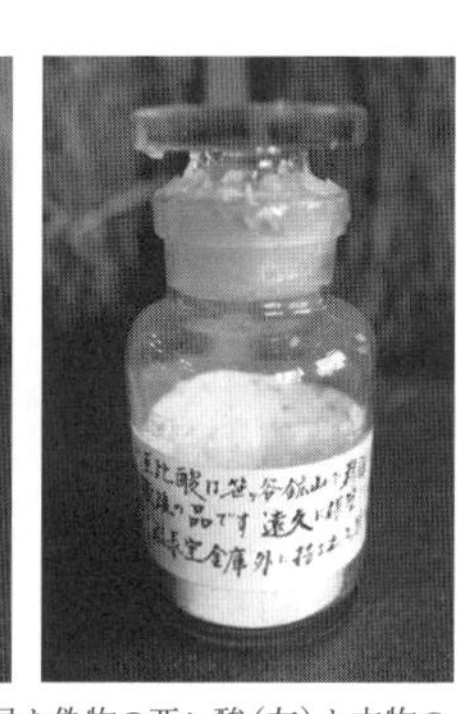

笹ケ谷鉱山近くの小学校で見た偽物の亜ヒ酸（左）と本物の亜ヒ酸

ラス瓶が展示してあるのを見てぎょっとしました。校長先生が「これは偽物ですよ。本物は金庫の中に保管しています」と、別の瓶をもってきてくれました。偽物の正体は小麦粉でしたが、本物は金属のようなツヤのある純白の粉。鉱山で働いた人から寄贈されたといいます。「これが、土呂久の環境を汚染し、人の健康を害した毒物なのか」。しばし真っ白な粉に目を奪われました。

　亜ヒ酸の主な用途が、江戸時代のネズミ取りから大正時代に農作物につく虫を殺す薬剤に展開すると、日本の亜ヒ酸生産は急速に増大し、世界の輸出国にのしあがりました。

アメリカ綿花畑でヒ素系殺虫剤を空中散布

　亜ヒ酸は農薬（殺虫剤）の原料に使われたのですが、どんな虫に効く農薬で、どんな耕作地に撒布されたのか。亜ヒ酸の効き目の発見にまつわる、こんなエピソードがあります。1860年代後半、大西洋を渡ってきた人びとが金鉱を探して、西部開拓を進めていたアメリカでの話です。開拓農民の主食はジャガイモ。その畑に、体調1センチにみたない虫が黒雲のようにわいてでました。虫の名前はコロラドビートル。それまでは、ロッキー山脈の東側で、ナス科の植物にひっそりと寄生していた虫でした。ジャガイモが好物のナス科の植物だったことから、その畑で一気に増殖。困りはてた開拓農民の一人は、わらにもすがる気持ちで、ジャガイモの葉にエメラルド色の美しい顔料を塗ってみました。すると、その葉を食べたコロラドビートルが、ころころ死んでいったではありませんか。

驚くべき効果をもたらした顔料の名前はパリスグリーン。硫酸、酢酸、銅、亜ヒ酸を混ぜた粉末が、コロラドビートルの消化管でヒ素を溶かしだして、退治したのです。この発見を機に、農業の生産性向上をめざす欧米諸国で、亜ヒ酸による殺虫剤の研究が進められました。

図書館に行って、農薬関連の本を開いてみると、20世紀初頭に開発された主なヒ素系農薬がヒ酸鉛とヒ酸石灰だったことがわかります。

田中彰一著『農薬精義』(養賢堂、1956年)は、「1920年前後に至り、ヒ酸鉛とヒ酸石灰が出るに及んでヒ素剤の黄金時代が到来した」と、この2種の名前をあげていました。

ヒ酸鉛について、石井象二郎著『農薬』(朝倉書店、1958年)は「アメリカのマサチュセッツ州で、1892年モールトンがマイマイガ幼虫に初めて用い、真価が認められた。1907年ごろより工業製品として生産されるようになった。わが国では、古河鉱業が銅山における副産物の亜ヒ酸の利用のためヒ酸鉛の研究を行い、1922年に工業生産をみるに至った」と書いています。

ヒ酸石灰は、1920年にアメリカの綿花畑で綿につくゾウムシの駆除に使われてから大量に消費された、と紹介していたのが村川重郎著『農薬の化学と応用』（朝倉書店、１９４８年）です。「飛行機を用いて撒粉し、１エーカー（40アール）あたりの撒粉時間はわずかに2秒で足る」といいます。

日本で最初にヘリコプターから農薬を散布したのは１９５８年です。いもち病対策として水銀系農薬を神奈川県の水田に撒きました。アメリカでは、それより40年近く前に、南部に広がる綿花畑で飛行機による農薬の空中散布がおこなわれました。ライト兄弟が初めて空を飛んだのが１９０３年、第一次世界大戦中に爆撃機の開発が進み、大戦後の19年に旅客機による定期輸送が始まったのとほぼ同時に、この空中散布によって大量に撒かれた農薬が、亜ヒ酸を原料にしたヒ酸石灰でした。

こうした文献調査を通して、土呂久での亜ヒ酸製造が国際的なヒ素系農薬の需要、綿の生産、繊維業界の景気と結びついていたことがわかりました。

亜ヒ酸製造技術の歴史的展開

猛毒の亜ヒ酸はどのような方法でつくられたのか。工業技術院地質調査所編『日本鉱産誌 BⅡ』（１９５２年）という本に、亜ヒ酸の製造法は大きく二つに分けられると書いてあります。

銀や銅や鉛などを精錬するとき、その鉱石にヒ素が含まれていると、ヒ素は酸化して亜ヒ酸

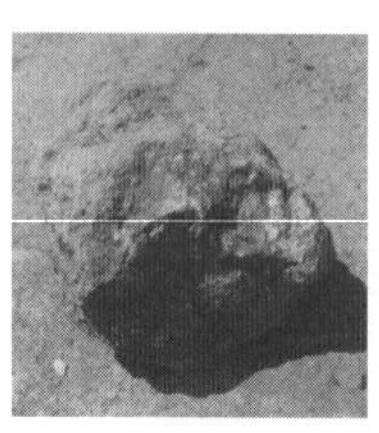
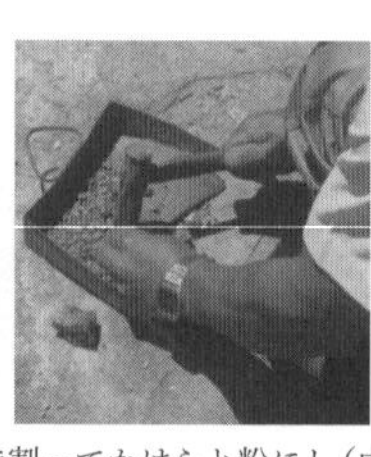

硫ヒ鉄鉱(左)を金づちで割ってかけらと粉にし(中)、七輪の炭火にくべると、煙とともに亜ヒ酸の粉じんが流れだす(右)

の微粒子になり、煙に混じって飛び立ちます。その亜ヒ酸を煙道に設置した集塵機で捕集し、別の炉で精製して純度の高い亜ヒ酸にします。つまり、大規模鉱山の精錬所で先進技術を用いて、銀や銅や鉛を精錬する副産物としてつくるのが、一つの方法です。

もう一つが、ヒ鉱(硫ヒ鉄鉱、硫ヒ銅鉱)を産出する鉱山に、石を積んで簡単な窯を築き、ヒ鉱を焼いて煙とともに飛び立つ亜ヒ酸を採取する方法です。土呂久などでおこなわれたこの伝統的な製法を「亜ヒ焼き」と言い、窯を「亜ヒ焼き窯」と呼びました。

土呂久の人たちは、七輪を使った実験で、亜ヒ焼きの原理を教えてくれました。

硫ヒ鉄鉱はやわらかい鉱石なので、金づちでたたくと、容易に砕けて小さいかけらや粉になります。それを七輪に起こした炭火にくべます。初めに立ちのぼるのは、ツーンと鼻を刺激する黄色い煙。亜硫酸ガスです。しばらくして煙の色が白く変わってから、煙の中に色のついた塗り箸か草花をさしこんで、数分後に取りだすと、煙のあたった部分が白く変色しています。箸や葉の表面に白い粉が付着したのです。この粉が、致死量0・1〜0・3グラムの猛毒亜ヒ酸でした。

亜砒焼きの原理はきわめて簡単です。原初は、野原でおこした火の

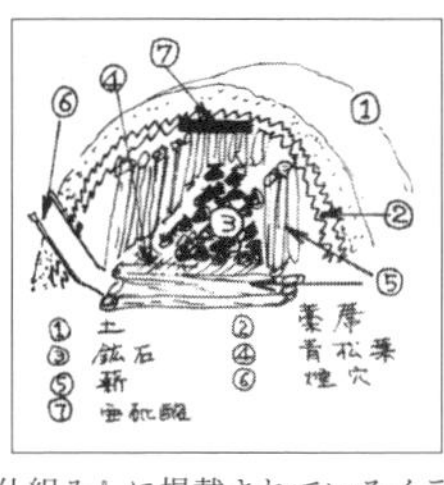

『亜砒焼きの歴史と仕組み』に掲載されているイラスト。左から、露天式、炭焼き式、登り窯式に展開した

中にヒ素の鉱石を投げこみ、亜ヒ酸を採ったことでしょう。そこから発展して、亜ヒ酸が殺虫剤の原料に使われた大正時代には、多量の亜ヒ酸を生産するために、装置は登り窯に変化していました。

亜ヒ焼きの技術の歴史的展開に興味を覚えたのは、島根県津和野町の笹ケ谷鉱山を訪ねたとき、地元の図書館で佐々木正勇氏の研究論文『石見銀山鼠捕』について」を読んでからでした。土呂久公害患者の支援をしていた横井英紀さんと私は、佐々木氏の論文などを参考にして『亜砒焼きの歴史と仕組み――土呂久鉱山の場合』（1980年）という冊子を発行しました。亜ヒ焼きの技法が、①露天式、②炭焼き式、③登り窯式、④連続焙焼式と展開した歴史を追ったのです。

①は、野原のたき火にヒ鉱を入れて、飛び立った亜ヒ酸を天幕のむしろで採集する方法。これでは、多くの亜ヒ酸が煙とともに逃げてしまいます。②は、煙を閉じこめた窯の中でヒ鉱を蒸し焼きにする方法で、品質が悪いうえに増産が難しいという欠点がありました。そこで、ヒ鉱を焼く部屋のほかに収砒室という空き部屋を設けて、煙を収砒室に滞留させて、結晶化した亜ヒ酸を採集するようにしたのが③の方法。④では、木炭とコークスとヒ鉱を混ぜて燃焼させる炉をロストル式にしたことで、連続焙焼が可能になりました。

大正時代に宮崎県内の鉱山で普及したのは③の登り窯式の装置でした。ヒ鉱を採掘する鉱山に築いた窯で、伝統的技法によって、近代農業が求める多量の亜ヒ酸を製造しようとしたのですが、そこには欠如したものがありました。環境汚染対策がまったくなされなかったのです。動植物や人間が生存する環境に、窯の煙突から吐きだされた毒物の亜ヒ酸が流れだしていきました。

鉱山労働者に目立った呼吸器疾患

川田時代（1920～1933年）の労働者と家族が写っている写真があります。保管していたのは佐伯に住んでいた野村勉さん。埋もれていた土呂久公害が社会問題化した1972年1月、九州大学医学部公衆衛生学教室の倉恒匡徳教授が野村さんの家を訪ねてきました。野村さんの父弥三郎さんは、土呂久で13年間、精製焼きに従事した技術者です。

野村さんが当時のアルバムを見せると、倉恒教授は1924年春の花見と33年8月に川田時代が終わるときの記念写真に興味を示しました。「この写真をもとに調査をしたい」と要望された野村さんは、2枚の写真を複写して倉恒教授に郵送し、もう1セットを高千穂町岩戸に住んでいた鶴野秀男さんに送りました。鶴野さんの父政市さんが、亜ヒ酸製造が始まった当初、粗製焼きをした人だったからです。

朝日新聞宮崎支局長（当時）の田中哲也さんが鶴野さん宅を訪れたのは、そのすぐあとのことでした。田中さんは2枚の写真を撮影して宮崎に帰ると、「ここに写っている人物を追跡しよう」と、記者3年目だった私に指示しました。写真追跡は初めてのことでしたが、半世紀間埋もれていた事実が明らかになるなら、と挑戦しました。写っている人物の名前を確認し、本人あるいは遺族に会って、どんな病気をしたか、どんな病気で亡くなったか、聞いて回りました。2枚の写真に写っているのは延べ93人。経営者を除く労働者とその家族は実数で82人、そのうち60人の名前を確認し、できるかぎり病歴・死因を聞かせてもらいました。

24年の花見の写真（次ページ掲載）で、後ろから2列目右から2人目が野村弥三郎さんです。亜ヒ酸の精製の仕事をし、激しい咳をするようになり、医師から「胸をやられている」と診断されて55歳で死亡。

前列右端で赤ん坊を抱いている女性は、亜ヒ焼き労働の夫を助け、素手でヒ鉱の粉をだんご（団鉱）に握る仕事をし、52歳のときに気管支ぜんそくで死亡。

後列右から2人目の男性は、25年に福岡県大牟田市の三井三池炭鉱に転職したとき、健康検査で医師から「ヒ素中毒にかかっている」と言われました。亜ヒ酸の粗製焼きに従事して、ヒ素中毒のしるしの黒い点々（色素沈着）が全身にでていたのです。

「土呂久鉱山で戦前働いた労働者と、鉱山周辺に住んだその家族に、呼吸器疾患にかかった人、それがもとで死んだ人が多いという傾向をしめすことができた」

そう結んだ特集記事が72年3月4日の朝日新聞宮崎版に載ると、私はその記事を九大の倉恒教授に送りました。すぐに返事をもらいました。

鉱山労働者と家族が写っている1924（大正13）年の花見の写真

「土呂久の場合は過去の住民、従業員の追跡はとりわけ困難ですが、やる意味が大いにあり、それをたとえ一部分であってもやりとげられた貴方に衷心から敬意を表します」

半世紀たった今も、その手紙を大切に保存しています。24歳でもらった勲章です。

振り返ると、24年春の花見の写真に、もう一つの特徴があることに気づきました。ここに写った労働者の中で、名前のわかった人は25人、そのうち10人（40パーセント）が佐藤利喜治さんの子と孫だったのです。利喜治さんは、鉱山敷地を買い占めて、開山を心待ちにしながら亡くなった人。亜ヒ酸鉱山が始まったころ、採鉱部門を担ったのは、この一族でした。

「銭とりがいい」と勧められて亜ヒ焼きに従事

亜ヒ酸鉱山で鉱石を掘る権利をもっていたのは竹内令肸氏でした。「採登80号」として登録した鉱区は、面積が約4ヘクタール、通称「外録鉱山」と呼ばれました。川田平三郎鉱山長の下に、竹内氏からヒ鉱（硫ヒ鉄鉱）の採掘を請け負った部門と、佐伯の業者が亜ヒ酸を精錬する部門がありました。

川田時代にヒ鉱を掘りだした坑道は2本です。川べりにあったのを三番坑、そこから数十メートル離れた山の斜面に掘った坑道を二番坑と呼んでいました。二番坑の鉱夫頭（採鉱責任者）は佐藤喜右衛門さん、三番坑の鉱夫頭は富高砂太郎さんで、2人は叔父と甥の関係にありました。鉱山周辺の土地を買って、鉱山再開を心待ちにしながら亡くなった利喜治さんの一族です。

喜右衛門さんと砂太郎さんは、鉱業権者の竹内さんから仕事を請け負い、産出した鉱石の量に応じてお金を受け取っていました。この2人から採鉱夫に支払われる賃金は、出鉱量によるのではなく、1日働けばいくらと決まっている日当でした。切羽（鉱石を掘る場所）の良し悪しで鉱石の出方が違うので、不満が生じないように、働く時間に応じた支払いにしたのです。手子（てご）（鉱石を坑外に運びだす人）に対しては、最初は日当を渡していましたが、のちに、運んだ鉱石の量に応じて払う請負いに変えました。

二番坑で手子として働いた佐藤繁熊さんは、こんな経験を話してくれました。

「手子の仕事は、坑内で掘った鉱石をカルイで背負って運びだし、坑口に置いてある百貫箱に入れること。日当だと、どんなに働いても1日25銭と決まっていたのに、請負いに替わると、百貫箱をいっぱいにすると80銭もらえるようになった」

請負いに替わってから、繁熊さんは毎朝まっ先に坑内に入り、夕方は最後まで坑内に残って働いたといいます。収入を上げるために、自ら苦役の時間を増やしたのです。

二つの坑口のそばに亜ヒ焼き窯があり、三番坑は鶴野政市、クミ夫婦、二番坑は甲斐市蔵、ヨリ夫婦が、ヒ鉱の粉を丸めただんご(団鉱)を窯で焼いて亜ヒ酸をつくっていました。

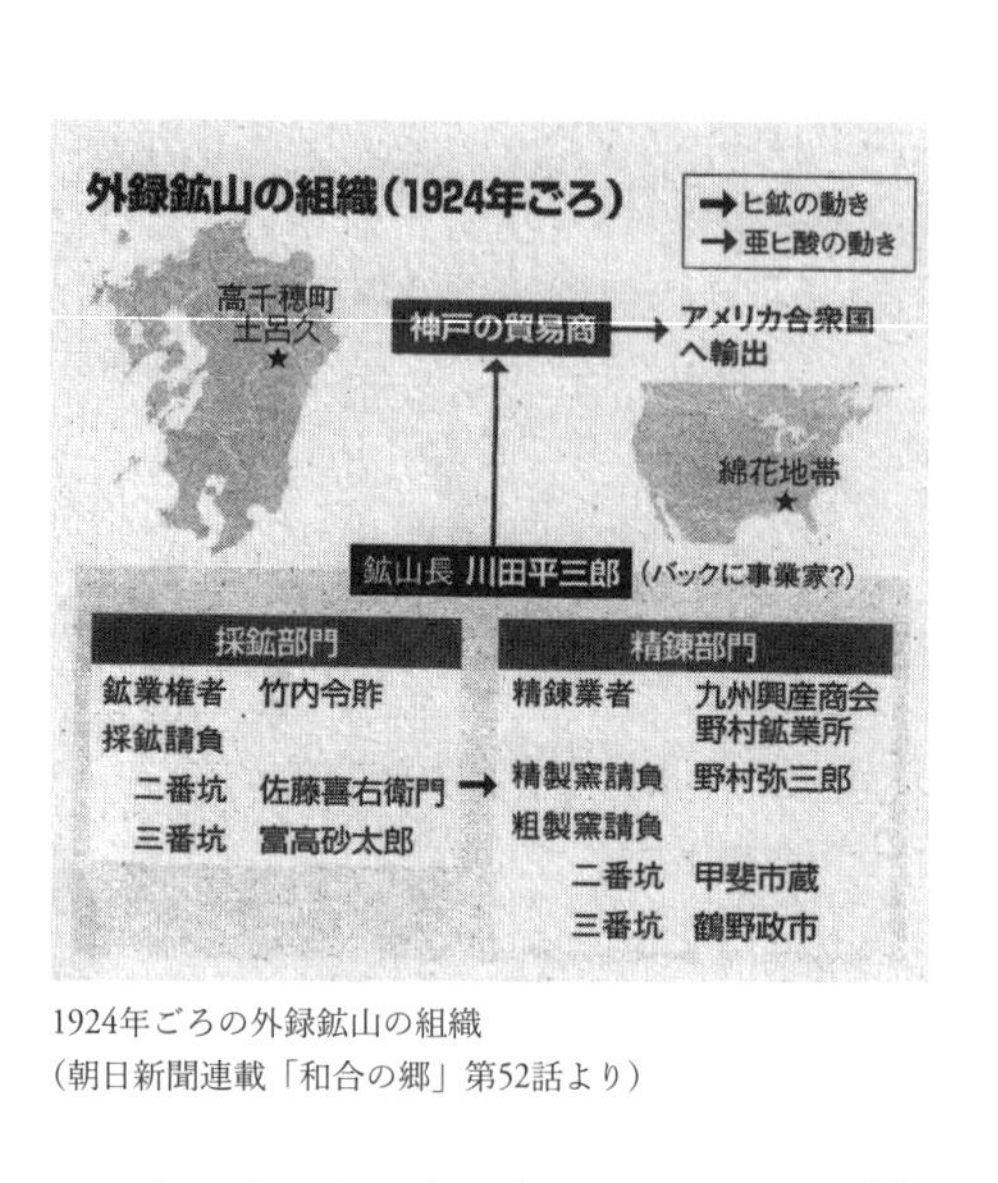

1924年ごろの外録鉱山の組織
(朝日新聞連載「和合の郷」第52話より)

「請負いじゃなきゃ、あげな仕事はできない」と話していたのが、だんご作りに従事したクミさんです。四六時中、ヒ鉱を焼く煙のたちこめる職場で、気をぬくこともできずに毒物を製造する仕事は、生産した量が多ければ、それだけ収入が多くなる請負いでなければやれなかった、といいます。夫の政市さんは、収入を増やすために時間の制限なく働いて、命を縮めました。そんな危険な労働をするようになった理由を、クミさんはこんなふうに話していました。

政市さんは義理の父親の借金を返すために、土呂久の大きな農家「樋の口」で名子(なご)(地主から耕作をまかされ、収穫した何割かを地主に納め、残りが自分のものになる)として働いていました。そこへやってきたのが喜右衛門さん。「亜ヒ焼きは銭とりがいい」と勧められて、政市さんの気持ちが動きました。借金を返して、早くくびきから解き放たれたいと願って、名子よりも収入のよい亜ヒ焼き労働を選んだのだ、と。

川田時代の労働者は多いときでも40～50人。佐伯から来た精製焼きの熟練者を除くと、ほとんどが縁故で雇われた地元の人。農地をもたない貧困層に危険な労働を押しつけて、前近代的な小規模鉱山で猛毒の亜ヒ酸製造がおこなわれました。

肉体を酷使した前近代的坑内労働

大正時代後期に鉱石を掘った方法は「手掘り発破(はっぱ)」と呼ばれていました。使った道具は、千種(ちくさ)棒と呼ばれるのみ(鏨)とセットウ(石頭)と呼ばれるハンマーです。鉱夫は毎朝、長さや太さの違う数十本の千種棒を鍛冶屋で準備します。掘り方には、上方に穴をあける「あげぐり」、腰かけて下向きに掘る「おろしぐり」、股の間に棒をあてて掘る「とんぼぐり」、後ろ向きに肩の上で掘る「かたげぐり」などがあり、それぞれの掘り方に適した千種棒を使って、岩盤にダイナマイトを詰める穴をあけました。

採鉱夫を経験した佐藤捨光さんが、岩に穴をあける技を得意げに話してくれました。

「セットウで打つたびに、左手で千種をくりっと回して掘っていく。穴の深さが変わるたびに、千種の長さと太さを変えないかん。穴が深くなるほど、棒が長くて先端の幅の狭い千種に変える。千種の先が、石とこすれあって焼けたときは、竹筒に入れておいた水をかけんと、千種の先がつぶれてしまう」

「数人が掘っておる場合、みんなが穴をあけたところで、それぞれが導火線を引いた雷管を穴に押しこんで、いっせいに避難する。ドンドンという音がして、火薬のにおいがたちこめる。風を通す設備がなかったから、煙がはれるまで坑道の途中で15分ほど休んだ。なぜなら、天井がゆるんで落ちるといかんから」

ダイナマイトで発破をかけたあとには、鉱石が崩れ落ちています。その鉱石を坑口まで運ぶのは、若い男女の仕事でした。

川べりの三番坑は、下り勾配の坑道に、厚さ2センチの松の板が敷いてあり、20歳前後の娘が「じょうれん箱」を引きました。じょうれん箱は、横40センチ、長さ1メートル、深さ35〜40センチ、底に樫のソリがついていました。これに100キロを超える鉱石を積んで、藁縄(わらなわ)を編んだ綱をタスキにかけた娘たちが、杖をつき、体を折って、腰で引いて運びました。

「坑内の低いところは、ずっと体をかがめて通らなならん。水が多いので、20度の傾斜のところは急流が押しかけてくる。後ろを向いて箱を握り、ずるずる引っ張りながら進んだ。坑道の壁から水がでる所では、岩のくぼみに棒をつけ、それに口をつけて水を飲んだ。鉱石くさい水やったな」(佐藤ハルエさん)

川田時代の坑内のようす。前列中央が川田平三郎さん、その右後ろが、父親を継いで鉱業権者になった竹内勲さん

山の斜面に掘られた二番坑は、途中にはしごを上り下りするところがあるので、手子（てご）が40キロばかりの鉱石をカルイに入れて、それを背負って坑外に運びだしました。

「坑内は暑い。パンツ1枚に半纏（はんてん）着て働いた。鉱石をカルイに入れ、ひざをついて立つときに、発破で落ちている鉱石の破片がひざに刺さる。自分の体重より鉱石の重量の方が重かった。それを背負って坑口にだしたわけです」(佐藤繁熊さん)

肉体を酷使するつらい坑内労働。そんな労働現場なのに、カンテラの光に照らしだされた坑底はとても美しかった、と坑内に下がった人たちは口をそろえました。

「三番坑の奥に行くと、大広戸（おおひろと）ちゅうところがあった。畳20枚敷くらいの広さ。全部がヒ鉱じゃから、ランプをともして入っていくと、ポッカポッカ光りよったとよ。ヒ鉱と銀とが」(佐藤実雄さん)

土呂久の鉱山に機械が導入されて、削岩機を使うようになるのは1937年ごろのこと。日本の大規模鉱山に削岩機が普及して35年がたっていました。

練り白粉に三筋の手拭いで顔を隠す

日本の近代の労働の中で、亜ヒ焼きは「もっとも非人間的労働の一つ」に数えられるのではないでしょうか。土呂久の鉱山で、大正年間に亜ヒ焼きを請負った鶴野政市さんの働く姿を、私は著書『口伝 亜砒焼き谷』の中でこう書きました。

「仕事に出る前、ガラス壷入りの練白粉（ねりおしろい）を、顔や手や股ぐらに塗り込んだ。小麦粉をねったようなドロドロの白粉でな、博多人形よりかまだ厚う塗っておった。亜砒負けを防ぐためじゃ。頭には帽子、その上から手拭をかぶって、口と鼻をふたぐようにもう一本の手拭、それに首にも一本と、三筋くらいの手拭を巻いて、目だけを出した異様なかっこうで亜砒を焼いた」

致死量0・1〜0・3グラムの猛毒を生身の人間が製造するのです。現在なら全身を防護服でおおい、顔に防毒マスクをつけることでしょう。それなのに、当時の安全対策は、練白粉と三本の手拭いだけでした。亜ヒ焼きがどんな装置でおこなわれ、どれほど危険な労働だったのか、どうして公害発生源になったのか、それらが一目でわかるように亜ヒ焼き窯を目に見える形にしたい。そう思っていた1980年12月、舞台美術家兼ルポライター兼イラストレーターの妹尾河童さんが、『週刊朝日』に連載中の「タクアンかじり歩き」の取材で土呂久にやってきました。各地のタクアンを紹介する連載には、河童さんの描く2枚のイラストが付いていました。私は河童さんに「亜ヒ焼き窯を描いてほしい」と頼みました。

土呂久に着くと、河童さんはタクアンを持参した人たちの前でスケッチブックを開き、さっそく亜ヒ焼き窯の粗描にかかりました。年寄りの記憶を呼びさまし、聞き取った話をもとに描いた窯の復元図が、翌年2月の『週刊朝日』に掲載されました。

窯は、高さ2メートルくらい、約20度の斜面に築かれた石積みの登り窯で、中は4つの部屋に仕切ってありました。窯の近くで、坑内から運ばれたヒ鉱(硫ヒ鉄鉱)を金づちで砕いて粉にし、女性労働者が素手で握ってだんご(団鉱)にします。団鉱を窯の上で乾かしたあと、燃焼室に積み上げた薪の上に載せます。薪に火をつけ、鉱石が燃え始めると、ヒ素分が亜ヒ酸ガスになって煙とともに集ヒ室に流れていき、温度が昇華点(193度)以下に下がってから、結晶になって降り積もるのです。

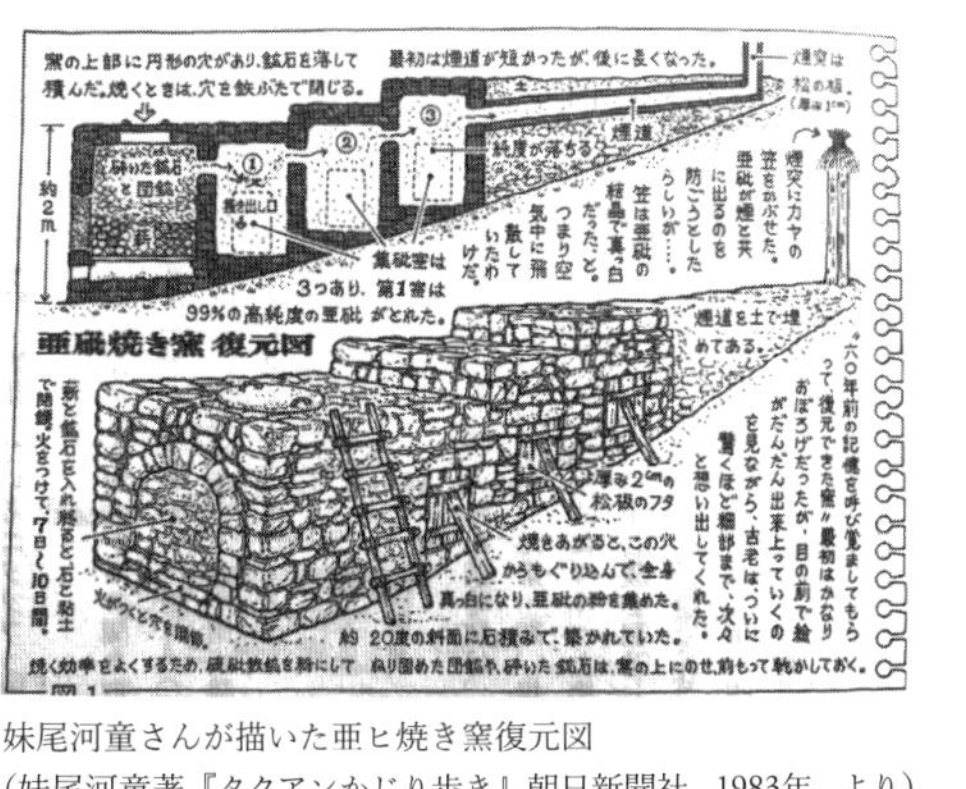

妹尾河童さんが描いた亜ヒ焼き窯復元図
(妹尾河童著『タクアンかじり歩き』朝日新聞社、1983年、より)

集ヒ室は1、2、3号室と並んでいて、1号室にたまった亜ヒ酸は純度が100パーセント近いので商品になり、2号室と3号室の亜ヒ酸は不純物が混じっているので、精製窯で焼きなおしました。製品60キロを木箱に詰めると、「毒物亜砒酸」と書いた紙を貼って、馬車で岩戸の町へ運びました。一馬車に20箱くらい積んだそうです。

亜ヒ焼き窯の壁面は、山野にころがっている石を積んで粘土の目張りをしただけ。石と石のすきまから煙が噴きだします。燃焼室の鉱石が焼けてしまうと、三本の手拭いを巻いた姿で、窯の側面のふたを開けて集ヒ室にもぐりこみ、亜ヒ酸をかきだすのです。当然のように呼吸器を侵されました。汗をかいたところに煙が触れると、皮膚がかぶれて傷（亜ヒ負け）になりました。

亜ヒ焼き労働者の健康を蝕んだ煙は、窯の煙突から吐きだされて、集落に流れていきました。村人の抗議を受けて、鉱山がとった対策を、河童さんは復元図にこう書きこんでいます。

「煙突にカヤの笠をかぶせた。亜砒が煙と共に出るのを防ごうとしたらしいが……。笠は亜砒の結晶で真っ白だった、と。つまり空気中に飛散していたわけだ」

カヤの笠のような非科学的な対策では、亜ヒ酸の排出を防止することはできません。

焼き殻を水清き川に投棄した

亜ヒ酸鉱山が開山して3年後の1923年5月25日、土呂久の自治組織である和合会の総会で初めて亜ヒ酸の害毒が議題にのぼりました。議事録は、こう記しています。

一、亜ヒ酸害毒予防法設備に関する件

害毒予防法としては、完全なる設備をなし事業をなされんこと、会員一同満場一致にて、当事務主任者へ願うこと

和合会の総会は満場一致で、鉱山事務所に「害毒を予防する完全な設備をしてほしい」と要

求することを決めたのです。どんな被害がでていたのか、議事録には記載されていませんが、その2年後に池田牧然獣医師が書いた報告記『岩戸村土呂久放牧場及土呂久亜砒酸鉱山ヲ見テ』が具体的な被害の状況を教えてくれます。

現在、畑中組と惣見組は土呂久川沿いの道でつながれていますが、1920年ごろは、川より約100メートル高い斜面に道がつくられていました。その道の小さな峠を越えたとき、獣医師の目に異様な光景が飛びこんできました。

「山の北面に行くと、直感的に火事跡のような一種悲惨の感に打たれたのは、20年から30年経過した植林の杉が萎縮して成長が止まり、あるいは枯死して赤ばみ、また竹林はほとんど枯死し、雑木も立ち枯れて、いかにも寂莫の感がある。耕地の荒廃したものもあって、作のつけようもないというようなありさまに見える」

「川中の石は赤色に汚れて、3年前までいた魚類は、今は一尾も見えない」

「重要物産である椎茸の原木を見れば、きのこ一つ見えない」

「名物のミツバチも、今は巣づくりをやめるのみ」

川魚や椎茸やミツバチの異変を書きとめたあとに、「煙は重いに違いない。農作物、林産物の不作と枯死が、川にそってはなはだしいところを見て明らかである」と、煙による被害を観察しています。

住民は、こうした被害を「亜ヒ酸害毒」と呼んで、和合会の議題にしたのですが、この被害は、どんなふうにして集落へもたらされたのでしょうか。

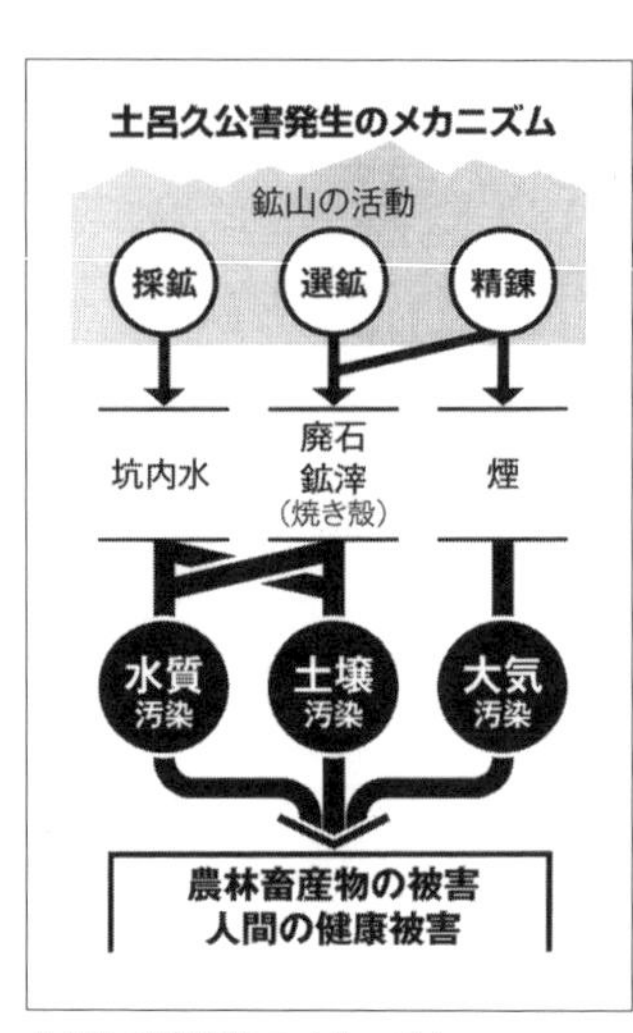

土呂久公害発生のメカニズム
（朝日新聞連載「和合の郷」第55話より）

鉱山の活動は、坑内から鉱石を掘りだす「採鉱」、有用な硫ヒ鉄鉱と不要な鉱石を選別する「選鉱」、硫ヒ鉄鉱を焼いて亜ヒ酸をつくる「精錬」に分けられます。採鉱・選鉱・精錬の結果、坑道から排出される水（坑内水）は目の前の土呂久川に流れこみ、坑口のそばに積まれた捨石の山（ズリ山）は、豪雨のとき川へ崩れ落ちました。亜ヒ焼き窯でヒ鉱を焼いた煙は煙突から吐きだされて、山から吹きおろす風、谷から吹きあげる風に乗って、四六時中、谷間の集落をただよいました。鉱石を焼く火が消えると、燃焼室からかきだされた焼き殻（鉱滓〔こうさい〕）が、土呂久川に投げこまれました。こうして環境が汚染されて、農林畜産物被害が発生したのです。

投棄の瞬間を目撃した獣医師の憤りの言葉が、報告記に残されています。

「亜ヒ酸が毒薬であることを承知しているが、その焼き殻を水清き土呂久川に遠慮もなく投げ込むのを見て、不思議に思った。これらのものに対しては、河川港湾取締規則は適用されないものなのか」

平穏な暮らしを壊し始めた亜ヒ酸鉱山に対し、和合会は抗議の声をあげました。23年5月の総会に出席したのは42人。その闘いがいつまでつづくのか、誰も知りませんでした。

農民を圧迫した12か条の契約

和合会は「害毒予防の完全なる設備」の要求を決めてから半年後の11月25日に開いた総会で「亜砒酸煙害に関する事項」を討議しました。その日の議事録には、鉱山と結んだ12か条の契約のうち5か条が書きだしてあります。

一、交付金として1か月50円を事務所より支払いを受けること
一、契約期限は満1年とすること
一、材料はすべて相当の価格で要求に応じること
一、契約金は毎月15日に支払いを受けること
一、一期たりとも契約金の支払いを怠った場合は、契約は無効となること

契約の要点は、鉱山が毎月50円の交付金を払う見返りとして、和合会は鉱山の要求に応じて、亜ヒ焼きに必要な坑木や薪や木炭などの資材を相当の価格で納める、ということでした。この内容を知って怒ったのが、1925年4月に鉱山周辺を視察し、『岩戸村土呂久放牧場及土呂久亜砒酸鉱山ヲ見テ』を書いた池田牧然獣医師です。

「資本家が純朴なる農民をいかに圧迫しているかを窺わせるのに十分である」

池田獣医師は、この契約の内容から、鉱山経営者と和合会の関係は対等でなく、鉱山が農民を圧迫している、とみてとりました。鉱山優位は、江戸後期に外録銀山が延岡の内藤藩直営だっ

た時代から貫かれてきた関係でした。江戸時代に、外録銀山の域内に住んでいた10人の農民は、山林の利用を許される代わりに、銀山が必要とする木材などを相当の価格で提供することを義務付けられていました。その関係が、明治維新を経て、鉱山経営者が藩主から資本家に替わったあとも引き継がれていたのです。

鉱山は和合会に、精製焼きに必要な木炭の提供を求めました。その求めに応じて、自分の山で焼いた木炭を鉱山に納めたのは、惣見組の佐藤住義さんでした。小学生だった息子の高雄さんが、できあがった木炭を鉱山へ運びました。精製場の引き戸を開けると、小屋の中は一面、小麦をまいたように亜ヒ酸の粉で真っ白だったそうです。

高雄さんは60歳を過ぎて、慢性気管支障害、胃腸障害、心臓循環器障害など全身にヒ素の影響がでて入院し、妻のモミさんがつきっきりで看病にあたりました。高雄さんに代わってモミさんが、子どものころ亜ヒ酸の粉にまみれたようすを語ってくれました。

「小屋の中で木炭を俵からダダーとひっくりかやすと、もうもうと亜ヒの粉が舞いあがり、吸いとうないと思うても仕方ないわん、じいさんの鼻と口から自然と亜ヒが体ん中に吸いこまれていったったたい」

高雄さんが、宮崎県から慢性ヒ素中毒症患者に認定されたのは1976年。その10年後に呼吸器不全で亡くなりました。

亜ヒ酸鉱山は和合会に、さらに深刻な要求を突きつけました。

1924年に入って開かれた和合会の臨時総会議事録に「亜砒酸焼き窯築造に関する件は会

長帰宅まで延期」、つづいて4月7日の臨時総会議事録に「亜砒酸窯築の件はこの会解決せり」「窯築手間勘定あり」と記載されています。ここから読めるのは、和合会が鉱山から、亜ヒ焼き窯の増設に協力を求められて、それに応じたことです。窯が建設されたあと、鉱山は和合会を通して、窯築(かまつき)にでた人に賃金を払いました。契約に従って、煙害被害をこうむっている農民が、煙害の元凶である亜ヒ焼き窯の増設に協力しなければならなかったのです。

初期和合会のリーダーは決断と実行の人

土呂久の集落はどんな態勢で、亜ヒ酸煙害を引き起こした鉱山に対抗したのか。江戸から明治に移ったころの土呂久にさかのぼってみます。

1871(明治4)年に岩戸村で作成された『五人組帳面惣寄控』という文書が、明治初期のようすを教えてくれます。岩戸村は五カ村組、土路久組、永野内組、上村組、東岸寺組、野方野組の6つの組に分かれていました。土路久組の概要は、鉄砲4挺、雄牛1疋、牝牛20疋、雄馬2疋、牝馬43疋、竈の数(戸数)28軒、人口は194人(男111人、女83人)でした。

江戸初期の慶長検地の台帳(『岩戸竿帳』)に記載された土呂久(猪鹿門、白石門、折原門、南門の4つの門を合わせる)の農民は20人だったので、これを戸数20戸とみなすと、260余年の江戸時代に、農家の数は20戸から28戸へ40パーセント増加したことになります。それから約50年後の

1925（大正14）年に書かれた『岩戸村土呂久放牧場及土呂久亜砒酸鉱山ヲ見テ』では44戸に増えています。この間の増加率は57パーセントです。明治から大正の時代、ぐいぐい伸びていく土呂久には勢いがありました。

『五人組帳面惣寄控』の最後に、岩戸村の庄屋と弁指（べんざし）6人が署名をしています。弁指とは、庄屋の下で働く区長（副庄屋）を言い、岩戸村の6つの組に1人ずつ配置されていました。行政の末端で統治の役をになうとともに、下からの農民の声をすいあげる中間的な立場です。このときの土路久組の弁指は南組の「母屋」の佐藤雅市さん。同じころ作成された『岩戸村寺社・山伏・小侍・足軽・百姓家名録』を見ると、1817年に要右衛門が土路久組の弁指になって以後、近市、初蔵、雅市と、「母屋」の家系が弁指を継いでいました。

土呂久では、弁指にまつわるこんな逸話が語られてきました。

「弁指が村を回って、晩遅く帰ってきた。寒くなったので、十手を背中から首に立てて、火吹き竹で囲炉裏の火を吹いていた。そこに、物陰から弁指を狙う奴が現れて刀を振った。その刀が十手に当ったので、弁指は命拾いした」

神がかりな逸話を通して、弁指に畏敬をはらってきたのでしょう。

弁指を集落のリーダーにして、土呂久は明治時代に入りました。明治の中ごろ、「母屋」は跡取りが必要になって、「南」という屋号の家から一蔵さんを養子にもらいました。1890年に土呂久に金融互助組織の和合会が創設されたとき、会長になったのは「南」の十三郎さんで、そのあと十三郎さんの長男の三蔵さんが会長職を引き継ぎました。「母屋」へ養子にいった一蔵さんの兄にあたります。

「三蔵さんは、いらんことをしゃべる人じゃなかった。黙って聞いちょって、『こうがよわねえの』ちいうと、すぐ決まりよった」

そう評される決断と実行の人。墓碑には、27歳から5期22年間村議会議員、また15年間和合会会長をつとめたと刻んであります。明治後期から昭和初期にかけて土呂久のリーダーをつとめたのが「南」の三蔵さんでした。

土呂久を構成する三つの組の特徴

土呂久は現在、南組、畑中組、惣見組の三つの組からなっていますが、約400年昔の岩戸竿帳では、土呂久は南門、折原門、白石門、猪鹿門の四つの門（農民が協働して耕作する基本単位）に分かれていました。その後、四つの門は土路久組に集約され、四つの門で土路久組を構成する形は『五人組帳面惣寄控』でも引き継がれています。

明治に入って20年余りたった1890年、金融互助組織の和合会が創設されたとき、会長は南組の佐藤十三郎さん、それを補佐する助員（副会長）は南、畑中、惣見の三つの組から1人ずつ、世話係（取締役）は2人ずつ、合わせて10人の役員が選出されました。三つの組が対等な関係で和合して、困窮者を助けながら発展をめざす態勢が整ったのです。

三つの組は、それぞれの特色をもっていました。

土呂久川の東岸にある南組は、昔は折原門と南門に分かれていました。折原で育った佐藤アヤさんが著書『いのちのかぎり』(1977年)に、「一に有富(ありづみ)、二に東岸寺、三に土呂久の折原園よ。道行く人はこの様に口ずさみながら我が村を農作物をほめたたえていたときく」と書いたように、折原は岩戸村で3本の指に入る肥沃な土地でした。1412年に東林寺の薬師如来に奉納された鰐口には、「折原村居住国政」と、国政という奉納者の名前が彫られています。600年昔から、折原に裕福な農民が住んでいた証です。江戸後期に代々弁指(べんざし)(副庄屋)をつとめた家、和合会創設から昭和初期までリーダーだった佐藤三蔵さんの家も、南組にありました。肥沃な農地、裕福な農家、土呂久のリーダー、それが南組の特徴でした。

土呂久川をはさんで、南組と向き合う傾斜地に開かれているのが畑中組です。ここの民家は上組と下組に分かれていて、上組には、源氏の祖先神である八幡社を守ってきた家。下組には、岩戸の浄土真宗泉福寺の僧の代役をつとめる講元の家があります。宗教的、精神的に土呂久をまとめてきたのが、畑中組と言えるでしょう。

惣見組は、昔は「猪鹿(とろく)」と呼ばれ、狩猟や伐木や炭焼きなどが生活の中心でした。鉱山が開発されたのも惣見の山々です。江戸時代には山のあちこちから銀を精錬する煙、大正から昭和にかけては亜ヒ酸を製造する窯の煙が立ちのぼりました。「かな山」「樋の口」「町」「富高屋」など、鉱山と関係する屋号が惣見組を特徴づけています。

惣見組からは土呂久の歴史に名を残す人物が多くうまれました。和合会を創設した佐藤善縁

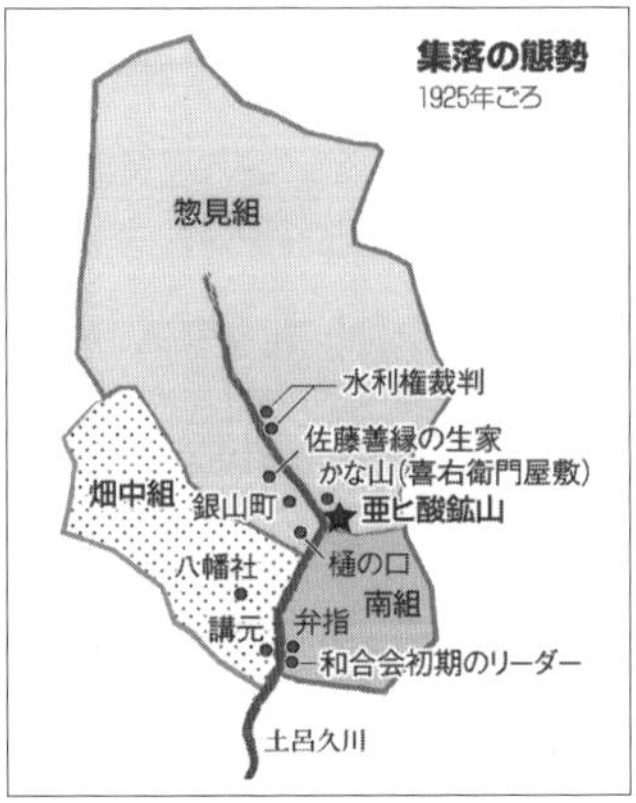

1925年ごろの集落の態勢
（朝日新聞連載「和合の郷」第58話より）

さん、上寺用水組合と裁判で水利権を争った2人の青年、小笠原利四郎さんと佐藤為三郎さん。総面積3千平方メートルを超える石垣を築き、その上に田畑を開いていった勤勉な夫婦、佐藤歳松さんとモカさん。この2人の孫の年保さんは鉱山師になって、大分県の佐伯から亜ヒ酸製造者を土呂久に連れてきました。

金融互助組織として1890年に出発した和合会は、1911年に自治組織に成長し、23年から亜ヒ酸鉱山との闘いを始めました。そのときの役員は、会長が水利権裁判を経験した為三郎さん、副会長が講元の佐藤竹松さん、幹事の1人が「樋の口」の助（つよし）さん、取締役の1人が為三郎さんとともに水利権を勝ちとった利四郎さん。個性的な人材がそろっていました。

盟約条例の前文が説いた誠の人

1890（明治23）年、高千穂町土呂久に金融互助組織として創設された和合会は、1911年から、集落の重要問題を討議し、対策を決めて執行し、犯罪の調査をする自治組織に成長しました。解散したのは66（昭和41）年で、町行政の末端をになう公民館と合併し、会が保有していた現金・貯金等は公民館に引き継がれました。和合会が活動したのは76年間、その記録をとどめる5冊の議事録は、規約を定めた和合会盟約条例などとともに保管されてきました。

和合会の総会は、どんなふうに開催されていたのか。定期総会は年に2回、5月25日と11月25日、そのほか緊急の案件があるときは臨時総会を開きました。会場は、南、畑中、惣見の三つの組の大きな家の持ち回りです。午前8時に役員が集まって議題を相談し、午後は35〜50人の出席者が車座になって、会長の司会で話しあいました。設立当初は、岩戸にある浄土真宗泉福寺の僧が来て、経をあげ説教をしていたといいます。お寺が関わったのは、和合会の創設者佐藤善縁さんが泉福寺の伴僧をしていたからです。

私が最初に、和綴じの和合会盟約条例を見たのは1972年のことでした。表紙を開くと、岩戸村長の認定証、善縁さんの筆と思われる前文、21か条からなる盟約条例の本文、会員と役員の名前が、和紙15枚に墨字で書いてありました。前文は、達者な筆さばきの変体仮名でつづられていて、まったく読めませんでした。善縁さんの思いがこめられているにちがいないと思い、写真に撮って宮崎市に帰り、書家のもとを訪ねました。その人に読んでもらうと――。

「人奈連哉人奈連哉誠の人奈連哉」（人なれや人なれや誠の人なれや）の呼びかけで始まって、本当の意味の誠の人とは、うわべだけの美しさやみせかけの誠の人のことでなく、「忠孝仁義の四柱を以て一家一村一国を創立」し、「身業口業意業（しんごうくごういごう）共に清正なる達誠（たっせい）の人」のことを言うのだ、と述べていることがわかりました。

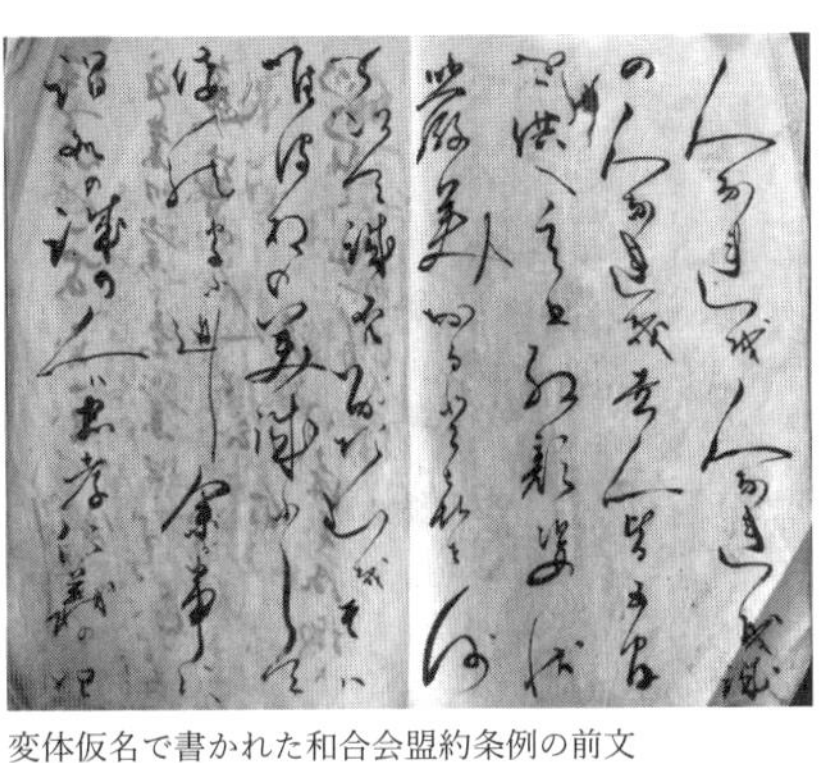
変体仮名で書かれた和合会盟約条例の前文

善縁さんはこの前文で、和合会の根底にある誠の道を説いていたのです。忠（主に尽くす）・孝（親への孝行）・仁（他人への思いやり）・義（正しいおこない）をもって一家一村一国を創立する、という儒教的な倫理観に、私はなじめなさを覚えながらも、清く正しい誠をきわめた人になれ、と説くところには共感しました。

善縁さんは、裕福な人が基金をだしあって、困窮者を救うために創設した和合会は、誠をきわめた人たちのおこないである、と考えていたのです。この精神は、和合会が金融互助組織から自治組織に成長したあとも継承されていきました。

和合会総会でものごとを決めるときは満場一致が原則でした。

東京・南多摩の廃寺に住んで、日本の農村を冷静に観察した作家きだみのる氏は、その著書『にっぽん部落』（岩波書店、1967年）で、全会一致についてこう書いています。

「部落を割るのは最大の悪徳で、その和合は最大の善だ」

「10人ちゅう7人賛成なら、残りの3人は部落のつきあいのため自分の主張をあきらめて賛成するのが、昔からの仕来りよ」

戦前のどこの農村も、満場一致を会議の原則にしていました。これには、少数意見の排除という欠点と同時に、村の和を保つ、村人の暮らしを守るという積極的な面がありました。亜ヒ酸鉱山との闘いには、誠をきわめた人びととの和合が欠かせませんでした。

全財産を差しだした和合会役員

和合会盟約条例の第15条は、会長1人、助員（副会長）3人、世話係6人の計10人の役員をおくことと、「役員は一般公衆の投票をもって選挙す」と定めています。和合会が結成された1890年は、明治憲法によって開設された帝国議会の第1回衆議院総選挙がおこなわれた年でした。

「あの時代に選挙で役員を選ぶのは珍しかったんじゃねえかの」

2020年ごろの土呂久公民館長の佐藤元生さんは盟約条例を読んで、曽祖父の世代がもっていた進取の気性に感心していました。

第19条には「選挙をもって役員に列する者、それぞれの所有財産をすべて本会へ差し出しおくべきものとす」という規定があります。ここに着眼したのが、近代日本の農村社会経済史の研究者である楠本雅弘先生でした。22年4月に土呂久公民館でおこなった「和合会について」の講演で、こう話しました。

「金融機関の和合会を信用してもらうために、役員が全財産を和合会に預けることを決めたんですね。和合会が倒産したら役員は財産を売って弁償するという約束に、役員全員が署名捺印していいるんです」

和合会は佐藤善縁さんの提案で創設されました。集落が一つにまとまってみんなで暮らしを向上させよう、という考えに共鳴したのが当時の土呂久の指導層です。

「善縁さんだけじゃなくて役員も偉かった。善縁さんがいくら言っても、みんなが『やれない』と反対したらつぶれたわけで、『いいね』と賛成したので、今の土呂久がある」

楠本先生は、無給で何期も役員をつとめた指導層の熱意をたたえました。それ以外にも、楠本先生が驚き、称賛したことがいくつもありました。

その一つが、和合会が全戸出席を原則にして、年2回の総会と臨時総会を50年以上も開催しつづけたことです。1922年5月29日の総会議事録に、無届欠席者から1円、遅刻者から50銭の過料を徴収して和合会の共有金に入れることが決まったと書いてあります。

「車もない、電動車もない時代に、こんな峠道で成りたっている土呂久の人が、毎年5月と11月に全戸集まって総会を開いて、休んだり遅刻したら罰金を取られることに文句も言わずにやってきた。大変だと思うんですよ」

さらに、「自主・協働・助け合い」の精神で困難を乗り切ってきたことについて、こう述べました。

「困ったときには『みんなで加勢をする』と議事録に書いてある。たとえば働き手が兵隊にとられて外地に送られていると、そこの農作業が遅れないように、みんなで農作業の収穫を手伝うことも決めている。さまざまなことを工夫して、いろいろ波乱があったけど、乗り越えてきたのだと思います」

「和合会の議事録を見て感心するのは、全員が参加して落伍者を出さない、誰かが独り勝ちをすることもない。みんなが損をすることもない。共同体の知恵ですね」

それほど和合を大切にした集落にひびを入れたのが、亜ヒ酸鉱山がもたらした煙害でした。

煙害めぐって和合会がけんか会に

私が初めて土呂久に行ったのは、朝日新聞宮崎支局（現・宮崎総局）の記者になって3年目の1971年11月のことでした。同僚の井口勝夫記者と2人で書いた記事は、12月4日の宮崎版に「土呂久鉱害の実相／現地からの証言」の見出しで掲載されました。この記事の中で、忘れることができないのは、和合会がけんか会になったというくだりです。惣見組の佐藤勝さんが、こう語ってくれました。

「害が広がると、被害を受けるばかりの地主は、鉱山をかたきと思って亜ヒ焼きに反対する。一方、木炭やたき木を鉱山に売る人や、鉱山で働く労働者は、収入があがるので鉱山を親方のように思っている。反対派に、われわれに働き場を与えてくれるか、鉱山に行ってとれるくらいの補償をくれるか、とせめる。和合会はまるでけんか会だった」

集落の中で鉱山との間にさまざまな利害がうまれて、加害者の鉱山と被害者の農民という単純な図式では割り切れない、複雑で混とんとした状況が渦巻いていたのです。私は、地主として鉱夫頭として鉱山に協力的だった佐藤喜右衛門さん一家の歴史を追っていたとき、甥の高見保さんからこんな話を聞きました。

「集まりで『喜右衛門には煙害料をやらんでぃい。喜右衛門が鉱山に亜ヒ酸を焼かするから煙害が起きた』と言われて、もめたってすな。おじきは『人を馬鹿にしとる。煙害が起きたからというて、みんなが損しとるわけではない』と怒ってました」

高見さんが喜右衛門さんの言葉を耳にしたのは大正時代の終わりだったといいます。そのころ和合会は、鉱山との契約に基づいて受け取っていた月50円の交付金をめぐり、意見が割れていました。議事録の記載を時間の順に並べていくと、こんな経過になります。

①1924年4月7日の議事録に「交付金の設置」とあります。これは、〝村の銀行〟だった和合会が交付金を貯金し、お金の必要な人に貸しだし始めたことを意味しています。

②25年5月10日に、和合会の役員と「煙害者」が鉱山事務所へ相談に行くことが書いてあります。ここで初めてでてきた「煙害者」という言葉。亜ヒ焼きによる被害には濃淡があったので、誰と誰を煙害者と判断するか。その討議をする中で、窯の近くに住んでいたにもかかわらず、「亜ヒ酸を焼かせた者には煙害料をやらんでぃい」と、喜右衛門さんをはずす意見が飛びだしたのでしょう。

③26年3月9日、和合会から亜ヒ煙害者へ交付金を分配することが決まり、交付金からお金を借りていた人に、元金の3割と利息の返還を求めることになりました。

④26年5月26日の議事録では、交付金は「被害金」、煙害者は「被害者」へ呼び方が変わっています。被害者だけで被害金の分配方法を決められないときは、和合会の役員が分配を決めることになりました。

この2年間の議事録からわかるのは、鉱山から和合会に渡される月50円の性格が、集落で受け取る交付金から煙害の被害者が受け取る被害金に転じていったことです。鉱山周辺の農林畜産物の収穫減が、誰の目にもはっきりしてきたのでしょうが、金は争いの種、どう分配するかを和合会の役員にゆだねることになりました。このあと1950年代まで、鉱山から支払われるお金をめぐり、和合を理念にかかげる集落に何度も亀裂が生じました。

村政永久史料に綴じてあった獣医師の煙害調査書

大正時代の後期、土呂久は亜ヒ酸鉱山から立ちのぼる煙で自然環境の汚染だけでなく、地域社会に亀裂の入る事態に陥りました。こうした事態に心を痛めた一人が講元の佐藤竹松さん。岩戸にある浄土真宗泉福寺の土呂久内門徒のまとめ役でした。

竹松さんは1911年から59年まで、途中の10年間を除いて、和合会の会長、副会長、幹事をつとめました。孫の洋さんが、その人柄を語ってくれます。

「朝早く米泥棒に入られて、竹松じいやんが追いかけた。カルイから米を落として逃げる泥棒が、地元の者だと気づくと、じいやんは追跡をやめた。このことを聞きつけて巡査が来たとき、じいやんは『何も取られていない』と言って、泥棒をかばったということです。地元の者を罪に落とすのを嫌って、集落の和を守ったんです」

「貧しい人を助けて土呂久を一つにまとめる」という和合の精神を身につけた人でした。

新聞記者だった私は１９７２年1月に竹松さんを取材しました。亜ヒ焼きの煙が畑中組の農林畜産物に被害を与えたという話をしたあとで、竹松さんは「当時の岩戸村長を訪ねていきなさい。彼ならよく知っている」と、元村長の名前と住所を教えてくれました。

甲斐徳次郎さん。日本大学で社会科、明治大学で自治科を学び、１９２４年に34歳で岩戸村長に就任してから、通算25年5か月その職にあった人です。天岩戸神社から南へ3キロ、野方野という集落で隠居していた徳次郎さんに会いました。人の心の底まで見通すような鋭い眼光。驚くほど鮮明な記憶。80歳を超えて、なお圧倒的な存在感のある人でした。その口から、思いもかけない言葉が発せられたのです。

「鉱山近くの牛馬がバタバタ倒れるので、精密な検査をやらせたことがある。鈴木君と池田君という獣医師が調べた。その調査書は岩戸村政重要書類として保存したので、支所に残っておれば見せてもらってもかまわん」

私は高千穂町岩戸支所に車を走らせました。支所の職員は「古い書類は焼いてしまった。重要な書類は町史編纂（へんさん）室に移したので、ひょっとしたら残っているかも」と素っ気ない返事です。町役場でも、冷ややかな対応に接してあきらめかけたとき、郷土史に造詣の深い甲斐畯常助役

元岩戸村長の甲斐徳次郎さん
（1976年ごろ撮影）

（当時）が「町史の鉱業の担当者に尋ねてごらん」と、その人の家を教えてくれました。

町史の担当者といっしょに役場の編纂室に戻ると、甲斐助役が書棚の前に立って古い文書綴りを開いていました。後ろからのぞくと、目に飛びこんできたのが「亜砒酸」の文字。助役が見ていたのは池田牧然（ぼくねん）獣医師の名前が入った『岩戸村土呂久放牧場及土呂久亜砒酸鉱山ヲ見テ』（以下、牧然報告記と呼びます）という文書でした。ぶ厚い文書綴りの表紙には「村政永久史料」と書いてありました。

のちに知ったことですが、竹松さんと徳次郎さんは仲のよい同級生でした。学校卒業後、竹松さんは土呂久和合会の若手リーダーに、徳次郎さんは東京で学んで帰郷して青年村長に。竹松さんが亡くなったとき、徳次郎さんは挽歌をささげて友を惜しみました。

ありし日の　君の恵みをたたふらむ　今宵はしげき虫のこえごえ

竹馬の友　佐藤竹松君の長逝を悼み　謹みて挽歌を上る

解剖書の結論は連続する有害物の中毒

「村政永久史料」にどんな文書を綴じていたのか、と問う私に、甲斐元村長は「執務上の決まりはなく、のちのちの参考になると思って私が保存した、私的な綴りだよ」と答えました。将来、必要になるかもしれないと考えて、公文書でもない報告記を保存したのです。亜ヒ酸鉱山の周辺で起きた被害を具体的かつ詳しく伝える資料として、半世紀近くたってよみがえったのですから、その慧眼には感服するしかありません。

牧然報告記は、中央に「宮崎県西臼杵郡畜産組合」の文字が入ったB4判の罫紙に書かれていました。「土呂久放牧場」「土呂久ノ蜜蜂及椎茸製造」「亜砒酸鉱ヲ見テ」「亜砒酸鉱附近ニテ見聞シタ事ニ就テ」の4本の見出しのあとに本文がつづき、報告は罫紙7枚で終わっているのですが、最後はこんな文章で結ばれて、次のページに引き継がれていました。

「西臼杵郡畜産組合技手鈴木日恵君の病体解剖鑑定書を記して、諸賢の御指導を仰ぎたいと思います」

技手（ぎて）の鈴木日恵（にちえ）君とは、高鍋農学校で獣医師の資格を取り、陸軍で獣医師をつとめて除隊後、池田さんと同じ畜産組合に勤めていた20代の青年獣医師です。

罫紙の8枚目からは、鈴木獣医師による土呂久で死んだ牛の解剖書になっていました。

解剖書は、牛がかかった病気の概要から始まります。飼い主は南組の佐藤一蔵さん、死んだ

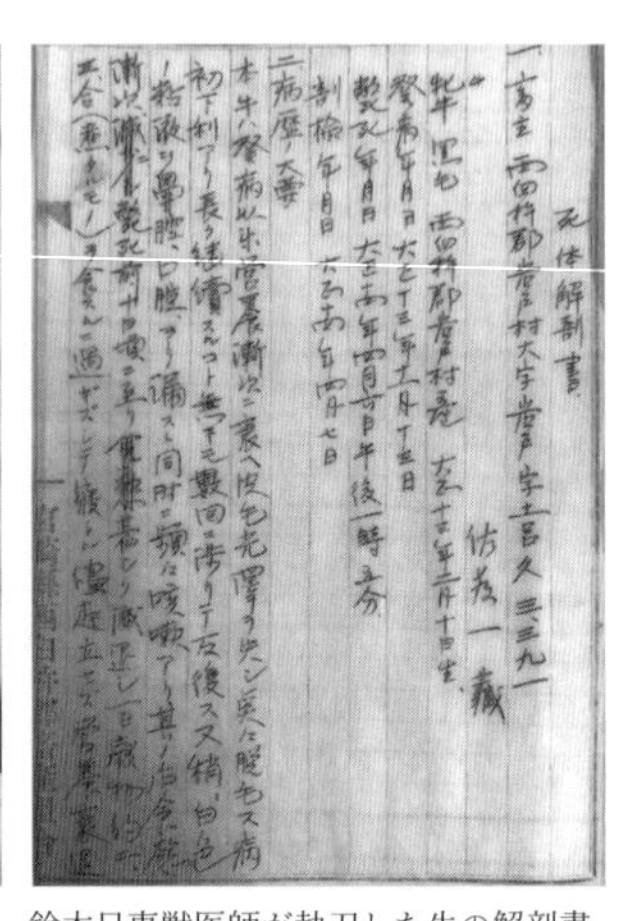
死体解剖書

鈴木日恵獣医師が執刀した牛の解剖書

鈴木日恵獣医師（1976年ごろ撮影）

牛は1924年2月10日生まれの黒毛メス牛、発病は11月13日、死んだのは25年4月6日、解剖したのは翌7日です。このあと「病歴の大要」「外部検査」「内部検査」「病理解剖的診断」「病理解剖的所見」の順に、罫紙3枚半にわたって、死んだ牛の病変が獣医学の専門用語を使って記述されていました。

病歴によれば、この牛は栄養が衰え、皮毛の光沢を失い、点々と毛が抜け、下痢を繰り返し、しばしば咳をしていました。最後は、いよいよ食欲をなくし、栄養の衰退がはなはだしくなって死にました。この経過は、消化器系と呼吸器系が同時に侵されたことを示していました。解剖所見も、食べ物と空気から体内に侵入した有害物質が、血液によって全身に運ばれ、肝臓、腎臓、心臓、神経などの諸組織を変質させたことを裏付けていました。

食べ物と空気から牛の体内に入り、消化器と呼吸器を同時に侵した物資とは何だったのか。鈴木獣医師の結論は、こうでした。

「連続する有害物の中毒ではないかとの疑いを深くもたせるものである」

47年前に死んだ牛を解剖した鈴木さんは健在で、高千穂町内で獣医師をしていました。会いにいった私は「連続する有害物とは何だと思いましたか」とききました。

鈴木さんは「亜ヒ酸と亜硫酸ガスだと考えました」と答え、こうつづけました。

「死んだ牛の臓器から毒物が検出されたときに、はじめて原因が確定されるのです」

解剖から1日おいた4月9日、鈴木獣医師から依頼された甲斐村長は、死んだ牛の臓物を詰めた小瓶をもって、150キロ離れた宮崎県庁の警察部衛生課に向かいました。

村長の記憶を裏付ける日州新聞記事

甲斐元村長は、高千穂町史編纂室で見つかった鈴木日恵獣医師作成の解剖書のコピーを手にして、半世紀昔のできごとを思いだしてくれました。宮崎県庁の警察部衛生課を訪ねたときのことです。

「県の職員から『瓶に封印がないから本ものかどうか信用ができない』と言われた。なかなか受け付けてくれないので『地元の村長がもってきたものではないか。疑念は無用』と言って置いてきた」

封印とは、解剖した内臓をつめた瓶とふたにまたがって、サインまたは押印した紙を貼ることです。内臓を詰めたあと、誰かふたを開けた者がいれば、その紙は破れてしまうのでわかり

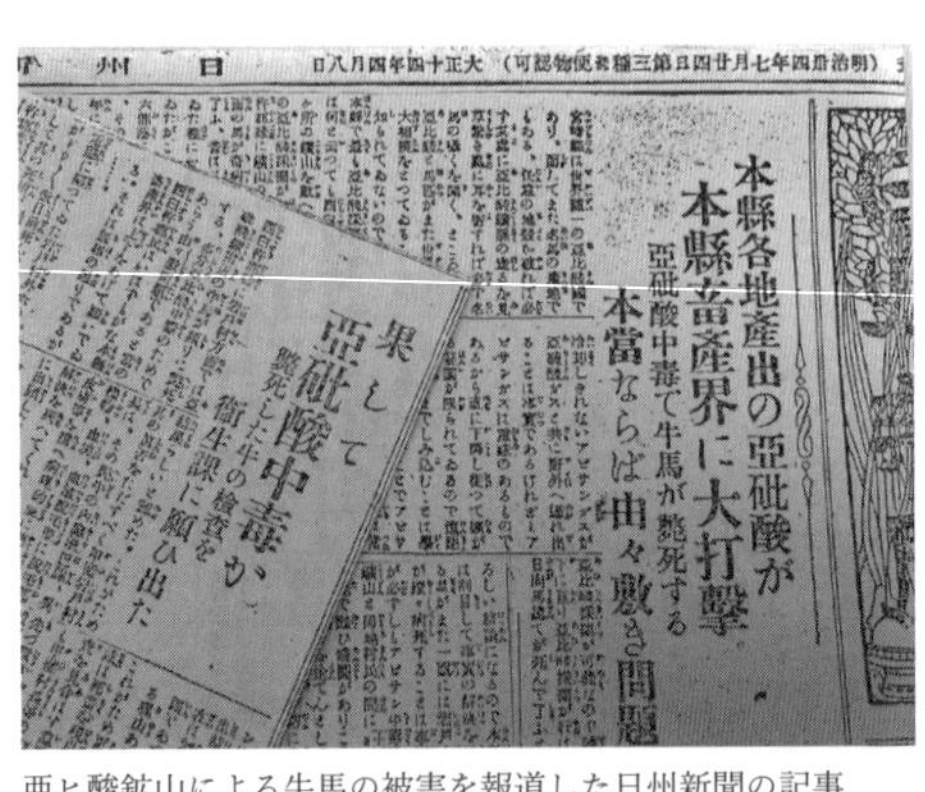

日州

本縣各地産出の亞砒酸が
本縣畜産界に大打擊
亞砒酸中毒で牛馬が斃死する
本當ならば由々敷き問題

果して
亞砒酸中毒か
斃死した牛の檢査を
衛生課に願ひ出た

亜ヒ酸鉱山による牛馬の被害を報道した日州新聞の記事

ます。実際に、そのようなやりとりが宮崎県職員との間であったのだろうか。私が確信をもてないでいたとき、土呂久訴訟の原告弁護団事務所で働いていた入沢亨二さんが、宮崎県立図書館で元村長の話を裏付ける新聞記事を見つけました。

日州新聞の大正14年4月11日夕刊「果して／亜砒酸中毒か／斃死した牛の検査を／衛生課に願い出た」という見出しの記事です。

「甲斐岩戸村長は、その斃牛(へいぎゅう)の内臓淋巴(りんぱ)腺、異様物、血塊、血液ならびに脱毛部皮膚等を携え、病理的ならびに薬物的の解決を与えてくれと、9日県衛生課に出頭した。けれども斃牛から亜砒酸を検出し、それによって死因を決定するには、斃死当時から解剖、検出に至るまで、現場に至って細密なる注意を行わなければ、死後亜砒酸分が付着した場合でも同じ検出結果となるので、亜砒酸の存在を認めても、それが必ずしも死因であったと早断するに躊躇する理由あり」

この記事にある「細密なる注意」が、瓶に封印をすることだったのでしょう。初めは受け取りを拒否していた衛生課が、「甲斐村長等の切なる願いあり、先ず獣医部の方で10日より病理的検査を行い、13日頃から薬物検査を施行するに決定した」と、記事は結んでいました。検査の依頼と拒否の応酬のあと、甲斐さんが瓶を置いてきたのは間違いありません。半世紀をさかのぼる記憶の正確さには脱帽するばかりです。

日州新聞はその後も、5月11日朝刊で宮崎県種畜場勤務の産業技師が「土呂久亜砒酸煙毒問題」を調査したこと、6月3日の夕刊で「中毒問題はまだ不明のうちにある」「県ではなお充分の調査をするようである」と報道しています。その記事には「衛生課の解剖の結果は亜砒酸中毒ではないと言っている」という伝聞が載っていますが、岩戸村に公式報告書が届くことはありませんでした。亜ヒ酸鉱山による害毒を止める絶好の機会が失われました。

一連の報道をした日州新聞は、どんな新聞だったのか。小川全夫著『よだきぼの世界』(鉱脈社、1979年)に、宮崎市旭町に発行所のある朝夕刊紙として紹介されていました。1901年に商業新聞の「日州独立新聞」として出発し、政論新聞の「宮崎新報」を吸収して改名、宮崎県内外のニュース、講談小説などを載せる大衆紙として評判を得ていたということです。

日州新聞の記事から、岩戸村長と獣医師が牛の死因の究明に熱心に動いたのに対し、宮崎県が「調査」を口にしながらも、原因解明に後ろ向きだったことがわかります。

異変をルポした獣医師は風流好んだ自由人

池田牧然の名前が入った『岩戸村土呂久放牧場及土呂久亜砒酸鉱山ヲ見テ』は、亜ヒ酸鉱山周辺で起きた異変の報告記、いわゆるルポでした。なぜ獣医師がこのルポを書いたのか。その経過を振り返ってみます。

1925年4月6日に1歳2か月のメス牛が死に、土呂久の農民は甲斐村長に「亜ヒ酸鉱山の煙害が原因で牛が死んだ」と訴えました。西臼杵郡畜産組合長を兼ねていた甲斐村長は、畜産組合の鈴木日恵獣医師に牛の解剖を指示し、7日に解剖がおこなわれ、原因は「連続する有害物の中毒ではないか」という解剖書が作成されました。村長は9日、牛の内臓を詰めた瓶をもって宮崎県警察部衛生課に毒物鑑定を依頼に行き、県職員から「瓶に封印がしていない」などの理由で、いったんは断られたのですが、瓶を置いて帰りました。鈴木獣医師の上司である池田獣医師が報告記を書いたのは、その2日後の11日でした。

この一連の動きを報道したのが宮崎市内で発行されていた日州新聞です。4月8日の夕刊の記事に、九州の鉱山を監督していた福岡鉱務署のこんなコメントが載っていました。

「亜ヒ酸ガスの遊離分散する区域は、常に一定の範囲草木が枯れ果てているから、それより遠くまで亜ヒ酸は絶対に作用せぬのだ」

このコメントに現れているように、国(農商務省福岡鉱務署)は、亜ヒ酸鉱山周辺で多発していた牛の病気と鉱山操業の関係を否定する立場でした。西欧先進国に追いつくことを目標に、鉱工業の育成をはかった殖産興業政策の反映とみることができます。

こうして、土呂久で発生していた煙害に対する岩戸村、宮崎県、国の姿勢の違いが浮き彫りになりました。煙害によって苦境に立たされている農民。農民を救うために動いた岩戸村。農業より鉱業を優先させた国。宮崎県は国の意向に従って原因究明に消極的でした。

こうした状況下、池田獣医師は「ここに見聞したことを書いて、諸賢の御教示を受けたい」と筆をとりました。報告記の目的は、煙害の事実を関係者に知らせて、宮崎県の消極的な姿勢を改めさせることだったと考えられます。この報告記が印刷されて関係者に配布されたことを教えてくれるのが、2か月近くたった6月3日の日州新聞夕刊の記事です。

「同地方を調査した者の報告を見ると、亜ヒ酸工場の付近は、これまで盛んにできていたシイタケもミツバチもみんなできなくなったり、死んでしまっており、牛馬も同様だと言っている」。

ここでいう「調査した者の報告」が、牧然報告記をさしていることは間違いありません。

池田牧然さんはどんな人だったのか。興味がわいて、高千穂町内に住んでいた娘さんを訪ねました。牧然は雅号で、本名は「実」だとわかりました。床の間に形見の掛け軸がかけてありました。宙をはねる墨絵の馬が、自由奔放な人柄をしのばせます。馬の下に「牧童」のサイン。これが、風流を好んだ池田実さんの晩年の雅号でした。

大切にしまってあった手紙を見せてもらいました。その筆跡が、報告記の筆跡とまったく違うことに面食らいました。後日、

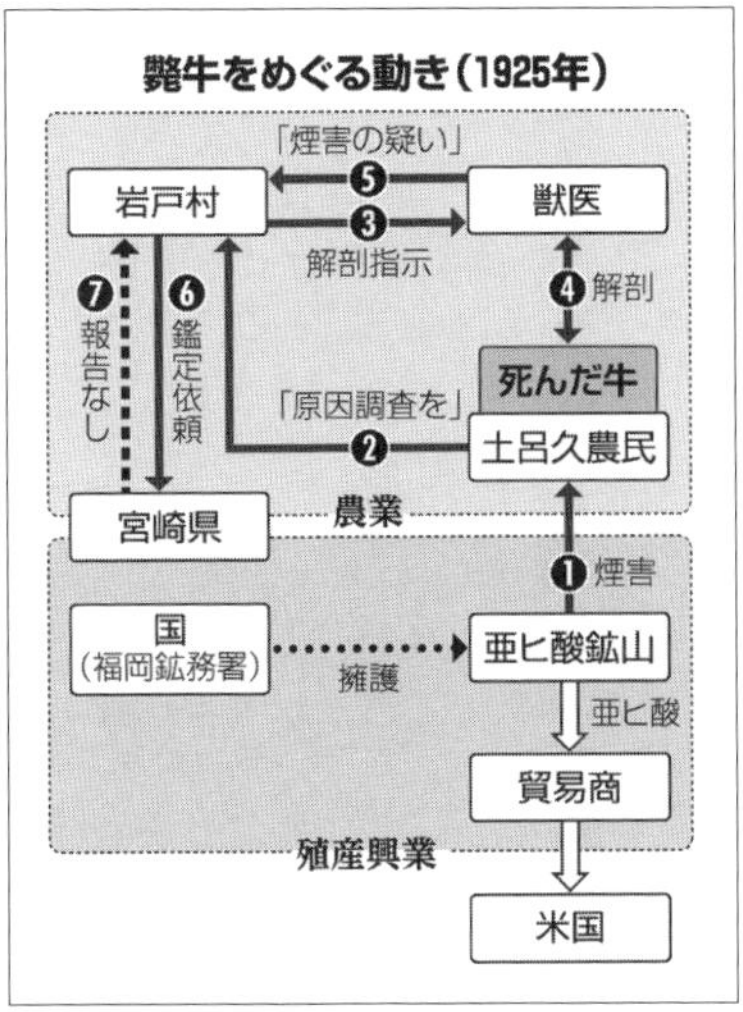

斃牛をめぐる動き
（朝日新聞連載「和合の郷」第64話より）

鈴木さんに会って、報告記の文字が鈴木さんの書いたものであることを確認しました。先輩獣医師の池田さんが筆記した下書きを、後輩獣医師の鈴木さんが清書したのです。土呂久の農民を救うために、2人の獣医師は心を一つにして協働し、亜ヒ焼きによる被害の記録を書きました。それを甲斐村長が「村政永久史料」に綴じて後世に残したのです。

土呂久産の亜ヒ酸を輸出した神戸の貿易商

大正時代の後期、外録鉱山と姉妹関係にあったのが上岩戸の茅野（萱野）鉱山でした。茅野鉱山から2キロ離れたところに登尾（のぼりお）という集落があります。甲斐畩常著『高千穂村々探訪』に、登尾とその周辺が次のように紹介されています。

「黒葛原（つづら）、秋元、西之内、登尾を総称して日向（ひなた）と言っているが、ここは古くから土呂久と共に鉱山開発の行われた地区で、登尾の萱野鉱山、黒葛原鉱山は江戸の初期から開発され、中でも萱野鉱山は徳川時代に盛んに採掘され、三ツ合はその中心市街をなしていた」

土呂久と登尾はよく似た鉱山史をもっています。どちらも江戸時代の初期に銀山としてにぎわい、大正時代はヒ鉱を採掘し、亜ヒ焼きをおこないました。両鉱山は採鉱夫を交換したり、相撲大会で競いあったりしていました。その関係を詳しく知りたくて、1977年8月に登尾を訪ねると、茅野鉱山で働いたことのある婦人に会うことができました。山道房子さん、70歳。その口から、思いがけない話が飛びだしました。

「登尾でも、豆類やらカキはならんかった。牛が死によった。みんな『亜ヒ酸のせい。あんな臭いもんは、早よやめたがいい』ち言いよりました」

そんな話のあとで、山道さんは二十歳のころの体験を聞かせてくれました。

「茅野鉱山に3、4か月勤めてから、鉱山長の佐藤一郎さんに勧められて、神戸の反高林(たんたかばやし)の大きな大きな御屋敷に女中奉公に行きました。尋常小学校に通う男の子と、その上に女ばかりの子ども。ご主人の名前は山本博一(はくいち)。山本商店という貿易会社の社長さんで、茅野と土呂久でできた亜ヒ酸を外国に輸出していました」

土呂久産の亜ヒ酸を取り扱っていた貿易商の名前が飛びだしたのです。神戸の「山本商店」。その会社のオーナーの家で女中奉公をした人の話です。間違いないでしょう。

この貿易商とよく似た名前を耳にしたことがありました。外録鉱山の鉱業権者竹内令胙さんの養子の勲さんから聞いた会社の名前です。

「(外録鉱山の鉱山長の)川田平三郎は亜ヒ酸の企業家でしたが、自分の資本じゃなく、神戸の山口商会の協力を得てやっていました。山口商会は農薬会社で、主人が大分県の佐伯の出身。佐伯に住んでいた川田は『お前やってみんか』と勧められたのではないですか」

山本なのか、山口なのか、どちらが正しいのか。疑問を解くため、東京に行ったときに国立国会図書館で、神戸市役所商工課編『神戸市会社名鑑』(1923年)などを調べてみました。茅野鉱山の鉱業権者は山口商会ではなくて山本商店、その所在地が神戸市江戸町だとはっきりし

大正後半の亜ヒ酸業界の動向と外録と茅野鉱山の生産量　（単位：トン）

年	亜ヒ酸業界の動向	外録鉱山（ヒ鉱）	茅野鉱山（上：ヒ鉱、下：亜ヒ酸）
1920	米国で亜ヒ酸需要激増	193	—
1921	市価崩落、輸出激減	228	—
1922	不明	284	—
1923	前年来市価安定、米国の需要増、活気帯びる	673	437 50
1924	米国の需要衰えず、南九州の鉱山稼業開始 後半、滞貨増、市価変調、事業縮小	1,109	1,413 94
1925	市価益々下落、事業休止も	1,195	913 68
1926	米国の綿業界不況。九州の業者ほとんど休止	—	— 4

＊『日本鉱業発達史』上巻、『本邦鉱業ノ趨勢』、『宮崎県統計書』などをもとに作成した
＊外録鉱山の亜ヒ酸製出高は不明

ました。

こうしてわかった山本商店の概要は、〈綿糸・綿布を中心とする繊維製品を扱う山本博一の個人会社としてスタートを切り、1919（大正8）年までに資本金300万円の株式会社に成長、大阪に支店、ハルピン、シャンハイ、ソウルはじめ海外に出張所を開き、綿布、肥料、薬品など手広く扱う貿易業へ展開した〉ということでした。

亜ヒ酸は、綿糸、綿布のもとである綿花の畑に撒布する農薬の原料です。貿易業の山本商店は、綿つながりで神戸から祖母・傾山系の亜ヒ酸鉱山に事業を広げたと考えられます。

大正後期の西臼杵郡内に7か所の亜ヒ酸鉱山

西臼杵郡内にヒ鉱の採掘あるいは亜ヒ酸製造をおこなった鉱山はいくつあったのか。『宮崎県統計書』で数えてみると、大正時代後期の1923年に6か所、24年に5か所、25年に7か所あったのに、昭和に入った26年は2か所、27年はゼロに減っていきます。最盛期の25年の7か所は、外録、吹谷（ふきだに）、茅野、山宇良、大吹（おおぶき）、水無平、諸和久（もろわく）鉱山でした。

それから55年たった1980（昭和55）年、大正時代の亜ヒ酸鉱山跡を探し歩いた人がいました。「土呂久・松尾等鉱害の被害者を守る会」で活動していた横井英紀さんです。同会の機関紙『鉱毒』に、その紀行文が載っています。

日之影町の諸和久鉱山跡。「大正6年頃から大正13年の間亜砒鉱山として操業。Tという大分の男が延岡に会社をおき、Mという責任者のもと30名程が働き、当時は事務所や社宅など設けられていた。村人は炭を焼き、野菜・トーフ・コンニャクなどつくり売っていた」。

同町の大吹鉱山跡。「焼ガラは谷川まで達している。谷川沿いの部分に野石で築いた石垣が数段組まれ、焼ガラが拡がるのを防ごうとしたあとがある。焼ガラは幅30メートル、長さ10メートルにおよび、草1本はえていない。亜砒焼き窯は残っていないが、焼ガラの上手に野石などが多くころがっており、窯跡とわかる」。

2か所に共通するのは、鉱山が集落から離れた山の中に開かれていたことです。労働者と家

大正年間の西臼杵郡内ヒ素鉱山の生産高

年	鉱山名	ヒ鉱の採掘高	亜ヒ酸の製出高
1920 (大正9)	松之内	22,040貫＝ 83トン	
	外録	51,400貫＝193トン	
1921 (大正10)	松之内	15,200貫＝ 57トン	
	外録	60,700貫＝228トン	
1922 (大正11)	外録	75,650貫＝284トン	
1923 (大正12)	外録	179,500貫＝673トン	
	茅野	116,400貫＝437トン	83,730斤＝50,200キロ
	千軒平	97,900貫＝367トン	
	水無平	138,533貫＝579トン	190,000斤＝114,000キロ
	川ノ詰	2,000貫＝ 8トン	
	松之内	13,000貫＝ 49トン	
1924 (大正13)	外録	295,750貫＝1,109トン	
	茅野	376,760貫＝1,413トン	156,179斤＝93,700キロ
	水無平	200,000貫＝750トン	125,000斤＝75,000キロ
	山宇良	24,500貫＝ 92トン	3,375斤＝ 2,000キロ
1925 (大正14)	外録	318,600貫＝1,195トン	
	吹谷	14,000貫＝ 53トン	8,500斤＝ 5,100キロ
	茅野	243,580貫＝913トン	113,651斤＝68,200キロ
	山宇良	2,225貫＝ 8トン	2,000斤＝ 1,200キロ
	見立	64,000貫＝240トン	
	水無平	450,200貫＝1,688トン	
	諸和久	2,580貫＝ 10トン	
1926 (大正15)	茅野		6,813斤＝4,100キロ
	水無平	77,200貫＝290トン	

＊『宮崎県統計書』、『福岡鉱務署管内鉱区一覧』、『日本鉱業名鑑』をもとに作成

＊外録鉱山に亜ヒ酸の製出高がないのは、ヒ鉱を採掘した鉱業権者とは別の人物が亜ヒ酸を製造したからだと考えられる

族は鉱山の社宅に住んで、集落から売りにきた食料品などを買って生活しました。

こうした亜ヒ酸鉱山と比べると、土呂久の特徴が際立ちます。狭い谷間の集落の真ん中に亜ヒ焼き窯が築かれ、排出された有毒の煙が、民家の散在する谷をただよいました。土呂久で健康被害を起こした原因の一つは、不適切な鉱山立地にありました。

では、亜ヒ酸鉱山を経営したのは、どんな会社、事業家だったのか。茅野鉱山の鉱業権者は、先に名前がでてきた神戸の貿易商。鉱山業とは縁のなかった貿易商が、茅野や外録鉱山産の亜ヒ酸を農薬の原料として海外へ輸出していました。このほか当時の資料には、東京市京橋区（当時）の日本亜砒酸工業、大分県臼杵の九州亜砒酸工業、佐伯の金子製薬といった会社名がでてきます。１９２４年に外録鉱山で撮った写真をよく見ると、労働者が着ている半被（はっぴ）に「九州興産商会野村鉱業部」（新聞記事では「野村鉱業所」）という名前が入っていました。九州興産商会がどんな会社だったか、いまだにわかっていません。

大正時代後期の亜ヒ酸鉱山所在地図
（朝日新聞連載「和合の郷」第66話より）

大正時代後期の好景気は長続きしませんでした。１９２６年版『本邦鉱業ノ趨勢』は、こう記しています。

「亜砒酸の最大消費国である米国の綿花事業不況のため、日本の亜砒酸市況は、いぜんとして不振の域を脱することができず、各鉱山ともに生産と販売を手控え、本年度は全く不況のうちに終始した。九州地方においては、業者のほとんど全部が事業を休止」

事業休止に追いこまれた鉱山の一つが水無平鉱山でした。統計資料を見ると、大分県佐伯の事業家が亜ヒ焼きを始めたのは１９２３年で、亜ヒ酸を１１４トン、翌24年は75トン生産、25年はヒ鉱を１６８８トン産出し、不況になった26年に採掘量が２９０トンに激減して閉山しました。事業家はほとんど元手をかけずに亜ヒ焼きを始め、景気のよい時期に儲けたあと、景気が悪くなると、鉱山跡を片づけもせず去っていきました。

おいしげる草木に埋もれていった祖母・傾山系の亜ヒ酸鉱山の中で、外録鉱山だけは違った道を歩んでいくのです。

亜ヒ酸煙害の爆心地で暮らした人びと

「亜ヒ酸の市況はいぜんとして不振の域を脱することできず」

１９２７年の『本邦鉱業ノ趨勢』は、そう書いています。大正から昭和に移った時期、祖母・傾山系の亜ヒ酸鉱山を不況の波がおそいました。同年２月25日の和合会総会の議事録も「亜砒酸製造ハ目下休業」と記しています。

休業とは知らずに、大分県の国東から外録鉱山に職を求めてきた人がいました。

「大正15(1926)年の11月に土呂久へ行った。鉱山に入るつもりだったんじゃが、鉱山は止まっちょった。半年おって、まだ始まらんので、翌年5月に国東に帰った」

その人の名前は富松丈平さん。外録鉱山の地主だった佐藤喜右衛門さんの妻サキさんの妹セツノさんの夫。サキさんの義理の弟になる人です。半年間、畑中組にある義理の母親宅に滞在し、喜右衛門さんの家にもよく顔をだしました。丈平さんは、

「喜右衛門の家族は、みんな咳がでよった。声はかすれてでなかった。セツノもよく咳をしよったから、亜ヒ酸が影響しとるのではないか、と思った」と話していました。

喜右衛門さんの家の環境が頭に焼きついていたのが喜右衛門さんの甥の高見保さん。夏休みになると、母が育った土呂久へ遊びにいったそうです。

「おじきの家は亜ヒ焼き窯から100メートルも離れとらんから、裏の木は、えびの高原の樹氷のように真っ白でしたよ」と、回想していました。

谷から吹き上げる風に乗って、窯から吐きだされた煙が押しよせます。亜ヒ酸製造が始まった1920年から休山するまでの5年余り、喜右衛門さんの家族は、明らかに健康を侵される環境で暮らしました。

同じような環境に置かれていたのが、鉱山長屋(社宅)に住む労働者とその家族です。亜ヒ焼きをした人は、亜ヒ酸の粉が体につくと、すぐに共同風呂に飛びこみました。一日中わかしている風呂の番をしていたのが佐保ミサさん。夫を亡くして鉱山に来たミサさんは、共同風呂の前の長屋で、伸び盛りの子ども6人を育てていました。

土呂久川にかかった木橋を渡ると、鉱山長の川田平三郎さんが家族と暮らしていた鉱山事務所。その隣に精製焼きの野村弥三郎さん一家が住んでいた家。この2棟は、長屋のような掘立小屋ではなく、礎石の上に柱を建てた平屋でした。近くに、亜ヒ焼き労働者の鶴野政市さんの家族が住んでいた一軒長屋、鉱夫頭の富高砂太郎さんの家族などが入っていた四軒長屋が立っていました。長屋の子どもたちは、亜ヒ酸の粉が降った板や岩を白板にみなして、指の先で漢字や人形の絵を描いて遊んだといいます。

牧然報告記の中に、長屋に住んでいた人たちの異様な形相を描写した文章があります。

「妙齢の婦人の声はしわがれ声で、顔色いかにも蒼白である。ひさしく鉱山で働いている人の顔面は浮腫糜爛、目も異様に充血している」

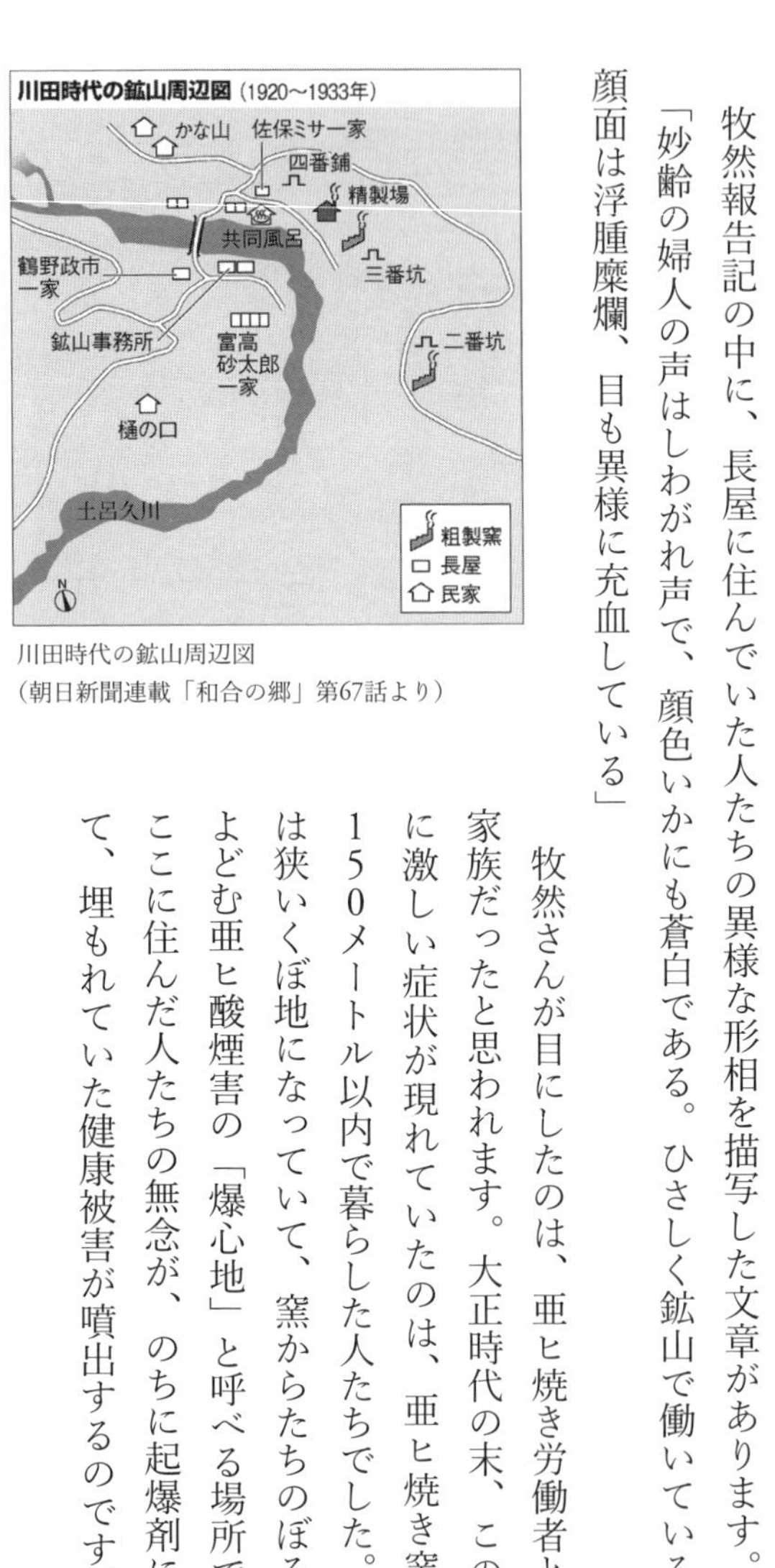

川田時代の鉱山周辺図
（朝日新聞連載「和合の郷」第67話より）

牧然さんが目にしたのは、亜ヒ焼き労働者とその家族だったと思われます。大正時代の末、このように激しい症状が現れていたのは、亜ヒ焼き窯から150メートル以内で暮らした人たちでした。ここは狭いくぼ地になっていて、窯からたちのぼる煙がよどむ亜ヒ酸煙害の「爆心地」と呼べる場所でした。ここに住んだ人たちの無念が、のちに起爆剤になって、埋もれていた健康被害が噴出するのです。

金が仇の人生を送った亜ヒ焼き労働者

世界の綿産業の不況に襲われた外録鉱山は、1926年に銅の鉱石をわずか1・5トンだしただけでヒ鉱の採掘はなし。翌年は休業し、出鉱はゼロでした。25年に1195トンのヒ鉱を掘りだして景気のよかった直後、一気にどん底まで落ちてしまいました。

この不況のおかげで命を長らえたのが亜ヒ焼き労働者でした。休山した鉱山を離れ、実家のある里に戻って、澄んだ空気を腹いっぱい吸うことができたのです。そんな一人、鶴野政市さんの人生を妻のクミさんから聞かせてもらったことがありました。

政市さんが大きな農家の「樋の口」に住み込みで働いていたときに、亜ヒ酸鉱山が始まりました。「金取りがええぞ」と誘われて、いちばんお金をかせぐ亜ヒ焼きに従事しました。安全対策は練白粉と3筋の手拭いだけで、猛毒の亜ヒ酸に触れる危険な労働。やがて皮膚はただれ、鼻でにおいがきかなくなり、目はまっかに腫れ、激しく咳こみ、手のひらと足の裏にいぼのような固い突起(角化)が現れました。石を踏むと、飛びあがるほど痛いので、風呂あがりに、柔らかくなった突起をカミソリで削ったといいます。

肺炎で倒れて、皿糸という山深い小さな集落に帰りました。「体に悪い。亜ヒ焼きはもうやめよや」と相談しているところに、鉱山長の川田さんと鉱夫頭の喜右衛門さんがやってきました。「おまえが辞めたあと、亜砒を焼く者が見つからん。頼むから鉱山に戻ってくれ」

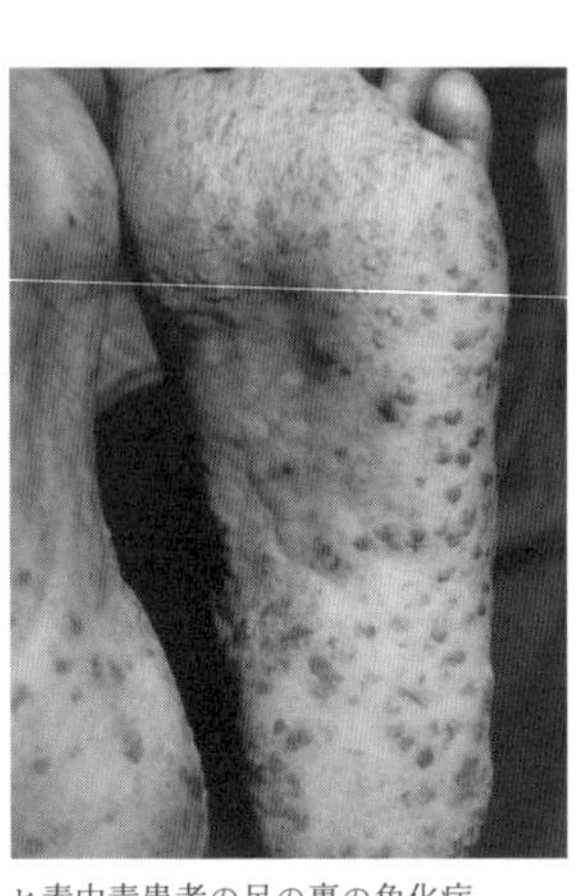

ヒ素中毒患者の足の裏の角化症
（バングラデシュで、1998年ごろ撮影）

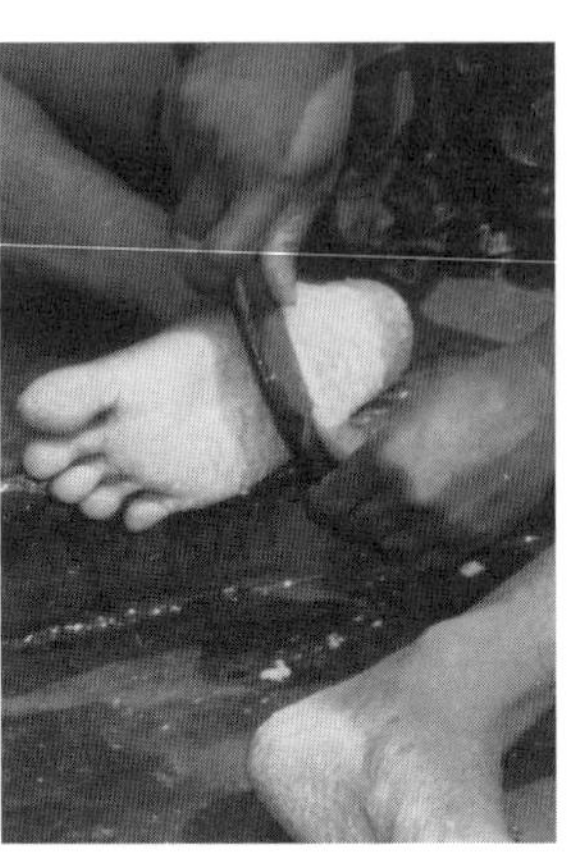

バングラデシュのヒ素中毒患者は手のひらと足の裏の角化を草刈り鎌で削っていた
（バングラデシュで、1998年ごろ撮影）

人のいい政市さんは断ることができず、鉱山に戻って亜ヒ焼き労働をつづけました。政市さんは、継父（ままおや）の保証かぶりの借金を払わなければなりませんでした。農業ではとても返せない大金を払い終わったころ、鉱山が休山。皿糸に帰って、借金の抵当に取られていた家と畑を取りもどし、さらに20ヘクタールの山を買いました。一人立ちした百姓になる夢がかなったとき、もはや政市さんの片肺は機能せず、心臓は弱って坂道を登ることもできません。全身をヒ素に蝕まれて、48年に50年の生涯を終えました。

「お金が欲しいばっかりに、亜ヒ焼きをして稼いで、まこつ、金が仇（かたき）の人生じゃの」と、クミさんは悔やみました。

政市さんより少し早く皿糸に帰ったのが、鉱山で風呂たきをした佐保ミサさんと子どもたちでした。皿糸では生計を立てられず、一家は離散し、福岡や長崎の炭鉱へ流れていきました。それから50年近くたち、土呂久が公害地域に指定されたとき、兄弟は炭鉱跡地で色素沈着と角化、耳鳴り、脳血管の疾患、呼吸器障害などで苦しんでいました。健診を受けに宮崎に現れた三男が、持ち歩いていたペンチが衝撃を与えました。土呂久を離れて半世紀たって、なお手のひらと足の裏にでてくる角化を摘み取るためのペンチでした。

亜ヒ焼きや風呂焚きに従事したのは、山村で困窮していた農民でした。少しばかり収入がよいゆえに危険な仕事につき、傷つき病んで命を奪われた人たちが、世界の綿産業を支えていたことを、どれだけの人が知っていたでしょうか。

亜ヒ酸生産量日本一は足尾銅山製錬所

戦前の亜ヒ酸生産量日本一は、栃木県の足尾銅山製錬所でした。すでに記したように、亜ヒ酸の製造法には、ヒ鉱を採掘する小鉱山に窯を築き、ヒ鉱を焼いて亜ヒ酸を採取する方法と、大規模な精錬所で銀や銅や鉛の鉱石を精錬する際に、排煙に混じって飛びだした亜ヒ酸を回収して精製する方法がありました。後者の代表が足尾製錬所でした。

足尾を身近に感じたのは、東京新聞に私の著書『口伝　亜砒焼き谷』の書評が載ったときです。評者は、東京経済大学の田村紀雄教授。

「足尾銅山の奥にあった松木村の村民は〝キラ〟と呼ぶ白い粉を煙突から永年かぶされ続けて、明治末年に滅んだ。（その被害は）土呂久の話と同じだったのだろう」

足尾銅山の奥に、煙害によって滅んだ村があったことを初めて知りました。原因物質は、製錬所から飛んでくる〝キラ〟と呼ばれる白い粉だったといいます。その正体が知りたくて、1982年2月、松木村の跡を訪ねました。

国鉄足尾線（当時）で鉱山跡が近づいてくると、両側に草木のない岩山が連なっています。終着駅から徒歩で、足尾製錬所の向かいに立つ天台宗の龍蔵寺に行きました。緑のない山々の異様さに目を奪われていると、近寄ってきた住職が説明してくれました。

「製錬所の煙害で山骨（さんこつ）あらわになった山です」と。

龍蔵寺から3キロ奥に松木村の跡がありました。迫ってくる山は草木がなく、表土が洗われ、山骨すなわち岩肌が露出していました。岩が風化し、流れ落ちた砂で、麓に砂漠ができています。松木谷をロケ地にして、映画の荒涼としたシーンが撮影されるといいます。

土呂久とは比較にならないほど大規模な煙害に圧倒されました。

そこで、松木村に降っていた〝キラ〟と呼ばれる白い粉の正体を考えてみます。

この粉が飛ばなくなったのは、足尾製錬所が1918年に最新技術を煙道に設置してからでした。排煙中の粉じんを捕集するこの技術は、アメリカのカリフォルニア大学物理化学教授コトレル氏が発明したことから、コトレル電気収塵機と呼ばれます。日本鉱業会編『鉱業便覧』（1941年）によると、コトレル収塵機が回収した足尾製錬所の粉じんには、ヒ素が31～36パーセント、硫黄が9～11パーセント、そのほか亜鉛、鉛、銅、錫などが1～4パーセントずつ含まれていました。このことは、キラが、ヒ素と硫黄といろんな鉱物が混じった粗悪な亜ヒ酸だったことを示しています。

足尾製錬所は最新の収塵機を使って、それまで大気中に排出していた粉じんを回収し、純度の高い亜ヒ酸を精製して、殺虫剤の原料として販売しました。煙害を防止すると同時に、廃棄物から価値ある商品をつくりだす。一石二鳥の技術でした。同じ時期に祖母・傾山系の小鉱山は、最新の技術とは無縁の前近代的な亜ヒ焼き窯でヒ鉱を焼いて、煙害を引き起こしていたのです。先端技術に投資していく大精錬所、その一方に、設備にも労働力にもお金をかけない小鉱山。大正末から昭和初め、小鉱山がばたばたとつぶれた不況の時期に、大規模精錬所は生産を調整しながら生きのびて、景気が戻ると国内シェアを高めていきました。

足尾製錬所の背後に山骨あらわな山が見える（1982年撮影）

　祖母・傾山系の亜ヒ酸鉱山は、大規模精錬所を不況から守る防波堤になって、短い使命を終えました。大正時代の土呂久の住民は、こうした経済の二重構造のもとで、亜ヒ酸煙害に苦しめられたのです。

亜ヒ焼きの煙から逃げて国東の漁港へ

昭和の初めの土呂久には、ヒ鉱を採掘した鉱区が2か所ありました。1か所は登録番号が「採登80号」、鉱業権者は竹内令胙氏、面積は約4ヘクタール、通称「外録鉱山」です。もう1か所は登録番号「採登65号」、鉱業権者が東臼杵郡恒富村（現・延岡市）の渡辺録太郎氏、面積は約78ヘクタール、「吹谷鉱山」と呼ばれていました。

大正時代に大量のヒ鉱を掘って亜ヒ酸を産出したのは外録鉱山です。吹谷鉱山が操業したのは大正最後の1925年だけで、ヒ鉱を53トン掘って5・1トンの亜ヒ酸を生産したと記録されています。その年、外録鉱山が採掘したヒ鉱は1195トンだったので、吹谷鉱山はその約20分の1にすぎません。小規模だった吹谷鉱山は29年に事務所を構え、ヒ鉱ではなくスズ鉱石の探鉱を始めます。事務所は、佐藤百熊さんの家を買い取ったものでした。百熊さんの兄が、地主として鉱夫頭として鉱山を盛り立てた喜右衛門さん。兄弟の家は亜ヒ焼き窯につづく坂道の上下に立っていて、「かな山」という屋号で呼ばれていました。窯からの距離は約100メートル、亜ヒ酸煙害の「爆心地」の北端にあたります。

百熊さんは採鉱夫として働きましたが、喜右衛門さんほど鉱山に執着していませんでした。29年に長男の勝美さんが学校を卒業し、大分県佐伯で指物大工になったのを機に家を売り、妻のシマノさんの姉が住んでいる国東半島の漁港深江（現・国東市）に移っていきました。

深江は、入り江に10数隻の小舟が繋留されている小さな漁村でした。川沿いの農地では作物が豊かに実り、松林を吹く風は、鉱山から流れてくる悪臭の風とは違って磯の香りを運んできます。海辺の村で豆腐をつくって販売し、いのちの洗濯をした時期は5年で終わりました。娘のミサエさんが、延岡市の旭化成ベンベルグ工場で働くことになり、百熊夫婦もミサエさんについていったからです。

太平洋戦争の末期、工業都市・延岡は米軍の空襲に見舞われました。ぜん息もちの百熊さんは、防空壕に避難するのを嫌い、「わしは行かん」と庭に座って一晩明かしたこともありました。百熊さんが亡くなったのは終戦の翌年。妻のシマノさんは肝臓や膀胱を病んで、4年後にあとを追いました。長男の勝美さんが肝臓がんで亡くなったのは1972年、土呂久に多発する慢性ヒ素中毒症が公害病に指定される前の年。医師から、亜ヒ酸の影響を調べるので「解剖させてほしい」と頼まれましたが、妻の晴さんは、その要請を断ったといいます。

「深江は第2の故郷」と話していたミサエさんは、第1の故郷で背負った胃腸、呼吸器、嗅覚、聴覚などの障害に苦しみつづけました。土呂久公害第2陣訴訟の原告に加わって、宮崎地裁延岡支部で、積年の病気は「鉱山から排出されたヒ素に起因する」とした判決を聞きました。土呂久を離れて約60年後のこと。「かな山」の2家族の中で、ただ一人生き延びて、健康被害の原因が亜ヒ酸鉱山にあったことを明らかにしたのです。

佐藤喜右衛門さん一家が住んでいた家（1972年1月撮影）

悲願背負って死につぶれた一家

土呂久の鉱山跡を見学するとき、案内人は、亜ヒ焼き窯のあった広場へ下る道の途中で立ち止まり、「ここが佐藤喜右衛門さんの屋敷跡です」と説明を始めます。高く育った杉の木の下に、家族７人の血と地に縛られた無残な生死が埋もれているのです。

最初に他界したのは、喜右衛門さんの妻サキさんでした。１９３０年7月、土呂久から5キロ下った岩戸の町に開業した土持栄士医師は、サキさんの往診を頼まれました。病床のサキさんは、黄疸がでて、肝臓が腫れ、腹水がたまり、しみだした腹水で布団がぐっしょり濡れていました。土持医師は、ぶよぶよの腹部を帯で締めあげ、注射針で1回３０００ccの腹水をぬいたといいます。サキさんが亡くなったのは、その年11月、46歳でした。

それから3か月たった31年2月、三女のカホルさんが17歳の短い生涯を終えました。さらに2か月半後に亡くなった長女サツキさんは、全身が腫れあがっていました。土葬を手伝った村人は、木棺の底に油紙を敷き、四隅に藁灰（わらばい）を詰めたのですが、墓場まで棺をかつぐ間に、サツキさんの体液がたらりたらり腕に流れ落ちたそうです。32年6月に長男袈裟喜さん、11月に喜右衛門さん、2年間に7人家族のうち5人が相次いで亡くなりました。この5人に共通していたのは、黒ずんだ皮膚、しわがれ声、ぜん息のような咳。サキさんとサツキさんは、肝硬変をわずらっていました。

痛ましい話を聞いた見学者の中に、「次々と死んでいくのに、どうしてここから逃げなかったのですか」と問う人がいます。すごくまっとうな疑問です。

私も同じ疑問をもちました。その答えを探して1975年から76年にかけて、喜右衛門さんの親族を訪ねて回りました。姪の佐藤晴さんがこんな話をしてくれました。

「母（喜右衛門の妹）が土呂久に行くたびに言ってました。『金取りがええちゅうて、家内中が鉱山で働いとるが、寿命を縮めるばっかりじゃ』と」

甥の小林仁市郎さんから聞いたのは、「三ケ村にふつうは客馬車で来るのに、1回は赤牛に乗ってきた。1時間に2、3キロしか進まんやろうに、風変わりな人じゃった」というエピソードでした。

親族の回想から浮かびあがってきたのは、ケチで、意地悪で、欲深く、見栄っ張りな喜右衛門さんの人物像と、この一家が背負った家族史でした。

〈藤じいさんが家族を連れて、約40キロ離れた三ケ村から土呂久の上手の道元越に移ってきたのは、銀山が栄えていた江戸時代後期のことでした。藤じいさんには、故郷の三ケ村に帰って家を再興する悲願がありました。というのも、三ケ村で火事を起こして類焼し、よそより先に家の再建は許されず、集落の隅の小屋で暮らしていたのですが、先の見えない生活に耐えられず、外録銀山で炭を売って稼ぐことにしたからです。炭焼き窯を築き、焼いた炭を背負って急な山道を下り、銀山に売った金を貯めていきました。藤じいさんの跡を継いだ利喜治さんは、休山した鉱山周辺の土地と隣接した家を買い、鉱山の再開を待ちました。待望の鉱山が始まる直前の1920年5月、利喜治さんは「いよいよ銭とりが始まるが、話によると、毒のある鉱山げな」と、不安を口にしながら亡くなりました〉

利喜治さんの長男の喜右衛門さんは地主として鉱夫頭として、子どもたちは坑内に入って鉱石を運び、一家は鉱山からの収入で藤じいさんの悲願を実現しようとしたのですが、不幸にも、鉱山が産したのは銀ではなくて猛毒の亜ヒ酸でした。

7人家族の5人が他界したあと、二女のツギミさんは結婚して3人の子を産み、37年4月に胸の病気で亡くなりました。二男の正孝さんは、家と土地と家財道具を売って土呂久を離れ、放浪生活の果てに、51年4月川南町の国立病院で行路病者として生涯を終えました。鉱山近くの墓地に立つ喜右衛門さんの墓石には、死につぶれた一家を象徴して、何の文字も彫られていません。

ある夏、雨上がりの陽ざしを受けて、墓石にはりついた苔が文字のように浮きだしているのを見ました。血（藤じいさんの悲願）と地（鉱山にしがみつく）に縛られた喜右衛門さんが、この世に残そうとした悔恨の言葉だったかもしれません。

鉱山解散後の歩みは異なってもヒ素の烙印は共通

喜右衛門さんが死んだ翌年の1933年、外録鉱山の鉱業権は竹内令助さんから養子の勲さんに、さらに翌34年、国内有数の軍用機メーカー中島飛行機会社の鉱山部門の責任者中島門吉氏に引き継がれました。鉱山長だった川田平三郎さんは、33年8月1日に約50人の従業員と記念写真を撮ると、経営を中島に渡して大分県佐伯に帰っていきました。

土呂久を離れたあとの川田さんの消息を、甥の堀江武雄さんから聞いたことがあります。「佐伯にすごい屋敷を建てたあと、結核で死にました。川田が死ぬと、妻はその家を売り飛ばして大阪に移っていき、私が形見にもらったのは、背広の上下一着だけ」

写真に写っている人の中に、亜ヒ焼きの煙で侵された呼吸器の症状を「肺結核」と診断された人が何人もいました。川田さんも、その一人だったようです。

亜ヒ酸を精製する技術者の野村弥三郎さんは、川田さんとともに10数年間土呂久で過ごし、そのあと佐伯に戻りました。「結核に似た症状」で亡くなったのは、佐伯に戻ってから3年後でした。

記念写真に写っている労働者の多くは、土呂久や近隣農村の出身者で、中島に経営が移ったあとも鉱山で働きました。その中に、12年間亜ヒ焼きに従事した佐藤徳蔵、シカノ夫婦がいました。孫のイワ子さんから、2人の最期を聞いたことがあります。

「仕事は、亜砒の粉を丸めてだんごをつくる亜ヒ焼きたい。いちばんいかん仕事しよらした。じ

1933年8月に撮影した記念写真。前列左から3人目が野村弥三郎さん、2人おいて川田平三郎さん、2列目左から6人目が佐藤シカノさん、3列目左から6人目が佐藤徳蔵さん

いさんは、医者にかかると『ぜん息』ち言われたごつあった。ぜん息んまま、ゼゴゼゴいうて咳がとまらずして死んだ。ばばさんもぜん息が出て、全身がまんまるぅ、へそも腫れて、腫れたまんま死んでしもた。日役がちと高かったから、それだけに迷らせて、みんな亜ヒ焼きに行ったっちゃが。孫子を太らすために、今にすれば一日何百円もちがうんで、それで無理したとよ」

この記念写真には、貧しさゆえに危険な仕事に従事して命を落とした亜ヒ焼き労働者がいる一方、鉱山で得た収入で屋敷や店舗を構えた経営者や技術者も写っています。亜ヒ酸鉱山解散後、その歩みは違っていても鉱山で押されたヒ素の烙印は共通でした。

第5章 軍需産業の傘下に

椀がけでスズを探した元パイロット

大正の後半から昭和の初めにかけて、土呂久で鉱石を採掘した鉱区は、採登80号（通称「外録鉱山」）と採登65号（通称「吹谷鉱山」）の2か所ありました。

この2か所のうち大量の亜ヒ酸を産出したのは外録鉱山です。吹谷鉱山が操業したのは1925年だけで、外録鉱山と比べると、鉱区の面積は約20倍なのに、ヒ鉱の産出は約20分の1という極小の鉱山でした。

吹谷鉱山の坑道は「梨の木坑」と呼ばれていました。1929年5月の雨の朝、梨の木坑の坑口に傘が置かれているのに、坑内には人の気配がありません。それどころか、下り坑道が崩れていることがわかり、「下がりの口が割れとる。来てくれ！」と大騒ぎになりました。外録鉱山から鉱夫がかけつけ、三日三晩、崩れた土砂を掘って、横穴に閉じこめられていた3人を救出しました。

それから31年後、NHK宮崎放送局が制作した『日向今と昔』というラジオ番組で、奇跡的に生還した鉱夫が坑内に閉じこめられた体験を語りました。

「食べ物がないのでバンドをかじったり、10銭と5銭の硬貨をかじったり、のみの頭をねぶってナ、上の子が小学校3年でしたもんネ、どうでんこうでん生きて上らにゃならんと思ちょったわけです。3日目ぐらいに上から掘る音がわかったですもんナ。どうしているか！みな大丈夫か！と言うたですわ。３人とも大丈夫じゃわ、とおらんだんですわ。坑内の仕事は恐しゅうしてネ、それっきりやめました」

金属鉱山の坑内はだいたい岩盤なので、炭鉱に比べると落盤事故は少ないのですが、この事故の原因は、坑道に詰めていたズリが崩れたということでした。

それから間もなく、梨の木坑の責任者が交代し、新任の松尾一男さんを歓迎する集まりが「樋の口」で開かれました。渡り鉱夫の免状をもっている米田今朝八さんが、片膝を折って口上を切りだすと、「いいからいいから、わしは知らんよ」と、松尾さんは断りました。鉱山の経験はなく、元は飛行機のパイロットという変わった経歴の持ち主でした。自慢していたのが、日本一周飛行に成功した鳥人後藤勇吉氏の友人だったこと。延岡市出身の後藤氏は、太平洋横断飛行の監督に選ばれて訓練中の１９２８年2月29日、大村海軍航空隊を飛び立って間もなく墜落死しました。松尾さんは、後藤氏が最後の搭乗前に撮影した写真を見せて、自分の飛行機操縦の経験を自慢するのでした。

美人の奥さんをサイドカーに乗せて岩戸の町へ下る姿は、鉱山靴でこつこつ歩いて回る外録鉱山長の川田平三郎さんとは、あまりにも対照的でした。松尾さんは山に登るとき、ハンマーと布の袋を何十枚ももっていきました。山で採った鉱石を袋に入れて戻ってくると、鉱石を鉄の臼でひいて粉にします。底の浅い椀に粉と水を入れては揺することを繰り返し、不純物を捨てていくと、最後に金属の粉が残ります。「椀がけ」という選鉱の方法です。探していたのは、お月さんの出始めの色をしたスズでした。

元飛行機乗りとスズの探鉱。この組み合わせが、中島飛行機会社の系列鉱山が進出してくる前触れでした。

タイのスズ鉱山で見た椀がけ
（1972年9月撮影）

軍用機のメッキに使うスズの鉱山へ変貌

亜ヒ酸鉱山の煙害で、次々と家族をなくした佐藤喜右衛門さんの二男正孝さんは１９３４年、「悪い夢を忘れて出直そう」と、家と土地と家財道具を処分して土呂久を離れました。そのあと、こんな話が流れました。

「鉱山主任がソロバンをはじいて、『これで全部渡さんか』と正孝に言うた。『よかろう』と返事して、二人は手を打った。そんとき鉱山主任が考えた金額は、正孝の考えより一桁多かったのに、正孝は気づかず、一桁安い値で家と土地を売ってしもうた」

それから正孝さんは「ケタ違いの正孝」と陰口をたたかれるようになりました。喜右衛門さんが収集した絹布の布団、煤竹の行李、漆塗りの什器、本物の槍など、高価な品々を売り払って大金を手にしたことへの、やっかみ混じりのあだ名でした。

正孝さんを手玉にとった鉱山主任は、柔道4段の体のでかい男。「渡り坑夫にからまれたときの用心棒」と噂されていました。その男が土呂久に連れてきたのが、静岡県の丹那トンネルを掘削した労働者20数人。削岩機を使って穴を掘り、補強の木枠を入れていく専門家集団です。それより早く土呂久に来た元パイロットの松尾一男さんも、出身地の熊本県玉名郡から、やはり20数人の労働者を連れてきました。大正時代は土呂久周辺の縁故を頼っていた鉱山が、県境を越えて労働者を集める鉱山へ、その姿を変えていきました。

柔道4段の用心棒や元パイロットは鉱山移行期の表の顔にすぎません。黒幕は姿を見せることなく、登記簿上だけに名前を現しました。31年に吹谷鉱山、34年に外録鉱山の鉱業権者になった中島門吉氏。長兄の知久平氏は、戦争に突入していく時代を先取りして中島飛行機会社を創設し、軍備拡張の波に乗って、日本1、2の軍用機製造会社に育てあげた人物です。飛行機の材料調達を目的にした中島商事を設立すると、社長を次弟の喜代一氏、鉱山部をその下の弟の門吉氏に担当させました。

鉱山部は29年ごろから、北海道で金、九州でスズを探して地質調査を始めました。金は飛行機の生産と関係なかったのですが、「よい金山を見つけることは、国防に寄与することになる」という知久平氏の戦略によるものでした。スズは、エンジンのさび防止など飛行機の重要部品のメッキに使われました。東南アジア産のスズを輸入していたのですが、31年の満州事変以後、国際関係が険しくなる中で、輸入に頼らず国内での産出をめざしたのです。国内のスズ産地として知られていたのが、兵庫県の明延・生野鉱山と九州の祖母・傾山系の鉱山でした。中島の意を受けた松尾さんが、祖母・傾山系を踏査して、土呂久のスズ鉱床が有望だと判断しました。

中島商事から鉱山部が独立し、北海道に金を目的とする千歳鉱山会社を設立したのが36年11月、スズ採掘を目的に土呂久と木浦（大分県南海部郡小野市村＝当時）を鉱区とする岩戸鉱山会社（中島門吉社長）を設立したのが同年12月でした。このときから、外録鉱山と吹谷鉱山を合わせて「土呂久鉱山」と呼ぶようになります。中島が外録鉱山の経営を始めた33年8月から岩戸鉱山会社設立まで約3年の移行期を経て、小規模だった亜ヒ酸鉱山は中規模のスズ鉱山へ変貌をとげました。

日本鉱業傘下の松尾、佐賀関、笹ケ谷で亜ヒ酸製造

世界が不況になると、金の需要が高まると言われています。昭和初期に深刻な不況に見舞われたとき、宮崎県内でも金・銀採取がおこなわれた記録があります。１９３２年に大分県北海部郡佐賀関町（現・大分市）の事業家が、宮崎県児湯郡東米良村（現・木城町）の松尾鉱山に野積みしてあった鉱滓（こうさい）６１０トンを佐賀関製錬所に送って、鉱滓から金と銀を採取したというのです。

松尾鉱山の鉱石には、どのくらいの金・銀が含まれていたのか。34年の『本邦鉱業ノ趨勢』

に松尾鉱山の鉱石の品位が載っています。鉱石1トン中に金は5〜7グラム、銀は40〜60グラム、そのほか5〜25パーセントのヒ素が含まれていました。つまり松尾の鉱石から、微量の金、銀のほか亜ヒ酸を採ることができたのです。佐賀関製錬所を経営していたのは、茨城県の日立鉱山から出発して大手の鉱山会社になった日本鉱業。同社は34年に佐賀関町の事業家から松尾鉱山の経営を引き継ぐと、同年に201トン、翌年に238トンの亜ヒ酸を生産し、宮崎県内最大の亜ヒ酸鉱山になりました。

松尾鉱山は中断した時期をはさみながら、戦後も亜ヒ酸製造をつづけて58年に閉山したのですが、それから14年後の72年1月、突如「第二の土呂久」と言われてマスコミに登場します。朝日新聞宮崎支局の記者だった私は、そのとき初めて松尾鉱山跡を訪れました。車で日向市から東郷町坪谷を抜けて木城町中之又の塊所（こぶところ）集落へ行き、対岸の急な山道を登って鉱山跡に着きました。山の中腹に放置されていた高さ2・5メートル、幅4メートル、奥行き10数メートルの窯跡に、白い亜ヒ酸がこびりついているのを見ました。

松尾鉱山で製造された亜ヒ酸は、索道を使って麓におろされ、トラックで日向市の細島港、そこから船で大分県の佐賀関製錬所に運ばれました。佐賀関製錬所では、松尾鉱

山の中腹に建てられていた松尾鉱山の亜ヒ焼き窯の跡
（写真はパンフレット「松尾」より）

山で亜ヒ酸製造が始まる2年前の１９３２年から、銅などを精錬する煙に混じった粉じんを回収して、亜ヒ酸を精製していました。同じころ日本鉱業会社は、島根県津和野町の笹ケ谷鉱山の鉱業権を手に入れます。ここも亜ヒ酸をつくる有力な鉱山でした。松尾と佐賀関と笹ケ谷、３か所で製造された亜ヒ酸は国内生産量の20～30パーセントを占めました。戦争へ進んでいく時代、亜ヒ酸には新たな需要がうまれていたのです。

亜ヒ酸を原料にした2種類の毒ガス

１９３０年代、土呂久で製造されていた亜ヒ酸に特別な用途が加わりました。そのことを話してくれたのは惣見組の佐藤勝さんでした。土呂久公害が社会問題化した１９７１年11月のことです。

「当時の亜ヒ酸は毒ガスの材料です。大阪の道修町の薬品工場に卸して、軍の命令で、その方面に回していたと、役人から聞きました」

日本軍が毒ガスをつくっていたとは初めて聞く話でした。そんなことがあったのだろうか、と疑問符をつけながら頭の隅にとどめていました。信憑性が高まったのは78年、東京から来たカメラマンの樋口健二さんを宮崎空港から土呂久に案内する車の中でした。

「亜ヒ酸は何に使われていたのですか」と樋口さんから聞かれて、「殺虫剤、防腐剤、ガラスの清澄剤などいろいろありました。毒ガスの原料になったという話もあります」と答えました。それに対する樋口さんの返事に、私は未知の領域に誘いこまれていきました。

「数か月前に毒ガス島の取材に行きました。毒ガスの製法を書いた資料に、たしか、亜ヒ酸も入っていましたよ」

数日後、東京に戻った樋口さんからその資料が送られてきました。瀬戸内海に浮かぶ広島県竹原市忠海町の大久野島で、日本軍が製造した主な毒ガスは6種類。その中のルイサイトは「三酸化ヒ素（亜ヒ酸）」を、ジフェニール青化ヒ素（ジフェニールシアノアルシン）は「シモリン」を原料にして製造したと書いてありました。シモリンは、毒ガスになる一歩手前のヒ素を含む中間製品（ジフェニールアルシン酸）のことです。土呂久でささやかれていた話は本当でした。

その年の11月に私は大久野島を訪ねました。忠海港からフェリーで15分、かつての毒ガスの島は「自然が息づく　瀬戸内の楽園」をうたい文句にする国民休暇村になっていました。草木に隠れるようにコンクリート造りの毒ガス貯蔵庫などの遺構が残っていて、オリエンテーリングのコースになっていました。工場から毒ガスが漏れたとき、危険を知らせる動物として放たれていたウサギが戦後になって増えて、現在の大久野島は「ウサギ島」で有名な国際観光地です。

対岸の忠海病院で、毒ガス製造に従事して体をこわした人たちの治療がおこなわれていました。行武正刀医師から毒ガス障害に関する話を聞きました。

「ゴム引きの作業着と防毒面をかぶっていても、汗びっしょり。毒ガスがその汗に溶けこむ。防毒面が顔にぴったり合わないので、毒ガスを吸いこむ。くしゃみ剤や催涙ガスで目やのどを

大久野島で製造した主な毒ガス表

毒ガスの名称	化学式	性質	外観	製法
イペリット（黄一号乙）	$(ClCH_2CH_2)_2S$	糜爛性	黄褐色の粘い液体	(1)仏法 二塩化硫黄にエチレンを作用させ更にエチレンを注入する (2)独法 チオ・ジ・グリコールに塩酸を作用させる。
ルイサイト（黄二号）	$ClCH:CHAsCl_2$	糜爛性	淡黄色の粘い液体	塩化アルミニウムを触媒として 三塩化砒素 にアセチレンを作用させる。
ジフェニール青化砒素（赤一号）	$(C_6H_5)_2AsCN$	クシャミ性	淡緑色の固体	シモリン に亜硫酸ソーダを注ぎ還元したものを蒸留して青化釜に移し塩酸と青化ソーダの溶液を注入攪拌加熱蒸留し残渣を除去する。
塩化アセトフェノン（催涙ガス）	$CH_2ClCOC_6H_5$	催涙性	微黄色の固体	一塩化アセチール、クロライドに三塩化アルミニウムを触媒としてベンゾールと縮合させ、さらに縮合体を水で分解する。
青酸（茶一号）	HCN	中毒性	微褐色の液体	青化ソーダに硫酸を滴下する。

稲葉菊松さんが書いた主な毒ガスの製法。ルイサイトは「三酸化砒素」、ジフェニール青化砒素は「シモリン」を原料としていたことがわかる

刺激される。働いた人は、急性の皮膚障害や微量ガス中毒、慢性の呼吸器や消化器の障害で苦しんで、呼吸器系のがんにかかるケースが多いですね」

樋口さんが送ってくれた資料の作成者、稲葉菊松さんが島の歴史を話してくれました。

「昭和4（1929）年4月、民家3軒を立ち退かせて毒ガス製造工場が建った。わしらは昭和8（1933）年4月1日の入所。9月初め、フランスから購入した毒ガス発生装置の試運転をやって、10月から製造開始。要領がわからず、被害者がずい分でました」

第1次世界大戦でドイツ軍が毒ガスを使用し、連合軍も応戦して、多くの犠牲者をだしました。その悲惨を繰り返さないために、毒ガスの使用を禁止するジュネーブ議定書が発効したのが1928年、そのころ日本の陸軍は、大久野島で毒ガス製造の準備に取りかかったのです。

土呂久産亜ヒ酸の大久野島へのルート

大久野島に秘密裏に建てられた陸軍造兵廠で、亜ヒ酸を原料にして製造された毒ガスは2種類ありました。戦前の化学兵器に関する書物で調べてみると、ルイサイトは「死の露」と呼ばれ、わずか3滴を皮膚にたらすだけでヒ素が全身に回って中毒死させると書いてあります。もう一種がヒ素とシアン(青酸)を混ぜたジフェニールシアノアルシンで、この粒子を浴びると、咳、鼻汁、嘔吐、くしゃみを引き起こし、呼吸困難で死んでいきます。

私が1978年11月に大久野島を訪ねた目的の一つは、土呂久で製造された亜ヒ酸が大久野島に運ばれたのかどうかを確かめることでした。ルイサイトの製造工場で働いた三好吉忠さんに会うことができました。旧制薬学専門学校で学んだ三好さんは、亜ヒ酸に食塩と濃硫酸を混ぜてルイサイトをつくる工程を説明したあと、こう話しました。

「ルイサイトの原料の亜ヒ酸は、『日鉱、日鉱』と言っていたから、日本鉱業の佐賀関から購入したんじゃないか。ジフェニールシアノアルシンは『シモリン(ジフェニールアルシン酸)』を大牟田の三井鉱業から購入して、シアン化ナトリウムを作用させてつくった」

この話から、亜ヒ酸のルートを知る重要な手がかりが得られました。ルイサイトは亜ヒ酸を購入して製造したのに対し、ジフェニールシアノアルシンはシモリンを購入して製造したというのです。シモリンとは、亜ヒ酸を原料にする染料の製造工程でできる中間製品です。そのまま生産工程に乗っていれば染料になったのですが、大久野島に送ってシアンと反応させると、毒ガスに変わりました。

さらに具体的な資料が見つかったのは1995年のことでした。日本テレビと中国新聞が、それぞれ戦後50年特集として大久野島の毒ガスを取りあげることにして、発見されたばかりの新資料をもって土呂久に取材に来ました。新資料は、旧陸軍の「有末機関（委員長・有末精三元陸軍中将）」からGHQに提出された『日本化学戦ニ関スル件』（1945年11月）と題する報告書など10点。そこに、ルイサイトの原料の亜ヒ酸を陸軍に納めた会社として「日本鉱業」と「三菱鉱業」の2社が載っていました。日本鉱業は、松尾鉱山、笹ケ谷鉱山、佐賀関製錬所で亜ヒ酸をつくっており、3か所の亜ヒ酸を佐賀関製錬所に集めて、船で大久野島に運んだのです。三菱鉱業は、兵庫県の生野銀山で亜ヒ酸を精製していました。「岩戸鉱山」の名前がでていないのを見ると、土呂久産の亜ヒ酸が直接大久野島に運ばれなかったからでしょう。

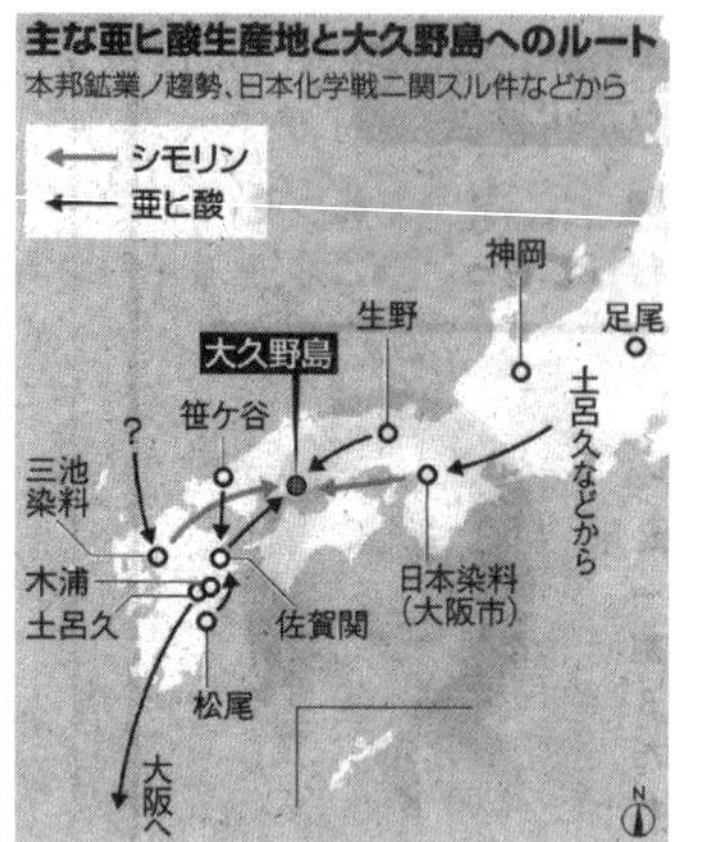

主な亜ヒ酸生産地と大久野島へのルート
（朝日新聞連載「和合の郷」第77話より）

シモリンの製造設備として載っていたのが、「福岡県大牟田市三池染料工業所」と「大阪市日本染料製造」の2社。三好さんが口にした「大牟田の三井鉱業」は三池染料工業所のことでした。土呂久で聞いたのは「大阪の道修町の薬品工場に卸して、軍の命令で、その方面に回していた」という話でしたが、この薬品工場が日本染料製造会社のことなのか。それとも、いったん薬品工場に卸したあと日本染料に回され、シモリンに加工されてから大久野島に運ばれたのか。この点ははっきりしませんが、土呂久産の亜ヒ酸がシモリンの原料に使われ、中間製品として大久野島に渡ったというルートが見えてきました。

亜ヒ酸を運搬した船乗りにボーエン病多発

戦前、陸軍が毒ガスを製造した大久野島は日本地図から消された秘密の島でした。戦後しばらく毒ガス製造の話はタブーだったのですが、現在では島に「毒ガス資料館」が建って、若い人の平和学習の場になっています。こうした変化に応じて、原因が闇の中だった毒ガス関連の事件も、真相解明のときを迎えています。

1937年9月25日に福岡県大牟田市を襲った「爆発赤痢」という事件がありました。死者712人、患者1万数千人をだした大惨事は、政府の調査団などによって、原因は赤痢菌が混入した水道水を飲んだこととされ、市長や水道課長らが引責辞任して幕が引かれました。それから25年後、大牟田市役所の金庫から辞任した水道課長(故人)が、「事件の日に三池染料工業所の工場でガス爆発が起きていた」と書き残したメモが見つかりました。課長の長男の塚本唯義さんが独自の調査を進め、「真の原因は三池染料のガス爆発、赤痢はそれを隠すための工作」という報告書を作成して、政府に赤痢原因説を改めるように求めました。

このとき重要な位置に立っていたのが、惨事発生時は三池染料の研究所員、メモ発見時は大牟田市長だった細谷治嘉氏でした。三池染料が毒ガスの完成手前の製品を軍に納めていたこと、工場で爆発事故がよく起きていたことを証言しました。被害にあった患者を治療した小児科医の回顧談も、『週刊朝日』（1972年2月4日号）に載りました。

「母親の手にひかれて歩いてきた幼児が、診察室に通じる廊下の途中で全身けいれんをおこし、死んだ。母親の絶叫。待合室からも、わが子の名を呼ぶ母親の悲鳴が聞こえた」

こうした話は、毒ガス製造の中間製品が爆発事故で飛散したことを裏付けているように思えます。今こそ、当時の資料をすべて公開し洗い直すべきではないでしょうか。

愛媛県越智郡波方町（現・今治市）で1932年から35年にかけて原因不明のヒ素中毒事件が起きました。発生から45年後、愛媛大学の医師らが調査して31例（生存19、死亡12例）のボーエン病を確認し、病名を「波方ボーエン」と付けました。ボーエン病は特異な組織像をもつ表皮内のがん。ヒ素でも起こる病気です。波方ボーエンの患者に船乗りが多いとわかったのですが、どうして船乗りがヒ素に汚染されたのか不明のままでした。

1993年に松山市で開かれた日本皮膚悪性腫瘍学会で、「原因は毒ガス原料の運搬では」と大胆な推論を発表したのが、宮崎医大（当時）皮膚科教授だった井上勝平さんでした。井上さんは土呂久公害が表面化した当初から患者を診てきたヒ素の専門医。今治市の内科医久保是一さんから「船乗りの患者が『強い毒性物質を運んでいたことを知られたくない』と、真相に口を

波方ボーエンの関連地図
(朝日新聞連載「和合の郷」第78話より)

つぐんでいる」と聞いて、波方ボーエンに関心をもちました。
地図を見ると、波方の北約35キロに毒ガス工場があった大久野島。波方の西南約180キロに亜ヒ酸を供給した佐賀関製錬所。その南に、土呂久産の亜ヒ酸を積みだした佐伯港や延岡市の土々呂港。波方ボーエンが発生したのは、大久野島で亜ヒ酸を原料にする毒ガスを本格製造し始めた時期。こうした状況証拠を総合して、宮崎医大の井上医師と出盛允啓医師、今治市の久保医師は「波方Bowen病の砒素汚染ルートについての一考察」という論文で、「波方の海運業者の一部が一時期、亜砒酸を九州から大久野島に輸送している過程で汚染されたのではないか」と書きました。

戦後75年たつ間に明らかになってきたのは、亜ヒ酸を原料にした毒ガスが、亜ヒ酸をつくった鉱山だけでなく、製品を運搬する途中で、毒ガスを製造した工場で労働者や住民の健康を害し、中国戦線で兵器として使われて多数の中国人を殺傷したことです。

「農の実務にある者として不審あり」と文部大臣に御伺

昭和に入って、不況に苦しんだのは鉱山だけではありませんでした。農村も同様でした。和合会の議事録を開いてみると、農家の生活の厳しさを反映して、節約を促し、虚礼を廃止し、華美・贅沢を戒めていたことがわかります。

1930年2月22日の議事録には「盆正月の贈答」について、「旧来の習慣を捨てること。ただし、務めなければならないところには歳暮として贈答すること」と、お中元をやめてやむをえない人にだけお歳暮を贈ることが話しあわれました。軍隊に入ることを「入営」、戻ることを「退営」と言いますが、入退営者の送迎は「金縮の折から、関係者に言葉をかけられないところには行かないこと」と、参加者を制限しています。

そのころ小学校では、方言をやめて標準語を使おうという教育がおこなわれました。岩戸尋常高等小学校の『岩戸郷土読本』(1931年)に「なおしてほしい岩戸のことば」という章がありました。「岩戸にもよその人にわからぬよくない言葉がたくさんあります。一日も早く、この悪い言葉をなおして、正しい日本の言葉を使える人とならなければなりません」と、次のような「岩戸のことば」を「日本のことば」に改めるように勧めていました。

せんぐり→じゅんじ

すとごつ→うそ

むぞがる→愛する
おらぶ→さけぶ
やかむる→おさむる
こだね→このあいだ

学校は、ふだん岩戸で使っている言葉を「悪いことば」、東京で使っているのが「正しいことば」だと教えたのです。子どもたちは言語にとどまらず、自分たちの文化・民俗・習慣にも自信を失ったことでしょう。こうした地方をさげすむ空気に反発するように、土着の正しさをお上に訴えるできごとが起こりました。

32年の初夏、和合会の副会長だった佐藤竹松さんが、小学2年生の息子の修身の教科書に載っている挿絵に疑問をいだきました。草履をつくる父のそばで、親孝行の娘オフサがワラを打っているのですが、どこか真実味がないのです。竹松さんはその絵に3か所の誤りを見つけました。

第一に、草履を編むとき左手は下から上に向けるのに、絵では逆手になっています。第二に、絵の中の父のように背筋を伸ばした姿勢では、腹に力が入らないから草履は編めません。第三に、娘が打っているワラ束は3か所くくるのが定法で、絵のように1か所をくくっただけではワラが寸々に切れてしまいます。

「農の実務にある者として、いささか不審がございます」と、竹松さんは文部大臣鳩山一郎閣下にあてた「御伺」をしたためて、この3点を指摘し、自分が実演する正しい草履づくりの写

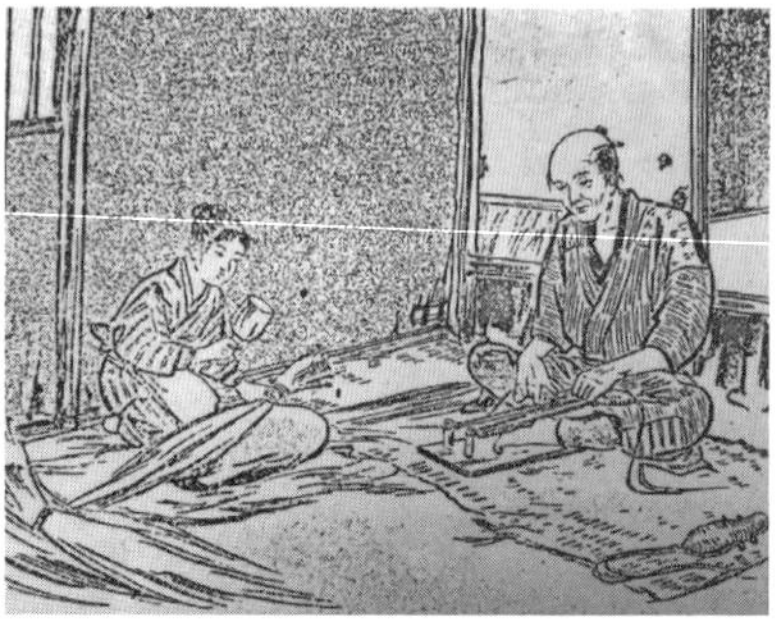

修身教科書の草履づくりの挿絵に、佐藤竹松さんは3か所の誤りを見つけた

真を同封して投函しました。写真を撮って協力したのは、岩戸の泉福寺の藤寺非宝さんでした。

これに対し、文部省からなんの返事もありませんでしたが、34年11月に改訂された修身の教科書では、草履づくりの絵が消えて、替わって柴刈りから帰ってくる父を迎えるオフサの絵が使われていました。土呂久の農民の気迫が、筆先で仕事をする東京の絵かきの嘘を打ち破ったのです。

大臣に直接「御伺」をたてた経験は、和合会にとって大きな財産になりました。

直接内務省に亜ヒ酸精製絶対反対を陳情

佐藤竹松さんが文部大臣に教科書の挿絵の誤りを指摘してから2年後、今度は和合会が直接内務省に「亜ヒ酸精製に絶対反対」を陳情するできごとが起こりました。そのことを報じた延岡新聞の記事(1934年7月13日)が延岡市立図書館に保管されています。見出しは「直接内務省に亜ヒ酸精製/絶対反対陳情の岩戸村民」。短い記事なので、全文を紹介します。

「宮崎県西臼杵郡岩戸村の亜ヒ酸の鉱毒問題については、県当局に訴えただけでは地元民の苦情がナカナカ容れられないので、遂に村民連名で直接内務省に警告方を陳情したので、本省では12日右陳情書を県に回付し、善処方を注意して来た。同村内にある亜ヒ酸鉱では、今回精錬事業を復活させようと準備中のところ、村民達は昔鉱毒に悩まされた事実に鑑み絶対反対を叫んでいるが、甲斐村長は12日出県して、絶対不許可主義をされたしとの陳情をなすところあった」

ここに「村民」とあるのは土呂久の自治組織「和合会」のことです。和合会が内務省に亜ヒ酸製造復活に絶対反対し、岩戸村長が宮崎県庁にでかけて「絶対不許可」を陳情したという重要な内容なのですが、これだけでは、背景に何があったのかよくわかりません。

この新聞記事は土呂久訴訟で原告側が書証として提出したのですが、裁判では住民が亜ヒ酸製造に反対した証拠の一つにされただけで、記事の内容に立ち入った審理はおこなわれませんでした。

そこで、村長が何に対して「不許可」を陳情したのか考えてみました。鉱山経営の規範を定めた「鉱業法」の旧法（1905年公布）には、事業者が鉱業権取得を願い出たときに、その事業が「公益を害する」と認められた場合は不許可にできるとあります。同法の解説書は「足尾の鉱毒事件のごときが公益問題」と書いています。甲斐村長が、亜ヒ酸製造が農林畜産物に被害を与えて「公益を害する」ことは明らかなので、鉱業権の申請を不許可にしてほしい、と申し出たと考えると、このときの一連の動きが解けてきました。

当時の鉱業権者の推移を追ってみます。外録鉱山の鉱業原簿が紛失したために月日は明らかでないのですが、土呂久訴訟の宮崎地裁判決書（1984年）は、1933年に竹内令胙氏から養

土呂久鉱山の鉱業権者の推移

採登第65号鉱区（吹谷鉱山）		採登第80号鉱区（外録鉱山）	
大正3年7月28日	山田英教		
大正6年7月25日	大谷治忠	大正8年	竹内令胙
大正14年3月2日	渡辺録太郎		
昭和6年4月16日	中島門吉		
昭和7年4月4日	関口暁三郎		
	中島門吉	昭和8年	竹内勲
昭和9年3月19日	中島門吉	昭和9年	中島門吉
昭和11年9月14日	中島門吉		
	中島知久平		
昭和12年1月28日	岩戸鉱山株式会社	昭和12年1月28日	岩戸鉱山株式会社
採登第65号と80号鉱区（土呂久鉱山）			
昭和18年4月1日	中島鉱山株式会社		
昭和19年4月20日	帝国鉱業開発株式会社		
昭和25年6月30日	中島産業株式会社		
昭和26年8月29日	中島鉱山株式会社		
昭和42年4月29日	住友金属鉱山株式会社		

＊土呂久訴訟一審判決書（1984年3月）より

子の竹内勲氏へ、翌34年に勲氏から中島門吉氏へ鉱業権が移ったとしています。延岡新聞に記事が掲載されたのは34年7月で、門吉氏が鉱業権を取得した月日は不明ですが、同じ34年のこと。ここから推測できるのは、門吉氏が鉱業権を申請する（した）ことを知って、和合会は内務省に「地元民は亜ヒ酸製造によって苦しめられてきた」と訴え、和合会を応援していた甲斐村長は県に「亜ヒ酸を製造する業者の鉱業権申請を不許可にするように」と陳情した。この流れであればつじつまが合います。和合会と甲斐村長は、中島飛行機が必要としているのはスズなのだから、亜ヒ酸製造はやらせないでほしいと主張したのでしょう。

この時期、和合会はどんな動きをしていたのか。議事録を読むと、亜ヒ酸煙害の被害を調査して、鉱山事務所と盛んに交渉していたことがわかります。

33年11月26日の総会議事録に「被害調査を各組でおこなって会長まで出書のこと」「(鉱山の)石黒主任が帰山しだい和合会役員全部面談すること」とあります。

34年3月9日の総会議事録には「煙害に関しては和合会より交渉委員を設けて、3月12日鉱山主任に対し交渉することを決す(ただし交渉委員は各組より2名ずつ)」。

34年5月25日の総会議事録には「本月中に各組より2名ずつ委員を選定し、煙害の件に付き鉱山事務所に交渉することに決定す」と書いてあります。

33年の11月から34年5月にかけて、和合会は鉱山事務所に、鉱業権が中島に移ったあとは生産をスズに限り、亜ヒ酸製造はやらないことの確認を求めたのだと思われます。

35年2月27日の総会議事録は「亜ヒ製薬も遠からず土呂久にては止む模様」と記しています。この文面から想像できるのは、34年に鉱業権を取得した中島は生産をスズにしぼることにして亜ヒ酸製造をやめる、という情報あるいは予感があったのでしょう。

被害が特に激しかった豆類とシイタケ

和合会議事録によれば、鉱山経営が中島飛行機の系列会社に移る時期に、和合会は「被害調

亜ヒ酸鉱山による農林産物の被害

	被害大	被害なし
雑穀	大豆、小豆	トウモロコシ
野菜	キュウリ	ナス、白菜、ニンジン
果樹	ウメ、カボス、カキ	ナシ、グミ
林産物	ソヤ、シイタケ、タケノコ	クヌギ、ナラ
野草	カズラ	山ユリ、ワラビ

＊土呂久での聞き取りによる

査」をおこなっています。このときの調査の内容や結果は残っていませんが、調査の目的は、亜ヒ焼きによる農林畜産業の打撃の大きさを示して、新しい経営者に亜ヒ酸製造をやらせないことだったと考えられます。どんな結果だったか。それから45年余りたって聞き集めた話からだいたい想像できます。ここで亜ヒ焼きによる①農林産物の被害、②家畜の被害、③用水汚染による被害について整理しておきます。

農作物の中で特に激しい被害を受けたのは豆類とシイタケでした。

「麻を収穫したあとの畑に、麻尻大豆（あさじり）という大豆を植えよったですが、亜ヒの煙が流れてくると葉が縮んでしまい、大豆ができるころには葉が黄色くなって、実はできませんでした。自分のうちで豆腐と味噌と醤油をつくりよりましたので、大豆ができんようになって味噌や醤油を買わねばならず、困りました」

「ナバ（シイタケ）は全然だめ。ちっとでも金にした方がいいので、ナラやソヤといったナバ木を伐採して、亜ヒ焼き窯の薪にして鉱山に売りました」

一方に、煙害に強い作物もありました。大根、白菜、トウモロコシは被害を受けなかったといいます。キュウリは煙害に弱かったのに、ナスは強かった。果樹では、ウメ、カボス、カキが弱かったのに、ナシは白い花を咲かせて実をつけていたそうです。

「物置の横の渋柿が、煙害で6月か7月に葉が落ちてしまい、新しい芽がでてくる。秋にも葉が落ちる。年に2回葉が落ちて、実は全然ならんかった」

亜ヒ焼き窯近くの人は、タケノコの被害を次のように語っていました。

「モウソウ竹のタケノコが細くなり、魚つり竿ほどになった。タケノコの時期なのに今年はでないのかと思っていると、魚つり竿くらいのタケノコが何本かでてくる。亜ヒ焼きがやまって何年かたって、もとのように大きくなりました」

「牛馬の死んだのとシイタケのできんとが、いちばんきつかった。換金できんごとなったから」と、土呂久の人たちは口をそろえて煙害による生活苦を訴えました。

土呂久同様に亜ヒ酸を製造した木城町の松尾鉱山では、鉱山近くに農地をもっていた農民17人が1938年5月、『煙毒ニ依ル損害補償請求陳情書』を作成し、日本鉱業松尾鉱山鉱業所に提出しました。残存している文書に、作物の種類、年間の基本収量、煙害の時期の収量、損害額が記載されています。要約すると〈小豆、大豆は基本収量の約5割から4割、シイタケのように種菌関係のものは5割ないし6割の収量。ところによっては全滅。果実ではウメの実は千金の値があるのに、現在は自家用すらなく、ウメの木も枯死していきつつある〉という内容でした。松尾でも、土呂久と類似した被害が起きていたのです。

土呂久で聞き取りをおこなったとき、鉱山社宅で暮らした陳内フジミさんが語ってくれた話が印象に残っています。

「山がはげちょるのに、どんなわけじゃろかね、赤い山ユリだけは咲きよりました」

はげ山に咲いた山ユリの鮮やかな赤が忘れられなかったそうです。

谷を登った墓所場に死んだ牛馬を埋葬

牛馬の被害に関する重要な文書が、1925年に岩戸村長に指示されて鈴木日恵獣医師が執刀した死んだ牛の解剖書です。鈴木獣医師は、その牛がしばしば咳をしていたこと、食欲をなくし栄養の衰退が著しかったことから、死亡の原因は「呼吸器と消化器を同時に犯す有害物質」だと考えました。呼吸器を侵されたのは、亜ヒ焼き窯から流れだす亜ヒ酸や亜硫酸ガスを含んだ空気を吸ったからですが、消化器は何によって侵されたのでしょうか。

鈴木獣医師の上司の池田牧然獣医師が書いた『岩戸村土呂久放牧場及土呂久亜砒酸鉱山ヲ見テ』に、鉱山周辺で見聞したこんな話が紹介されています。

「病気にかかった牛馬を近くの集落に預けて、2、3か月して元気になったので土呂久に連れて戻ると、病気になった時と同じように、ちっとも秣（まぐさ）を食べようとしない。困っていたとき、下の集落から牛を引いて登ってきた人がいた。持参した秣を分けてもらい、食欲をなくしていた牛に与えると、喜んで食べた」

この話から、病気の原因が秣だったことがわかります。亜ヒ焼きの煙が流れたあと、牛が好んで食べるカヤなどの飼料に亜ヒ酸の粉が降っていたのです。

当時、伝染病で死んだ家畜は、人家から離れた場所に深く穴を掘って埋めるように定められていました。土呂久で死んだ牛馬は、亜ヒ酸の害だったにもかかわらず、死亡原因は疫病とされて、土呂久の南端の「脇の谷」を200メートルほど登った場所に埋葬されました。土呂久の人たちが「墓所場（ぼしょば）」と呼ぶ牛馬の墓地です。

「大きい牛は600キロもあるとですから、8人か10人おらんとかかえきらんとですよ。丸太に足を2本ずつくくって、逆さにつって、丸太を心棒にして前と後ろに横木を渡し、横木の端にそれぞれ木を渡して8点でかつぐ。前に背の低い人、後ろに高い人。交代要員もついて、急な坂道を何度も何度も休みながら登った。死んだ牛が、くぼみのある狭い山道の真ん中を通り、人間は脇を歩いた」と、語ってくれたのは畑中組の佐藤数夫さんでした。

狭い谷を登ったところにある牛馬墓地（2019年3月撮影）

牧然報告記をよく読むと、土呂久にいた93頭の牛馬のうち、この2~3年で16頭が病気にかかり、6頭が死んだことがわかります。計算すると、1925年当時の土呂久の牛馬の罹病率は17・2パーセント、死亡率は6・5パーセントです。

1920年発行の『西臼杵郡勢要覧』に、郡内の牛の死亡率は

0・4パーセントと載っています。土呂久は牛馬合わせて2~3年、西臼杵郡は牛だけで1年という違いはありますが、土呂久の牛馬の病死が異常に多かったことがわかります。

1930年に家畜保険の制度ができて、土呂久の農家も加入しました。それから6年後に起こったできごとを南組の佐藤一二三さんは忘れることができませんでした。

「隣の家の牛が5、6頭死んだ。伝染病と言われて、その牛を墓所場で焼いた。それから『土呂久の牛は伝染病』という話が広がって、家畜保険に入れてもらえんかった」

一度に牛馬が死んだのは鉱山の南に位置する「向土呂久」でした。和合会の議事録に「ハンシャロウ」と書かれている、正体のわからない施設が建って操業を始めると、周辺の農家はすごい煙害に見舞われたのです。

鉱毒の入った水田の稲の生育障害

亜ヒ酸鉱山によって汚染されたのは、大気だけではありませんでした。鉱山の前を流れている土呂久川の水も汚染されました。

「亜ヒ酸が毒薬であることを承知しているが、その焼き殻を水清き土呂久川に遠慮もなく投げ込むのを見て、不思議に思った。これらのものに対しては、河川港湾取締規則は適用されないものなのか」

これは牧然報告記の一節です。焼き殻とは、硫ヒ鉄鉱の粉をまるめた団鉱を亜ヒ焼き窯で1週間から10日間焼いたあとに残る、ドロドロに溶けた鉱石の塊のこと。これを鉄板にかきだし、目の前の土呂久川に捨てていました。

焼き殻には、鉄やヒ素、銅、鉛、カドミウム、スズなどの鉱毒が含まれています。鉱山の下流800メートルに東岸寺用水の取水口があり、汚染された川の水は土呂久南組、立宿（たちやどり）、東岸寺の水田に運ばれていきました。南組には、この水を田んぼに引くだけでなく、堰の脇からもれだす水を飲用している家族がいました。「中間（なかま）」という屋号の家もその一軒でした。

「中間」で生まれ育った佐藤アヤさんは、著書『いのちのかぎり』に、1924年8月に死んだ弟の時蔵さんの思い出を書いています。

「あの子は、よく腹を痛がって泣いていた。（略）夏の暑い日、母は何回となく医者にかるって通っていた。何時もの様に医者から帰った母は泣き乍ら、背中の子を降ろしていました。そばに行って見ました。時蔵は死んでいました。いつもブブブブと（言って水を）飲みたがっていたから、腸が悪かったそうです。その日限り、とんぼを取って来ても玉虫を取って来ても、時蔵の姿は縁側にありません」

南組には、時蔵さんのように胃腸の病気で苦しんだ人が多かったのです。

東岸寺用水を引いていた田は、稲の生育が阻害されていました。その汚染田で稲と格闘した話を佐藤数夫さんから聞きました。

「水をいっぱいためるとブスブス吹いて、稲の根を焼き切ってしまう。水をぬいてつくらんと

亜ヒ焼き窯から取り出された焼き殻。1935年ごろまでは土呂久川に投棄されていた

米にならんのじゃが、水を入れんことには分蘖（ぶんけつ）せん。田を干さな稲はでけんし、田を干せば稲は分蘖せんうえ草が茂る。田にはえておるのが、草とも米ともわからんようになる。どんなに手を加えても、鉱毒の入った田は稲が伸びんかった」

福岡鉱山監督局の指導を受けて、鉱山が焼き殻を川に捨てるのをやめたのは１９３５年ごろのことでした。川岸に石垣を築いて、その内側に焼き殻を捨てるようにしました。

ヒ素に汚染された用水を水田に引いて起こるのは稲の生育障害です。これまでに世界のヒ素汚染地で、米を食べたことで人に健康被害が起きたという報告を見聞したことはありません。ヒ素には毒性の高い無機ヒ素と毒性の低い有機ヒ素があり、水に含まれている無機ヒ素は、稲に取り入れられると大半が有機に変わるからだと言われています。

軍需産業に挑んだ和合会史上最強のチーム

和合会がおこなった被害調査の結果はどんなふうにまとめられて、どのように使われたのか。

参考になるのが、先に紹介した木城町の松尾鉱山近くの農民が日本鉱業の鉱山事務所に提出した『煙毒ニ依ル損害補償請求陳情書』です。

この陳情書には、被害農民ごとの農林産物の減収による損害の一覧表が付いていました。代表者の田爪乙蔵さんの調書では、たとえばシイタケは亜ヒ酸製造が始まる前の1933年に75キロの収量があったのに、34年の収量は煙害のために56・3キロに減って50円の損害、35年は収量37・5キロで100円の損害、36年は収量26・3キロで130円の損害、37年は収量18・8キロで150円の損害、したがって4年間の損害額の合計は430円になる。というように、農林産物21品目ごとの基本収量および煙害の年の収量と損害をだして、4年間に1174円70銭の損害をこうむったとはじいています。

和合会も同じように、農民ごとの調書を作成し、各農林産物の基本収量と亜ヒ焼きの年の収量をだして、その差から損害を計算した一覧表をつくったのではないでしょうか。松尾と違うのは、土呂久の農民の目的が、亜ヒ酸鉱山に損害補償を請求することではなくて、新たに操業を始めるスズ鉱山に、亜ヒ酸製造をしないように要求することでした。

和合会議事録と延岡新聞記事(1934年7月13日)を読み解くと、和合会が岩戸村の応援を得て4段階の闘いを組んだことがわかります。

①亜ヒ酸製造による被害を調査、②被害調査をもとにスズ鉱山の主任と交渉、③内務省に亜ヒ酸製造絶対反対を陳情、④岩戸村長が宮崎県に対しスズ鉱山に亜ヒ酸製造を許可するなと訴える。

この闘いの相手は、国内一、二の軍用機メーカー中島飛行機傘下の鉱山会社です。戦時色の濃くなる時代、山深き土呂久に、軍需企業におじけることなく闘いを挑んだ勇気ある戦略家がいたことに感心させられます。

当時の和合会の役員の顔ぶれは、会長が勛（つよし）さん、副会長が清八さん、会計が徹さん、幹事が藤太さんと十市郎さん、評議員は竹松さん、平作さん、嘉四郎さん、栄蔵さん、進さん、万蔵さんの計11人（いずれも姓は佐藤）でした。勛さんは当時岩戸村議会議員をつとめていた有力者、清八さんは垢抜けたおしゃれ者で通した人、徹さんは26年間村議会議員として土呂久を引っ張った三蔵さんの長男、十市郎さんはのちに村議会議員を10年間つとめることになる若手のホープ、竹松さんは貧しい人を助けて集落を一つにまとめる和合の精神を実践していた人……。こうした豊富な人材が、約75年に及んだ和合会の歴史で最強のチームをつくっていたのです。

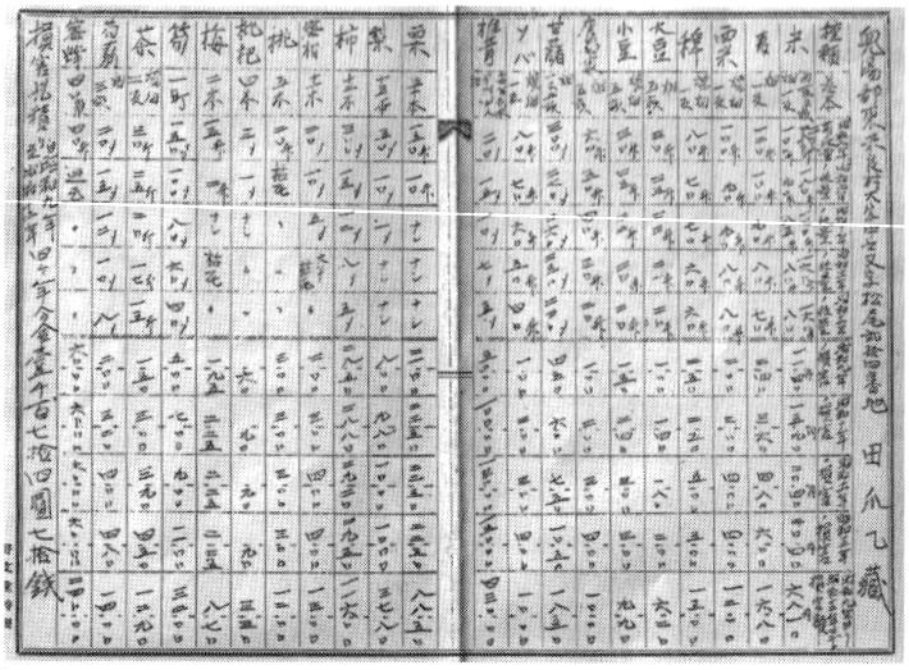

松尾鉱山の煙害被害者が作成した『煙毒ニ依ル損害補償請求陳情書』

そして忘れてならないのが、宮崎県に出向いて「亜ヒ酸製造を不許可にするように」求めた岩戸村の甲斐徳次郎村長でした。10年近く前に、土呂久で死んだ牛を獣医師に解剖させたときから一貫して和合会を支えつづけました。

この闘いは、1935年2月の和合会議事録が「亜ヒ製薬も遠からず止む模様」と書き留めたように、いったんは勝利するかに見えたのですが、翌36年4月、鉱山が和合会に亜ヒ酸の生産量に応じた煙害料を払うことを条件に、亜ヒ酸製造を認める契約が結ばれました。この煙害料の配分を決めるときに、先におこなった被害調査が生かされたのではないでしょうか。

亜ヒ酸製造認めた代わりに渡された煙害料

和合会は最強のメンバーで闘ったのですが、最後は押し切られて亜ヒ酸製造を認めました。その代わりに鉱山から受け取った煙害料をめぐって、和合会がごたごたしたことが1936年から37年にかけての議事録から読みとれます。

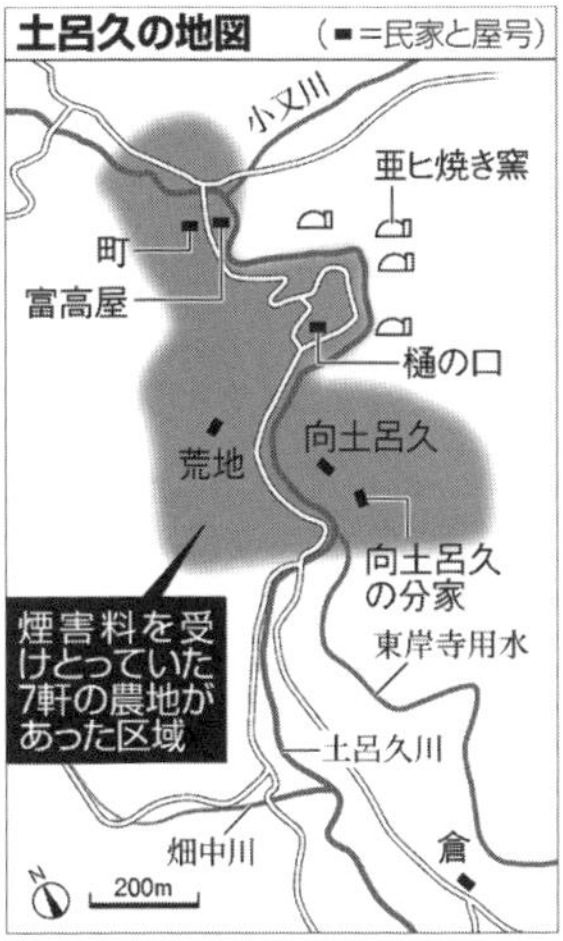

37年3月6日の議事録によると、和合会は鉱山から亜ヒ酸1箱(60キロ)製造するにつき12銭の煙害料を受け取ります。このうち3銭を会に残し、残りの9銭を「荒地」の佐藤節蔵2銭、「向土呂久の分家」の佐藤忠行1・7銭、「町」の小笠原要三郎1・6銭、「倉」の佐藤兼三郎1・3銭、「向土呂久」の佐藤茂1・2銭、「樋の口」の佐藤勛0・7銭、「富高屋」の佐藤良蔵0・5銭の割合で分配

1936年から1941年まで煙害料を受け取っていた7軒の農地があった区域
(朝日新聞連載「和合の郷」第85話より)

亜ヒ酸製造に関する契約等

時期	当事者	契約期限	契約の主な内容
1923年～1927年	鉱山と和合会の契約	1年更新	鉱山から和合会へ月50円の交付金。 和合会は資機材・労力を相当な価格で提供
1936年～1941年	鉱山と和合会の契約	5年更新	鉱山は和合会へ亜ヒ酸1箱につき12銭の煙害料。 和合会は資機材・労力を相当な価格で提供
1954年	鉱山と和合会の覚書	—	鉱山は和合会へ年10万円(3年間)の協力金。 和合会は村と集落繁栄の目的達成に協力
1954年～1962年	鉱山と岩戸村の契約	3年更新	鉱山は岩戸村指定口座に月3万円の被害補償準備金を積み立て(50万円限度)。 岩戸村が鉱山の亜ヒ酸炉試験操業を承認

することにしました。亜ヒ酸煙害が集落全体に及んでいるので、和合会が25パーセントを取って、あとの75パーセントを特に被害のひどかった7軒に分配したのです。この分配の仕方が決まるまでに1年かかり、和合を理念とする集落に亀裂と混乱が生じました。

和合会が、亜ヒ酸製造を認めた見返りとして金銭を受け取ったのは、このときが初めてではありません。土呂久に保存されている議事録や書類からはっきりしているのは3回、亜ヒ酸製造を認める契約や覚書が結ばれています。

最初の契約は、1923年から27年まで亜ヒ酸鉱山が操業した時期で、鉱山は毎月50円の「交付金」を払い、その代わりに和合会は資機材、労力を相当の価格で提供するという内容でした。次に結ばれたのが、ここで述べたスズ鉱山と和合会の契約で、36年から41年までつづきました。3番目は54年、中断していた亜ヒ酸製造が再開されるときのものです。和合会が激しく再開に抵抗し、行政が仲介してやっと決着したことから、亜ヒ酸製造を認めた契約の当事者は鉱山と岩戸村。これとは別に和合会と鉱山が覚書を交わし、覚書の中に、鉱山が和合会の協力にこたえて毎年10万円を3年間支払うと書いてありました。煩雑な形をとったうえに、和合会がどんな協力をするのか、具体的な中身の記載は何もありません。

この3種の契約・覚書で、鉱山から和合会に払われた金額を月単位に直し、わかりやすい物差しで比べてみました。物差しにしたのは、岩戸村長の給与です。

①1923年契約の交付金は月50円。このころの岩戸村長の給与は51円なので、村長の月給とほぼ同額、②36年契約は亜ヒ酸60キロ製造するにつき12銭の煙害料。亜ヒ酸225トンを生産した38年で計算すると、煙害料は月に約38円。村長の給与は90円だったので、その42パーセント、③54年の覚書の協力金は年10万円なので、月にすると8300円。村長の給与3万円の27パーセント。鉱山の払う金額はだんだんと減っていったことがわかります。

現在も、環境や健康を侵されることに不安をもつ住民の反対運動を切り崩すのに、開発推進側が使うのはお金です。土呂久の人びとは、交付金、煙害料、協力金の名目で払われたお金によって、何度も引き裂かれながら和合を取り戻し、環境破壊に抵抗しつづけました。

中島商事が描くスズの採掘、選鉱、精錬の青写真

日本有数の軍用機メーカー中島飛行機会社の材料調達を担っていた中島商事は、航空機製造

に欠かせないスズを国内で確保するために、鉱山開発、選鉱場と精錬所の建設、製品積み出し港整備という一大事業に乗りだしました。目をつけたのが祖母・傾の鉱山地帯に埋もれていたスズの鉱石。土呂久の鉱山は、この壮大な事業に組みこまれて、亜ヒ酸鉱山からスズ鉱山に転換することになりました。

宮崎県北で進められたスズ開発のようすを今に伝えてくれるのが、延岡市立図書館に保存されている延岡新聞です。同紙は1922年に大分新聞の刷替版としてスタートし、7年後の29年8月1日に大分新聞から独立すると、取材の地域を延岡から西臼杵に広げました。同紙が中島商事の事業をニュースにしたのは、34年3月21日の「鉱山村岩戸に／中島商事が投資！／大規模計画」という見出しの記事が最初です。

「岩戸村中野内に昨年来錫の探鉱を続けていた東京丸の内、中島商事鉱業部ではたびたび顧問技師等の登山があったが、だいたいの方針が確定したので、最近大規模に道路の改修、機械の設置に取りかかっている」

中野内は、土呂久とよく似た歴史をもつ登尾鉱山の西隣に位置する鉱山。中島商事は、土呂久とともに中野内でもスズ鉱山の開発に着手しました。

次に中島商事がでてくる記事は、同年6月9日の「スズの精錬工場／土々呂に決定」でした。伊形村(現・延岡市)は2か月前から中島商事のスズ精錬工場の誘致運動をおこなっていたが、運輸に便利な土々呂に工場建設が確定し、約5ヘクタールの敷地買収が終わった、という内容。中島商事は、スズ鉱山の開発を進めている岩戸から約60キロ東の土々呂港に面した土地に精錬所を建設することにしたのです。

さらに6月16日には、「天岩戸に／中島商事の大選鉱場」という見出しの記事が載りました。内容は、中島門吉社長が実地調査して、岩戸村東岸寺が選鉱場の建設地に決まり、約8ヘクタールの用地買収と水利権分譲の調印を終えた、というものでした。

水面下で進んでいた工作が一気に表面化し、中島商事が描いたスズの採掘、選鉱、精錬、出荷の青写真が見えてきました。土呂久と中野内で採掘したスズの鉱石を空中架線で東岸寺の選鉱場に送り、選鉱したスズの精鉱をトラックと貨物列車で土々呂の精錬所に運び、完成したスズ地金を土々呂港から船で輸送する。これを統括するために岩戸鉱山会社を設立する――というのが全体の構想です。

（朝日新聞連載「和合の郷」第86話より）

宮崎県北にはすでに、全国的に名前の知られた大鉱山がありました。東洋鉱山会社が経営する見立のスズ鉱山と、三菱鉱業会社が経営する槇峰の銅山です。そこに中島商事の岩戸鉱山が加わることになりました。延岡新聞が11月9日に掲載した「鉱業王国出現／県北に3大事業／一大壮観を呈するだろ」という記事は、こう結んでいます。

「天下の三菱槇峰鉱山、次いで東洋鉱山株式会社の見立鉱山、並びに中島商事の岩戸鉱山、3社の鉱山と選鉱場が操業を競うわけで、愈々岩戸は弥栄の都と化するであろう」

中島飛行機の傘下に組みこまれたことで、土呂久の鉱山を取り囲む景色は、これまでとはまったく違うものになりました。

延岡・土々呂港に最新技術のスズ精錬所

中島飛行機会社が、大正半ばから終戦の1945年までにつくった飛行機は約2万6千機、エンジンは約4万5千個。機体の数は日本一、エンジンの数は三菱重工に次ぐ2番目の多さでした。戦後、GHQ（連合国軍総司令部）が最初の財閥解体の対象として、三井、三菱、住友、安田の四大財閥に加えて中島財閥を指定したのは、あまたの戦闘機を生産し戦争を推進した軍需産業だったからです。

延岡市立図書館に保存してある延岡新聞の記事（1934年11月11日）が、戦争への道を進む国策に乗って大儲けしていた中島飛行機をこんなふうに書いていました。

「飛行機製作工業は軍事予算によって天に昇るほどの景気であり、数量的の増大と単価高騰によって受ける利潤と、更に国家の手厚い保護金によって、巨大な利潤をあげつつある」

伊形村は、戦争でふくれあがる中島飛行機系列のスズ精錬所を誘致し、それによって地域の繁栄を期待しました。延岡新聞から地元が描いた夢を拾ってみます。

「操作はすべて電気精錬で、将来は東洋に歩をのばして精錬を一手にひきうけることになるであろう」(1934年6月11日)

「錫石の還元剤として木炭が使用されるものとみられ、日向物産木炭は輝かしい近代工業の未来に前途を約束される」(1934年6月14日)

「土々呂港の商船桟橋は、総延長240尺(72メートル)位になろうという大規模な桟橋で、将来有望な商港として一大飛躍を遂げるであろうと観測される」(1935年2月19日)

寒村に最新技術の工場が建ち、さびれていた港が東洋に飛躍する商業港へ——そんな夢を見ながら、山で採取した土砂で海を埋めて2・5ヘクタールの工場用地を造成し、港に伸ばした突堤の先に長い桟橋を築きました。埋め立て地に工場が完成し、操業を開始したのは1936年2月、従業員約80人、スズの月産50トン。順調に運んでいたかに見えた事業に転機が訪れたのは、それから5年余り後の太平洋戦争の開戦でした。

精錬所で働いたことのある甲斐忠義さんが、こんなふうに話してくれました。

「船着き場も鉄道もできて、高千穂町土呂久、大分県木浦、日本中のスズ鉱石を精錬所に運んでくる計画でしたが、東南アジアから砂スズが入ってくるようになって、国内のスズがいらなくなりました」

41年12月8日、マレー作戦を開始した陸軍は、イギリスの植民地支配の拠点だったシンガポールを攻略してマレー半島を占領しました。そこは世界有数のスズの産地。露天掘りによる安価なスズが大量に日本に運びこまれ、国内のスズ鉱山は必要なくなったのです。土々呂の精錬所は軍需省から「スズの製造をやめて、航空機の風防ガラス用のコバルトを製造せよ」と指示され、44年に経営は中島から三井に、工場の名前は三池製錬所土々呂工場に代わり、山口県の長登鉱山で産出されるコバルトの精錬が始まりました。

中島商事が運んできた夢は、10年後、戦争が敗北へ傾く中で空しく潰えました。

東岸寺選鉱場の周辺は深刻な環境汚染

スズの精錬所が、伊形村長らの熱心な誘致によって土々呂に建設することが決まったのに対し、岩戸村に建てる予定の選鉱場はなかなか場所が決まりませんでした。選鉱に使う大量の水の確保、選鉱場で使った水の処理、選鉱後に残る滓(かす)の捨て場が問題だったからです。

当時の事情に詳しかった馬原誉美さんから、難航した用地決定のいきさつを聞きました。

「中島は最初、岩戸の才原の用地を買収するつもりで高千穂用水の組合に話をもっていった。まとまらなかったので、私が住んでいた東岸寺の本村で測量を始めた。私たち若者が『農地の狭い本村の土地は売れない』と反対して、結局、岩元につくることになった」

東岸寺は天岩戸神社から北へ1キロ、東を岩戸川、西を土呂久川にはさまれた高台の集落です。岩戸川沿いを本村、土呂久川沿いを岩元といいます。昔は、川から集落まで数十メートルの坂道を、桶につめた水を馬の背に乗せて運んでいました。江戸後期の大火で集落が全焼し、水の大切さを痛感した村人は総出で、土呂久川の上流から用水を掘りぬきました。選鉱場は、この用水を途中で分水して、新たな水路を建屋に引いたのです。

45度近い急斜地を石垣で10段くらいに切って、選鉱場が完成したのは1935年9月でした。4キロ北の土呂久から索道で運ばれてきた鉱石を最上段に降ろし、その下の段のクラッシャー、次の段のボールミルで鉱石を粉砕、ふるいにかけたあと、何十台も並んだ揺動テーブル（縦4・5メートル、横1・8メートル）をごとごと縦に揺らします。ゆるい傾斜のついたテーブル上を、水といっしょに鉱石の粒が流れ下るとき、比重によって有用な「精鉱」、精鉱と廃鉱の混じった「片羽鉱（かたば）」、無用な「脈石（みゃくせき）」に分離されます。処理能力は、月に3千トンでした。

選鉱後に起こった環境汚染について、馬原さんは、こんなふうに話していました。

「選鉱したあとのドロ水に害があるので、何か所もの沈殿池に溜めた。重いのが下に沈み、うわ水はヒューム管を通して、天岩戸神社より下の岩戸川に捨てた。田をかくときのドロのような選鉱滓は、トロッコで押して、選鉱場の北側の山に捨てた。台風のときなど、選鉱滓が川に流れこむので、川には魚はおらざった」

宮崎県外から来た所長や幹部社員は、選鉱場の南側の社宅に住み、働く人たちは自宅から通っていました。その仕事が突然なくなったのです。41年11月に選鉱場の一部が火災で焼け、火事から約2週間後に太平洋戦争が始まり、安価なスズが大量に東南アジアから入ってくるようになりました。設置されていた機械類は「南方に持っていく」と撤去され、建屋跡と選鉱滓の堆積場と沈殿池は、そのまま放置されました。

操業当時の東岸寺選鉱場

土呂久公害が社会問題化したのは１９７１年11月のことでした。行政は土呂久より先に東岸寺で鉱害防止工事をおこないました。選鉱場跡の方が鉱山跡より環境汚染は深刻だと判断したのです。

73年にイタイイタイ病の原因になったカドミウム米の全国調査がおこなわれ、東岸寺の水稲から基準の１・０ｐｐｍを超える汚染米４点（最高１・４５ｐｐｍ）が見つかり、80年に土壌汚染対策が完了しました。操業期間は36年２月から41年11月までの５年９か月間だったのに、環境汚染は、選鉱場が停止してから約40年後まで残りつづけました。

豊富な水が土呂久鉱山のいのち取りに

中島商事は土呂久の鉱山でスズ鉱石の採掘を始めると、坑道の数を増やして、その呼び方を変えました。亜ヒ酸鉱山の時代（１９２０〜１９３３年）は山の高いところから1番坑、２番坑、３番坑と数えていたのですが、それを逆にして、川のそばから高い方に向かって1番坑、２番坑……5番坑と呼ぶようにしたのです。

土呂久の山は水が豊富で、坑内に湧きだす水をどうやって捨てるかが問題でした。これを解決するために、土呂久川のそばに掘った坑道に坑内水を集めて、川へ流すことにしました。「樋の口」の対岸に、排水のために掘った坑道が「大切坑（おおぎりこう）」でした。

大切坑で働いたことのある佐藤仲治さんが、こんな話をしていました。

「坑口から10数メートル奥まで土なので、木の枠を入れながら手繰りで掘った。それから先、岩盤になったところは削岩機を使った」

このころ、手掘りの鉱山が機械化した鉱山へ変身したのです。坑道の高さは2・5メートル、幅は2メートル、削岩機で500メートル余り掘り進んだとき、一番坑の採鉱場とつながってどっと水が流れてきました。それまで一番坑の水はポンプで汲みあげて排水していたのですが、大切坑の坑口からすぐ下の土呂久川へ流れ落ちるようになりました。

その後、大切坑から鉱石が掘りだされるようになり、太平洋戦争後の土呂久鉱山では主要坑道になっていました。斜め下に斜坑を掘り、そこから深さ10メートルおきに横坑をぬいて、鉛や亜鉛鉱、硫ヒ鉄鉱を採掘しました。

1958年7月のことでした。深さ110メートルを掘削中に水脈を破り、噴きだした水が坑道を満たして、3日後に大切坑は水没。その4年後、鉱山は閉山に追いこまれました。そのとき経営していた中島鉱山会社の鈴木仙社長が、出水事故から16年後、延岡に本社がある夕刊デイリー紙のインタビューにこう話しています。

「三弥が刑場で死ぬるとき『土呂久鉱山は、俺がいないと水引きができなくなり、きっとダメになり亡びる』といったそうです。その予言か、どうか——中島鉱山は坑内出水の水が引き出せず、水没してしまいました」（1974年11月2日夕刊デイリー）

江戸初期に外録銀山を開発して大富豪になった守田三弥が、坑内水を制御できないと土呂久鉱山は滅ぶ、と予言していたというのです。その言葉の通り、掘削中に噴きだした水が鉱山の命取りになったのですが、この大量の水を歓迎した人たちがいました。土呂久川の水を水田に引いていた農民です。東岸寺用水の組合は「鉱山が閉鎖されても、坑内水は止めないでくれ」と、鈴木社長に要望しました。

思わぬ出水で田んぼに引く水は増えたのですが、別の問題が発生しました。69年に宮崎県がおこなった調査で、かんがい用水の取水口から環境基準（当時は0・05ppm）を超えるヒ素が検出されたのです。坑道の奥から、上から、地下から、鉱石を掘った場所を通ってくる水にはヒ素が含まれていました。坑口で測ると平均0・08ppm。その水量はぼう大で、豊水期は1分間に最大20トン、渇水期でも数トンの多さです。水質改善は困難をきわめました。環境基準（現在は0・01ppm）を下回ることは難しく、農業用水の基準（0・05ppm）を超えないことを目標に工事がつづけられ、2020年3月に工事はやっと完了しました。

鉱山をつぶすほど大量に流れだした水は、下流の水田をうるおす半面、有害な物質が含まれていたので、それを除去する難工事を必要としました。大切坑は、鉱山から湧きだす水が一筋縄ではいかない厄介者であることを教えています。

電化機械化した近代的鉱山を象徴した空中索道

中島商事は、岩戸村の中野内鉱山と土呂久鉱山で採掘したスズ鉱石を東岸寺の選鉱場に運び、選別したスズの精鉱を土々呂製錬所に輸送するシステムを完成させると、鉱山部門を切り離して、1936年12月16日に資本金1千万円の岩戸鉱山会社を設立しました。川田氏経営の時代から飛躍的に拡大したのです。中野内―土呂久間5・1キロと土呂久―東岸寺間2・8キロに高い鉄柱を建てて鋼索でつなぎ、搬器で鉱石を運びました。手掘りに代表される前近代的な亜ヒ酸鉱山から、電化、機械化された近代的なスズ鉱山へ。このときから、「外録鉱山」は「土呂久鉱山」に「とろく」の漢字を変更しました。

この転換を象徴したのが空中索道（ロープウェイ）でした。

「東岸寺まで索道がつながったとき、盛大な祝いがあった。所長が『驚くなかれ、この工事に1千万円かかった』と説明した」と、鉱山で働いたことのある佐藤実雄さんが話してくれました。当時の1千万円は、今にすると500億円を超えます。莫大な投資でした。

土呂久と東岸寺の間には、150メートルに1本の割合で合わせて20本の鉄柱が立ち、それぞれの鉄柱に鋼索を動かす滑車が4個ずつ付いていました。滑車の油が切れると、ヒューヒューと音が鳴るので、二日に一度、滑車の心棒に油をささなければなりません。軽やかな身のこなしと大胆さで、高い鉄柱にするすると登り、鉱石の入った搬器が近づくと、ぐらぐら揺れる中で油をさす。下から見ていると、「鉄柱の上をあっち行ったりこっち行ったり。バケットに乗ってツーと行って、向こうから来るバケットにパーッと飛び移る。まるで空中の軽業師のようだった」といいます。

この花形の仕事をした一人が飯沼保さんでした。

「鉄柱には幅が30センチのはしごがあって、これで登る。『お前らは高いとこ登って、怖くないか』と言われたが、地上の仕事で人から使われるよりはええですわ。高いとこ登って身が震えたり、目の回る者にはでけん。今でもわしは、高いとこならどんどん登ります」

話の中に、ワイヤ（鋼索）、バケット（搬器）、シーフ（滑車）とカタカナ語がでてくるのが新鮮でした。索道の油さしにまつわる面白い話は尽きません。

こんな話も聞きました。

「土呂久から中野内に行くとき、寒いもんじゃき、空の搬器に炭火をおこして乗った男がおった。火がごんごごんごおこる。搬器が焼けて熱くてたまらん。100メートル下は椿原谷。火を落とすと山火事になるし、飛び降りるこたでけんし。無事に着いて、この話をすると、『小便で消せばよかったが』と言われたので、『小便もでらんかった』と答えた」

土呂久鉱山の大切坑の北に「人落とし崖（だき）」と呼ばれる巨岩がそそり立っています。江戸時代の外録銀山で、罪を犯した者を突き落として処刑した、と言われてきた崖です。その上に高さ51メートルの鉄柱が立っていました。下から30～40メートルは箱型で、その上が四角錐につくってありました。いちばん上から見おろすと、土呂久川まで100メートル。

「事務所の連中が、鉄柱の上まであがった者に5円やるという賭けをした。ほとんどの者が10メートルあがったら、足が震えてダメだったのに、都城出身の男が1人だけ上まであがって5円をもろた」というエピソードも残っています。

1941年11月、選鉱場の一部が火事で焼け、土呂久―東岸寺線のワイヤが切れて50個の鉄製の搬器が落下。太平洋戦争が激化し、金属不足を補うために索道を撤収したときは、直径4メートル近い鉄の輪が「向土呂久」の屋根を突き破り、神棚を直撃しました。家には幼い娘と赤ん坊。畑にでていた親が駆け戻ると、赤ん坊はススで真っ黒くなって泣いていました。

空中索道の思い出を残す搬器は、戦後長い間、家畜の餌入れとして使われました。

選鉱場の火災で空中索道から落下した鉄製の搬器（横80センチ、奥行き65センチ、深さ50センチ）

磁力選鉱を〝試し〟た反射炉による煙害

和合会の議事録を読んでいくと、もっとも激しく煙害に抗議していたのが、1936年から38年にかけてだったことがわかります。36年12月25日の総会から議題になったのが「ハンシャロウの煙害問題」。カタカナで「ハンシャロウ」と書いたのは、煙害をもたらす施設の正体がわからなかったからです。その正体は、ドーム型天井から反射熱を集めて、炉の中に置いた鉱石を融解する「反射炉」でした。

大切坑の南200メートルの場所に反射炉が建つと、近隣の農家は、阿蘇山が噴火したときに飛んでくるヨナ(火山灰)に似た粉に苦しめられました。大切坑を見下ろすところに住んでいた「荒地」の佐藤仲治さんは、朝から夕方まで庭先に新聞紙を広げて、飛んでくる粉じんの量を測ってみました。集まったのは、小さじに3杯の粉。ヨナは黒いのに、その粉は黄味がかっていました。粗製の亜ヒ酸です。栃木県の足尾銅山近くの松木村が、銅山の精錬所から撒き散らされた「キラ」によって滅んだ話をしましたが、反射炉から飛散したのは、あのキラに類似した粉じんでした。

37年3月31日の和合会臨時総会の議事録は、窮地に立たされた住民のあとへは引かぬ強固な意思を伝えています。鉱山主任に煙害を抗議すると、「1、2カ月中に設備をする」というなまぬるい回答でした。怒りが噴きだし、「煙害はなはだ多いため寸時も待つことできかねる」「一時も早く設備を急ぐように」と要求。それに応じない場合は「岩戸村長を経て県係員まで交渉のうえ、設備の完全をはかることに決定す」と記しています。

強硬な抗議に押されて、鉱山は施設の改善に動き、反射炉のうしろにコンクリート造りの角型のタンク数基を築きました。このタンクが亜ヒ焼き窯の収砒室の役割をして、それまで排出していた粉じんを捕集して、精製窯で焼き直して亜ヒ酸をつくるようになったのに、間もなく反射炉の運転は中止になりました。

なんのために反射炉はつくられたのか、どうして操業をやめたのか、わからないことばかりでした。その疑問が解けたのは、1978年9月20日に宮崎地裁延岡支部でおこなわれた土呂久訴訟の口頭弁論のときでした。被告側の証人に立ったのは神崎三郎氏。36年から土呂久鉱業所の鉱務課長、39年から所長をつとめた人です。

証言によると、土呂久産のスズ鉱石には高品位のものと、硫ヒ鉄鉱を含む低品位のものが混じっていました。東岸寺の選鉱場でよりわけられた低品位のスズ鉱は、土々呂精錬所に送る前に硫ヒ鉄鉱を分離する必要がありました。その方法として、①反射炉で焙焼したあと磁力によって硫ヒ鉄鉱を取り除く、②選鉱場で薬品を混ぜて泡とともに浮上する硫ヒ鉄鉱と沈降するスズ鉱を分離する、この二つの意見が対立していました。

被告弁護士　反射炉は試験的ということなんですか。

神崎　磁力選鉱と分離浮遊選鉱と、両方がまだ研究中だったわけです。

被告弁護士　試しに磁力選鉱をやったのですか。

神崎　そうです。

神崎氏の証言によれば、反射炉を土呂久につくって、研究中の磁力選鉱を「試し」たというのです。結果は失敗に終わり、東岸寺選鉱場で浮遊選鉱によってスズ鉱を分離する方法が成功して、こちらが採用されました。「煙害はなはだ多いため寸時も待つことできかねる」と、周辺住民が怒りを爆発させた原因は、人びとが暮らす集落のただ中で、実証されていない反射炉による磁力選鉱の「試し」をやったせいでした。神崎氏は「分離選鉱をやろうという考えを持っていた」のは土々呂精練所の幹部、「磁力選鉱でやろうと反射炉を造った」のは早稲田大学の教授で、当時は岩戸鉱山会社の技師長の立場にいた人だと名前をだして証言しました。

反射炉で硫ヒ鉄鉱を含む低品位のスズ鉱を熱すれば、硫ヒ鉄鉱中のヒ素が猛毒の亜ヒ酸となって飛び立つことは、鉱業に関係する人なら自明のことだったはず。それなのに、民家のすぐ近くに反射炉を築いてテストをおこない、ものすごい被害をだしたのです。技術者にも鉱山会社にも「山奥だったら被害をだしてもかまわない」という「辺境差別」の意識があったとしか思えません。

反射炉煙害から避難した一家の苦境

鉱山が反射炉を建てたのは「向土呂久」から100メートルほど北、もとはその農家の水田だった場所です。反射炉の背後の斜面の上に空中索道の「連絡所」がありました。東岸寺の選鉱場から送り返された低品位のスズ鉱石が、連絡所で降ろされて斜面を滑り落ち、反射炉のうしろに積みあげられていました。このスズ鉱石を焙焼して、硫黄、ヒ素、鉄からスズを分離するのが反射炉の役目でした。このとき亜ヒ酸と亜硫酸ガスが発生したのですが、それを捕集する装置のなかったことで、激しい煙害がもたらされました。山から谷に吹いてくる風に乗って「向土呂久」に反射炉の粉じんが舞い落ちました。

「茶の葉に白く亜ヒの粉がたまりよった。恐ろしいけ、そんな葉は摘まんかった。雨が降ったあとには摘んだりしよったけど……。子どもが死んでしまうもんじゃけ、家を移った」と語ってくれたのが「向土呂久」の農婦佐藤サミさんでした。

反射炉の操業が始まると、すぐに飼っていた牛5、6頭が死にました。1938年2月に三男の三郎さんが2歳で亡くなると、一家は、畑中組の上の方に小屋を建てて移っていきました。短い期間を過ごして、南組の「研瀬（とくぜ）」という場所に土地を買い、小さい二階家を建てて住みました。そこで生まれたツルさんは、その家を「避難小屋」と呼んでいました。

規模を拡大していく鉱山は、「向土呂久」の農地を買って「疎水通洞」という坑道の掘削を始めました。「向土呂久」に残ったのは約3千平方メートルの畑だけ。サミさんの夫の茂さんは、亜ヒ酸に強いトーキビやイモや陸稲を植えました。農地を売ったお金を人に貸して、利息にもらったモミを売って、生活の支えにしたといいます。

避難小屋に4年間住んだあと、「農地を荒らすわけいかん」と、一家は「向土呂久」に戻りました。反射炉の操業はやんでいましたが、大切坑の前に新しくつくられた窯から、亜ヒ焼きの煙が流れてきていました。太平洋戦争が激化し、金属不足を補うために空中索道を撤収したときは、直径4メートルの鉄の輪が落下して「向土呂久」の屋根を突き破りました。

「この家に戻りたくなかった」と、サミさんは悔やみました。

41年11月に鉱山が操業を休止したあとも、反射炉の跡はそのまま放置されていました。親から「近づくな」と言われても、白い粉がこびりついている反射炉は、子どもたちの遊び場でした。川向かいの「荒地」にツルさんの友だちがいました。２人で反射炉でままごとした翌日、その子が急死したことを知らされました。「あそこで遊んじゃいかんと言ったじゃろが」と、親からきつく叱られました。

「白い粉を食べたっちゃろかねえ」。生涯忘れられないツルさんのつらい思い出です。

すぐ隣に佐藤忠行さんの一家が住んでいました。反射炉の操業が始まってから、飼っていた牛が1頭死に、数頭はよだれと鼻だれを流し、秣（まぐさ）を食べなくなりました。近くの村に預けて、田植えや稲刈りのときに連れて帰ると、やはり土呂久の草を食べようとしません。

「牛がいちばんよう知っとった。私は小さいときから気管支炎だったのに、人間まで亜ヒによる病気にかかるとは知らざった」

忠行さんの娘の一二三さんの回想です。

宮崎県が１９７２年に慢性ヒ素中毒症の認定を始めると、一二三さんは最初に認定された7人の患者の１人、サミさんは翌年認定された5人の患者の1人。ところがツルさんは、子どものころから肝臓などの病気があったのに認定されたのは２０２０年5月、２人より50年近く遅かったは、認定基準のおかしさゆえでしょうか。

鉱山に土地を売るかどうかで親族会議

煙害から逃れるためにひんぱんに引っ越したのは「樋の口」の家族でした。１９３５年、規模を拡大する鉱山から土地を売ってほしいと求められ、「樋の口」は親族会議を開きました。戸主は佐藤勛（つよし）さん。和合会の会長や村議会議員をつとめた土呂久の有力者です。会場にしたのは、勛さんの母親の実家の「笠」という農家でした。

のちに「樋の口」に嫁に来たツルエさんが、義理の両親などから聞いた会議のもようを話してくれました。

「どげんことがあっても、百姓は土地を売ってはならん」と言ったのは、勛さんの妻ヤソさんの実家。それとは反対に「鉱山が盛んになれば農業はでけんごとなる。いつまでも土地をもっとってもつまらん」と主張したのが、勛さんの兄の年保さん。年保さんは、家督を弟に譲って土呂久を離れた鉱山師です。大分県佐伯から亜ヒ酸工場の経営者だった宮城正一氏を連れてきて、土呂久で亜ヒ焼きを始め、その後は延岡に移っていきました。

年保さんの意見が通り、「樋の口」は屋敷と農地を手放しました。売り払った農地に、鉱山の施設と社宅が建ちました。「樋の口」の母屋は、柱を全部ぬいて客席にし、活動写真や芝居を上演する「倶楽部」に変わりました。農地を売ったあと、勛さんは所有する山林を伐採し、坑木や社宅の建築材として鉱山に販売。鉱山と共栄する関係になったのですが、その一方で、煙害によってひどい目にあいました。

土呂久で語られていたのは、「樋の口は〝板ばさみ〟じゃったとよね」という言葉です。

「樋の口」から約１００メートル登った「荒地」の脇に2階家を建てて、一家は引っ越しまし

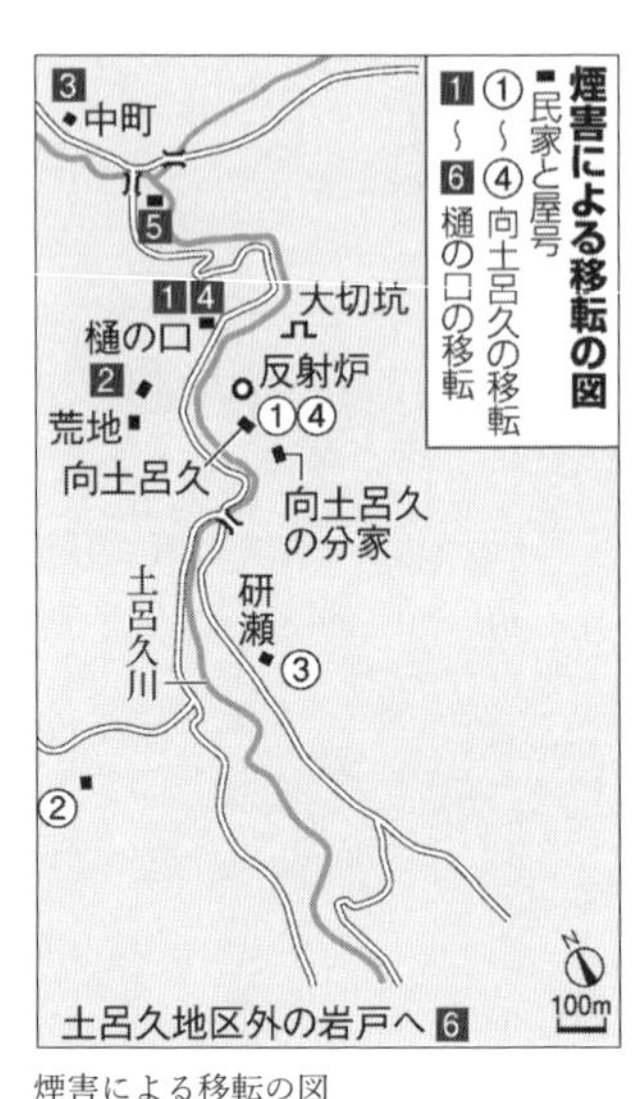

煙害による移転の図
（朝日新聞連載「和合の郷」第93話より）

た。２階の部屋で休んでいたのが、年保さんの息子の敬さん。療養所で呼吸器の病気の治療を終えて戻っていたのです。斜めに見おろすところに反射炉が建ちました。ある日、反射炉の煙突が燃えだしたのを見て、敬さんは消火の手伝いに駆けだし、亜ヒ酸の白い粉をかぶって戻ってきました。病状は悪化。１９３７年10月、29歳で亡くなりました。

その後、一家は鉱山から少し離れた「中町」へ引っ越しました。「樋の口」の母屋を人が住めるように改築して、戻ってきたのは、戦争が終わって2年後のことでした。

53年、鉱山が中断していた亜ヒ酸製造の再開を計画しました。ヤソさんとツルエさんは強硬に反対。しかし新焙焼炉が建ち、再び「樋の口」は亜ヒ焼きの煙に襲われるようになりました。ツルエさんは娘たちの健康を案じて、親類の家に疎開させました。そんな苦労を経験した娘と結婚したのが、岩戸小学校の教師齋藤正健さんです。同僚の教師たちと埋もれていた被害を調査・発表し、土呂久公害を広く社会に知らせました。

「樋の口」は土呂久公害を二度「起動」した家です。一度目は１９２０年に「樋の口」の跡取りが亜ヒ酸製造開始に重要な役割を果たし、二度目はそれから約50年後に「樋の口」と縁をもった教師が埋もれていた亜ヒ酸公害発掘の中心になって、患者救済運動をスタートさせました。

この歴史ドラマを最初に書いたのは夕刊デイリーの興梠敏夫記者でした。元鉱山経営者鈴木仙氏にインタビューした記事（1974年11月2日）は、「現在のご一家に公害の責任はございませんが……わたしは古い型の人間なので、ついグチっぽくなりますね、因果、因縁とでも申しましょうか」という鈴木氏の言葉で結ばれています。

ここにでてくる「因果、因縁」というとらえ方に、私は反対です。

土呂久は、岩戸地区の人びとが魂の還っていく場所と信じてきた古祖母山にいだかれた谷間の村。私には、古祖母の山の神が「土呂久谷の無念の魂を鎮めよ」と、正義感の強い情熱的な教師を岩戸小学校に導き、その校区に隠れていた健康被害を社会問題化させたように思われてなりません。

先祖から譲られた土地を守った闘士

土呂久鉱山は、亜ヒ酸煙害で住めなくなった家や作物の生育が悪くなった農地を買い取って、規模を拡大していきました。最初に買収したのが「かな山」、次に「向土呂久」と「樋の口」の家と土地。ここに坑外施設や社宅を建てたあと、目をつけたのが「荒地」の佐藤節蔵さんの土地でした。

1937年のことです。節蔵さんが「道路端の田は、鉱山が欲しがっとるんじゃき、売ったがいいんじゃねえの」と弱気の発言をするのに、長男の仲治さんは反対しました。

「土地を鉱山に売ったら、もう使いもんにならん。鉱山が去ったあとで田を開いても米はできん」

仲治さんは「樋の口」が手放した農地に建った社宅のようすをしっかりと見ていました。

「霜が降って地面が凍ると、土がぬかるむ。社宅の連中は、ぬかるんだ地面に焼き殻をもってきて広げた。もう耕地に戻すこたできん」

硫ヒ鉄鉱を焼いたあと、窯に残る焼き殻の主な成分は酸化鉄です。その他にもヒ素をはじめとする有害物質が含まれていました。ひとたび焼き殻を埋めた土地で、農業を再開しようとしても作物は育ちません。農家には「親から譲られた財産は、増やしはしても減らしはするな」という家訓がありました。跡取りの仲治さんのつとめは、先祖代々受け継いできた土地を子孫に渡すこと。「俺が鉱山で働いた金で生活をたてる。土地は売らん」と言って、仲治さんは鉱山労働者になりました。


最初にやらされたのが亜ヒ焼きでした。「なんとかして亜ヒ焼きをやめさせるこたでけんものか」と思いながら、亜ヒ酸を製造したといいます。次に、坑道にたまった水を手押しポンプで汲みあげる仕事、坑道を手で掘る仕事、削岩機で鉱石を採掘する仕事をしました。

戦後になり、農業に専念していると、体に症状が現れました。息切れ、咳、手先のしびれ、頭に鉄兜を押しつけられたような激痛。農業を長男に譲り、大阪に出稼ぎに行っていた1972年1月、岩戸小学校の先生が土呂久公害を掘り起こしたというニュースを耳にしました。帰郷して宮崎県が実施する健診を受診し、慢性ヒ素中毒患者に認定されました。

ふだんは柔和な仲治さんが、74年の知事あっせん交渉の会場で、知事の姿がないことに怒って発した言葉が語り継がれています。「知事さんはおらぬか！」。胸の底に沈めていた苦難の体験が、患者救済に後ろ向きの行政に接したとき、抑えられなくなって噴きあげた瞬間でした。その翌年、知事あっせんを拒否した仲間らと土呂久訴訟を起こしました。

レントゲン写真で胸にくもりが見つかったのは79年10月のことでした。がんは肺から他の臓器に転移していて、家族に「余命2年」と告げられました。最後は声がでなくなり、81年9月に死亡。勝利の判決がでたのは、それから約2年半たってのことでした。

仲治さんの生きざまを振り返るとき、「鉱業は一時に農業は永遠なり」というスローガンを思いだします。私の大学時代の友人で、日本経済史の研究者菅井益郎君が、秋田県の吉乃鉱山製錬所建設反対の闘いを書いた論文に、煙害反対農民の叫びとして紹介しています。永遠の農を信じ、農に殉じた仲治さんの心情にぴたり符合する標語です。

反射炉に亜ヒ酸捕集の遊煙タンクを設置

土呂久の鉱山史で、もっとも激しい煙害をだした施設は反射炉（1936～1938年）でした。その原因は、反射炉に必要な煙道が付いていなかったことです。

土呂久から祖母・傾連山を越えた大分側に尾平鉱山がありました。スズ、銅、硫ヒ鉄鉱などを産出した鉱山です。木城町の松尾鉱山労働者だった平川誠四郎さんは1933年から6年間、尾平鉱山で働いたときに反射炉を見た、と話していました。

「反射炉のうしろに煙道が50メートルほど伸びていた。煙道にはいくつも穴が開けてあり、そこから亜ヒ酸をかきだしていた」

スズの粗鉱を燃焼すると、ヒ素分が亜ヒ酸になって飛び立ちます。尾平の反射炉には、それを捕集するための煙道が付設されていました。ところが土呂久の反射炉には煙道がなく、煙突から吐きだされた粗製の亜ヒ酸が周辺に甚大な被害を起こしたのです。

和合会は臨時総会や役員会を開いて、鉱山事務所や岩戸村役場や宮崎県庁に出向いて抗議し、設備改善を要求する委員団を4回選出しました。反射炉と隣接した「向土呂久」の茂さん、「向土呂久の分家」の忠行さん、「樋の口」の勛さん、「荒地」の節蔵さんはもちろん、評議員だった「中間」の栄蔵さん(以上、佐藤姓)は2回、「笠」の小笠原利四郎さんは3回選ばれました。利四郎さんは「理屈利四郎」と呼ばれる土呂久随一の論客で、煙害交渉には欠かせない人。和合会は何度も「煙害はなはだ多い。一時も早く設備を急げ」と抗議し、県庁に乗りこむ姿勢を見せたことから、やっと鉱山は重たい腰を上げました。

37年の初夏、鉱山の会計課職員が岩戸青年団土呂久支部長だった佐藤正四さんに、「青年団で遊煙タンクを設置してくれないか」と頼みにきました。活動資金が不足していた青年団約30人は、3日間は役目として、その後は希望者だけが反射炉のうしろに階段状の床を掘り、その上にコンクリート造りの四角い部屋を設置する作業にでました。お金が必要だった「中間」の佐

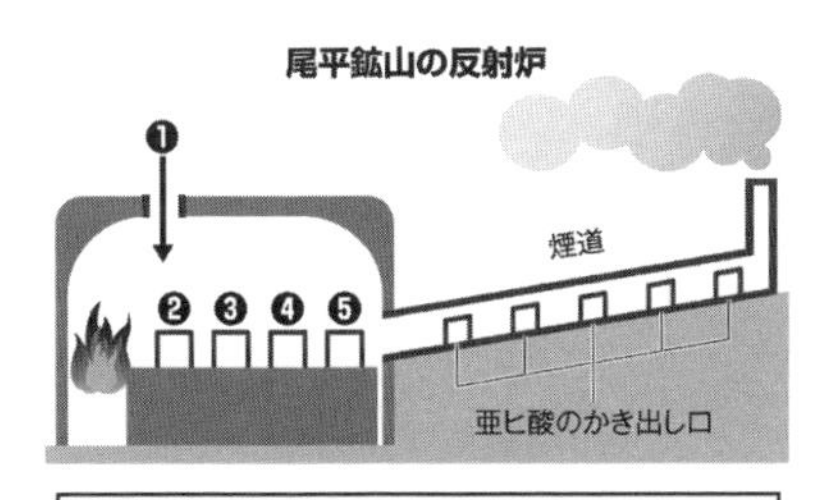
尾平鉱山の反射炉
❶
❷ ❸ ❹ ❺
煙道
亜ヒ酸のかき出し口
❶からスズの粗鉱をいれる。床の上で粗鉱を焼き、棒の先につけた板で、順次❷→❸→❹へ送り、❺でスズの精鉱をかきだす。煙が煙道を通って排出されるとき、粗製の亜ヒ酸が結晶になって煙道に降る。かき出し口からとりだした粗製の亜ヒ酸を精製したのち商品として出荷。

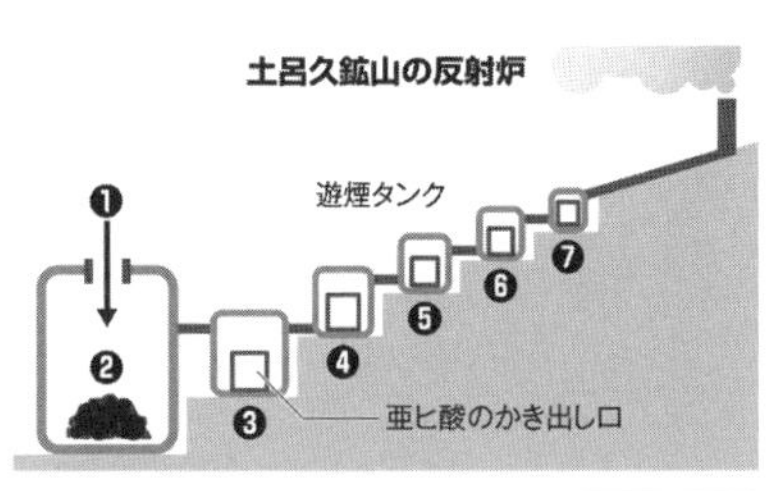
土呂久鉱山の反射炉
遊煙タンク
❶
❷
❸ ❹ ❺ ❻ ❼
亜ヒ酸のかき出し口
❶からスズの粗鉱をいれる。炉の中でスズの粗鉱❷を焼く。最初は反射炉に立っていた煙突から煙を排出していた。和合会が煙害に抗議、施設改善を要求したので、鉱山は遊煙タンク❸～❼を設置した。タンクにたまった粗製の亜ヒ酸は精製されたのち商品として出荷。

尾平鉱山（左）と土呂久鉱山の反射炉（朝日新聞連載「和合の郷」第95話より）

藤アヤさんは22日間働きました。日当は65銭だったそうです。

「反射炉の小屋の上に煙突がでちょった。煙突から雪のごつ亜ヒ酸が降る。反射炉で働く人から『お前ら白粉（おしろい）つけちょきない。亜ヒに負けるき』ち言われ、手拭いで頭も顔も隠し、目だけ出して仕事しました」と、アヤさんは振り返っていました。

煙害防止の工事をしている間も、反射炉は容赦なく亜ヒ酸の粉を降らせました。青年たちは目、鼻、口のまわり、汗をかくところがただれて傷になったといいます。

反射炉のうしろに四角い部屋が3基建ちました。これが遊煙タンクです。このタンクが亜ヒ焼き窯の収ヒ室の役割を果たし、亜ヒ酸の粉を捕集しました。しかし、3基では煙害がなくならなかったので、38年2月の和合会定期総会で「煙道延長」が議題にのぼったあと、鉱山はさらに2基の遊煙タンクを増設しました。

和合会が徹底して闘ったことで、施設改善を勝ちとり、反射炉の煙害は減り、やがて操業が停止されました。軍需産業中島飛行機系列の鉱山を相手に、大きな成果をあげたことは、和合会の自信になりました。

土呂久はスズの品位の低い不良鉱山

国内有数の戦闘機メーカー中島飛行機会社が鉱産物の調達をまかせていたのが、中島商事の鉱山部でした。1936年に、鉱山部から2つの会社が独立しました。1社が、九州でスズ鉱山を開発する岩戸鉱山会社、創立は12月16日、資本金は1千万円。岩戸鉱山会社の重役陣には中島飛行機会社を創設した中島知久平氏の弟たちが並びます。社長は門吉氏、取締役に喜代一氏、乙未平氏、忠平氏と金沢正雄氏、監査役は小宮新八氏でした。

もう1社は、北海道で金鉱山を開発する千歳鉱山会社、創立は岩戸鉱山会社より2か月半早い10月1日、資本金は岩戸鉱山会社と同額の1千万円でした。

「輸入超過で貿易赤字になる日本の経済は、国際収支のバランスをとるために金を必要とする」と、知久平氏は考えたと言われています。千歳鉱山は良質の金鉱石を多く産出し、「日本第2位の優良金山」と言われるほど盛況でした。

一方の岩戸鉱山会社は、西臼杵郡岩戸村(現・高千穂町)に土呂久鉱業所、大分県南海部郡小野市村(現・佐伯市)に新木浦鉱業所を置いて、航空機製造に必要なスズ鉱のほか硫化鉱、ヒ鉱、銅鉱、亜鉛鉱などを産出しましたが、千歳のような優良鉱山ではありませんでした。

土呂久鉱山で働いた人たちは、こんな話を聞いたそうです。
「スズ鉱は含有物が多くて引きあわん。しかし中島は、北海道の千歳鉱山で平均をとるからいいわ、という話じゃった」（佐藤常義さん）
「トロッコいっぱいの鉱石から、精製したスズが茶飲みいっぱい採れればよい、と言われちょった」（富高ツユ子さん）
土呂久産のスズ鉱は、スズ含有率が０・６〜０・８パーセントと低いうえ、硫ヒ鉱（硫ヒ鉄鉱、硫ヒ銅鉱）を随伴していました。土呂久鉱業所の会計課長だった鈴木仙氏は、土呂久のスズ鉱を卵にたとえて、こんなふうに説明しています。
「卵の黄味がスズなら、スズ鉱石の外側、つまり白味になるところは必ず硫ヒ鉱なのです。スズを採るためには、どうしてもその周囲の硫ヒ鉱を除かねばならないのです」（１９７４年11月10日夕刊デイリー）
硫ヒ鉱を取り除くために、スズ鉱石を焙焼すれば、必ず亜ヒ酸が飛び立ちます。スズが主産物ならば、亜ヒ酸はそれに伴ってできる副産物。スズは戦闘機の製造に、亜ヒ酸は毒ガスの原料に。どちらも戦争遂行に必要とされていました。
亜ヒ焼き窯のそばで、硫ヒ鉄鉱の粉を素手で握ってだんごにする仕事をした藤高チエミさんは、こう話していました。
「だんご作る仕事を嫌々やった。亜ヒに負けるのがいちばん嫌。鼻に瘡（かさ）ができてむくれちまいよった。『亜ヒ酸は軍が使う』『毒ガス』という話も聞いた。『やれやれ軍のこっちゃけ。国のた

中島商事のスズ鉱山開発

1929(昭和4)年		九州一円で地質調査をおこなう
1931(昭和6)年	4月	岩戸村土呂久の吹谷鉱山の鉱業権取得
1933(昭和8)年		岩戸村中野内鉱山の開発始める
	8月	岩戸村外録鉱山で経営始める
1934(昭和9)年		東郷村男鍚、鹿児島県垂水、大分県木浦等でスズ鉱山開発
		外録鉱山の鉱業権取得
	6月	岩戸村東岸寺で選鉱場用地買収と水利権分譲の調印
	10月	伊形村土々呂でスズ精錬所の起工式
1935(昭和10)年	9月	東岸寺の選鉱場の操業開始
1936(昭和11)年	2月	土々呂の精錬所の操業開始
	12月	岩戸鉱山会社(中島門吉社長、資本金1000万円)設立

＊現在、岩戸村は高千穂町、東郷村は日向市、伊形村は延岡市に含まれている

めじゃ』とがまんしました」

盧溝橋事件をきっかけに日中戦争が始まったのは１９３７年7月のことでした。翌38年に岩戸鉱山が宮崎県に提出した文書には、年間のスズの生産量60トン(価額48万円)、亜ヒ酸２４０トン(2万円)と書いてありました。販売額に占める亜ヒ酸の割合はわずか4パーセント。それでも、軍需産業中島飛行機傘下の岩戸鉱山は、亜ヒ酸の生産をやめようとしませんでした。やがて、亜ヒ酸製造中止を求める住民の前に「国策」という言葉が立ちふさがります。

亜ヒ焼き労働に従事して死んだ朝鮮人の墓

１９３８年ごろ、土呂久鉱山の大切坑と反射炉の間に亜ヒ焼き窯が1基築かれました。この窯で焼いたのは2つの種類の硫ヒ鉄鉱です。1種は、

すぐ近くの大切坑から掘りだされた良質の硫ヒ鉄鉱。もう1種は、東岸寺の選鉱場で浮遊選鉱によってスズと分離され、空中索道で送り返されてきた硫ヒ鉄鉱でした。

選鉱場から来た硫ヒ鉄鉱は、砕かれて粉鉱になり、水に濡れていました。窯で焼く前に乾かさなければなりません。そのために建てられたのが16平方メートル余りの小屋。中に入ると、石で囲った溝が縦横に走り、その上に土がかぶせてありました。小屋の外の焚口で薪を燃やし、煙を溝に通すと、その熱で小屋全体が温まります。鉱山で働く人たちが「オンドル小屋」と呼んだ朝鮮半島の伝統的な暖房設備です。

「鉱石の粉をだんごにして、地べたに置いて乾かすとですよ。小屋には、ひと窯くべるほどのだんごがこさえてありました。乾くのに2、3日かかりました」と、だんご作りをした藤高チエミさんは話していました。

土呂久鉱山にオンドルをもちこんだのは、日本の統治下にあった朝鮮半島から職を求めてやってきた労働者でした。

昭和に入って不景気になり、鉱山が休山したとき、三番坑で亜ヒ焼きをしていた鶴野政市さんが去っていきました。そのあとを継いだのが、日本名を「徳村」という朝鮮人でした。徳村さんの奥さんは、亜ヒ焼き窯のそばで1日中風呂を焚く仕事をしました。毒の煙を激しく浴びる仕事を夫婦で引き受けたのです。徳村さんを頼ってきた「大川」「金山」さんも亜ヒ焼き労働者になりました。3人は「顔いっぱいにブツブツができて、色が黒うなって、ゴホンゴホンと咳がひどかった」と、土呂久で語られています。

「樋の口」の墓地にある石を置いただけの朝鮮人の墓

3人の中で最初に亡くなったのは金山さんでした。声が出なくなり、喉に腫れものができて、「樋の口」の裏に立っていた「朝鮮長屋」で息を引き取りました。故郷を離れてきた朝鮮人には遺体を埋葬する場所がありません。「樋の口」の助さんが場所を提供しました。墓地の隅に並んだ二つの石、このうちの一つが金山さんのお墓です。

大川さんは、土呂久から4キロ下った上村（かむら）の女性と結婚し、咳がひどいので「子どもに感染させたらいけん」と、家族と離れた小屋に住みました。死んだあと、尾根に埋葬されましたが、その場所にはなんの印もありません。

徳村さんは戦後も土呂久に家を借りて、焼畑、炭焼き、材木を運ぶ馬車引きなどをやりました。1953年ごろ延岡に移って、そこで亡くなりました。

海を越えて日本に渡ってきて、山深い鉱山の亜ヒ焼き労働に従事して、病に倒れた朝鮮人労働者。彼らの思い出を語るとき、土呂久の人たちは決まって「むぞぎいの（可哀そうだね）」という言葉を口にしました。

女性労働者が嫌々やらされた亜ヒがらい

1938年から41年まで土呂久鉱山の大切坑近くに築かれた亜ヒ焼き窯で、硫ヒ鉄鉱を焼いて粗製の亜ヒ酸（粗ヒ）がつくられました。この粉末の粗ヒをひもの付いた木の箱に入れて背負い、急な坂道を登って精製窯まで約300メートル運ぶ仕事を「亜ヒがらい」と呼びました。鉱山で働く女性たちが交代で嫌々やらされた仕事です。

約50人の女性労働者のうち、毎日4、5人が、亜ヒがらいの当番に指名されました。両手に手袋、手ぬぐい1枚を頭から、1枚を首に、1枚で口をふさいで、大切坑の南の廃炉になった反射炉を囲った小屋に行きます。小屋の中には亜ヒ焼き窯から運んできた粗ヒが積んでありました。スコップで粗ヒをすくって、口が30センチ角、底はやや狭く、深さが70センチの縦長の木箱に入れます。重たいので、力の強い者は木箱に8分目、弱い者は半分入れて背中にかるいました。木の橋を渡ると、ゆるやかにカーブした急な坂道がつづきます。途中につくってあった座り台で休み休み登って、再び木の橋を渡ると、「精製場」と呼んでいた小屋に着きます。小屋の中に粗ヒを精製する窯が設置されていました。背負ってきた箱を降ろし、重さを量ってからひっくり返すと、あたりに粗ヒの粉が舞いあがります。

「口の中、鼻の中に入らんように、手ぬぐいを重ねて巻いとったのに、私は気管を痛めてしまいました。首のまわりは亜ヒに負けて傷になり、着物に付くと、すぐ穴がほげるとです」と話

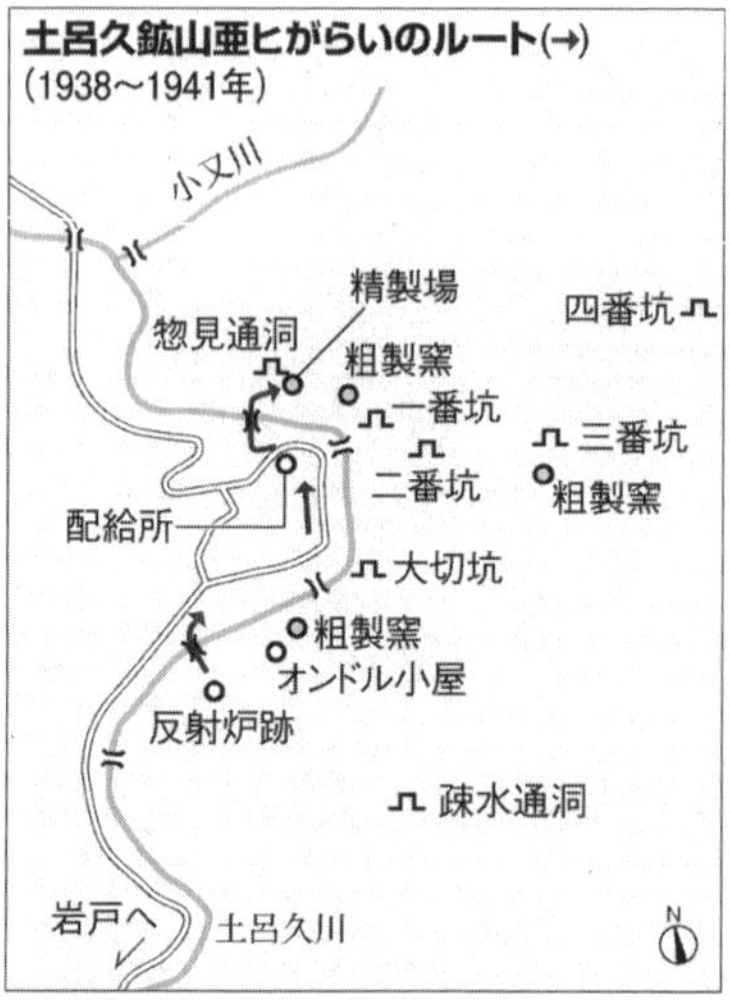

土呂久鉱山亜ヒがらいのルート(→)
(1938～1941年)

土呂久鉱山・亜ヒがらいのルート
(朝日新聞連載「和合の郷」第98話より)

していたのは佐藤アヤ子さん。父親が採鉱の職頭だったので、鉱山の社宅に住んでいました。アヤ子さんのような鉱山労働者の娘、近隣の農家の娘たちが「こげなきつい仕事なら、鉱山をやめた方がええ」と口にしながら、現金収入を鉱山に求めたのでした。

馬車で亜ヒ酸を運搬した人たちもいました。南組の「倉」の佐藤藤夫さんから、馬車引きになった理由をこんなふうに聞きました。

「煙害で大豆、小豆、シイタケ、クワ、柿、カボスはならんごつなった。田んぼもやられた。南組5軒の共有山の木が鉱山に売れたので、わしが『伐採した木を鉱山まで運ぶ』ちいうて、熊本まで馬を買いにいった。少々高かったが、馬と車を300円で買うた」

廃炉になった反射炉を囲っていた小屋で、ダイナマイトの空き箱に粗ヒを詰め、その箱を載せたトロッコを押して木の橋を渡り、そこから荷馬車に積んで坂道を登ります。「配給所」に、帯鉄を回して釘付けした木の箱が積んでありました。箱の中身は、粗ヒを精製して商品になった真っ白い亜ヒ酸60キロ。それを20個、馬車の荷台に平積みしました。木箱の重さが3・75キロだったから、積み荷の合計は1・2トンを超えました。岩戸の町の倉庫まで約5キロ、馬車は舗装されていない狭い山道を下ります。雨のあと、ぬかるんだ地面に車軸をガタンとぶつけたときは、亜ヒ酸の粉が付近に散ったといいます。

土呂久では、谷蔵さん、健蔵さん、菊男さん、辰蔵さんらが馬車引きになって、建築材や坑木や焼き木などを運びました。鉱山で働いた人だけでなく、山林を売る、製材所を経営する、馬車で材木を運ぶ、社宅を建てるなど、鉱山中心の経済圏に土呂久の人たちはのみこまれていきました。その一方に、鉱山の世話になることを拒否し、煙害をこうむるだけの裕福な農家もありました。経済的な恩恵と有毒の煙による被害。内部に矛盾をかかえた和合会は「けんか会」と自嘲しながら、亜ヒ酸製造反対の姿勢を通します。

立ち並ぶ社宅で農家の娘が野菜売り

高千穂町役場に保管されている1935年10月の国勢調査資料によると、土呂久の居住者は142世帯754人（男444人、女310人）、このうち鉱山関係は74世帯358人、鉱山以外は68世帯396人でした。鉱山が最盛期を迎えるのは、その数年後でしたから、もっとも多かったときの人口は800人にのぼったと考えられます。小学校に通う子どもが増えて、「土呂久小学校を建設しよう」という話がもちあがったほどでした。

「岩戸から暗い夜道を登ってくると、土呂久に入ったとたん、鉱山のライトで明るくなって、懐中電灯がいらんかった」と、南組の佐藤ミキさんは当時を懐かしんでいました。

2023年2月現在の土呂久は、世帯数が33、住民は63人に減って、中学生以下は3人だけ。一人暮らしの年寄りがぽつりぽつりと亡くなって、廃屋が増えていく現状から、土呂久小学校の建設は遠い昔の夢物語。「富高屋」の対岸に、鉱山の社宅が密集していたと聞いても、信じられない人がほとんどでしょう。

鉱山社宅が急増したころ、日常的に必要とする品物は配給所で購入できたのですが、肉や魚の入手が容易でなかったことから、喜ばれたのが、植物性たんぱく質の豊富な豆腐でした。「富高屋」のカジさん、「小又」のイセノさんたちが午前2時ごろ起きて、石臼をひいて豆腐をつくって、土間に並べておくと、飛ぶように売れていきました。原料の大豆は、煙害で収穫できなかったので、岩戸の町から大量に買っていたということです。

社宅が立ち並ぶと、それまで自家用につくっていた野菜が販売できる商品に変わりました。和合会の総会で、「野菜の売れ行き非常に多いため、今後充分作り方を研究し、薄利多売式にするを良しとす」(1935年11月25日)と決議したこともあって、亜ヒ酸煙害に強いハクサイ、キャベツ、ニンジン、キュウリ、土の中に育つジャガイモ、サトイモ、カライモ、タマネギ、ラッキョウなどの作付けを増やしました。社宅を一軒一軒回って、とれたての野菜を売り歩くのは、学校をでたばかりの娘たちの仕事でした。

「富高屋」の対岸の社宅は、細い道をはさんだ上と下で、天と地ほどの違いがありました。道の上は、所長や課長や係長など幹部社員と事務所で働く職員の社宅。道の下は、職員の独身寮、「合宿」と呼ばれた鉱員の独身寮、職頭や鉱夫の長屋などでした。大工だった大崎袈裟蔵さんから、こんな話を聞いたことがあります。

「お偉方の家が2棟あって、屋根には瓦、庭のぐるりにサクラを植えていました。所長のうちは、玄関を入るとじゅうたん、欄間には彫刻、風呂も付いていました」

これに対し、鉱山労働者が入った長屋は、6畳一間で風呂はなく、屋根はトタン。その格差はきわだっていました。道の上に住む幹部は東京で採用されたエリートたち。彼らのためにテニスコートがつくられました。テニスの愛好者がそれほど多くなかった時代に、山深き土呂久でテニスを楽しむ光景が見られたのです。

そこから20メートルも離れていないところに、8畳の間に弘法大師の像をまつった「お大師堂」が立っていました。子どもが病気にかかったり、息子が兵隊にとられたりすると、家族が願かけにやってきます。その願いを聞いたおキクばあさんが、白装束に着替え、経を読んで数珠をならすうちに、全身ががたがた震えだし、大声でお告げを伝えるのです。

西欧移入のスポーツと土俗の祈祷が隣りあわせていたのが昭和10年代の土呂久でした。

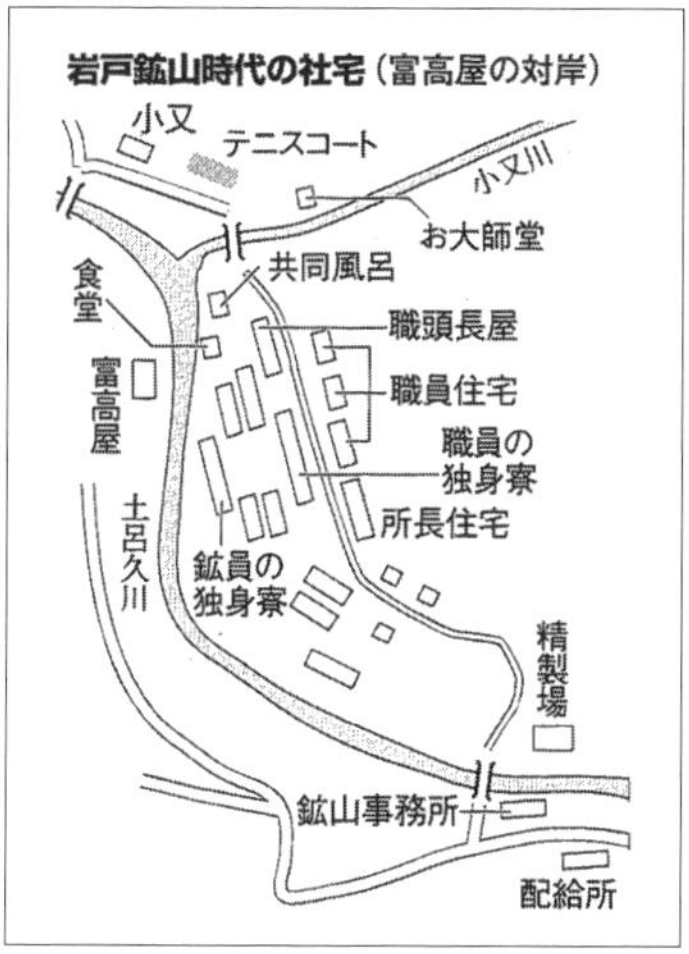

富高屋の対岸にあった岩戸鉱山時代の社宅
（朝日新聞連載「和合の郷」第99話より）

「鉱山で働くと人間が怠け者になってしまう」

鉱山の経済圏にのみこまれることを拒んで、農民の誇りを保ちつづけた人たちがいました。その一人が畑中組の佐藤正四さんです。1915年7月、土呂久で岩戸の浄土真宗泉福寺の住職の代役をつとめる「講元」の家に生まれました。

33年、18歳のときでした。土呂久鉱山の経営権が中島飛行機会社の系列鉱山に移り、福岡鉱山監督局の指導を受けて、それまで川に投棄していた焼き殻を土呂久川べりに築いた石垣の内側に捨てることになりました。焼き殻を川に落さないことを「がら止め」と呼びました。正四さんは3年半余り、がら止めの仕事にでて、そのあと鉱山から足をぬきました。その理由を「鉱山で働くと人間が怠け者になってしまう」と説明していました。

雇われ仕事だと、監督が見回りにきたときだけ働くふりをし、あとは時間さえつぶせばいいという気持ちになって、勤勉さが失われたといいます。たとえば「草刈りは鉱山から帰ってでいいいわ」と考えて出勤し、鉱山から帰ってくると「よだきい。今日は休も」となって、草刈りをさぼってしまいました。そんなとき、祖父の惣藏さんから忠告されました。

「掘りだす鉱石がなくなれば、会社の金もなくなる。鉱山一本でやりよると、鉱山がつぶれたとき、農家もいっしょにつぶれることになるぞ」と。

37年3月に鉱山をやめて、熊本県八代郡昭和村(当時)の日本農友会松田農場で1か月の講習を受けました。農場の創設者は松田喜一氏。農業技術・農民精神の普及につとめたことで知られた人です。

　不知火海を干拓した30ヘクタールの農場に道場を開き、講習生100人を30平方メートルの部屋に10人ずつ入れて生活させていました。そこに正四さんら40人が1か月講習で加わりました。朝5時に起床、朝礼、ひと働きして朝食、農作業は夜までつづき、夜業に草履づくり。食事は、麦ごはんに野菜を混ぜた雑炊。雑炊だったら、満腹になっても体をそこなう心配がないという考えでした。

　1か月間たたきこまれたのは、「人並みに働けば人並みの作しかできん。人並みはずれて働けば、人並み以上の作ができる。人を助けようと思っても、自分が川に溺れておっては助けることできん。大地に足を踏んばって農業をやっておれば、困っておる農民を救うこともできる」という教えでした。土呂久に戻ってから、正四さんは亜ヒ焼きの煙が流れてくる田畑にでて、大地に足を踏んばって人並み以上に働きました。

　後年、多発性神経炎の症状がでて歩行が困難になり、慢性ヒ素中毒患者に認定され、鉱山の責任を問う公害裁判の原告に加わりました。そのころ、不自由な足を2本の松葉杖で支えながら、畑で働く正四さんの写真があります。撮影したのは写真家の芥川仁さん。

「土呂久川べりの畑まで、家族は平坦な畔を下っていくのに、正四さんは岩のある険しいところを下りていく。帰りは、この岩を登る。足が踏ん張れないものだから、岩に杖をついて、懸垂するみたいにして、力を入れて登っていく」

写真家の心をとらえたのは、病を克服するためにあえて困難に挑む、松田農場で学んだ農民精神でした。足を萎えないようにするひたむきの努力もかなわず、外出できない体になって、「もう1回農業をやりたい」と願いながら、正四さんは1997年に亡くなりました。

「鉱山はけじめのある生活、将来設計ができる」

正四さんと反対に農業を嫌って、炭鉱地帯の筑豊の労働者の世界に溶けこんだ富高コユキさんの話をします。

コユキさんは1909年に惣見組の「新屋」という農家に生まれました。屋号からわかる通り、新屋は新しく分家してできた農家。耕作地が狭いので、現金収入を得るために、母親の佐藤ハツさんは亜ヒ酸鉱山に働きにでました。仕事は、亜ヒ焼き窯のそばで硫ヒ鉄鉱の粉を丸めるだんご作り。小学校をでたコユキさんは、しばらく母を手伝ったあと坑内に下がって、たすき掛けした綱で重たい鉱石を詰めたじょうれん箱を引きました。

仕事仲間に、佐藤喜右衛門さんの長女サツキさんがいました。小便をするとき「下腹が痛む」と苦しむ姿が、コユキさんの脳裏に焼き付きました。

「あげなとこで働きよったら、嫁女のもらい手がねえなるぞ」と、さげすんだ言葉をコユキさんに投げつける人がいました。鉱山の世話になる必要のない裕福な農家の人でした。コユキさんは言い返しました。

「嫁女に行くとこはいっぱいあるわい」

そんなコユキさんが、鉱夫の富高暁さんからプロポーズされました。「財産のない者の嫁にはやれん」と反対する家族に対し、コユキさんはこんなふうに考えました。

「財産ある農家に嫁に行って、こきつかわれて恩着せられるより、親譲りの財産なんかあてにせず、夫婦で働いて自分たちの財産をつくってみせる」

2人が暮らし始めた長屋は、亜ヒ焼き窯から60メートルの近距離。煙の中で育った長男はぜん息がひどく、咳が始まると、顔色が紫に変わります。暁さんが急性肺炎にかかり、高額の往診代を払って九死に一生を得たとき、コユキさんは知人を頼って、筑豊の炭鉱に行く決心をしました。筑豊では医者代がタダだという噂を耳にしたからです。

「私には、農業のようなきりのない生活が性に合うとりません。夜明けとともに田んぼにでて、お日さんがかんかん照る中で汗水流し、夜は遅うまで夜業。鉱山は働く時間が決まっていて、けじめのある生活ができます。給料制なので生活の設計も立ちました」

人情が豊かな筑豊にほれこみ、ものごとの白黒をはっきりさせる生き方になじんでいきました。内職の裁縫、共同風呂の番代、「土呂久の味」のしみこんだ仕出し弁当をつくって、鉱夫の暁さんを支えました。結婚して60年、福岡県鞍手町の炭鉱住宅跡に家を新築したとき、「夫婦で働いて自分たちの財産をつくる」という夢が実現できたのです。

そのころから、土呂久鉱山の敷地にしゃがみこんで「下腹が痛い」と苦しむサツキさんが夢にでるようになりました。コユキさんも、おしっこがたまると下腹が痛み始め、医者から膀胱炎と診断されました。さらに、血圧が高く、心臓が弱り、咳がでて、神経も痛む……。

「土呂久を捨てた私にも、亜砒の毒は死ぬまで取り付いて苦しめるとじゃろか」

そう口にしながら、1988年4月にコユキさんは亡くなりました。その4カ月後に暁さんが後を追い、夫婦そろって筑豊の地に骨を埋めました。

戦中・戦後の土呂久を牽引した十市郎さん

昭和の初めから中ごろにかけて、土呂久を牽引した一人が畑中組の「白石」の佐藤十市郎さんです。日本は昭和恐慌のあと、1931年に満州事変を起こして国際的に孤立し、37年7月に中国と戦争を始め、41年12月に戦場を太平洋へ拡大して45年8月に敗戦。すべてを失ったところから戦後復興をとげていきました。十市郎さんが土呂久のリーダーとして活動したのは、この激動の時代でした。

「身長170センチじゃから、明治33(1900)年生まれにしては大柄。性格は豪快、親分肌。めっぽうな焼酎呑み。ちょっとはみ出しちょったかな」と、孫の元生さんは話します。

十市郎さんがひと騒ぎ起こしたのは25歳のときでした。南組の「母屋」の7歳年下のタニさんとともに行方不明になったのです。大牟田の三池炭鉱におるらしいという噂が伝わってきて、和合会の幹部2人が「結婚を認めるから戻ってこい」と説得にでかけました。晴れて夫婦として認められ、2人は故郷へ帰ってきました。三池炭鉱を引き揚げる十市郎さんに、事務所の人が耳打ちしました。

「宮崎の者は働き者だ。こんど来るとき、何人か連れてきてくれんか」

十市郎さんの呼びかけに応じたのが畑中組の若者4人でした。三池炭鉱では採用前の健康診断があります。そのとき異常を指摘されたのが、亜ヒ焼き労働に従事して皮膚に無数の黒い点々がしみついていた佐藤巌さん。医師から「ヒ素中毒」と診断されたのです。

1925年に刊行された鯉沼茆吾著『工業中毒』（金原書店）という本には「砒素中毒」の章がありました。大きな事業所の産業医は、亜ヒ酸製造の労働者がヒ素中毒にかかることを知っていました。しかし当時、高千穂の周辺にはヒ素中毒の診断ができる医師はいません。土呂久の亜ヒ焼き労働者の中で、最初にヒ素中毒と診断されたのが巌さんでした。

三池炭鉱が巌さんに与えたのは馬丁（ばてい）の仕事。陽光の届かない地下で生涯を終える馬を引いて石炭を運ぶのです。

土呂久に戻った十市郎さんは和合会の主軸になって活躍します。28年に評議員になってから53年までの四半世紀、途中の6年間を除いて和合会の役員をつとめました。敗戦をはさむ9年間は和合会長として、若い男が戦争に行ってしまい、食糧難で困窮する土呂久の人びとを支えました。さらに、47年の戦後最初の岩戸村議会議員選挙に当選してから10年間、土呂久を代表する村議会議員（最後の1年間は高千穂町議会議員）をつとめました。議員の終わりは、中断していた亜ヒ酸製造が再開されて煙害問題で激しく鉱山と対決した時期になります。その鉱山が62年に閉山、土呂久の谷から亜ヒ焼きの煙が消えました。隠居した十市郎さんはタニさんと惣見組に移って暮らします。そのころ胸の病気が悪化し、高千穂町病院で療養しているところへ、突然、岩戸小学校の教師が現れました。1971年11月4日のことです。

「齋藤正健」と名乗った教師は「土呂久の鉱毒事件を調べている」と切りだしました。十市郎さんは驚き、喜んで煙害に反対してきた体験を語りました。熱をこめて話したのは、和合会が鉱山と結んでいた亜ヒ酸製造に関する契約が切れた41年春のこと。福岡鉱山監督局が、亜ヒ焼きの継続を断固拒否する和合会に、4人の名前をあげて出頭するように言ってきたのです。呼びだされた1人が十市郎さんでした。

鉱山監督局の調査後に消えた亜ヒ焼きの煙

岩戸小学校の教師だった齋藤さんは、1971年11月4日につづいて7日も、高千穂町病院に入院中の十市郎さんを訪ねました。齋藤さんは十市郎さんの話から、埋もれていた公害史のベールがはがれるのを感じとっていたのです。それほど重大なインタビューだったのに、残念ながら、その録音テープは残っていません。その代わりになる「聴取報告書」を宮崎地方法務局の職員が作成していました。齋藤さんがインタビューした約20日後、土呂久住民から人権相談を受けた法務局の吉丸卓一さんが、十市郎さんから聞き取りをおこなったのです。その調書に、齋藤先生が聞いた内容は端的に要約されていました。

「昭和16（1941）年ごろ土呂久鉱山の煙害がひどく、和合会は操業を中止するようにとの陳情を、岩戸村を通じて宮崎県に提出した。県は煙害はたいしたことはないと副申して福岡鉱山監督局に送付したため、監督局は鉱山操業を引きつづき認めた。これに対し、和合会が同局に実情を述べたところ、直接出頭して説明せよと言ってきたので、6人が出向いて実情をつぶさに話した。同局は現地調査をすることになり、係官2人が現地に来て調べた。その結果かどうか知らないが、鉱山は亜ヒ酸の生産を中止した」

これが、村人が願ってやまなかった亜ヒ酸製造が中止になった経緯です。きわめて重要な歴史の一場面なので、住民の話などをもとに少し詳しく追ってみます。

和合会議事録を読むと、1941年2月19日の総会で鉱山との契約が議題になり、「鉱山関係との契約は会員の一致により中止の事」を決めています。契約は、和合会が鉱山から煙害料を受け取る代わりに、亜ヒ酸製造を認めるという内容でした。36年4月3日の総会議事録に「鉱山主任松尾一男氏と本和合会と契約書を取り交わし、両者各一通ずつ保存する事に決定す」と記載されていることから、契約期間は5年だったことがわかります。和合会は、契約締結から5年目に、契約を更新せず、亜ヒ焼きを断固拒否する意思を明確に示したのです。

和合会が、岩戸村を通して宮崎県に亜ヒ酸製造中止を陳情したところ、県は「煙害はたいしたことはない」と副申して福岡鉱山監督局に送付しました。監督局は和合会に佐藤節蔵、藤高

土呂久鉱山の亜ヒ酸生産量

（1933～41年；トン／年）

	1933年	1934年	1935年	1936年	1937年	1938年	1939年	1940年	1941年
土呂久	49.2	149.8	151.2	45.5	134.1	225.6	229.2	283.0	166.2
（全国比）	(2.1%)	(5.5%)	(4.8%)	(1.7%)	(3.7%)	(6.5%)	(6.5%)	(7.4%)	(4.7%)
全国	2335.1	2734.3	3161.3	2629.9	3619.3	3474.3	3541.2	3834.9	3506.2

嘉市、黒木正喜と十市郎の４人を指名して出頭するように求めてきました。亜ヒ焼き開始時からの事情に通じている長老の小笠原利四郎さんと佐藤清助さんをこの４人に加え、合わせて６人が福岡に出向きました。監督局では口論になったといいます。

監督局の職員は「宮崎県は煙害はないと言ってきている」「亜ヒ酸は外貨獲得のため重要な輸出品」「内地に必要なものは内地でつくる。それが国策に従うことだ」と、強硬に亜ヒ酸製造の継続を主張。和合会の６人は「県は何回陳情しても1回も土呂久に来てくれん。煙害があるとかないとか知っとるはずがない」と反論し、「害があるかないか、現地に調査に来てくれ」と頼んで、土呂久での実地調査が決まりました。

畑中組の佐藤正四さんは、調査のときに目撃した光景が忘れられませんでした。

「小又川の橋の上で、十市郎さんが鉱山の神崎所長に『亜ヒ焼きをやめろ』とやかましゅう言うた。神崎所長が岩戸村の土持助役に『どっちかカタをつけてくれ』と助けを求めると、助役が『こんなひっかけ腰のとこじゃ、カタをつけることはできん』とはねつけた」

この現地調査のあと、鉱山は和合会になんの連絡もせずに亜ヒ焼きをやめました。あれほど願った亜ヒ焼きが、いつ中止になったのか誰も知りません。拍子抜けした土呂久の人たちに、闘いに勝ったという実感はわいてきませんでした。

亜ヒ焼き中止を求めた陳情書を代筆した「農会」職員

1941年の初夏、いつともなく土呂久の鉱山から亜ヒ焼きの煙が消えました。どうして亜ヒ酸製造が中止されたのか。理由のはっきりしない終わり方でした。その理由をうかがわせる貴重な文書が見つかったのは、2019年4月のこと。私は、農山漁村文化協会の編集者甲斐良治さんからSNSのメッセージを受け取りました。

甲斐さんは岩戸の出身、当時は東京に住んでいました。同郷の高橋千佐子さんが、亡き父正満さんの遺品の中にあった文書を送ってきたというのです。転送してもらいました。

文書の最初の行に「陳情書」の文字。次の行から、漢字とカタカナ交じりで句読点のない文章がつづきます。岩戸村の北端に位置する土呂久の紹介から始まり、集落中央の亜ヒ酸鉱山による農作物、家畜、植林の惨状、被害が土呂久川下流の立宿（たちやどり）、上村（かむら）、東岸寺、寺尾野集落にまで拡大している現状を述べたうえで、こう訴えています。

「亜ヒ酸製造は近ごろ国策工業として躍進途上にありますが、工業生産能率の増大にともなう煙害等も工業と併行して激増していて、時局下、食糧農産物の生産を確保する上で、きわめて不都合なことになっています」

そのあとに、陳情に及んだ経過が記されていました。

「昭和16年2月をもって契約満了となり、岩戸鉱山株式会社にあてて解約の通知を発し、亜ヒ酸製造の中止を通告したのに、今日に至るまで履行されず事業が継続中で、今後におよぼす被害まことに憂うべきことです。すみやかに県当局のご尽力により、亜ヒ酸製造を中止するようにお取り計らいくださるよう、関係者一同連署して陳情に及ぶところです」

この文書は、和合会が鉱山と結んでいた契約の期限切れに際し、宮崎県に提出した陳情書にちがいありません。いくつもの折り目が、80年近く小さな封筒に保管されていたことを語っています。

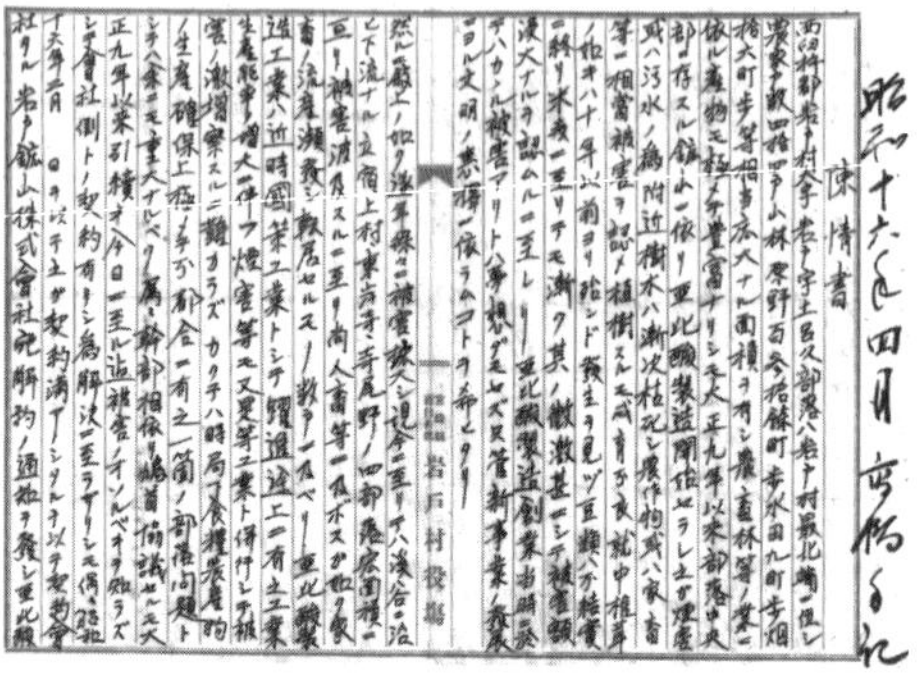

1941年に和合会が亜ヒ焼き中止を求めて宮崎県にだした陳情書

注目すべきは、罫紙の中央に印刷された「岩戸村役場」の文字と、罫線の枠外に墨で書かれた「昭和十六年四月高橋手記」の文字。このことは、役場が和合会を全面的に支援し、高橋正満さんが和合会の陳情書を代筆したことを示しています。

この用紙が透明で、字の色が黒々としている点も目を引きました。思いだすのは、カーボン紙を間にはさんで、上用紙に力を入れて字を書き、下用紙に複写する方法です。残っていたのは上用紙で、下用紙は、関係者が署名捺印して宮崎県に提出したのでしょう。娘の千佐子さんは「土呂久の惨状を見て余程頭にきたようです。カーボン紙も破れてしまいそうな筆圧の高さ……」と、亡き父が亜ヒ酸鉱山に向けた強い憤りに思いをはせました。

この陳情書が見つかるまで、ほとんど注意をひかなかったのですが、高橋さんの名前がでてくる録音テープが残っていました。岩戸小学校の齋藤先生が亜ヒ酸煙害の健康被害を訴える佐藤鶴江さんから聞き取ったときのものです。

「私の主人（黒木正喜）も行ったってすよ、福岡の監督局に。そのときもっていった嘆願書を書かれたのが高橋さんですわ。それから監督局が現地調査に来て、亜ヒ焼きがやまったそうです」

甲斐さんの調べで、高橋さんが当時は「農会」に勤務し、戦後は農業改良普及員として活動したこと。農会の事務所と岩戸村役場は隣りあわせていて、高橋さんは甲斐徳次郎村長と親しかったことがわかりました。

和合会を陰で支えた岩戸村長

1941年に土呂久鉱山の亜ヒ焼きが中止された背後に、岩戸村の甲斐徳次郎村長の姿がちらついたとき、私は、土呂久の歴史における甲斐村長の役割を見直したいと思いました。池田牧然獣医師の報告記『岩戸村土呂久放牧場及土呂久亜砒酸鉱山ヲ見テ』や日州新聞、延岡新聞の記事から、甲斐村長が亜ヒ酸煙害をなくすために動いた跡をたどってみました。

記録に残る最初の足跡は24年の秋のこと。池田獣医師の報告記に「村長の依頼で土呂久の病牛馬診断をおこなった……」とあります。甲斐さんが村長になったのは、その年3月なので、就任から半年余りのちに、牛馬に多発する奇妙な病気の原因究明に取りかかったことがわかります。

翌年4月、日州新聞は「甲斐村長等の切なる願いあり、先ず獣医部の方で病理的検査を行い、薬物検査を施行するに決定した」と書きました。土呂久の牛が死んだ情報が入ると、甲斐村長は獣医師に解剖を指示し、死んだ牛の臓物を詰めた小瓶をもって宮崎県へ行って鑑定を依頼。しぶる県庁職員に小瓶を預けて戻ったのですが、鑑定結果は届かないまま。原因究明がうやむやになりそうなときに、獣医師の報告記と解剖書が関係者に印刷・配布されました。私は長い間、池田獣医師が自発的に報告記を執筆・配布したのだと思いこんでいたのですが、今回、甲斐村長の一連の行動を整理するうちに、その考えを改めました。西臼杵郡畜産組合長を兼ねていた甲斐村長が、池田獣医師に亜ヒ酸鉱山周辺の異変を書くように指示し、社会に知らせるためにその報告記を印刷・配布したのではなかったのか、と。

それから10年後の34年7月の延岡新聞に「甲斐村長は出県して、絶対不許可主義をされたしとの陳情をなす」という記事が載りました。宮崎県庁にでかけて、亜ヒ酸を製造する鉱山会社の鉱業権申請は許可するな、と陳情したのです。先の記事の「切なる願い」、この記事の「絶対不許可主義」という表現から、亜ヒ酸製造反対の強い意思が読みとれます。

そして最近見つかったのが41年に和合会が宮崎県に訴えた陳情書です。岩戸村役場の用紙だったこと、陳情書を代筆したのが農会に勤めていた高橋正満さんだったことは、陳情書の作成を

甲斐徳次郎村長と土呂久

1924年	3月14日	岩戸村長に就任
1925年	秋	村長の依頼で土呂久の病牛馬診断
	4月6日	土呂久の牝牛(1歳2か月)が死亡
	7日	村長の指示で鈴木獣医師が死んだ牛を解剖
	9日	村長が宮崎県衛生課に病理・薬物的鑑定依頼
	12日	池田獣医師が鉱山周辺の報告記を作成
	月日不明	報告記と解剖書を印刷・配布
1934年	7月12日	村長が宮崎県に亜ヒ酸を製造する鉱山の鉱業権申請を不許可にせよと陳情
	月日不明	中島飛行機系列鉱山が鉱業権を取得
1941年	2月	和合会と岩戸鉱山の亜ヒ酸製造契約満了
		和合会が解約を通知。鉱山は亜ヒ焼き継続
	4月	高橋正満さんが宮崎県あて陳情書を代筆
	月日不明	和合会代表が福岡鉱山監督局に出頭
	月日不明	監督局の現地調査後、亜ヒ焼き中止
1946年	11月7日	岩戸村長退任

命じた人物が役場内にいたことを示しています。その人物は、高橋さんと親しかった甲斐村長にちがいありません。

こんなふうに甲斐村長の役割を見直して、大きな疑問にぶつかりました。どうしてこれまで、その役割が注目されなかったのか。疑問を解くカギは、72年1月、私が隠居していた甲斐さんから聞いた話の中にあるようです。

「国が鉱山を優遇していたので、鉱山をつぶすわけにはいかんし、一方、土呂久の訴えを捨てておくわけにもいかん。県は被害を訴えても問題にしなかったからね。その県に、私は土呂久の陳情を取り次ぎました」

明治大学の自治科で地方自治のあり方を学んだあと、故郷岩戸の村長になって、すぐにぶつかったのが鉱山と住民が対立する土呂久の煙害事件でした。双方の立場に配慮しながら、住民の陳情を取り次ぐ、すなわち村民とともにある姿勢を貫きました。表立っては被害農民を応援する態度を表明することなく、背後で目立たなく住民を指導した戦略家。獣医師や高橋さんに自分の意思を代弁させた総監督。そんな村長の支援があったから、和合会は、国内有数の軍需産業中島飛行機系列の岩戸鉱山を亜ヒ酸製造中止に追いこむことができたのでしょう。

中国の鉱物開発に渡った東大卒の鉱山所長

1936年12月に、スズ産出を主要な目的にして土呂久鉱山と中野内鉱山、東岸寺選鉱場、土々呂精練所を束ねた岩戸鉱山会社が設立されたとき、土呂久鉱業所の所長に東京大学理学部で地質を学んだ篠田恭三氏、鉱務課長に九州大学工学部で採鉱を学んだ神崎三郎氏というように、幹部に大学出身者を配置しました。居場所を失ったのが、中島飛行機進出の先駆けとして、昭和初めから祖母山系でこつこつとスズ鉱石を探して回った元パイロットの松尾一男さんです。鉱山で働いていた大工8人を連れて、遠く北方の千島列島へ向かいました。

いっしょに行った工藤速美さんは、「北海道の根室から船で国後島に渡った。留夜別(るやべつ)村に中島飛行機の子会社が買収した金山があって、松尾さんは所長になり、数年間滞在して相当な金の鉱石を出しました」と話していました。

工藤さんらは国後島で社宅建設に従事したあと、北海道に戻って室蘭本線の苫小牧駅に向か

1939年秋、天岩戸神社でおこなわれた篠田恭三所長の壮行会

い、そこから軽便鉄道に乗り換え、支笏湖畔で降りて船で対岸へ。さらにトロッコ列車に乗って山の中を6キロ余り走ると、突然、鉱山町が出現したそうです。岩戸鉱山と同じ中島飛行機系列の千歳鉱山会社が経営する金山でした。当時、鴻之舞に次ぐ国内第2の金山で、従業員は35年の215人から4年後に1200人に急増し、人口は450戸3700人にのぼったといいます。工藤さんたちは、土呂久をはるかにしのぐ鉱山町の建設に協力しました。

鉱山には栄枯盛衰がつきものです。「貿易決済に世界通貨としての金が欠かせない」と金産出を奨励した政府が、英米を敵に回した戦争を起こして貿易が激減すると、手のひらを返して金鉱山の整理にかかりました。にわか鉱山町は急速にさびれていきました。

北に向かった松尾さんと違い、南西に海を渡ったのが篠田氏でした。鉱夫の米田嵩さんが「私たちがどんな汚れたかっこうして帰りよっても『ご苦労様です』と頭を下げよった。あんないい人はめったにおらん」とほめていたように、土呂久に好印象を残した人です。

土呂久鉱山の山神社に「昭和14(1939)年9月16日　篠田恭三納」と彫った灯籠が立っていました。この灯篭を奉納したころ、天岩戸神社で旧岩戸村の土持元生助役や鉱山関係者ら約150人が出席して、篠田氏を送る盛大な壮行会が開かれました。

転職した先は、上海に設立された中国と日本の合弁会社「華中鉱業会社」。日中戦争が始まり、日本が中国中東部を占領すると、その地域の経済安定を目的に「中支那振興会社」という日本の国策会社が設立されます。その子会社の一つが華中鉱業でした。占領地で鉄やマンガンなどの重要鉱物資源を開発して、現地の振興をはかるとともに、中国の鉱産物を安価で日本へもちこむ会社でした。中国から見ると、日本に侵略されて鉱産物を収奪されたことになります。「篠田さんは戦後、長いこと中国に留められた」と聞きました。戦勝国になった中国は、日本人技術者を現地にとどめて、新国家建設に協力させたのです。

日中戦争から太平洋戦争へ戦場が拡大する時代、鉱山労働者と技術者は、平時には行くことのない遠隔の地で、地下資源開発、占領地政策の前線に立たされました。土呂久の鉱山跡には、そうした人びとの口にしづらい重たい体験が埋もれています。

占領地のスズ鉱山めざした徴用船撃沈

土呂久鉱山は1941年初夏に亜ヒ酸の製造を中止したあとも、主産物のスズの採鉱をつづけていました。土呂久の南4キロにある東岸寺の選鉱場で火災が起きたのは、その年11月のことでした。選鉱場で働いていた佐藤シズ子さんは「焼けたのは上から3段目のボールミルあたり。ほんの少しだったが、選鉱場の大事な場所」と、火災の場所を説明してくれました。全体から見ると一部だったのに、岩戸鉱山会社は火災を理由に土呂久と中野内の鉱山、東岸寺の選鉱場の操業を休止しました。

5年前の空中索道完成祝いで「驚くなかれ、この工事に1千万円かかった」と聞かされた人びとには、元も取らないうちに休山したことが理解できませんでした。それから80年余りたった今、選鉱場火災後の展開を振り返ると、休山の理由がなるほどと頷けます。

選鉱場火災から半月ほどたった12月8日、海軍がハワイの真珠湾を奇襲攻撃したのに合わせて、陸軍がマレー半島北部に上陸し、一気に南下してシンガポールを攻略。その途中で占領したマレー半島は、世界有数のスズの産出地でした。しかも、日本のように山中に穴を掘るのではなく、平地に渦を巻くように掘り下げる露天掘り。品質の良い大量のスズ鉱石が安価に採掘できたのです。

鉱山と選鉱場の操業が中止になり、労働者は次の働き場を探さなければなりませんでした。土呂久に残って索道のワイヤ、坑内のレール、坑外の機械撤収など残務整理。近隣の槙峰、尾平、大口鉱山に再就職。そのほか、東南アジアへ海を渡った鉱夫たちがいました。東岸寺選鉱場で働いていた甲斐巌さんも、その一人です。

転職先の見立鉱山を経営していた東洋鉱山会社が、42年3月に陸軍省よりマレー半島のペナン製錬所の管理経営と周辺のスズ鉱山開発を命ぜられました。巌さんはペナン派遣隊82人に加わり、5月5日に広島の港を戦時徴用船「大洋丸」に乗って出航して3日後の夜のことでした。

「東シナ海において敵潜水艦の魚雷攻撃を受け沈没せり。本船（大洋丸）は大火災を発し、避難救助ともに困難をきわめ、ついに多数の犠牲者を出せり」（軍の発表）

それから37年後の1979年4月、私は巌さんの妻イキエさんを訪ねました。大洋丸遭難殉職13回忌に東洋鉱山から贈られたスズ製の花瓶の前で、イキエさんの話を聞きました。

「日本のスズだけでは戦争の武器に足らないということで、派遣されたってす。船首が魚雷を受けて、筏（いかだ）やらゴムボートに乗る者、海に飛びこむ者、泳ぐうちに顔が油で汚れて、誰が誰かわからなかったそうです。主人の遺体は21日ぶりに済州島の東突端にあがって、刺青（いれずみ）と天岩戸神社のお守りで身元がわかりました。助かったのは82人中30人。無事に帰ってきた人はまた2回目で行き、安全にペナンに着いて働き始めたところ、土着の武装集団に襲われて逃げることができずに殺され、帰ってきたのは、小さい箱に入った髪と爪だけという話です」

日本軍の目的の一つは、侵略した東南アジアで豊富な地下資源を収奪することでした。占領地の鉱山に行く途中で、鉱山に着いてから、多くの鉱山技術者と労働者の命が失われました。

大洋丸遭難には、後日談があります。沈没から76年たった2018年9月、九州工業大学教授らの研究チームが、海底で眠っていた大洋丸を発見したというニュースが流れました。船首以外の形状をほぼ残した水中ビデオの映像に驚くとともに、撃沈された地点が屋久島の西わずか250キロだったことに衝撃を受けました。開戦からわずか半年後、すでにアメリカ軍の潜水艦が九州近くの海に現れていたのです。

土呂久から遠い西太平洋の島々に散る

2015年6月に亡くなった畑中組の佐藤直さんの遺品の中に、赤字で「軍事郵便」のスタンプが押された封書がありました。長崎県佐世保市の民家に寄宿していた直さんが、満州国奉天(現・中国瀋陽)の部隊にいた兄一志さんから受け取った手紙です。

「俺も流れ流れて満州まで来たが、ここで死する覚悟で一生懸命働いています。まあ君もよかったら来たまえ。こちらでは何とでもなりますよ」と、将来を諦観した内容でした。

一志さんの人生は1945年8月に急展開しました。ソ連軍が北から満州に侵入してきたのです。シベリアへ連れていかれ、1年間抑留されたあと、破れてちぎれそうな背嚢(はいのう)を背に、岩戸の町から馬車で土呂久に運ばれてきました。甥の洋さんは75年以上たった今も、そのときの一志さんの姿が脳裏から離れないと言います。

「シベリアで食べるもんもなしに働かされたんですね。栄養失調になって、やせこけて帰ってきて、寝たまま起きることもできず、何日目かに亡くなりました」

そのとき一志さんは30歳。戦争は、働き盛りの多くの人材を土呂久から奪っていきました。土呂久の戦死者の墓碑を読んで回ったことがあります。たとえば、南組の「母屋」の佐藤幸一さんは22歳で戦死。墓にはこう刻まれていました。

「二蔵の四男に生まれ、昭和19（1944）年1月10日佐世保海兵団に入団、同年4月出帆後、7月25日グワム島において名誉の戦死を遂ぐ」

グアム島は現在、リゾートの島、アメリカ空軍基地の島として知られていますが、太平洋戦争開始後は日本軍が占領し、44年8月にアメリカ軍によって奪い返されるまで死闘が繰り広げられた激戦地。幸一さんが戦死したのは、米軍による総攻撃の日でした。

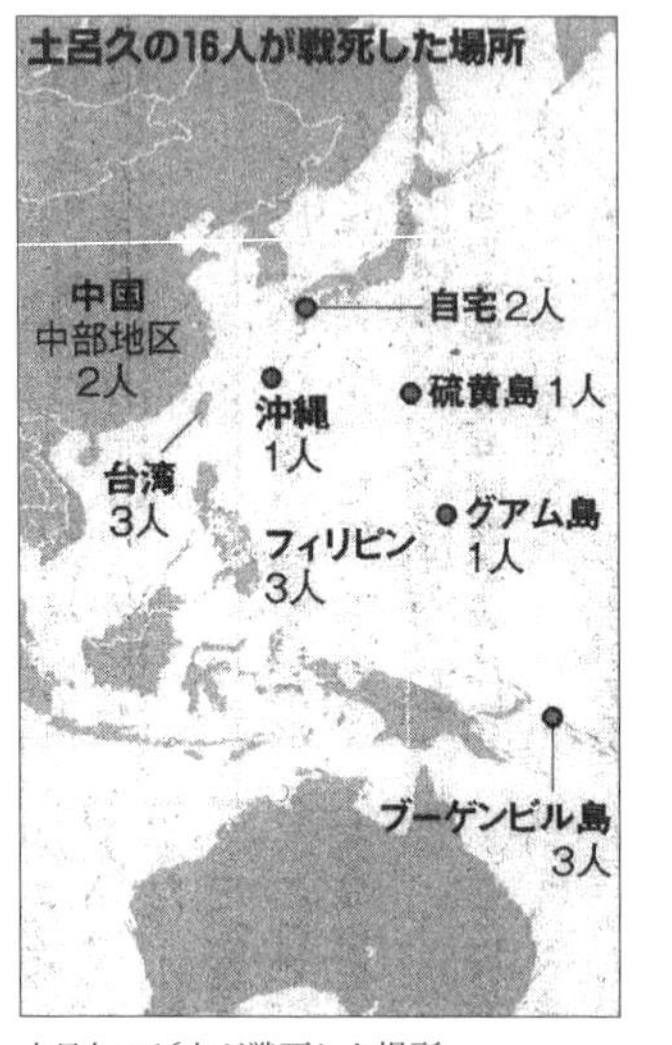

土呂久の16人が戦死した場所
（朝日新聞連載「和合の郷」第108話より）

土呂久で目にした戦死者の墓は16基。統計をとってみると、死亡時期は、38年1人、44年6人、45年7人、46年以降2人。死んだ場所は、ブーゲンビル島3人、台湾3人、フィリピン3人、中国2人、沖縄1人、グアム島1人、硫黄島1人、陸軍病院を退院後自宅で2人。年齢別では、10代が1人、20代が6人、30代が9人。いちばん若かったのは、19歳で戦死した南組の「倉」の玉四さんでした。海軍機関兵として軍艦に乗り、台湾沖で魚雷に沈められたのです。兄の藤夫さんは「終戦の次の年、役場から2人が来て『前の年に台湾沖で死んだ』と口で伝えられただけ」と、無念を語ってくれました。

すべての戦死者を網羅した統計ではありませんが、1937年7月から45年8月までつづいた戦争の傾向がつかめます。戦死者は太平洋戦争の後期に集中し、終戦の年は30歳代の死者が増えました。つまり、太平洋戦争中期まで20歳代中心に召集していたのに、負け戦になってから、家族を支えていた30歳代の大黒柱が戦場に駆りだされたのです。

戦争の無謀さを見える形にするために、16人が戦死した場所を地図に表してみました。祖母・傾山系の小さな山の集落の若者たちが、遠く離れた西太平洋の島々に散ったようすがわかります。全国いたるところの集落が、戦争で次代をになう有望な人材を失い、残された人たちは困窮した生活を強いられました。

忘れてならないのは、戦争で浪費する兵器を増産して拡大をつづけた軍需産業があったことです。その代表が、土呂久鉱山を経営した岩戸鉱山会社の親会社中島飛行機でした。

戦争が生んだ巨人はA級戦犯容疑でさびしい最期

軍需産業の中島飛行機会社が、戦争によっていかに莫大な金を儲けて規模を拡張していったか。渡部一英著『巨人中島知久平』(鳳文書林、1955年)にはこんな数字が出ています。1935年から44年、すなわち日中戦争の始まる前から太平洋戦争の終わる前までに、製作した航空機の機体の売上高は1195万円から7億8065万円へ65倍、発動機の売上高は1482万円から6億1695万円へ41倍に増加。主力製作所の数は、戦争開始時の2か所から終戦時の9か所へ、各製作所がもつ分工場の総数は100を超え、従業員は25万人に達した、と。

中島飛行機会社の創設者、群馬県太田市出身の中島知久平氏は、日本の戦闘機製作の先駆者でした。海軍将校のときにいち早く飛行機が戦争の兵器となることを予見し、17年に民間の飛行機製作会社を創設。22年には飛行機製造の部品を調達する目的で中島商事を設立。その後、衆議院議員に当選して政界に乗りだして中島飛行機と関連会社の経営を4人の弟たちにまかせると、「政友会の金袋」として鉄道大臣や大政翼賛会総務を歴任し、戦争へひた走る軍国日本の推進者の一人になりました。

土呂久で一度だけ知久平氏のことを耳にしました。口にしたのは、東岸寺選鉱場で働いたことのある佐藤シズ子さん。

「知久平さんが大臣しとるときに、東岸寺の選鉱場まで来らしたことがある。お供を連れて、ほんのちょっとおらした」

鉄道大臣をしたのは、第1次近衛内閣の37年6月から39年1月にかけてです。

「門吉氏を遠くから見た」と話したのは鉱夫として働いていた米田嵩さんでした。

「麦わら帽子をかぶり、長い青竹を杖がわりにして登ってきた。あとで、『あれが中島の親父じゃ』と聞いた。2回くらいは見やせんじゃったかの」

中島兄弟は、土呂久の人には雲の上の存在でした。門吉氏は42年ごろから東京・霊南坂にあった地上2階、地下1階のしゃれた建物を自宅兼事務所として使っていました。高い塀をぐるりにめぐらした豪勢な邸宅は、旧財閥から買い取ったという話でした。その邸宅の防空壕掘りに、土呂久の鉱夫丸岡袈裟治さんらが呼ばれたことがありました。どんな場所だったのか。それから40年後、私が訪ねた跡地周辺にはホテルやアメリカ、スペインなどの大使館が立ち並び、祖母山系の谷間の集落とはまるで別世界でした。

中島飛行機の機体と発動機の生産台数

	機体(機)	発動機(台)
1935(昭和10)	146	480
1936(昭和11)	335	540
1937(昭和12)	363	780
1938(昭和13)	987	1548
1939(昭和14)	1177	2538
1940(昭和15)	1081	3144
1941(昭和16)	1085	3926
1942(昭和17)	2788	4889
1943(昭和18)	5685	9558
1944(昭和19)	7943	13926
1945(昭和20)	2275	3981

＊高橋泰隆著『中島飛行機の研究』(日本経済評論社、1988年)から

中島飛行機会社はアメリカ軍がもっとも警戒した企業でした。44年11月にB29の大群が東京を空襲したときの主要標的は、中島飛行機の武蔵製作所だったと言われています。敗戦後の46年9月、GHQ(連合国軍総司令部)は三井、三菱、住友、安田の四大財閥と同時に中島飛行機とその系列会社の組織を解散させました。知久平氏にA級戦犯容疑の逮捕状がだされたのは、その前年の12月。高血圧と腎臓病の持病があったので刑務所収監はまぬがれましたが、自宅で謹慎して49年に65歳で亡くなりました。戦争が生んだ巨人の寂しい最期でした。

中島飛行機の傘下にあった時代、土呂久鉱山の主産物のスズは戦闘機の部品、副産物の亜ヒ酸は毒ガスの原料になり、人を殺傷する兵器として消費されました。鉱山周辺住民は煙害に苦しめられ、若い命が西太平洋に散っていきました。時代の先を読む目をもっていた知久平氏に、こうした戦争の悲惨な結末は見通すことができなかったのでしょうか。

焼畑と炭焼きで5人の子を育てる

岩戸から古祖母山に向かって切れこんだ土呂久谷。この谷からさらに東西に幾筋もの小谷が入り組んでいます。そんな一つが小又谷です。現在、この谷に民家はありませんが、数十年前まで、谷の入口から歩いて30分ほどのぼった「仁戸内」に2軒の農家が暮らしていました。その1軒で、佐藤花恵さんは5人の子どもを育てあげました。

花恵さんの夫の宏さんは軍隊を3度経験しました。1度目は1928年で、都城歩兵第23連隊に入隊して済南事件後の中国を転戦。2度目は日中戦争が始まった翌年の38年で、戦闘中に山中で包囲され、20日余り草や柴を食べて過ごすことに。3度目が44年2月でした。その後に宏さんから花恵さんに届いたはがきは11通。「戦場に行くのを一時見合わす」と書いたはがきを最後に、消息が途絶えました。

翌年3月、花恵さんが畑仕事をしていると、長男の金男さんが泣きながら走ってきて「母ちゃん、父ちゃんが……」、あとは言葉になりません。何が起きたか、すぐに察して、花恵さんはその場にへたりこんでしまいました。宏さんの兄の義雄さんに案内されてきた、岩戸村の土持元生助役から「硫黄島で戦死した」と告げられました。

その数日前、大本営は硫黄島からの訣別電報をもとに「17日夜半を期し、最高指揮官を陣頭に皇国の必勝と安泰とを祈念しつつ、全員壮烈なる総攻撃を敢行す」と発表しました。硫黄島に渡っていた宏さんは、アメリカ軍との戦いで玉砕したのです。あとに、13歳を筆頭に4か月の末っ子まで5人の子どもが残されました。

花恵さんは女手一つで5人を育てました。「仁戸内」には田んぼがありません。食糧は、焼畑でつくる陸稲、トウモロコシ、大根など。子どもを学校にやるためのお金は、山で炭を焼き、集落まで運び、岩戸の町で売って稼ぎました。

「首からかけた帯に4か月の子を抱いて、背中に木炭を2俵、合わせて30キロをかろうて、やっと人間が通るような細い山道を下るとです。小又谷の入口に宏さんがつくった炭小屋があって、そこにだしておくと、馬車が岩戸までもっていってくれました」

長女の繁子さんが中学校を卒業すると、6キロ下の大きな農家に奉公にだしました。「食べさせてもらいながら、嫁に行ったときに困らんように農業を教えてもらう」のが、奉公の目的でした。二女の八津子さんが2歳のとき、着物をつくって着せて、仏さんの前で「父ちゃん、これいいやろが」と見せたのが、うれしかった思い出です。

高千穂町の婦人会の集会で、花恵さんは、焼畑と炭焼きと子育ての戦後体験を「草葉の陰で」

と題して話しました。数百人の参加者は、みんなもらい泣きしたといいます。

子どもが巣立ったあと、花恵さんは小又谷にできた養鱒場で、熊本や延岡からやってくる客にニジマスと山菜を料理してだしていました。明るくふるまう花恵さんの姿から、戦後の苦労はまったく感じられません。なじみの客になった私に、自分の人生を語りだしたのは1979年4月ごろ。それから1年3か月後、突然飛びこんできた訃報。「胸にくもりが見つかって入院中に亡くなった」。花恵さんが69年の生涯を閉じたのです。

「朗らかで、誰とでも話をする。他人の気持ちのわかるばあちゃんでした」と、孫の渡辺ミヤ子さんはしのびます。人知れぬ苦労が花恵さんの人柄を豊かにしたのでしょう。

骨削っても土呂久の人に恩返しできない

私が岐阜市に達本ハルさんを訪ねたのは1978年11月のことでした。ハルさんは、日本の統治下にあった朝鮮半島から土呂久に来て、戦前は亜ヒ酸製造に従事し、戦後は焼畑を耕して7人の子を育てた人です。会いに行く前にハルさんの思い出を聞いて回ったとき、ハルさんの土呂久生活を端的に言い表してくれたのは南組の佐藤一二三さんでした。

「20歳のころ朝鮮から土呂久へ来たとき、ピンク色した服に白いふわっとしたスカート。ものすごくきれいだった。ところが土呂久を出るときの顔は〝もがさ面(づら)〟……」

「もがさ」とは、天然痘が治ったあとに残るあばたのことを言います。亜ヒ酸を製造した労働者の顔は、亜ヒに負け、傷になり、かさぶたができることを繰り返し、そのせいでいっぱいあばたができていました。25年間の土呂久生活を終えて延岡に移るとき、ハルさんの顔は〝もがさ面〟と呼ばれたのですが、私が会ったときはすっかり消えていました。

ハルさんの苦労は戦前と戦後で異なりました。土呂久に来ると、亜ヒ焼き労働者だった夫の金山さんを補佐して、素手でヒ鉱の粉をだんごに握りました。金山さんが死んだあとは、精製窯をまかせられていた徳村さんといっしょになりました。坑口のそばの亜ヒ焼き窯から運んできた粗製亜ヒ酸を精製し、商品に仕上げるのです。ハルさんが働いたのは、亜ヒ酸の粉が舞う精製場。貧しさゆえに亜ヒ酸から逃れられませんでした。

戦後は、惣見組の「長石」の裏に小屋を建てて、斜面に開いた焼畑で作物を育てました。この家族を見てきた佐藤福市さんは、当時をこう振り返りました。

「徳村さんは山の上に通って炭焼きをし、焼畑でつくったタバコを売って闇商売するわけたい。わしの家の裏に7年くらいおったが、徳村さんもハルさんも、えらいな咳をしよった。少し離れた家まで聞こえる大きい咳を……いつまでも」

ハルさんは、金山さんとの子ども3人、徳村さんとの子ども4人を育てながら、焼畑でトウモロコシや大根などをつくりました。

「木の根を掘り起こすと、鍬(くわ)をもち、鉈(なた)をもつ手に豆ができて腫れあがる。2歳の子を背負い、少し大きい子をそばで遊ばせながら働いた。忙しいときは、背から降ろしてしっこをさせる時

達本ハルさんが焼畑をした「長石」の裏の傾斜地
（2021年2月撮影）

間がない。背中の皮が、子どものしっこでただれてはげる。そこにまた、子どもがしっこするからしみる。お産したあとも2、3日休むだけ。赤ん坊は生まれて1週間はへその緒が切れん。背中の赤ん坊のへその緒がすれてねじれて、やわらかい皮膚から血がでることもあった」

2日間のインタビューで、貧しくつらかった土呂久と延岡の暮らしを思いだしながら、強調したのは、土呂久の人たちの名前をあげての感謝でした。

「『長石』の進さん、福市さん、貢さん、『惣見』の勝さん、トネさん、『樋の口』の勛（つよし）さんにはたいへんお世話になりました。貢さんには、死んだ子どもの遺体を洗い清めてもらいました。勛さんの墓地に金山と子どもの遺体を埋葬させてもらいました。骨削っても恩返しはできません」

土呂久を離れて20年後、墓参りに戻ったとき、石を置いただけの墓の土を少しもらってきたといいます。「いつか母国に墓を建てたい」。ハルさんのかなわぬ夢でした。

第6章 閉山と和合会解散

戦後の鉱山操業に向けた態勢づくり

土呂久鉱山の太平洋戦争中から戦後にかけての動きを整理しておきます。

１９４１年12月に日本軍がマレー半島に侵攻し、良質のスズを大量に日本に運んでくるようになって、スズを主目的にしていた土呂久鉱山は休山します。43年３月、会社名を岩戸鉱山会社から中島鉱山会社へ改称。44年４月にスズ鉱業整備令がだされると、鉱業権は中島鉱山会社から帝国鉱業開発へ。鉱山をめぐる状況は激変し、土呂久鉱山ではダンビュライト（ダンブリ石）という稀少鉱物が採掘されるようになりました。ダンビュライトは潜水艦の潜望鏡の材料です。45年８月に終戦を迎え、それから２か月後に中島鉱山会社は中島産業と名前を変え、やがて事業の目的に「漁業および水産物加工販売、林業および木工業」を加えました。

「わしが終戦の翌年に戦争から帰ってきたとき、土呂久鉱山の従業員は４、５人、鉱石を掘らずに、山の木を伐って東岸寺の選鉱場跡でろくろを回してお盆とか重箱をつくっていた」と話してくれたのは鉱夫の小笠原貞利さんでした。

同じころ東京の本社では、大井海岸にあった旧中島飛行機会社の倉庫に海水を汲みあげて塩を採っていました。戦後の混乱を脱するまで、海産物や森産物に手を広げて食いつなごうとしたのです。国全体がなりふり構わず生きる道を探していた時代でした。

48年３月に、中島産業は経営陣を一新して復興の道を歩みだすのですが、この間の事情を詳

戦中・戦後の土呂久鉱山をめぐる動き

時　期	事　項
1936(昭和11)	12月　中島飛行機系列の岩戸鉱山会社設立。スズを主、亜ヒ酸を副産物として生産
1941(昭和16)	初夏　亜ヒ酸製造中止 11月　東岸寺選鉱場火災。休山 12月　太平洋戦争始まる
1943(昭和18)	3月　岩戸鉱山会社から中島鉱山会社へ商号変更
1944(昭和19)	4月　スズ鉱業整備令。帝国鉱業開発が土呂久鉱山の鉱業権を取得。ダンビュライトを産出
1945(昭和20)	8月　終戦 10月　中島鉱山会社から中島産業へ商号変更 東京・大井海岸で製塩。高千穂・東岸寺で木工品生産
1946(昭和21)	9月　GHQが中島飛行機と系列会社の組織を解散させる
1948(昭和23)	3月　旧経営陣を一新、旧中堅幹部が重役に
1950(昭和25)	11月　本店を赤坂区霊南坂から新宿区左門町に移転
1951(昭和26)	8月　中島産業から中島鉱山会社へ商号を戻す
1952(昭和27)	10月　土呂久鉱業所長に小宮新八氏就任。鉱山の本格稼働へ

しく話してくれる人がいました。小宮高樹さん。岩戸鉱山会社創設時の監査役小宮新八氏の長男で、戦前から戦後の土呂久鉱山のうつろいをそばで見てきた人です。新しい経営者誕生のいきさつをこう話していました。

「財閥解体で中島飛行機会社と系列会社の役員と縁故者が追放され、旧社長の一族と旧重役がいなくなったあと、会社の実権を握ったのは岩戸鉱山時代の課長クラス。それまでの名のある重役は、列車の一等か二等に乗ったのに、この連中は三等に乗ったことから、当時『三等重役』と呼ばれた」

旧経営陣が去ったあと、社長になったのが鈴木仙氏でした。慶応大学経済学部を卒業して中島商事に入社、中島商事から岩戸鉱山会社が独立したとき、最初のりました。

会計課長になった人物です。土呂久の人たちには、鈴木氏にまつわる忘れられない思い出があ

1937年5月の岩戸村議会議員選挙のとき、鉱山は村政に発言力を強めるために鈴木課長を立候補させました。土呂久では「南」の佐藤三蔵さんが6期26年つとめたあとを引き継いだ「樋の口」の助（つよし）さんが2期目に挑戦したときです。鉱山事務所が従業員に鈴木氏の選挙運動をさせたことで、土呂久の票が割れ、鈴木氏が最高得票で当選する一方、助さんは落選してしまいました。土呂久の中に悪い印象を残した人物が社長になったのです。

中島産業の本社は東京都新宿区左門町にありました。私は小宮さんにその跡へ連れていってもらったことがあります。木造平屋に、事務室と応接室を兼ねた板の間、畳の宿直室、それに炊事場がついていたといいます。社屋は建て替えられていましたが、「勤務中でも風呂に入っていた」と語られる銭湯が戦後をしのばせていました。戦前の中島飛行機時代の栄華からほど遠く、場末にひっそり立つ本社で、土呂久鉱山の戦後復興が計画されたのです。

社名が再び中島鉱山会社に戻ったのは51年8月。翌年10月に岩戸鉱山会社創設時の監査役だった小宮新八氏が土呂久鉱業所長に就任して、土呂久鉱山で再び本格操業が始まる態勢が整いました。

地方記者が書いた戦後の土呂久鉱山

太平洋戦争後の高千穂町に、家族とともに町内で暮らし、風土に溶けこんだ地域密着記事を発信する「地方記者」が誕生しました。その先駆けは大分県佐伯出身の岩本利佐男さん。知人の紹介で1947年に日向日日新聞（宮崎日日新聞の前身）の初代高千穂支局長になり、52年6月に朝日新聞高千穂通信部に移って65年末に日南通信局に異動するまで、通算18年間高千穂で記者生活を送りました。

48年10月20日の日向日日新聞に載った「新鉱脈開く土呂久鉱山」という記事は、岩本記者が執筆したもので、戦後の土呂久鉱山のようすを伝えています。

「土呂久鉱業所では3月以来再開作業をはじめ、8月に採鉱を開始し間もなく硫砒（りゅうひ）鉄鉱の新鉱脈にぶつかり、日産6トンないし7トンが採掘されているが、平均含有率は35パーセント、良質部分で42パーセントという世界的高含有率で各方面から注目されている」

この記事にはでていませんが、戦後すぐの事業は東岸寺の選鉱場に堆積されていた砒フロスを宮城県の鹿折製錬所に売って収入にすることでした。砒フロスとは、浮遊選鉱によってスズを他の鉱石と分離した際、浮いて取り除かれたヒ鉱のこと。まず砒フロスを売り払い、次いで崩落していた大切坑道を取り明けて、48年8月から硫ヒ鉄鉱の採掘を始めました。高千穂町史年表に「48年10月18日、硫ヒ鉄鉱の新鉱脈発見、復興祭をおこなった」と、祝典を開いたことが記されています。国際的にも良質な硫ヒ鉄鉱の発見でした。

ヒ鉱の採掘を始めた鉱山に反発したのが、戦前の亜ヒ酸煙害に苦しめられた土呂久の住民です。「和合会」は惣見、南、畑中各組から一人ずつ委員を選んで、鉱山事務所に出向き、煙害を繰り返すなと釘をさしました。住民の根強い反対を知って、鉱山は硫ヒ鉄鉱から鉛の鉱石へ方向を転じました。それを伝えるのが50年9月28日の記事です。

「土呂久鉱業所では方向転換を計画、戦時放置していた酸化鉛、亜鉛などの方鉛鉱が沢山あるため鉛採鉱に乗り出すことになり、10月1日旧坑の掘進を開始、1カ月で着脈採鉱にかかり、鉱石搬出は1951年早々になる計画で、土呂久再興を目ざして再出発をする」

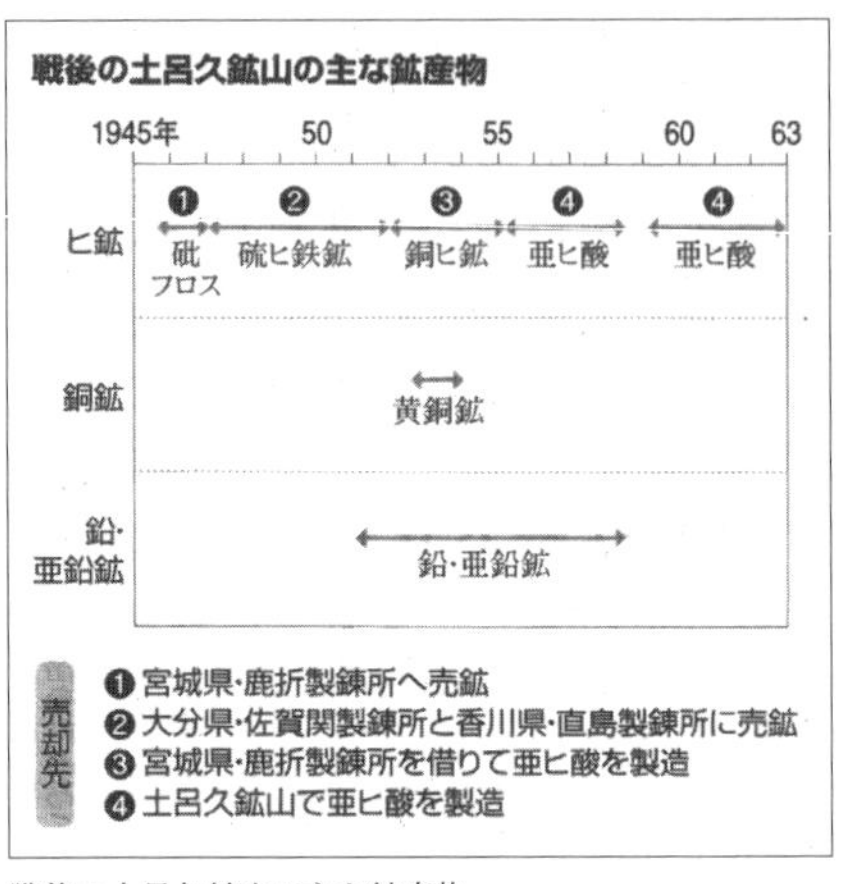

戦後の土呂久鉱山の主な鉱産物
（朝日新聞連載「和合の郷」第113話より）

岩本記者が伝えたのは、経営基盤の定まらぬまま、掘り当てたヒ鉱や鉛・亜鉛鉱や銅鉱を売って、その場しのぎの事業を展開する土呂久鉱山の姿でした。

戦後の復興に苦労したのは新聞業界も同じでした。朝日新聞社は地方に販路を広げるために、52年6月高千穂通信部を新設して宮崎県北のニュースの掘り起こしにかかりました。そのとき採用されたのが日向日日新聞の記者だった岩本さん。その岩本記者が53年7月11日の朝日新聞宮崎版に書いた土呂久記事が残っています。見出しは「ヒ鉱製錬で〝浮かぶ労使〟／土呂久鉱業所に試験炉設置陳情／県側も協力を約束」。

記事によれば、土呂久鉱山は中断していた亜ヒ酸生産の再開に向けて動きだしました。会社の方針に同調した鉱山労組は、宮崎県労働組合評議会の応援を得て、宮崎県の経済部長に、鉱山が計画している亜ヒ酸試験炉新設への協力を求めたというのです。「ヒ鉱を製錬すれば月60万円の利潤があがり、労使ともに助かる」という労組の主張が紹介されていました。

岩本記者の長男年詮さんは「酒が入るといつも『自分のペンの力で、その地方の文化や産業が発展するとよい』と言っていました」と、亡父をしのびます。岩本記者の土呂久報道の基調は、経営の不安定な鉱山で低賃金にあえぐ労働者への共感だったように思えます。

亜ヒ酸炉建設計画を和合会に通告

土呂久鉱山で1941年に中断した亜ヒ酸製造が、戦後10年たった55年に再開されるまで、鉱山経営者、労働組合、和合会、関係行政機関が複雑な思いを交錯させた攻防がつづきました。当時の住民・労働者の話、鉱山内部の文書、新聞記事などから亜ヒ焼き再開をめぐる対話と衝突の跡をたどってみます。

中島鉱山会社が土呂久鉱山の「亜砒酸炉建設計画書」を作成したのは52年9月でした。その背景を鉱夫の小笠原貞利さんは、こう語っていました。

「鉛も黄銅鉱も産出量が減って、採掘できるのはヒ鉱だけ。佐賀関製錬所（大分県）に鉱石を売っていたのでは採算があわん。土呂久の住民と交渉して新窯を建てて、地元で焼くようにせんと引きあわん。そこで本社が新窯の計画をつくってきた」

計画された焙焼炉（「新窯」とも呼ばれる）は、戦前の亜ヒ焼き窯とは構造の異なる耐火レンガ造りの円筒形竪型炉（内径1・5メートル、高さ3メートル）で、1日に2トンのヒ鉱を焙焼して、飛び立った亜ヒ酸を4つの収ヒ室に集めるようになっていました。そのころの亜ヒ酸の用途は、農薬（ヒ酸鉛）や防腐剤やガラス清澄剤などでした。

焙焼炉の計画ができたころ、土呂久鉱業所の幹部が、同じ中島鉱山会社が経営していた大分県の新木浦鉱業所の幹部に送った書簡が残っていました。

「村役場で話をしても、おそらく正式承認は難しいので、当方から一方的に試験焙焼すると言って強行するほかないと思います」

計画当初から、住民に向きあって話しあうのではなく、試験焙焼だとごまかして強行することを相談していたのです。経営幹部の不誠実、能力の乏しさが表れています。

そんな中で土呂久鉱業所長が交代しました。新所長は、1936年の岩戸鉱山会社設立時に監査役をつとめた小宮新八氏。住民が反対する焙焼炉建設の重責をになった大物幹部の登場です。小宮氏の鉱山手帳に、52年10月1日所長に就任したあとの行動が書き残されていました。15日に土呂久に着くと、20日は黒葛原鉱山、21日は萱野鉱山、22日は中野内鉱山と、近隣の鉱山の地質調査にでかけています。さらに11月28日に、萱野に貯めてあった亜鉛鉱のことで岩戸に住む関係者を訪ねたことが記録してありました。

小宮所長の行動は、先の書簡を交換していた幹部のような亜ヒ酸製造強硬路線とは明らかに違っていました。関心は、住民の反対が強い毒物亜ヒ酸の製造ではなく、鉱山の常道である重要鉱物の採掘に向いていました。当時の土呂久鉱山には、亜ヒ酸製造のほかに鉛・亜鉛鉱採掘という選択肢もあったのです。

和合会が鉱山の焙焼炉建設計画を議題に取りあげたのは53年旧正月24日の定期総会でした。議事録には「亜ヒ酸製造窯設置に関し会長より一般会員へ通告あり。鉱山より所長以下3名出席し、新型製造法の説明等をなす。当件に付き役場より村長出席す」と記されています。土呂久住民の多くが亜ヒ焼き再開に反対する意見を述べました。

その声を耳にしながら小宮所長は、強行策ではない穏便な方法で、住民をどう説得して亜ヒ酸焙焼炉を建設するか。対話路線の進め方に考えをめぐらせていたと思われます。

亜ヒ酸炉建設めぐる和合会と鉱山の攻防

1953年は亜ヒ酸焙焼炉の建設をめぐって、計画を実行に移そうとする会社と、亜ヒ焼き再開に反対する住民が真っ向から対立した年でした。中島鉱山会社内には、強硬突破を主張する路線と住民との対話を重視する路線があり、まず進めたのは住民の説得工作でした。

どんなふうに住民の納得を得ようとしたのか。手がかりを与えてくれるのが、同年7月12日の日向日日新聞「一寸待った！土呂久鉱山新焙焼炉／煙害おそれる部落民／労組の戸別訪問もソッポ」という記事です。筆者は同紙高千穂支局の笹山通記者。この記事には、会社が3月末に亜ヒ酸を製造していた木城町松尾鉱山に住民代表を連れていったこと、土呂久鉱山労組が5月末に戸別訪問説得運動をおこなったことが紹介されています。

松尾鉱山の亜ヒ酸焙焼炉周辺は草木のはえないはげ山だった（1972年に撮影）

松尾鉱山見学に参加したのは、和合会の5人、岩戸村役場の1人、鉱山事務所の4人の計10人。会社が「新設する焙焼炉は、松尾の亜ヒ焼き窯に似て、被害範囲はごく狭い」ことを示すために企画したのです。土呂久から参加した「向土呂久」の佐藤弘さんは、こんなふうに話していました。

「朝4時ごろ鉱山のトラックで土呂久を出発し、途中バスに乗り換えて、松尾鉱山に着いたのは夕方5時ごろ。舟でダムを渡って30〜40分かけて登った。窯のところを1時間くらい見学して、夜は松尾鉱山の偉い人が来て飲み方。土呂久鉱山の小宮所長が『土呂久の新窯は松尾式にしたい』という話をした。あくる朝、早く帰った」

弘さんに「亜ヒ焼き窯周辺の光景はどうでしたか」と問うと、「土呂久とは地形がまったく違って、耕地、人家も窯から離れちょるし、草木のはえていない面積は相当広かった」と答えました。窯のまわりがはげ山になっているのを見て、土呂久の5人は、戦前の土呂久同様に煙害はひどいという印象を受けたのです。会社の思惑ははずれました。

戦後、新憲法によって労働者の権利が保障されて、全国の工場、鉱山などで労働組合の結成が進みました。土呂久鉱山の労働者約40人も、低賃金を引き上げて生活を安定させることなどを目的に組合に結集しました。焙焼炉問題で、労組は「亜ヒ酸製造が始まれば毎月60万円収益が増え、賃金が上って地元も潤う」という会社に同調。土呂久内を戸別訪問して焙焼炉建設に理解を求めて回りました。そのとき労組が作成した地図が残っています。会社の主張を反映したその地図は、焙焼炉が建つのは集落より100メートル高い場所で、煙害は炉から半径100メートル以内に限られ、住宅に害が及ぶことはないというものでした。

先の日向日日新聞の記事は「村当局は一切を〝和合会〟にまかせ、村議会も態度保留している。地区民のうち絶対反対が24名、中立の29名も〝和合会〟に同調、賛成7名という状態で現在地区民説得の見通しは暗い」と、和合会の結束の強さで結んでいました。

こうした会社の説得工作は失敗に終わりました。そこで労組は、宮崎県労働組合評議会の副議長とともに県の経済部長を訪ね、炉の建設に協力を求めて、行政を味方につけようとします。経済部長の返答は「資源開発の意味からも協力するが、地元民の納得が大切だ」ということでした。

和合会は、この動きに反発して7月19日に臨時総会を開きました。亜ヒ酸炉建設反対の意思を県に伝えるために「煙害の資料集めて請願書を作成する」ことを決議しました。

和合会包囲網にひるまず抗議をつづける

畑中組の佐藤竹松さんが亡くなって6年後の1978年夏、長男の正四さんが竹松さんの遺品の中から鉛筆で書いた1枚の便箋を見つけました。

「過去の悲惨なるアヒサン煙害に依る実情に鑑み、土呂久鉱山中島鉱業所のアヒサン築鈩計画には地元民として絶対反対の意を表明し、玆に連名にて署名捺印す」

これは、和合会が53年7月19日の臨時総会で決議した焙焼炉建設反対請願書の下書きにちがいありません。そのときの和合会の役員は、会長が竹松さん、副会長が藤太さん、会計が三代士さん、幹事が健蔵さん（いずれも姓は佐藤）。筆跡からみて、幹事の健蔵さんが執筆し、会長の竹松さんが保存していたのだと思われます。この文章を別の紙に清書し、和合会の会員が署名捺印して、宮崎県に請願したのでしょう。

すでに紹介したように、宮崎県の経済部長は土呂久鉱山労働組合から亜ヒ酸炉建設への協力を求められていました。そこへ新たに和合会から建設に絶対反対の請願書がだされたことから、県として問題解決に乗りだすことにしました。同年9月13日の日向日日新聞は、県主導の調査団が組織されたことを報じています。

「新焙焼炉設置問題は煙害をおそれる地元民の反対にあい、難航を続けて来たが、県では14日から現地調査団を組織し地元民の説得に乗り出すことになった」

記事によると、県の目的は賛成・反対双方の意見の調整ではなく、「反対する地元民の説得」でした。木城町松尾鉱山で亜ヒ酸製造の現場を見たあと、調査団は岩戸村に入り、9月17日に土呂久鉱山を見学しました。その朝、鉱山事務所前で撮影した写真が残っています。参加者は約30人。県農務課の山之口末吉氏、西臼杵支庁の浜田邦夫支庁長、岩戸村の伊木竹喜村長、土呂久鉱業所の小宮新八所長と根本亨副所長、宮崎大学農学部の田辺邦美助教授、県総合開発審議会の加藤三郎委員、県労評の田中茂事務局長らに、和合会から竹松さん、十市郎さん、清八さん、茂さん、重男さん、操さん（いずれも姓は佐藤）が加わりました。

土呂久鉱山事務所前に集まった焙焼炉建設予定地の調査団

土呂久鉱業所の幹部は、焙焼炉の建設予定地で、①炉からの排煙は微量、②炉は川より100メートル高い場所にあって被害範囲は限られる、③試験炉として操業し被害が発生すれば中止する、などと説明しました。参加した行政官、学識経験者、労働界のリーダーなどは、この説明に納得し、建設に反対する土呂久住民が孤立する形になりました。

包囲網がつくられても和合会はひるみませんでした。12月11日に臨時総会を開くと、「亜ヒを焼けば害のでることははっきりしとる。絶対に焼かせてはならん」という意見にまとまり、「試験焼きにても焼いてもらっては困る」と土呂久鉱業所に伝えることを決めました。抗議に行ったのは、会長の竹松さんともっとも強硬に反対していた佐藤仲治さんの2人。仲治さんは、そのときのようすをこう語っていました。

「総会の次の日の夜、小宮所長の家に行った。竹松さんが和合会の決定を伝えると、小宮所長は『地元の人が承諾できんなら、あきらめなしょうがないな』。小宮さんはおとなしい人で、力ずくでもやろうという感じじゃなかった。けんかにもならずにお茶を飲んで帰った」

そのころ東京都新宿区の中島鉱山本社の役員は、長引く地元の説得にしびれを切らしていました。穏健な小宮所長とちがって簡単に引き下がったりはしませんでした。

協力金を条件に焙焼炉建設問題を行政に一任

1953年の年の瀬の12月30日、東京都新宿区の中島鉱山会社の本社で役員会が開かれ、土呂久鉱山の亜ヒ酸炉建設の件を討議して、次の2点を決定しました。

①関係官庁との説得工作並びに交渉は、小宮新八所長が直接これに当たり、会社の既定方針に基いて強行策を遂行する決意のもとで、ただちに炉の建設に着手すること。

②2月中に完成し、3月より操業すること。

その年初めからの対話路線が進展しないのに業を煮やし、土呂久鉱業所の小宮所長に「ただちに炉の建設に着手せよ」と強行策を命じたのです。厳しい指示を受けた小宮所長は、どう動いたのか、小宮氏が残した鉱山手帳を開いてみました。

54年1月29日に「東鉱体着鉱を確認す。本社社長あて着鉱を電報する。夕刻、着鉱の内祝す」と、鉛・亜鉛の鉱体に掘りついた喜びを書き留めています。この大物所長は相変わらず、毒物亜ヒ酸の製造より重要鉱物の採掘に重きを置いていたようです。

焙焼炉問題については、2月6日に「鉱害問題で西臼杵支庁に行き、支庁長、経済課長、岩戸村長等立会い会合をなして、最後的問題解決に村長が乗り出すことに一致した」と書いています。この会合は、鉱業所の職員が宮崎県西臼杵支庁、岩戸村、和合会幹部と水面下で折衝してお膳立てしたのでしょう。「村長が解決に向けて乗り出す」ことを決めると、中島鉱山会社と和合会の攻防は和解に向けて走りだしました。

和合会が伊木竹喜村長を来賓に招いて定期総会を開いたのは、それから3週間後の27日でした。議事録には「満場一致で条件の案作成を県・支庁・村長に一任する事を約す」と記しています。前年12月11日の臨時総会で「試験焼きにても焼いてもらっては困ると、会長他一名(仲治)鉱山に出向き断っていただくこと」と決議してから2か月半後、亜ヒ焼き絶対反対から条件付き賛成に転じて、亜ヒ酸焙焼炉問題の収拾を行政にゆだねたのです。

なぜ、こんな逆転が起きたのか。その理由を知りたくて、当事者から話を聞いて回ったこと

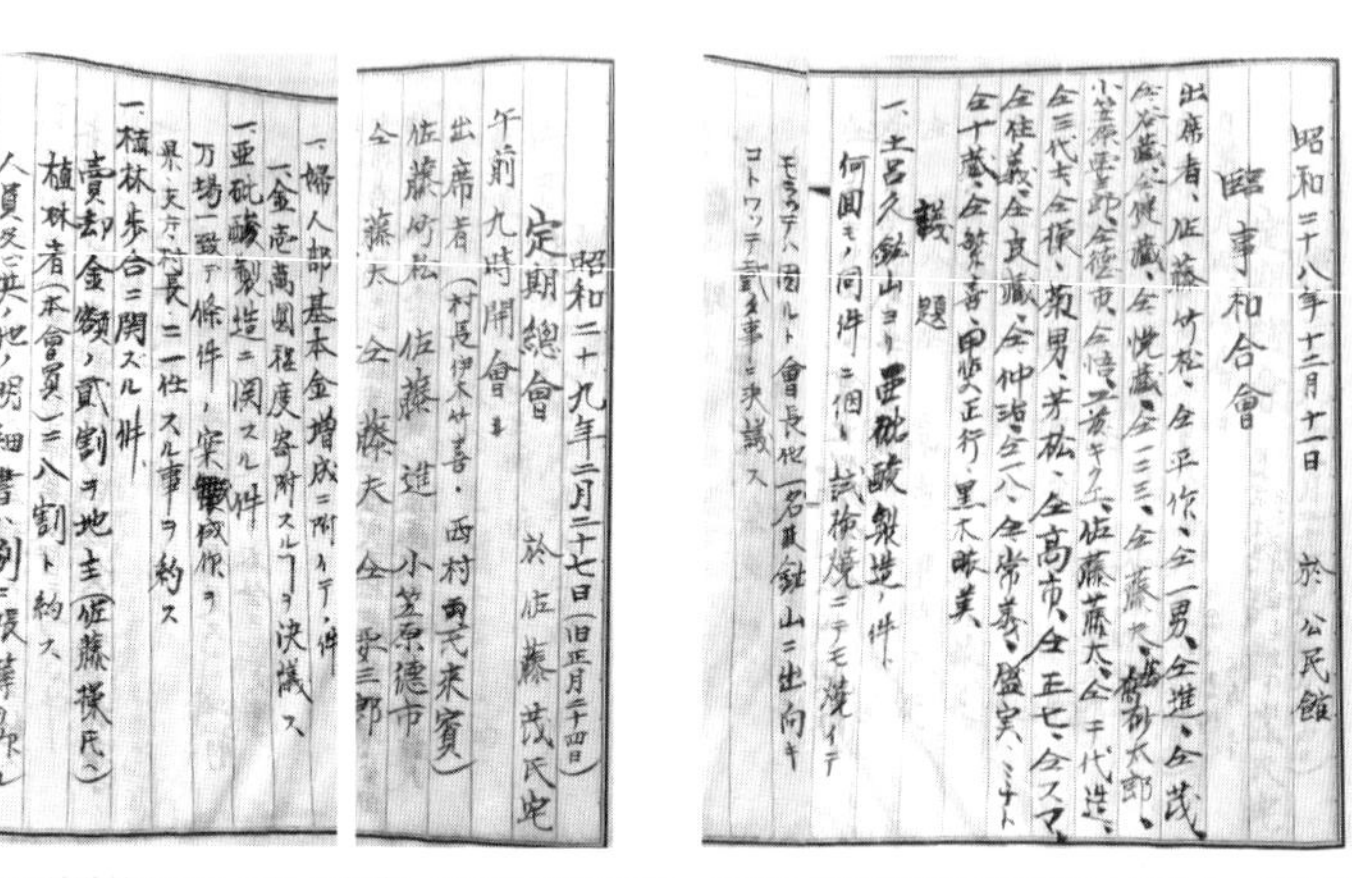

昭和二十八年十二月十一日　於 公民館

臨事和合會

議題

一、土呂久鉱山ヨリ亜砒酸製造ノ件

昭和二十九年二月二十七日（旧正月二十四日）

定期總會　於佐藤茂氏宅

午前九時開會ス

一、婦人部基本金増成ニ附テノ件

一、金壱萬圓程度寄附スルコトヲ決議ス

一、亜砒酸製造ニ関スル件

一、植林歩合ニ関スル件

右が試験焼きでも反対と決議した1953年12月11日、左が条件案作成を県と支庁と村長に一任と決めた1954年2月27日の和合会議事録

があります。和合会が方針を転じた最大の理由は、行政が中に立って、和合会の反対派を切り崩すために、鉱山から和合会に協力金30万円をだしたことだとわかりました。

和合会の中には、最初から焙焼炉建設に賛成していた農家がありました。鉱山に働きにでていた人たちです。和合会に協力金が入ることになって、反対から条件付き賛成に態度を変えた農家もありました。鉱山から離れた所に住んでいた人たちです。戦前、ひどい煙害を経験した鉱山近くの農家は絶対反対の立場を変えなかったのですが、比較的被害が軽かった農家は「お金をもらった方がよい」と意見をひるがえしました。

「うちは鉱山の近所だから建設に反対しつづけたのですが、鉱山から遠くの農家に『害があれば操業をやめるち言うのだから、焼かせてもいいじゃないか。反対すると30万円がもらえんようになる』と言われて、付近の農家はコケですわ」

そう悔しそうに語っていたのは、鉱山に隣接する「樋の口」の佐藤操さんでした。

中島鉱山会社は強行策に踏み切ることなく、行政を味方につけると、その行政をあっせん役に仕立てて、和合会に協力金を払うことで住民の結束を切り崩したのです。集落の議決は全会一致が原則。鉱山近くの農家は最後は反対の意思をのみこんで、満場一致で行政に一任するしかありませんでした。

「安全なら役場に窯をつくって亜ヒを焼いてください」

和合会が1954年2月27日の総会で、それまでの亜ヒ酸焙焼炉建設反対から条件付き賛成に転じたと知って、「男たちにまかせておれん」と立ち上がったのが土呂久婦人会でした。「亜ヒ焼きをさせんでくれち、村長さんに言いに行こや」と提案したのは、鉱山の南に接する「樋の口」の佐藤ヤソさんでした。ヤソさんに同意した婦人たちは、出発前に集まって、こんな話をしたそうです。

「村長さんが眠らんごつバケツやヤカンを叩いて、旗をかたいで家のぐるりを回ろかね」

そのころ筑豊の炭鉱などで、労働者が街頭にでて訴えるデモ行進が盛んにおこなわれていました。そうしたデモのようすが祖母山系の谷間の集落にも伝わっていたのでしょう。

岩戸村の伊木竹喜村長は、土呂久から6キロ下の上村（かむら）という集落に住んでいました。雨の降る中、子連れの婦人たちは弁当にお菓子におしめなどをもって山道を下り、出勤前の村長宅に押しかけました。縁側に腰を掛けたり、傘をさして庭に立ったりして、「牛馬は死んでいき、農作物も椎茸も果実もできなくなって、土呂久はつぶれてしまいます。亜ヒ焼き窯をつくるのをやめさせてください」と訴えたのです。

それから四半世紀後、このときの体験を語る婦人たちの言葉の端々に、時を経ても忘れることのできない悔しさと怒りがにじんでいました。佐藤ミキさんの記憶に残っていたのは、村長が口にした女性差別の発言です。

「男の人たちと契約できとるとやから、今さら女が来て、そげなこと言うても通らん」

こうした差別意識は村長だけではありません。土呂久の集落にも「男の決めたことに口をだす女がおるか」と言って、婦人を陳情行動に参加させなかった家もあったのです。

村長が「自宅じゃ話にならん」と言って、役場の村長室に交渉の場を移しました。婦人たちから「害がないと言うのなら、役場の庭に窯をつくって、ここで焼いてください。私たちが土呂久から鉱石を運びます」という声が起こりました。

同じような言葉を現在も聞くことがあります。自然豊かな海辺に原子力発電所建設が計画されたとき、土地の人たちが叫びます。「原発が安全だというのなら、電力を必要としている大都市に建ててください！」。約70年前、土呂久の婦人たちは同じ憤りをぶつけたのでした。

土呂久訴訟の原告佐藤ハツネさんは、一審で最終意見陳述をしたときの原稿に、村長との交渉で唇をかんだ無念さをこう書きました。

「土呂久の農家がつぶれても鉱産税という多額の税金がはいるのだ。西臼杵郡内でも、こんな高い税の入る村はないのだから、と言いとばされてしまいました」

町長の無情の言葉に、婦人たちは「頼りにしていた村長さんが、集落の一つや二つつぶれてもかまわんと言った」と、声をあげて泣きだしました。親につられて子どもも泣きだして、雨の山道をワンワン泣きながら土呂久に帰ったのでした。

戦前の甲斐徳次郎村長は、土呂久に起きた異変の原因を究明して、亜ヒ酸製造をやめさせようとしました。戦後の伊木村長の姿勢は違っていました。村に入る鉱産税をありがたがって、山奥に住む被害農民の声に耳をふさいだのです。

地下資源開発の協力金30万円

和合会が亜ヒ酸焙焼炉建設に条件付き賛成に転じたあと、中島鉱山会社はどう動いたのか。土呂久鉱業所長小宮新八氏が残した鉱山手帳でたどってみます。

3月1日　岩戸役場行、村長面会（アヒサンの件にて）、根本氏同伴。
5月12日　本社糸井氏来山（篠田氏同行）。
5月17日　糸井氏下山。
6月21日　亜ヒ酸炉契約調印完了。午後4時より丸菊にて会食す（村長及び部落有志）。

この記載から読みとることができるのは――。

和合会が問題の解決を村長らに一任すると決めた2日後、小宮所長と根本亨副所長は岩戸村役場で伊木竹喜村長に会っています。焙焼炉建設の条件について鉱業所の考えを伝えたと思われます。その後、水面下の交渉で和解案をつめて5月15日を契約調印の日と決め、12日に本社の幹部だった糸井一氏と篠田恭三氏を土呂久に迎えました。糸井氏は戦前の岩戸鉱山時代に土々呂精練所長をつとめ、戦後は中島鉱山会社の取締役になった人。篠田氏は、日中戦争のさなかに土呂久鉱業所長を辞めて中国・上海の鉱業会社に移り、戦後中国にしばらく留まって帰国し、中島鉱山会社が経営する新木浦鉱業所の顧問になった人です。

糸井氏は、調印予定日が過ぎた17日に土呂久を離れ、実際の調印日は、それから1か月余りたってからのことでした。なぜ、調印は延期されたのか。推察されるのは、糸井氏が契約書の案文を本社に持ち帰ったことです。

中島鉱山会社の役員会は前年12月末、「強行策遂行の決意のもとで炉の建設に着手」と決定しました。この方針と、住民との対話を重視した小宮所長のもとでつくられた契約案が合致しているかどうか、検討したのではないでしょうか。契約案は、会社にとって思いのほか厳しい内容だったからです。最終的には本社が原案を了承し、6月21日に調印式がおこなわれました。調印後、村長と鉱山幹部と和合会有志が役場近くの旅館「丸菊」で開いた会食は、和合会と鉱山会社との1年9か月にわたる対立の手打ちを意味していました。

調印された文書は、中島鉱山会社の鈴木仙社長と和合会の佐藤竹松会長の間で結ばれた「覚

亜ヒ酸焙焼炉建設にいたる経過

1952(昭和27)	9月	中島鉱山会社が「土呂久鉱山亜砒酸炉建設計画」を作成
	9月20日	鉱山職員が和合会の佐藤十市郎さんに焙焼炉建設計画を伝える
1953(昭和28)	旧正月24日	和合会総会で、会長が亜ヒ酸窯設置計画について報告
	3月末	土呂久、立宿集落代表が松尾鉱山を見学
	5月末	土呂久鉱山労組が土呂久各戸に亜ヒ酸製造再開の御願い状配布
	7月9日	土呂久鉱山労組が県経済部長に試験炉建設に協力を求めて陳情
	7月19日	和合会が煙害資料を集めて亜ヒ酸製造再開反対請願書作成を決議
	9月17日	西臼杵支庁と岩戸村の関係者、県労評事務局長、宮崎大学農学部助教授、土呂久代表らが焙焼炉予定地を視察
	12月11日	和合会が「試験焼きでも困る」と伝えることを決める
1954(昭和29)	2月27日	和合会総会で、満場一致で条件案の作成を村長らに一任
	3月初め	土呂久婦人会が村長に焙焼炉建設反対の陳情
	5月15日	亜ヒ酸焙焼炉建設に関する覚書と契約書の調印日
	6月21日	実際に覚書と契約書に調印した
1955(昭和30)	3月15日	亜ヒ酸焙焼炉完成
	3月23日	鉱石1トンを炉に入れて焙焼を始める

書」(斡旋人は岩戸村の伊木村長)と、伊木村長と鈴木社長の間で結ばれた「契約書」(斡旋人は宮崎県西臼杵支庁の浜田邦夫支庁長)の2通でした。高千穂町役場に保管されている原本を見ると、調印日の5月15日は「5」と「15」が墨字で入っています。

覚書で、中島鉱山会社と和合会は「農林事業の振興と地下資源の開発が岩戸村並に土呂久部落の繁栄に寄与すること大なる点に鑑み、相携へてこの目的達成に協力すること」で合意し、会社は地下資源開発に協力する和合会に「毎年10万円を3年間支払う」ことを約束しました。当時の岩戸村長の月額給与は3万円。したがって協力金の30万円はその10か月分です。この覚書を前提にして、中島鉱山会社と岩戸村が結んだ契約書には、煙害が認められた場合、村から要求があれば「直に操業を中止し、十分な補償をおこなう」という条文が盛りこまれていました。

糸井氏が本社に案文を持ち帰って検討したのは、この厳しい条件をのむかどうかだったのではないでしょうか。会社側はこの案文を承認して、予定より1か月遅れで調印しました。和合会も、30万円の協力金と煙害をだせば操業中止という条件に納得して調印したのですが、この和解の成否は、会社と行政が誠意をもって契約を履行するかどうかにかかっていました。

煙害だせば操業停止を約束した公害防止協定

中島鉱山会社の鈴木仙社長と和合会の佐藤竹松会長の間で「覚書」が結ばれた1954年6月21日(書面では5月15日)、岩戸村の伊木竹喜村長と中島鉱山会社の鈴木仙社長の間で土呂久鉱山の亜ヒ酸焙焼炉建設に関する「契約書」が締結されました。それから四半世紀たって土呂久を訪ねてきた公害研究者が、この契約書を読んで「54年当時にしては先進的な公害防止協定だ」と感心したことがありました。

どういう点が先進的だったのか。公害史の本を開くと、日本最初の公害防止協定として、52年3月に島根県と大和紡績益田工場の間で結ばれた覚書が紹介されています。土呂久の契約書より2年早く作成されていた覚書の内容が知りたくて、島根県に公文書公開請求をして取り寄せてみました。送られてきたのは、約70年前の青焼きをコピーした文書で、字が薄れて読むのに苦労しました。表題は「覚書」となっていますが、内容は、大和紡績会社社長から島根県知事にあてた7項目の誓約です。

島根県の覚書と土呂久の契約書を比較してみました。島根は、紡績工場の廃水が海洋漁業に影響を及ぼさないこと、土呂久は、戦前のような煙害を起こさないことが目的です。汚染を防止するために、島根の紡績工場は「廃水処理の諸設備を完備する」、土呂久の亜ヒ酸焙焼炉は「法規のとおり建設」し、「鉱滓の自然飛散と河川流入を防止する」と、どちらも対策を完全にすることを表明しています。

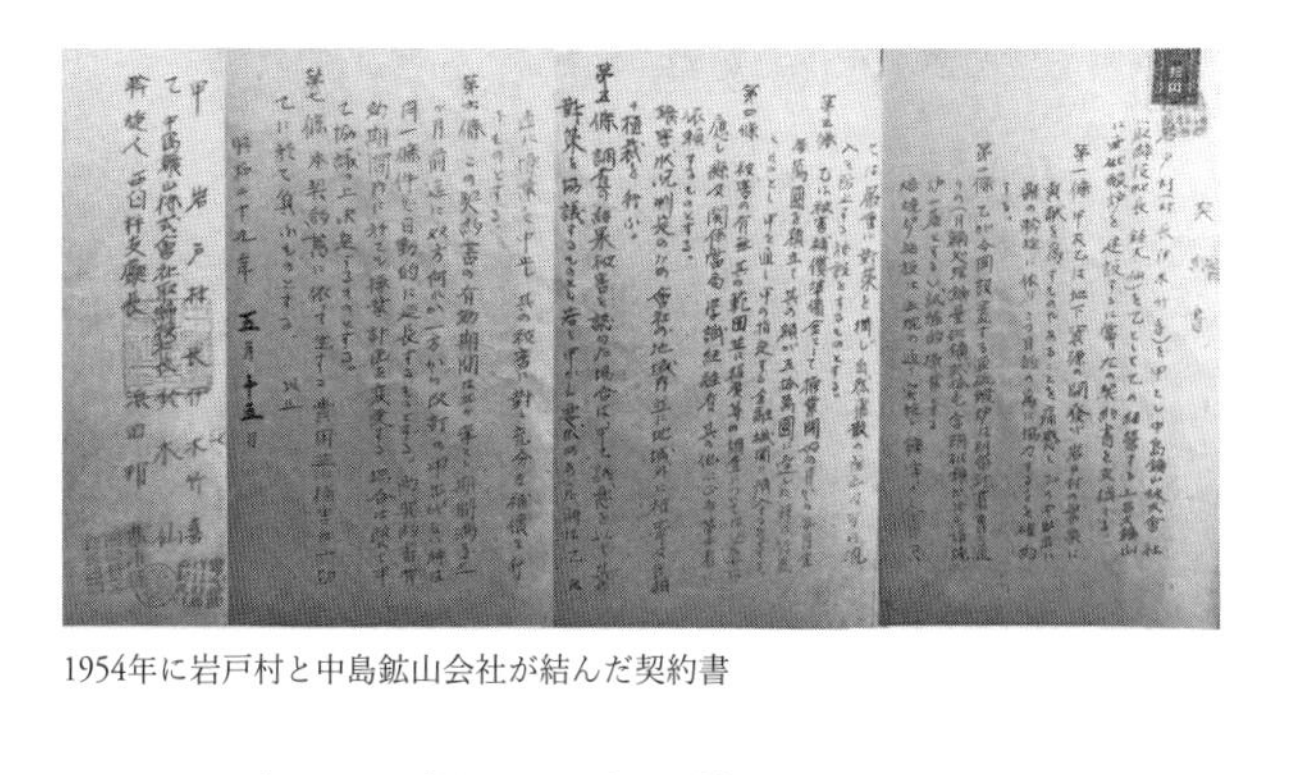
1954年に岩戸村と中島鉱山会社が結んだ契約書

両者の違いが際立つのは、試験操業に関してでした。島根の紡績工場が最初に試験操業をおこなって、「所期の水質を得ない場合には、所期の目的を達成するまで、本操業を開始しない」としているのに対し、土呂久の亜ヒ酸焙焼炉はそもそも「試験操業」として建設されるので本操業には触れていません。つまり、紡績工場は廃水の水質が悪ければ汚染処理方法を改善する余地があるのに、亜ヒ酸焙焼炉は煙害を起こせば廃止するしかなかったのです。

では、誰がどうやって汚染の有無を判定するのか。島根では

島根県の覚書と岩戸村の契約書の比較

	島根県の覚書	岩戸村の契約書
成立日	1952年3月18日	1954年5月15日
当事者	島根県知事と大和紡績会社社長	岩戸村長と中島鉱山会社社長
建設施設（操業方法）	紡績工場（試験操業で水質が所期の目標に達しない場合は本操業を開始しない）	亜ヒ酸焙焼炉（試験操業とする）
汚染防止策	廃水処理の諸設備の完備	法規の通りの焙焼炉建設 鉱滓の自然飛散、河川流入の防止
汚染調査・判定	学者・技術者よりなる廃水調査委員会が判定する	鉱害判定のために椎茸と豆類を植栽 県・関係当局・学識経験者・公正な第三者による被害調査
補償／操業中止	県・利害関係者で構成する補償委員会の結論によって損害を補償する	被害補償準備金の積み立て（上限50万円）、被害を認めた場合は直ちに操業を中止し、十分な被害補償をおこなう

学者と技術者よりなる「廃水調査委員会」が水質を調査し、実際に被害がでたときは、県と利害関係者で構成する「補償委員会」の結論によって補償する、としています。

土呂久では、煙害に弱いシイタケと豆類を鉱山敷地の内外に植栽し、「県、関係当局、学識経験者、その他公正な第三者」が調査し、その結果、被害が認められて岩戸村から要求があったときは、鉱山会社は「直に操業を中止し、十分な補償をおこなう」と定めています。そのために鉱山会社は、補償に必要なお金を「被害補償準備金」として積み立てることにし、毎月3万円ずつ50万円になるまで金融機関に預けると明記しています。

日本最初の公害防止協定と比べても、土呂久の契約書は見劣りしません。被害判定のためのシイタケと豆類の植栽、被害補償準備金の積み立て、被害が認められれば操業中止と被害補償。鉱山会社がこの厳しい内容をのまざるをえなかった背景に、戦前の被害を絶対に繰り返させないという和合会の強固な意思があったのは明らかです。

それにしても不思議な契約書です。鉱山会社はお金をかけて実用炉を建設しながら、名前を試験炉とし、栽培したシイタケに害がでれば操業を中止すると約束したのですから……。よほど煙害をださないことに自信をもっていたのか。たとえ煙害をだしたとしても、操業を継続する抜け道を考えていたのでしょうか。

亜ヒ酸炉建設を直撃した大型台風

亜ヒ酸焙焼炉に関する覚書と契約書の調印が終わり、炉建設の準備が始まった土呂久を三つの台風が直撃しました。1954年8月18日に台風5号、9月7日に13号、13日に12号。中でも台風12号は、住民が「山が崩れるのではないか」と不安を覚えるほど猛烈な雨をもたらしました。土呂久鉱業所の小宮新八所長の鉱山手帳が、そのときのようすを伝えてくれます。

13日、風雨最も強く、特に雨量多し。午後10時頃より風雨幾分弱まる。道路等被害甚大なり。
14日午前2時頃、M氏事務所前より投身す。夜明けを待って探したが見つからぬ。
15日午後7時頃、事務所前においてM氏を発見す。夕刻電灯つく。

16日、M氏の葬式行わる。

M氏は、小宮所長が信頼していた鉱夫頭でした。土呂久周辺の地質調査に同行し、村の有力者と会食するときは、所長代理として出席させていました。その人が嵐の最中に土呂久川に身を投げたのです。

「消防団が照らすライトの中で、岩にひっかかった死体がブランブランしよるとよ。ぞうりは事務所の前の大岩の下にきちんとそろえてあった。胸が悪かったので、生きとってもダメだと匙を投げたんでしょう」

そう語ったのは、鉱山の北の小又川上流に住んでいた佐藤花恵さんでした。

台風12号は西臼杵郡内で猛威をふるい、通信線は途切れ、道路は寸断され、被害状況を外に伝えることができなくなっていました。この惨禍を一刻も早く報道しなければと、台風明けの14日早朝、高千穂を出発して徒歩で延岡をめざした新聞記者がいました。朝日新聞高千穂通信部の岩本利佐男記者。お先真っ暗な60キロの大冒険でした。

日之影町のトンネルをぬけると、目の前にあるはずの路面がえぐりとられていました。眼下は濁流の五ヶ瀬川。崖をよじのぼり、山間をはうように進み、ズボンもシャツも泥まみれ。30戸が一瞬の間に流された集落の跡を見て、延岡に近づくと、粘土と川砂が道路と水田を埋め尽くしていました。延岡通信局に駆けこんだのは15日午後6時。すぐ記事を書いて写真を付けて出稿。16日の社会面に「惨禍拡大の九州の尾根を踏破／ガケをはい60キロ／高千穂から延岡まで一昼夜半／道も部落も形なし」の見出しで掲載されました。

「日の影駅に入ると道床が流され、一カ所に集められた赤サビた線路がアメのように曲って構内の一部は崩壊。構内外れから約2千メートルはレールが流失している。懐中電灯を唯一の頼りにはうようにして進む。夜明けとともに再び川を下る」

まさに、命がけの体験ルポでした。

日向日日新聞高千穂支局の笹山通記者は、岩本さんから1日遅れで高千穂─延岡を踏破し、「壊滅した高千穂・日の影国道／大川と化した道路」という記事を書きました。通信が遮断された町で、何が起きているかを伝えるために、体を張って通信できる町をめざし、自らの体験を通して情報を伝える。昭和中期の地方記者の面目躍如たる報道でした。

秋が深まった土呂久鉱山では、台風12号による坑内浸水、道路寸断なども復旧し、亜ヒ酸焙焼炉建設が軌道に乗りました。

松尾鉱山の指導を受けて連続焙焼炉完成

1955年に建設された新焙焼炉は、戦前の亜ヒ焼き窯とは構造が異なっていました。戦前の石造りの窯は、燃焼室に詰めたヒ鉱が焼けてしまうたびに、焼き殻と集ヒ室の亜ヒ酸を取りだし、新しいヒ鉱を詰めて再び火をつけたのですが、戦後の炉は火を消すことなく次々にヒ鉱を投入する連続焙焼式でした。

建設を指導したのは木城町松尾鉱山で亜ヒ酸精錬の監督をしていた藤井仁蔵氏で、「炉は図面通りにつくるとなかなか思うように仕事ができず、松尾の炉もあとでずいぶん手を入れてようやくできました」と忠告していました。純度の高い亜ヒ酸を生産するには、細かな点に工夫が必要で、設計図通りにはいかないというのです。

焙焼炉は三つの部分からできていました。前から見て左が、燃料のコークスとヒ鉱を混ぜて投入する燃焼炉。円筒形で外径1・5メートル、高さ3メートル、内側は耐火レンガ、外側は鉄製でした。燃焼炉から流れだした煙は1号、2号、3号、4号に分かれた石積みの集ヒ室（各室とも縦、横、高さは3メートル）で亜ヒ酸の粉を降らせます。その右に高さ6メートルの煙突が立っています。建設するうえで難しいのは、燃焼炉と1号室、各室の間、4号室と煙突をつなぐ煙道の大きさと位置だったといいます。空気の流れ方によって、集ヒ室に沈降する亜ヒ酸の質と量が異なったからです。

焙焼炉の完成が近づいた1955年3月1日、土呂久の人たちを驚かすニュースが鉱山から聞こえてきました。鉱山所長の小宮新八氏が、持病の心臓病の悪化で休職し、後任に副所長の根本亨氏が昇格したというのです。焙焼炉が完成したのは、それから半月後のこと。さらに10日後に鉱石を装入して、亜ヒ酸の製造が始まりました。戦争中から約15年間、煙の消えていた谷に再び亜ヒ焼きの煙が棚引くようになったのです。

小宮氏は焙焼炉建設の計画を進める際、土呂久住民との対話を重視する穏やかな人でした。所長を辞めたあと、土呂久から4キロ下った春目地区に家を借りて生活し、1956年2月11日に60歳で世を去りました。隣人だった佐藤ツユ子さんは「小宮さんは鉱山を追われて、うちの下に住むようになって、ここで死んだとよ。どうしてかしらん」と、その最後が腑に落ちなかったと話していました。

土呂久鉱山の南に接する「向土呂久」の墓地に「小宮新八之墓」が立っています。墓石には「小宮高樹之父、小宮ミホ之夫」と彫られています。高樹さんは、小宮氏が土呂久鉱業所長に就任する3年前に亡くなった先妻との間の長男です。ミホさんは「向土呂久」の二女で、所長住宅で暮らす小宮氏の世話をしていました。和合会と鉱山会社の対立に打開のめどがたった54年2月、小宮さんとミホさんは近所の人を招いて祝言をあげました。

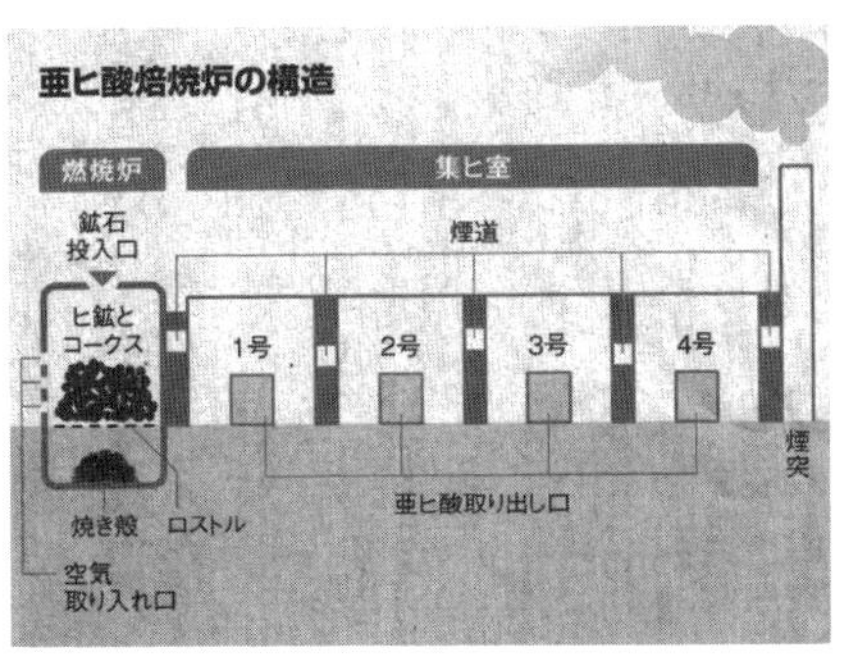

亜ヒ酸焙焼炉の構造
（朝日新聞連載「和合の郷」第122話より）

ミホさんが亡くなったあと、妹のツルさんが小宮氏の墓に花を供えてきました。

「小宮さんが、地蔵堂の脇のイチョウの木の下に骨を埋めてくれと言い残したので、そこに墓を建てて、群馬県にある墓から分骨したってす」と、ツルさんは話します。

亜ヒ焼きの煙が流れていたころは、葉の青いときに散っていたイチョウが、閉山後は美しく黄葉してギンナンをつけるようになりました。その木の下の墓前で手を合わせると、煙害の原因になる焙焼炉建設を進めながら、心の中で、土呂久の風土と人びとが好きになっていた鉱山所長の胸のうずきが伝わってくるようです。

防毒マスクのゴムは溶け、長靴からは煙

1955年3月23日、15年近く中断していた亜ヒ酸の製造が再開されました。戦後の亜ヒ焼きはどんなふうにおこなわれたのか。詳しく語り残したのが、土呂久訴訟の原告で、亜ヒ酸製造に従事した経験をもつ鶴野秀男さんと清水伸蔵さんです。

鶴野さんは55年から約1年間、清水さんは55年から62年の閉山までの全期間、亜ヒ酸焙焼炉で働きました。鶴野さんがその体験を話したのは、78年1月18日の土呂久訴訟一審第11回口頭弁論でした。

大切坑と二番坑で採掘された硫ヒ鉄鉱は、100メートル高い場所にある焙焼炉までケーブルとトロッコで運ばれました。ヒ鉱をハンマーで砕くと、直径数センチの塊鉱(かいこう)と粉鉱(ふんこう)になります。粉鉱は粘土と混ぜて足でこね、手で握って団鉱(だんこう)にしました。この団鉱と塊鉱をコークスに混ぜて燃焼炉に投入すると、焼けた鉱石から飛び立った亜ヒ酸と亜硫酸ガスが煙とともに集ヒ室へ。煙の温度が193度まで下がると、亜ヒ酸は固体になって凝集して1号から4号までの部屋に沈降し、ごく微細な粒子は回収されず煙突から吐きだされました。

1号と2号には高品質の亜ヒ酸、3号と4号には硫黄などが混じった粗製の亜ヒ酸がたまり

ました。高品質の亜ヒ酸はそのまま出荷し、粗製の亜ヒ酸は倉庫に集めておいて、もう一度燃焼室に投げ込んで精製しました。

戦前の亜ヒ焼き窯と異なるのは、炉の火を消すことのない連続焙焼だったこと。変わらないのが、集ヒ室の中に入って亜ヒ酸を取りだす危険な作業でした。初めは部屋の外から鉄の棒を差しこんで、その先に付けた鉄板で亜ヒ酸をかきだすのですが、四隅にたまった亜ヒ酸が残ります。これを取るために、スコップをもった労働者が熱い煙の充満している部屋に飛びこみました。

土呂久鉱山に建てられた亜ヒ酸焙焼炉。閉山から9年後の1971年に撮影

「入った瞬間に髪の毛がバリバリと音をたて、どういうわけか呼吸ができなくなるので、部屋に入っているのは10秒が限度」という話に、傍聴人は胸をしめつけられました。

会社が支給した防じんマスクと長靴を使った体験もすさまじいものでした。

「マスクをつけて熱い部屋に入ると、鼻の上から口の周囲に当たっているゴムが溶けて、火傷したあとが水膨れになりました。長靴からは煙がでて、熱くてたまらず集ヒ室を飛びだすと、雨水をためた桶に飛びこみました。長靴の底は溶けて丸くなっていました」

鶴野さんは二度とマスクを使わず、3枚のタオルで頭と顔と首を防護したと証言しました。

清水さんは、集ヒ室の環境が改善されたあとの労働について弁護士に語りました。その内容が、1987年7月10日付の陳述録取書として残っています。

改善策は、1号集ヒ室の中で作業するとき、燃焼炉と1号室をつなぐ煙道の出口真上の鉄製の天板を10数センチずらしてすき間をつくり、煙道から来る熱い煙を上に逃がしたことでした。それによって部屋の温度が下がり、息苦しさも軽減されて仕事が楽になったのですが、その代わりに、1号集ヒ室の天井から大量の亜ヒ酸を含んだ煙が吐きだされました。この作業は、毎朝8時ごろから約30分間おこなわれました。「その煙は、煙突からでる煙より白っぽくて、谷の下流へゆっくり降りていきました」と清水さんは陳述しています。

谷の下には「樋の口」の家族が住んでいました。娘の一人は「毎朝8時ごろ、下ってくる煙の中で太陽が反射して黄金色の帯のようでした。くさい臭いも当たり前のように思っていました」と回想します。

煙害判定の指標のシイタケ芽をださず

新焙焼炉で亜ヒ焼きが再開されると、和合会はすばやい動きをみせました。岩戸村の村議会議員をしていた佐藤十市郎さんら2人が、再開から約3週間たった1955年4月11日に村役場の助役を訪ねて、焙焼炉の周辺でシイタケ栽培試験を始めるように申し入れたのです。

シイタケ植栽について、岩戸村と中島鉱山会社が焙焼炉建設にあたって結んだ契約書第4条に、こう書いていました。

「被害の有無、その範囲ならび程度等の調査については、必要に応じ、県および関係当局、学識経験者、その他公正な第三者に依頼するものとする。鉱害状況判定のため、会社の地域内ならびに地域外に椎茸および豆類の植栽を行なう」

煙害判定の指標にシイタケが選ばれた理由は、戦前の亜ヒ焼き被害の経験によるものでした。1925年に池田牧然獣医師が『岩戸村土呂久放牧場及土呂久亜砒酸鉱山ヲ見テ』と題する報告記に「この地の重要物産である椎茸の原木を見れば茸一つ見えぬ」と書いたように、亜ヒ焼きの煙が流れてきた場所では、シイタケが芽をださなかったのです。煙害の有無を調べるのに最適の指標でした。

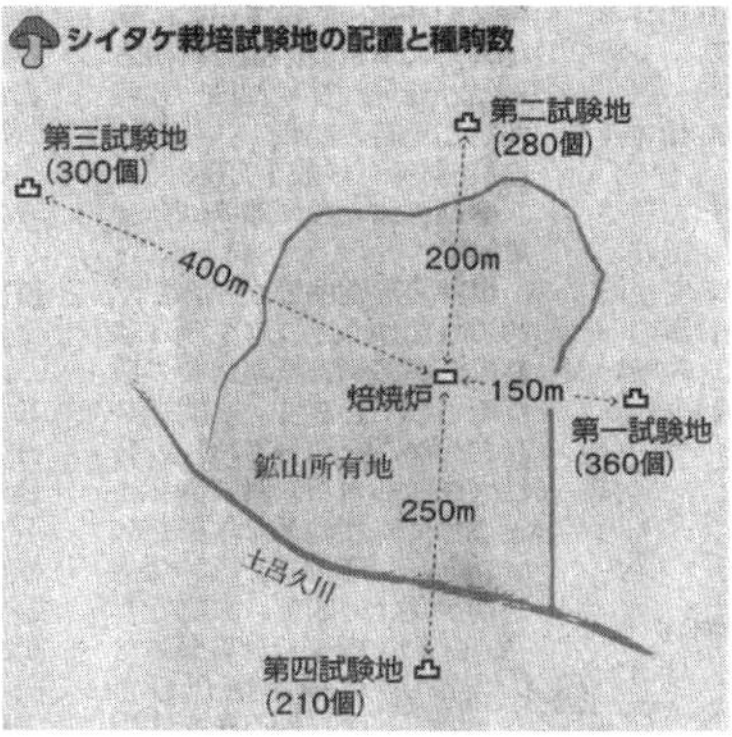

土呂久鉱業所の資料をもとに作成したシイタケ植栽試験地の配置と種駒数
（朝日新聞連載「和合の郷」第124話より）

契約書で鉱山会社は、シイタケ栽培試験で被害が認められれば「直に操業を中止し、十分な補償をおこなう」と約束しました。和合会にとって、この約束は煙害から集落を守る生命線。煙に神経をとがらせる住民が「2、3日おきに鉱山事務所に抗議し、職員とともに焙焼炉の視察に来ていた」と、土呂久公害訴訟の法廷で証言したのは、亜ヒ酸製造に従事した経験をもつ鶴野秀男さんでした。

日向日日新聞は、亜ヒ焼きが再開されて半年後の秋、「(鉱山付近の)山林に伏せたシイタケ駒木に被害を及ぼし、生産がガタ減り」になったと書きました。中島鉱山会社の資料を見ると、東京の本社が土呂久鉱業所に「地元ならびに宮崎県西臼杵支庁の要請が強いので、シイタケ栽培を至急始めるように」と指示し、鉱業所がシイタケ試験栽培の技術指導を西臼杵支庁に依頼し、支庁の指導のもとで1956年10月にシイタケ栽培試験を始めたことがわかります。試験地として焙焼炉から150~400メートルの距離にある4か所を選び、シイタケの原木約6千石を伏せこみました。打ちこんだ種駒は合計1150個です。

それから1年半後の58年3月、問題が噴きだしました。試験地を見て回った住民が、シイタケが全然芽をだしていない地区を発見、西臼杵支庁と町役場に通報し、支庁の林務課員、役場職員、鉱山幹部が、和合会立ち合いのもとで試験地を回ってシイタケ無発芽の地区を確認したのです。そこで支庁と町が、シイタケの生育状況の調査と煙害の有無の判定を専門家に求めたところまでは、契約書通りに運ばれ、土呂久の人たちは、これで亜ヒ酸製造を中止させることができると考えたのですが……。

鉱山と接する「向土呂久」の佐藤弘さんは憤慨して、こう語ってくれました。

「試験地のシイタケは全然芽をだしてなかったのに、鉱山は『シイタケに不向きな場所のせいだ』と、他の理由にして煙害だとは認めなかったんです」

契約書は、鉱山の操業中止を含む厳しい内容を書きながら、そこには〝専門家の調査〟という抜け道がつくってありました。

農林省技官が新聞談話で煙害を否定

「ヒ素灰の煙害問題に結論／〝シイタケに害はない〟／農林省技官が太鼓判」という見出しの記事が、朝日新聞宮崎版に載ったのは１９５８年5月25日でした。当時、土呂久に新聞を購読していた農家はなかったので、農林省技官が「シイタケに害はない」と煙害を否定していたことを知ったのは、75年に始まった土呂久公害訴訟の中で被告の住友金属鉱山が、この記事を公害否定の書証として提出したときでした。

乙第 346 号証 3
宮崎県西臼杵郡高千穂町大字岩戸
中島鉱山株式会社 土呂久鉱業所
電話（天岩戸）15番
昭和33年5月25日 朝日新聞
ヒ素灰の煙害問題に結論
〝シイタケに害はない〟
高千穂町 農林省技官が太鼓判

住友金属鉱山が書証として提出した1958年5月25日の朝日新聞記事の切り抜き。3人の談話の1人分が欠落していた

記事によれば、亜ヒ酸焙焼炉近くに設けられたシイタケ栽培試験地で、58年3月にシイタケの無発芽がわかり、専門家の調査がおこなわれました。専門家は、農林省林業試験場宮崎分場（当時）菌類研究室長の温水竹則農林技官。温水氏は記事の談話の中で、煙害でない理由として、①原木の伏せ込み場所が適地でない、②煙害を受けたキノコにできる斑点

が見当たらない、③煙が多く流れている川向うではキノコができている——をあげています。
この新聞記事から2か月後、土呂久鉱山は大切坑で起きた出水事故によって休山に追いこまれ、亜ヒ酸製造は中断します。翌年2月に再開して間もない4月、和合会は「吐煙量多きため、植林、牧草の生育不良、シイタケ不作、みつばちの死滅」を理由に、焙焼炉廃止を求める陳情書を高千穂町長（56年9月岩戸村は高千穂町に合併）に提出しました。農林畜産物被害に苦しむ住民に対し、当時、鉱山を経営していた中島鉱山会社は「専門家が煙害でないと認めた」ことを盾にして亜ヒ酸製造を継続しました。それほどシイタケ栽培試験は重大な意味をもっていたのですが、温水技官の判定が載っているのは新聞の談話だけで、公式の報告書類は何も見つかっていません。

高橋農改普及所長の話　シイタケの話は初めてです。そんなことがあるだろうか。然し昼は無理をしていないが、夜になると煙をうんと出すので、カキやウメなど果樹類や豆類が出来なくなった。それにミツバチなどがいなくなったので煙害は出ている。昭和十六年から三十年までの中止していた間は果樹もよく出来、ミツバチなどこん虫も多かった。

住友金属鉱山提出の書証では欠落していた高橋農改普及所長の談話

公害反対運動の理論家だった宇井純さんは、公害が発生して解決するするまでに、公正な顔をした専門家が原因をあいまいにする時期がある、と述べています。土呂久では、農林技官による煙害否定の談話が、この役割を果たして被害を長引かせたのでしょう。
私は土呂久に関するあらゆる記事を読みたくて、デジタル保存されている50～60年代の朝日新聞宮崎版を丹念に調べたことがあります。そのとき、土呂久訴訟の被告側書証「ヒ素灰の煙害問題に結論」の記事を見つけ、おかしなことに気づきました。

被告が裁判所に提出したのは宮崎版から切りぬかれた記事で、「中島鉱山土呂久鉱業所」の台紙に貼られていました。そこには2人の談話しか載っていないのですが、本来の紙面には3人の談話が載っていたのです。欠落していたのは「高橋農改普及所長」の談話で、被告にとって都合の悪い内容でした。文章をわかりやすくするために丸カッコを補足して全文を引用します。

「シイタケの（無発芽が煙害でないという）話は初めてです。そんなことがあるだろうか。しかし（亜ヒ酸製造は）昼は無理をしていないが、夜になると煙をうんと出すので、カキやウメなど果樹類や豆類が出来なくなった。それにミツバチなどがいなくなったので煙害は出ている。昭和16年から30年までの中止していた間は果樹もよく出来、ミツバチなどこん虫も多かった」

温水氏の判定に異を唱えて、煙害は発生していると主張した人がいたのです。高橋所長とはどんな人物なのか。1958年版の『宮崎県職員録』を調べると、「西臼杵中部農業改良普及所所長　技術吏員　高橋正満」とありました。この名前には見覚えがあります。和合会が41年4月に亜ヒ酸製造を中止させてほしいと宮崎県に訴えたとき、陳情書を代書した人。あの高橋さんが、戦後も、煙害の事実を指摘して土呂久の被害農民を応援していたのです。

大切坑の地下110メートルで水脈をぶちぬく

江戸時代の初期、外録（とろく）銀山を開発して大富豪になった大分の守田三弥が、殿様の逆鱗に触れて刑場の露と消えたとき、最後に言い残した言葉が、いろいろな形で伝えられてきました。1952年から55年まで中島鉱山土呂久鉱業所の所長だった小宮新八氏のノートに書き残されていたのは、三弥のこんな言葉です。

「素晴らしい鉱山なのだが、坑内出水が非常に多い。自分は殺されるが、他人には成功させたくない。もし他人が一鍬入れれば100石の水を出して山をつぶしてしまう」

三弥の恐るべき執着心と鉱山の急所が水であることを示しています。この伝承を知っていた土呂久の人が、亜ヒ酸製造が再開されて1年半余りたった56年後半、中島鉱山会社の社長にあてて呪いの手紙を投函しました。

「煙害で死ぬ目にあっている。亜ヒ焼きを止めよ。止めぬなら、三弥の位牌を川の底に沈めてやる。そのたたりで水が出て、採掘できぬようになるであろう」といった文面。文字が乱れ震えていたのは、差出人がばれることを恐れて左手で書いたからでした。

この警告から半年後の57年4月12日、大切坑の地下156メートルを掘進中に毎分15トンの水が噴きだしました。排水ポンプが水に沈み、さらに来襲した台風によって送電線が切れて、鉱石の採掘は大幅に減産。ポンプを修復して元通りの操業を始めたところへ、翌年7月11日、今度は地下110メートルで水脈にぶつかり、毎分2トンの水が湧きだして、二昼夜で大切坑まで水没し採掘不能になりました。東京からやってきた鈴木仙社長ら役員は、二度の出水で資金難に陥ったとして休山を決定、20日に全従業員107人に解雇通知をだしました。24日の日向日日新聞は「土呂久鉱山／四百年の伝統を断つ／滝のような湧水／行先まっくらの従業員」と社会面トップで報じました。

「水はまたたく間にふえ13日までに10、12、13番坑が水浸しになり、あふれた水は坑内入口から滝のようになって流れ出しているのである。全く手のつけられぬ状態である」

この大切坑の水没から約20年後、「自分が呪いの手紙を投函した」と打ち明けた人がいました。土呂久訴訟の原告団長になった佐藤数夫さんです。

昭和の初め、5キロ下の集落から姉さんの嫁入り先の「向土呂久」へ手伝いにきました。鉱山の反射炉でスズ鉱石の焙焼が始まると、吐きだされた亜ヒ酸の白い粉が野菜に降り、煙が通ったあとの草を食べた牛が病死しました。一家は約500メートル南に避難し、畑仕事のなくなった数夫さんは、臨時で鉱山の焼き殻運搬に従事。敗戦でシベリア抑留を経験して帰国後、鉱山に雇用されて大切坑で働くようになりました。55年の亜ヒ酸製造再開後、再び「向土呂久」に煙が流れてくるのを見て、やむにやまれず書いた手紙でした。

三弥のたたりが現実になったことに数夫さんは仰天しました。亜ヒ焼きの煙がやんだのは喜びでしたが、その一方で、学校に行く子ども3人を育てるための現金収入をなくしたのは大きな打撃でした。

休山宣言から3か月後、中島鉱山会社に資金を援助して土呂久鉱山再建に力を貸す会社が現れました。大手の住友金属鉱山です。その系列下に入って操業が始まっても、数夫さんは働く気持ちになれず、奥さんのハナエさんの実家の「母屋」で農業をしながら暮らしをたてました。

「会社あっての労働者」という労資協調の背景

1958年7月に大切坑の出水事故で採掘不能になり、中島鉱山会社が休山を宣言して107人の従業員に解雇を通知したとき、土呂久鉱山労組の対応は「会社の措置を全面的に受入れている」(7月22日の朝日新聞)でした。働く者の生活を守る立場の労組が、あっさりと会社の休山・解雇通知をのんだのです。

土呂久鉱山に労働組合ができたのは50年ごろ、その後、いくつか大きな運動を経験しました。最初の運動は53年、会社と一体になって亜ヒ酸焙焼炉の建設を促進したことでした。土呂久内を戸別訪問して新焙焼炉に賛成するよう働きかけたり、宮崎県の経済部長に会って新炉建設への協力を求めたりしました。

次の闘いが、焙焼炉が完成して亜ヒ酸生産が始まり、業績が上向いた55年夏の「ベースアップとボーナス闘争」でした。「賃金は上げないが、ボーナスは要求に沿う」という会社回答に納得せず、上部団体である全国金属労働組合の委員長に交渉権を一任……と動いたことが、会社の資料に残っています。賃上げ要求で会社と対決したのは、このときだけのようで、他の時期は、おおむね労使協調路線を歩みました。

休山宣言の1年3か月前にも大切坑で水が湧きだしたことがありました。そのとき経営が悪化して、給料を減らされ、支給時期が遅れたのですが、このときの労組委員長の談話は「現在の操業状態からみて会社が苦しいことは自分たちにもよくわかっている。会社の経営が成立ってこそ我々の生活権も護られることになるので、この際会社の事業を中止してまで給料の支払いを要求する考えはもっていない」(1957年11月14日、興梠敏夫記者執筆、掲載紙不明)というものでした。

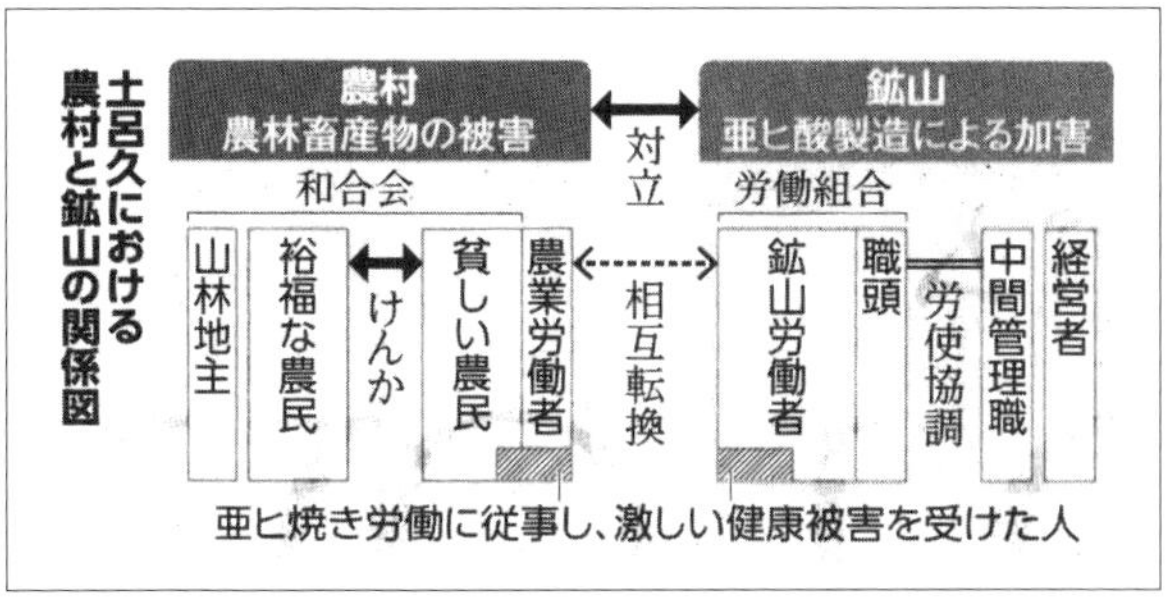

土呂久における農村と鉱山の関係図
農村
農林畜産物の被害
鉱山
亜ヒ酸製造による加害
対立
和合会
労働組合
経営者
中間管理職
労使協調
職頭
鉱山労働者
相互転換
農業労働者
貧しい農民
けんか
裕福な農民
山林地主
亜ヒ焼き労働に従事し、激しい健康被害を受けた人

土呂久における農村と鉱山の関係図(朝日新聞連載「和合の郷」第127話より)

このように労使が協調した背景には、鉱山労働者をうみだした農山村の社会構造がありました。当時の土呂久には、山林地主、裕福な農民、貧しい農民、農地をもたない農業労働者の階層があって、鉱山操業が始まると、山林地主は坑木や建築材を鉱山に売って儲け、農地が狭いあるいは農地をもたない農民は、鉱山で働いて賃金収入を得ました。一方で裕福な農民は、鉱山の世話になるのを嫌って先祖伝来の農地を耕し、亜ヒ酸焙焼の煙による農林畜産物被害に苦しんだのです。

鉱山操業に強く反対した富裕な農民層に対し、鉱山で働く人たちは鉱山を擁護し、和合会が煙害問題を議題にすると、二つに割れて「けんか会」になったと言われました。

鉱山会社が休山を宣言したときの労組委員長は、土呂久出身の小笠原武さんでした。父親は「町」という農家の跡取りだったのですが、農民になるのを嫌って、土呂久川と小又川の合流点近くに「小又」という屋号の家を建てて住みました。武さんは農地をもたなかったために、大切坑水没のあと名古屋方面に働きにでて、その家は空き家になりました。

武さんの母親のイセノさんは、大正時代にヒ鉱の粉をだんごに握る仕事をして、亜ヒ焼き労働者の悲惨な最期を見てきました。土呂久公害が社会問題化すると、「小又」の家を被害者と支援者の集会や宿泊の場所として提供。ここに集まった人たちが、過去の労働災害と公害の歴史やこれからの運動の進め方を話しあいました。イセノさんと武さん親子が暮らした家から、土呂久の被害者救済の運動はスタートしたのです。

休山した土呂久鉱山に役員、資金を送った住友鉱

延岡市に本社を置いていた夕刊ポケット紙が「高千穂町に支局を開設し、興梠敏夫記者を常駐させて西臼杵地方のニュースをその日に報道します」という社告を掲載したのは、1958年10月1日でした。興梠さんは高千穂に生まれ育ち、郷土の風物を写真に撮ってコンテストに出品し入賞するカメラ愛好者でした。夕刊ポケットの記者になると、鋭い嗅覚でニュースをかぎつけては、忖度することなくずばずば書くのが持ち味でした。夕刊ポケット社に6年勤めたあと夕刊デイリー社に移り、85年に退職するまで通算27年間、西臼杵のできごとを追いつづけました。

この間、土呂久では鉱山が閉山、廃坑跡の公害が社会問題化、国が公害病地域に指定、被害者の損害賠償請求訴訟とめまぐるしく展開しました。興梠さんは、この激動を現地で取材し、数多くの記事を書いて残した「土呂久記者」です。

夕刊ポケットの記者になって3か月目の12月2日、スクープしたのが「住友金属が肩替り／土呂久鉱山、近く再開」という見出しの記事でした。中島鉱山会社が経営していた土呂久鉱山は、その年7月の出水事故によって休山したのですが、「重役陣が総退場、変わって住友金属株式会社が5千万円を増資、近く事業再開に着手することになった」と報じたのです。この記事の「住友金属」は「住友金属鉱山」の誤り。正確さに欠けていましたが、大手の住友金属鉱山会社（以下、住友鉱）から役員が送りこまれ、資金が援助されて土呂久鉱山が再開にこぎつけたのは事実でした。

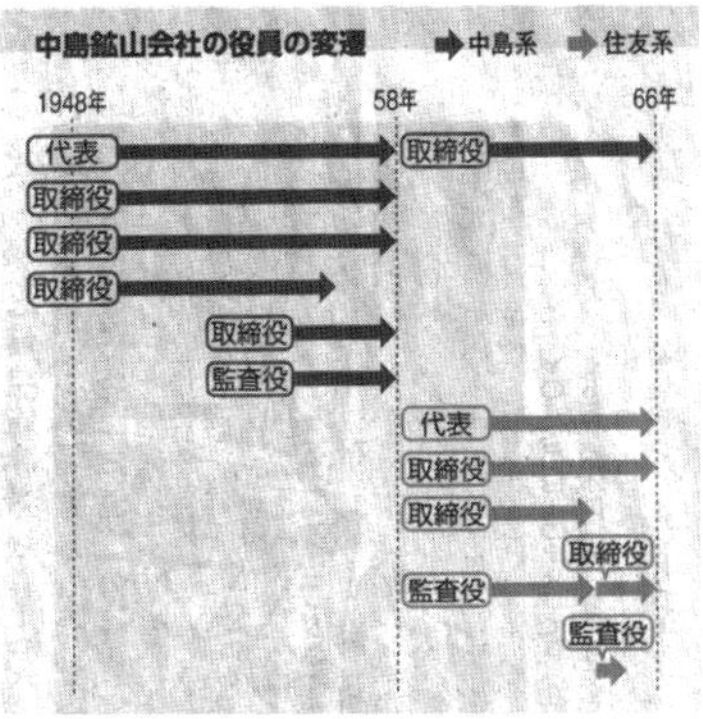

中島鉱山会社の役員の変遷
（朝日新聞連載「和合の郷」第128話より）

住友鉱はなぜ、経営が傾いていた土呂久鉱山を援助したのか。

『住友金属鉱山20年史』（1970年）を開くと、同社が国内だけでなくタイに出かけて鉛・亜鉛の鉱床を探査していたことがわかります。57年末には北海道岩内郡の国富製錬所に鉛の電気分解設備を完成させせました。一方の土呂久鉱山では、先に紹介したように54年1月に鉛・亜鉛の富鉱体が見つかっています。この鉱石の売買を通して住友鉱と土呂久はつながったのです。

中島鉱山会社の閉鎖登記簿謄本を見ると、役員がどう入れ替わったかわかります。1958年9月に中島の取締役3人と監査役1人が辞め、代わって10月から住友鉱系列の取締役3人と監査役1人が就任しました。中島鉱山会社の社長だった鈴木仙氏は、住友系列になったあとも、ひらの取締役として残留。新たな社長は、住友鉱の子会社鯛生鉱業（本社・福岡）の及川浩社長が兼務することになりました。

60年代に入って、外国産の安い鉱石の輸入が始まると、国内の鉱山がばたばたつぶれていきました。土呂久鉱山も62年に閉山、中島鉱山会社は66年に解散しました。土呂久鉱山の鉱業権は、このとき債権者だった住友鉱に譲渡されました。

鉱業権とは、国に登録した鉱区で許可を受けた鉱物を独占的に採掘できる権利のことです。この特別な権利をもつ者に対し、鉱山経営のあり方を定めた鉱業法はきびしい義務を課していました。鉱山が排出した煙や汚染水によって発生した被害に関し、「損害の発生の時の鉱業権者及びその後の鉱業権者が、連帯して損害を賠償する義務を負う」（同法109条3項）という定めです。住友鉱が鉱業権者になって9年後、この条項を適用されて、土呂久鉱山周辺で起きていた公害の補償を求められようとは、誰一人思わなかったことでしょう。

町から無視された廃炉を求める陳情書

出水事故で主要坑道が水没して休山した土呂久鉱山は、1959年2月ごろ住友金属鉱山の資金援助で操業を再開、再び焙焼炉から亜ヒ酸を含む煙が吐きだされるようになりました。煙害が再燃するのを見た和合会の会長佐藤三代士さん、副会長藤太さん、前会長竹松さん、元岩戸村会議員の十市郎さん、煙害被害者代表の仲治さん（いずれも佐藤姓）が連名で、高千穂町の佐藤寿町長に焙焼炉廃止を希望する陳情書を提出したのは4月3日のことでした。「吐煙量多きため、植林牧草の生育不良、シイタケ不作、みつばちの死滅」といった被害がでており、「町当局において土呂久鉱山に対し、施設の改善と契約履行（地区民としては施設廃止希望）について」斡旋していただきたいという内容でした。

和合会から町長にあてた陳情書の背景にあるのは、54年5月15日に岩戸村（のちに高千穂町）と中島鉱山会社が結んだ亜ヒ酸焙焼炉建設に関する契約書の第5条「若し岩戸村長から要求のあった時は、中島鉱山会社は直ちに操業を中止し、其の被害に対し充分な補償を行う」という条文です。この契約書の第6条には「契約書の有効期間は3か年」とし、「期間満了3か月前迄に双方いずれか一方から改訂の申し出がないときは同一条件で自動的に延長する」と定めています。計算すれば、1度目の改訂の申し出期限は57年2月15日、2度目が60年2月15日。和合会は、2度目の期限の10か月前に陳情書をだして、高千穂町長に鉱山に対して亜ヒ酸製造施設の廃止を要求するように求めたのです。

このことを記事にした夕刊ポケットは「佐藤町長はさっそく現地を視察、両者の調停に乗りだした」（1959年5月12日）と書いたのですが、実際にはなんの進展もなく時が過ぎていきました。町長が中島鉱山会社社長にあてて「土呂久地元有志のご要望により、契約第6条の条項中改訂に関する申入れをいたします」という文書を発出したのは年が明けた60年2月29日、改定申し出期限を14日過ぎていました。文書の後段には次の一文が書き添えてありました。

「去る25日、天岩戸支所長より鉱山所長殿へとりあえず電話にてご連絡申上げておきましたが、何分の回報方ご依頼申上げます」

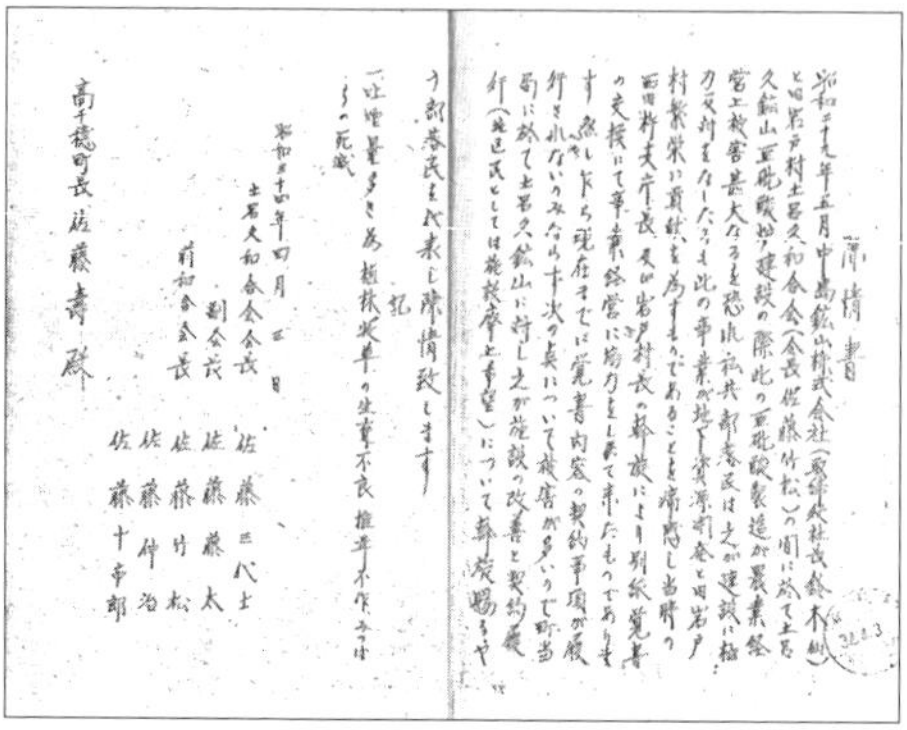
陳情書

昭和三十四年四月　日
土呂久和合会会長　佐藤三代士
副会長　佐藤藤太
前和合会長　佐藤竹松
佐藤仲治
佐藤十市郎
高千穂町長　佐藤寿麟

和合会の長老5名が高千穂町長へ提出した陳情書

通常の公的文書では見ることのない文面です。改訂申し出期限を2週間も過ぎてしまったことで、「とりあえず4日前に電話連絡しておきました」「なにがしかの返事をお願いします」と、言い訳めいた言葉を連ねたのでしょう。こうした鉱山に対する卑屈な態度から、被害者側に立って煙害問題を解決しようという熱意はまったく感じられません。和合会の要望は無視され、契約は自動的に延長されて、焙焼炉から谷間へ亜ヒ酸を含んだ煙が流れつづけました。

その年8月17日の日向日日新聞は「土呂久地区に煙害？／木や草が枯れる／ほとんどの牛が不妊に／〝精練所

の煙が原因〟」という見出しの記事を載せ、焙焼炉周辺のスギの植林地10アールをはじめ原野4ヘクタールが被害を受けていること、この地域の草を食べて流産する牛が増え、ほとんどが不妊牛になっていることを報じました。

戦後の亜ヒ酸製造に関して結ばれた契約書は「先進的な公害防止協定」と評価される内容を含んでいたのですが、契約の当事者である行政と企業に協定を順守する誠意が見られず、絵に描いた餅に終わりました。

人の健康被害を前面にだした異色の記事

長期間、高千穂町に腰をおろし西臼杵郡内のできごとを追いつづけた新聞記者が2人いました。日向日日新聞から朝日新聞に移った岩本利佐男記者と、夕刊ポケットから夕刊デイリーに移った興梠敏夫記者です。1916年生まれの岩本記者と2歳下の興梠記者は、ライバルというより仲のよい友人。土呂久鉱山の亜ヒ酸煙害をめぐって住民と鉱山が対立したときなど、いっしょに取材にでかけていたといいます。

2人をよく知る人から、こんな比較を聞きました。岩本記者は「天然パーマの髪を肩まで垂らし、刑事コロンボみたいにいつも同じコートを着ていた」。興梠記者は「ワープロがはやればさっそく教室に通い、ウォークマンが話題になれば買ってきてイヤホーンを耳にさす」。古風で

いっしょに取材することが多かった岩本利佐男記者(後列中央)と興梠敏夫記者(同右)

実直で大酒のみの岩本記者と、新しもの好きで目立ちがり屋で一滴も飲めない興梠記者。対照的な個性が象徴的に表れたのが、和合会と中島鉱山土呂久鉱業所と高千穂町岩戸支所の三者が、被害住民の避難をきっかけに煙害問題を話しあった1961年5月の記事でした。

興梠記者の記事には「〝毒ガス〟モクモク、悪臭バラまく／セキはでる、頭痛はするは、声はつぶれる／おまけに農作物は全滅」と、人目をひく見出しがついていました。内容は、亜ヒ酸焙焼炉から吐きだされた煙が谷を下って佐藤操さんの家に流れこみ、「子供のセキが激しくなり、悪臭と息苦しさから眠れぬ夜がつづき、〝子供の生命があぶない〟と思って土呂久から逃げだした」と、煙による健康被害に的をあてたものでした。

岩本記者の記事は「きょう話し合い／高千穂町中島鉱山の煙害問題／地区民、役場、会社で」という地味な見出しで、煙害が再燃して地区民と役場と鉱山会社の三者が対応を話しあうという内容。それまでの経過を述べたあと、次のような三者の談話を並べ、読者に判断をゆだねる形にしてありました。

避難した佐藤ツルエさんの話　雨の日など特に夜は煙がひどく、いやなにおいで呼吸がつまりそうになる。やめてもらうのが一番いい。

町の坂本来岩戸所長の話　話し合いの結果では福岡鉱山監督局に持ちこんで調べてもらい、煙害と決まれば契約通り中止できると思う。農作物より人体に被害を出しては大変です。

土呂久鉱業所の永見龍輔所長の話　避難した家の直ぐそばに私の方の社宅があるが、そんな話は一度も出たことがない。現地で話し合って真相を究明させたい。

岩本記者は2日後の紙面に「会社は農作物に被害を与えないよう焙焼炉の改造を研究中とい い、地元側はこれを認めるとともに、福岡鉱山監督局に煙害調査を陳情することを決めた」と、その続報を書きました。中立公正を建前とする新聞にありがちな平板な記事でした。

一方の興梠記者が書いたのは、三者の話し合いの原因になった健康被害を前面に押しだした異色の記事でした。土呂久の煙害報道は1925年から何度もなされてきましたが、従来問題にされてきたのは農林畜産物の被害で、人の健康被害を伝えたのはこの記事が最初です。全国的に公害が大きな社会問題となり、新潟水俣病の患者が先陣を切って加害企業に損害賠償を求めるのは、さらに数年後の1967年6月のこと。興梠記者の嗅覚は、時代の流れを敏感にかぎつけていました。

猟師の魂で弱体化した鉱山を閉山に

土呂久の集落の上手から4番目の家は「惣見」という屋号で呼ばれています。「惣見」は江戸の末期、道をはさんだ斜め上の「中」という屋号の家から分かれてできました。もっと奥に、同じく「中」の分家の「新屋」という家もありました。この3軒は農業のほか、鉄砲で野生動物の猟をしたり、山の木を売ったりして生計を立てていました。安産のまじないに使っていたクマの手は、「惣見」と「新屋」の先祖がツキノワグマを狩猟したときの記念品です。

「惣見」は代々、和合会の役員になって集落の発展に寄与してきました。和合会創設50周年の記念事業では「惣見」を興して二代目の佐藤栄八さんが、和合会の創設者の善縁さんら4人とともに「本会に功績があった」として表彰されました。三代目の為三郎さんは大正時代、四代目の清八さんは昭和初期から会長や副会長などの役員をつとめ、さらに五代目の勝さんが会長になったのは1962年2月のことでした。

そのころ、日本の鉱業界は危機的な状況に追いこまれていました。敗戦後にめざましい復興をとげた日本は、欧米先進国から貿易と為替の自由化を強く迫られ、国際社会の一員に迎えられるためには、その要求を受け入れざるをえません。貿易の自由化によって、深刻な打撃を受けたのが鉱山でした。多大の労力と資金をかけて採掘した鉱石は、海外産の安価で良質な鉱石に太刀打ちできなかったのです。

土呂久鉱山の主要産物だった亜ヒ酸は、大切坑が水没した1958年に年間生産量17・5トンまで落ちこみ、住友鉱系列にはいって操業再開したあと、59年は48・3トン、60年は105・0トン、61年は112・0トンに増加したのですが、それでも戦前の最盛期の約40パーセントにすぎません。

戦後の土呂久鉱山の亜ヒ酸生産量と全国比　（単位：トン）

	1955年	1956年	1957年	1958年	1959年	1960年	1961年	1962年
土呂久 （全国比）	55.7	83.2	61.4 (2.5%)	17.5 (0.9%)	48.3 (2.4%)	105.0 (5.7%)	112.0 (8.1%)	54.0 (3.9%)
全国	不明	不明	2434	2055	2026	1847	1385	1390

＊朝日新聞連載「和合の郷」第131話より

経営していた中島鉱山会社の立て直しのために、宮崎県は大切坑より上部の1番坑、2番坑などで鉱床探査ボーリングをおこないました。期待できる鉱脈は見つからず、中島鉱山会社は62年10月25日に中興鉱山（本社・大分県南海部郡宇目村木浦＝当時）という会社を設立して土呂久鉱山の経営を譲りました。この会社の社長永見龍輔氏は48年から58年まで中島鉱山会社の取締役だった人。新会社の設立は債務のがれが目的だと思われました。

和合会はこの動きを察知すると、経営が代わって5日後の30日、会長の勝さんらがすかさず佐藤寿町長を訪ね、「中島鉱山会社と結んでいた煙害補償の契約はどうなるのか」と問いただしました。翌月12日、和合会の勝さんら10人、中興鉱山会社の永見社長ら4人、それに佐藤町長が出席して、町の岩戸支所で三者会議を開催。その席で和合会は「契約更改もしくは亜ヒ酸製造中止」を強く要求して、弱体化した鉱山に追い打ちをかけました。

大切坑の水没、国内鉱山の相次ぐ閉鎖、亜ヒ酸製造の中止要求……生き残るすべの見いだせなかった中興鉱山会社は12月4日に解散し、土呂久鉱山は閉山しました。20年に始まった亜ヒ酸製造は、途中に中断した時期をはさんで42年後に幕を下ろしたのです。

当時の新聞記事を読みながら、亜ヒ酸生産の断念を迫る和合会の姿に、獣を追いつめる猟師の姿が重なって見えました。「そこまでやらなくても」というのは亜ヒ酸煙害を知らない者の甘い考え。クマやイノシシを撃った猟師は、とどめを刺すまで決して気をゆるめることはないのです。何度となく鉱山会社から裏切られてきた和合会には、猟師の魂が宿っていたかのようでした。

亜ヒ酸煙害反対、和合会の9度の闘争史

猛毒亜ヒ酸の製造が始まってから42年後の1962年12月に、土呂久鉱山は閉山しました。その歴史を振り返ると、和合会が9回にわたって煙害反対の闘いを繰り広げたことがわかります。結果は3勝3敗、残りの3回は、住民の声に耳をふさいだ行政が鉱山に味方し、亜ヒ酸製造を継続させせました。

9回の闘いを整理してみます。

敗北した3回に共通するのは、鉱山が払うお金と引き換えに、和合会が亜ヒ焼きを認めたことでした。1敗目は亜ヒ酸製造開始から3年後、煙害防止の完全な設備を要求したあと、鉱山が毎月50円の「交付金」を払う契約が結ばれ、煙害防止の対策は煙突にカヤを束ねた笠をかぶせることでした。次の敗北は軍需産業の中島飛行機傘下のスズ鉱山になったときで、内務省に

「亜ヒ酸精製絶対反対」を陳情するほど強固な反対姿勢も、亜ヒ酸1箱（60キロ）製造に付き「煙害料」12銭を受け取ることで軟化して、亜ヒ酸製造を許す契約を結びました。戦後の亜ヒ酸製造再開時に、絶対反対の姿勢から条件付き賛成に転じたのが3敗目。このときは「協力金」30万円を受け取りました。

この3回は、お金に惑わされて内部の結束が乱れたのが敗因でした。

行政に裏切られた闘いも3度。牛馬の病死が多発した1925年、獣医師が死んだ牛を解剖、岩戸村長が宮崎県衛生課に毒物の鑑定を依頼したのに、県には原因解明の積極性が見られませんでした。戦後の再開後、行政と鉱山が締結した煙害防止の契約が順守されず、亜ヒ酸製造が継続されたことが2度ありました。シイタケが発芽しなかったときは、調査した農林技官が「栽培した場所が悪い」と判定。町長に「契約書に基づいて製造をやめさせてほしい」と陳情したときは、町長から鉱山への申し入れ時期が遅れて、亜ヒ酸製造は継続されました。

この3回を経験した土呂久の人の胸に募ったのは、「輸出品である亜ヒ酸」「鉱山から入る鉱産税」を優先して、煙害に苦しむ農民の声を無視した行政への不信でした。

和合会が目的を達した闘いも3回ありました。最初の勝利は、亜ヒ酸を大量に吐きだす反射炉施設の改善を要求したとき、鉱山は煙害防止用のタンクを設置、やがて反射炉の操業をやめました。2勝目は鉱山との契約が切れた41年、福岡鉱山監督局から和合会の役員らが呼びだされても、契約更新を拒否する姿勢を貫き通し、いつしか鉱山は亜ヒ酸製造を中止しました。鉱山経営が新会社に移った62年、弱体化した会社追及の手をゆるめず、会社の解散と土呂久鉱山

和合会の亜ヒ酸製造反対の歴史

時 期	目 的	結 果
1923年5月～11月	煙害防止設備要求	交付金を受け取る契約を結び、亜ヒ酸製造を容認
1924年秋～1925年6月	牛馬病死の原因追及	宮崎県から斃牛の死因鑑定結果の報告なし
1934年7月～1936年4月	スズ鉱山による亜ヒ酸製造反対	煙害料を受け取る契約を結び、亜ヒ酸製造を容認
1936年11月～1938年5月	反射炉設備改善要求	反射炉に遊煙タンク設置
1941年2月～初夏	鉱山との契約更新拒否	契約更新拒否を貫いて亜ヒ酸製造中止へ
1952年9月～1954年5月	亜ヒ酸製造再開反対	覚書と契約書を結び、亜ヒ酸製造を再開
1955年4月～1958年5月	シイタケ栽培所の煙害確認	専門家が煙害を否定
1959年4月～1960年2月	契約書に基づく焙焼炉廃止要求	町の改訂申し入れが期限過ぎのため亜ヒ酸製造継続
1962年10月～12月	新会社に契約更改・亜ヒ酸製造中止要求	新会社が解散して土呂久鉱山閉山

を閉山に追いこんだのが最後の勝利でした。

土呂久は、祖母・傾山系の谷間の小さな集落です。亜ヒ酸製造によって、煙害に苦しむ農家と鉱山収入に頼る農家に分断されて集落が動揺しつづけても、和合会は反対運動の核となり、42年間にわたって、めげず、たじろがず、あきらめず、亜ヒ酸鉱山と闘いました。一枚岩ではなかった集落をまとめあげた歴代リーダーたちの貢献を忘れることはできません。

小さな集落を舞台にした大きな闘いの主な登場人物を拾ってみると——。

集落の上手から「笠」の利四郎、「惣見」の為三郎、清八、勝、「鶴」の三代士、「樋の口」の勛（つよし）、「向土呂久」の茂、その分家の忠行、「荒地」の節蔵、仲治、「白石」の十市郎、「畑中」の竹松、「中間」の栄蔵、健蔵。女性では「樋の口」のヤソ、「向土呂久」のサミ（小笠原利四郎さん以外は佐藤姓）。土呂久の外から応援したのが獣医師の池田牧然さんと鈴木日恵さん、村長の甲斐徳次郎さん、農業改良普及員の高橋正満さん。
この闘いに、登場人物を新たにした第2幕がやがて上がろうとしていました。

和合会の存立基盤を壊した高度経済成長

日本の農山村は、1955年ごろ始まった高度経済成長によって大きな構造変革に見舞われました。畑中組に住む佐藤洋さんは、そのときの変化について、東京からやってきた土呂久ツアーの一行約10人に語ったことがあります。高度経済成長が終わって10年ほどたった1982年8月のことでした。

洋さんはもっとも印象に残っていることとして、「燃料が薪や木炭からプロパンガスに変わったこと」を挙げました。プロパンガスは薪や木炭に比べ、手間がかからず火力が安定していたので、多くの家は土間のかまどを壊し、流し台の上にガスコンロを置きました。台所の変化は、農山村の人口が都市へ流出し、家族のメンバーが減ったことと関連していました。

「昔の農家では、おじさん、おばさんたちが30歳くらいまで本家の加勢をし、いっしょに暮らしておったのに、都市に働き場ができてからは学校を卒業すると、土呂久をでていくようになりました。労力が少なくなれば機械に頼らんとしようがないですわね」

人口の減少が機械化を推し進め、農地を耕していた牛に代わって耕運機が入ってきました。共同で購入して近所で使い回せば耕運機1台ですむのに、そうはならず、それぞれの家が農業機械を所有した理由を洋さんはこう説明しました。

「天気が悪うなって農機具を使うのが遅れれば、稲穂のできに影響し、作柄が悪うなります。農機具を使いたい日が重なって取り合いになり、共同作業が困難になったとです」

農業の機械化が、共同作業からの転換を促進したというのです。

洋さんによると、土呂久の畑中、南、惣見の三つの組にそれぞれ10数軒で構成する「いいとり」がありました。「いいとり」とは「結(ゆい)」のことで、田植えや稲刈り、カヤの屋根ふきに労力を提供しあい、その作業を継続することで平等な労力交換になります。

たとえば屋根ふきでは、1軒の屋根が１００平方メートルの広さだとすると、10ヘクタールの草場のカヤが必要です。結を構成する家々はカヤを提供して1軒分のカヤを集め、屋根の完成まで約1か月、各家から1人ずつ出て働きました。今年はこの家、次はあの家とカヤ屋根のふき替えをつづけるのが、「屋根普請(ふしん)」と呼ばれる共同労働です。

洋さんの記憶では、畑中組の最後の屋根普請は１９６５年ごろでした。高度経済成長の真っ最中です。「普請は話し合いの場。共同することで和ができ、心が通じあっていた」と、土呂久から共同労働が消えたことを惜しみました。

土呂久では１８９０年に、裕福な農家がお金をだしあって基金をつくり、金銭に困った農家に低利で貸しだす金融互助組織の和合会を発足させました。根っこにあるのは、貧しい人を助けて土呂久を一つにまとめる精神でした。明治の末、和合会は金融に限らず重要事項を決定・執行し、犯罪の処罰を決める自治組織へ発展しました。それから昭和中期まで、山村に浸透してきた資本主義経済が共同体を崩していくのに抵抗し、集落の和を保持するために機能したのです。

洋さんが1955年に入学した岩戸中学校に、和合会に関心をもって調査した先生がいたそうです。その先生から「西臼杵郡内に和合会のような組織は土呂久以外にはない」と聞いたことを憶えています。和合会は土呂久の誇りでした。その存立の基盤を高度経済成長が崩していきました。

小又谷に隠居して土呂久の振興を空想した事業家

高度経済成長によって農山村の共同体が崩れていくころ、土呂久に、農家も事業を起こさねばと考えて、山村に適した事業を探して全国を回った人がいました。惣見組の「鶴」の佐藤三代士さん。1938年から62年まで24年間、和合会の会計を18年、副会長と会長を3年ずつ務めた人です。役員期間の長さが、三代士さんがいかに土呂久で信頼され、頼りにされていたかを教えています。

65歳を過ぎて隠居し、長男の重男さんに家督を譲ると、小又川のそばに小屋を建ててニジマ

佐藤三代士さんが小又谷に開いた養鱒場

スの養殖を始めました。私が初めて養鱒場を訪ねたのは、高度経済成長の時期が終わって6、7年たったころ。佐藤花恵さんに手伝ってもらいながら、訪ねてくる客にマスと山菜の料理をだしていました。客から「電話を引いてはどうですか。予約ができて便利なのですが」と頼まれると、「魚養いは私の遊び役。恥ずかしゅうて、そげなことできません」と断る姿は「小又谷の仙人」を思わせました。

「みんな仙人と思うようですが、そうじゃないですよ。あの人は事業家です。土呂久に適した事業はないかと、全国を見学して回っていました」と教えてくれたのは佐藤春喜さん。三代士さんの三女ヨシエさんの夫です。

春喜さんは、三代士さんが土呂久振興のために貢献したことを四つあげました。ワサビの品種改良、シイタケの新しい栽培法・乾燥法、茶葉を乾燥させる焙炉（ほいろ）の導入、ニジマスの養殖。土呂久に最初に取り入れて広めたのだといいます。

養魚場に行って、三代士さんに「仙人ではなく事業家」の真相を聞かせてもらいました。

「昔から土呂久で栽培していた葉ワサビは、根が細くて短かい。東京あたりの一流の料亭で喜ばれているワサビの根は太い。私は山口と島根の県境や宮崎県内の三股に行ってワサビ畑を見学し、取り寄せたワサビをかけあわせて、根と葉の大きい品種に改良しました。ワサビは山間の名物。県の産業祭りにだして、いっぱい賞品をもらいましたわ」

三代士さんには「山の中の産物を生かして、都会に負けない土呂久をつくる」という目標がありました。

「都会にでていかな金はとれんという頭になってしもとるけど、山の中でも産物さえだせば金になるとよ。わしゃ、小又川に観光地をつくろうという考えをもっとりましたが、80歳になると、体がどうにも動かんですわ」

そんな弱音を吐く一方で、小又養鱒場に電話を引き、集落から登る道の両側に花の咲く木や草を植えていたのには感心させられました。80歳を過ぎても、事業家の魂はまだまだ健在だったのです。三代士さんは老いてふくらむ「空想」を話してくれました。

「山道の脇にずっとサクラとかシャクナゲを植えて、ここに入ってくる細い道には棚をつくって、下がり藤を咲かせて客を呼ぶという空想です。お客さんに魚を食べてもらうだけでは物足りない。養鱒場の向こうの滝の上に座敷をつくり、夏涼みをするかたわら、放流した魚を座敷から釣ってもらうとです……」

三代士さんは1992年に95歳で亡くなりました。若いころは先進地見学と技術導入、隠居後は山の産物や風景を生かした観光に着手。この事業家の探求心、行動力、前向きの思考から、いま深刻な過疎に直面する土呂久が学ぶことは多いように思います。

集落の自治を保った和合会の解散

土呂久の公民館長佐藤元生さん宅に、和合会に関する資料を納めた木箱が置いてあります。明治中期に金融互助組織として発足した和合会は、集落の重要事項を決定する自治組織へ発展して、高度経済成長期まで活動をつづけました。木箱の中身は、和合会のすべての総会議事録、金銭の貸出帳・取立帳、契約書、陳情書などです。

議事録によれば、和合会最後の総会は1965年8月16日で、議題は「公民館一本化に就いて」、決議内容は「和合会を解散し、現金及び貯金は公民館会計に引き譲る事」でした。和合会を引き継いだ公民館の議事録を開くと、66年2月24日に第1回総会を開いて役員を選出したことが記録されています。したがって和合会は、その前日2月23日に歴史を閉じたことになります。自治組織に発展した1911年から55年後のことでした。

和合会と公民館の違いはどこにあったのか。畑中組の佐藤洋さんがこんな話をしてくれました。「和合会は自治組織で、公民館は行政がつくった。公民館になってから、集落で共同でやる作業が減り、行政にやってもらうようになりました。川が田にせりあがれば河川管理者に、私的な道路でも町に整備をお願いするというように」

行政の末端組織の公民館は、行政に頼るばかりだったといいます。

では自治組織だった和合会は、どんな問題を話しあっていたのでしょうか。議事録に残る全討

和合会の討議事項

	戦争・好景気 1911—1919	不況・恐慌 1920—1937.6	戦争 1937.7—1945.8	戦後復興 1945.9—1954	高度成長 1955—1965	合計
和合会	27	43	14	19	29	132
集落の他組織	8	26	12	21	13	80
集落共有財産	12	23	8	14	24	81
集落のインフラ	14	23	5	8	15	65
集落の産業	12	36	24	15	7	94
教育	2	12	3	2	0	19
宗教	2	2	1	4	0	9
集落の結束	19	39	27	8	2	95
規律・モラル・精神	5	20	1	2	0	28
犯罪予防・処罰	3	10	0	2	0	15
煙害	0	27	5	5	8	45
合計	104	261	100	100	98	663
その他	2	8	3	4	2	19
総計	106	269	103	104	100	682

議事項を時期、内容別に分けた表をつくってみました。55年間に開催した定期・臨時総会は138回、議事数は延べ682件。議事を整理すると、和合会や「産業実行組合」「農業補習学校」などの組織運営、「時間の励行」「出征兵家族慰問」など規律・結束、「牛馬品評会」「煙草耕作奨励」など集落の産業、「共有林」「牛人工授精所」など共有財産、「電灯架設」「掛橋修繕」などインフラ、そして「煙害」に関するものでした。

役所にたとえれば、総務課、生活課、産業（農林畜産）課、財政課、土木建設課、そして煙害対策課が管轄する分野の問題を、自主的に討議し決定していたのです。総会決定を執行するのが会長以下の役員。決めたことを実現するために、集落こぞって働きました。こうして土呂久では、明治末期から昭和中期まで集落の自治が保たれました。

「明治・大正・昭和の70年近くにわたって、春と秋の年2回、全戸出席の定期総会を継続開催し、毎回議事録を残したことは全国的にもほとんど例を見ない。住民の村を守るという強い意志と、そのためには全員の参加と合意が不可欠との『団結・協同の知恵』が読みとれる」

和合会議事録の全コピーを読みこんだ農業経済学者楠本雅弘さん（元山形大学教授）は、そう評価しています。日本の近代農山村の歴史を考えるうえで、和合会の存在に一目置いてもよいのではないでしょうか。

公害患者救済の波が祖母・傾山系の集落に押し寄せてくるのは、和合会が解散して数年後のことでした。もし、そのとき和合会の自治が保持されて、行政や地区外の支援者の立ち入りを拒んでいたとしたら、土呂久の歴史はまったく異なる展開をしたにちがいありません。

第7章 公害患者救済

四大公害訴訟に覚醒された土呂久の公害患者

土呂久鉱山で1920年から62年までつづいた亜ヒ酸製造による被害を、いまは「土呂久公害」と呼びますが、あの当時は「亜ヒ酸煙害」と呼んでいました。「公害」という言葉は、一般にはまだ使われていなかったからです。

「公害」の語が社会で使われだしたのはいつからか。朝日新聞記事データベースにアクセスし、東京本社最終版に載った記事の見出しで「公害」を検索してみました。「公害」とついた最初の見出しは1951年1月13日の「（東京都）工場公害防止条例を施行」でした。その後、年に10本未満だった見出しが63年に21本、66年には170本へ急増しました。高度経済成長の時期、企業が環境・健康より経済を優先してばい煙や廃水を無処理のまま空や海や川に捨てたことで、公害がひどくなっていったことを表しています。

日本の代表的な公害病である水俣病とイタイイタイ病は、高度経済成長以前から発生していました。飯島伸子編著『改訂　公害・労災・職業病年表』（公害対策技術同友会、1979年）によると、富山県神通川流域でリューマチ性の患者が多発したのは46年4月、のちに水俣病として認定された患者が最初に見つかったのは53年12月。当初は地方の問題として扱われていたのですが、高度経済成長による環境汚染が都市生活者の健康を脅かすようになってから、全国記事になりました。環境汚染を防止しないと、こうした公害病にかかるぞと全国に警告したのです。

朝日新聞縮刷版による公害記事の頻度

年	公害	イタイイタイ病	水俣病	土呂久	備考
1945～55	1				51.01.13 工場公害
1956		1			56.05.03 イ病初めて治る
1957	1				57.04.01 治っても“廃人”
1958	1				
1959	9		8		59.11.03 水俣病で漁民騒ぐ
1960	3		5		
1961	4		2		
1962	5		1		
1963	21		3		
1964	95				
1965	84		6		65.06.13 新潟に水俣病
1966	170		1		
1967	177	6	7		67.06.12 新潟水俣病提訴 67.09.01 四日市公害提訴
1968	227	44	57		68.03.09 イ病提訴 68.05.08 イ病原因神岡鉱山 68.09.27 水俣病原因チッソと鹿瀬工場
1969	406	14	36		69.06.14 水俣病提訴
1970	1612	16	122		
1971	987	61	211		71.06.30 イ病勝訴判決 71.09.29 新潟水俣病勝訴
1972	778	57	115	33	72.01.17 土呂久全国教研 72.07.24 四日市公害勝訴 72.09.29 イ病控訴審勝訴
1973	556	4	214	2	73.03.20 水俣病勝訴
1974	395	2	36	3	
1975	504	2	54	4	75.12.27 土呂久提訴
計	6062	207	878	42	

＊朝日新聞記事データベース「聞蔵Ⅱビジュアル」で検索

「四大公害訴訟」と呼ばれるイタイイタイ病、水俣病、新潟水俣病、四日市公害のうち先陣を切ったのは新潟水俣病でした。「裁判はお上にたてつくこと」「負ければ田地田畑を取られてしまう」とささやかれる風土にあらがって、1967年6月、有機水銀中毒にかかった3家族13人が加害企業の昭和電工に損害賠償を請求しました。

つづいて同年9月、ぜんそくに苦しむ四日市公害患者9人が石油化学コンビナート6社を相手取って提訴しました。インターネットで「四日市公害と環境未来館」を開くと、原告の一人、野田之一さんの証言映像で、裁判に踏み切ったときの苦悩を聞くことができます。

「親兄弟まで『弁護士に騙されとるんや。天下の大企業相手にして、裁判して勝てると思うか。弁護士代として、わずかな土地やら、みんな没収されてしまう。そんなに裁判したかったら、戸籍抜いてから裁判しろ』という考えやった」

退路を断った患者の決断で始まった四大公害訴訟は、60年代後半、連日のように新聞、テレビ、ラジオをにぎわせました。祖母・傾山系の谷間の集落土呂久にも、このニュースが届き、工場の煙突から吐きだされる煙によって病気になることが公害ならば、「私も公害患者だ」と気づいた人が現れました。

佐藤鶴江さんは1921年に土呂久に生まれ、亜ヒ焼き窯の川向いの長屋で育ちました。そこはヒ素汚染がもっとも激しかった場所。幼いころから苦しんだのが目と呼吸器と心臓の病でした。小又川のほとりで、生活保護を受けながら一人で暮らしていた69年、眼科医から「右目は根治の見込みなし」と宣告されました。悲嘆した鶴江さんを励ましたのが公害訴訟のニュースでした。

「私も加害企業からもらう補償で生活を立てよう」

亜ヒ酸煙害の「爆心地」を体験した患者の痛切な決意でした。

休廃止鉱山調査で土呂久が要注意個所として浮上

宮崎県内の国道10号を南下していると、宮崎市高岡町から都城市高城町にまたがる長い坂道を登ったところに「四家鉱山」というバス停があります。バス停の西側の山中に1944年から60年までアンチモンを採った鉱山がありました。この廃鉱の精錬カス(鉱滓)堆積場の堰堤が、69年7月の集中豪雨で決壊。その後も雨のたびにヒ素を含む精錬カスが穴水川に流出し、大淀川との合流点付近まで川の水が鉛色に濁ったといいます。

大淀川は宮崎市民の水道水源です。宮崎県と福岡鉱山保安監督局(当時)は水質を調査し、鉱山下で1・31ppmのヒ素(当時の飲料水基準は0・05ppm)を検出しながら公表しませんでした。それをあばいたのが69年10月23日の朝日新聞と西日本新聞のスクープ記事でした。

都城市立図書館に、その日の朝日新聞が保管されています。見出しは「ヒ素を含んでいた／廃鉱からの流出カス／検出知らされず／住民無視と怒りの声」。記事には、次のような高城町役場助役(当時)の怒りの談話が載っていました。

「検査内容について県から『人体に影響はない』と口頭で連絡があっただけで、ヒ素が含まれていたとは知らせて来ていない。けしからん」

スクープ記事にあわてた宮崎県工鉱課（当時）は県庁記者室で説明し、他の新聞、テレビも取りあげました。大きなニュースになった原因は、毒物ヒ素を検出した県が「住民を刺激したくない」「上水道には問題はない」と勝手に判断し、内密にすまそうとした隠蔽体質でした。県議会で追及された県は、11月に福岡鉱山保安監督局の協力のもとで宮崎県内の休止・廃止鉱山の公害総点検に踏み切りました。

その後の展開を朝日新聞宮崎版で追ってみます。

70年2月13日の「三鉱山でヒ素を検出／公害総点検」という記事は、日之影町の見立、高千穂町の土呂久、東郷町の男鈴（おすず）、三つの鉱山の排水口などからヒ素が検出されたことを伝えました。注目すべきは、このとき土呂久鉱山跡が要注意個所として浮上したことです。

「土呂久川の下流ではヒ素量もぐんと下回っているので、いまのところ飲料水に問題はない」というのが宮崎県の見解。その誤りを指摘したのが、10月3日の「飲んでいたヒ素入り水／高千穂町土呂久南」という記事でした。

「土呂久のヒ素汚染が気になって訪ねるうちに、鉱山の下流で取水している東岸寺用水を南組の数軒が飲み水として、他の家も料理、食器洗い、ふろなど生活用水に使っていることをつかんだ」と、そのころ高千穂通信局をまかされていた井口勝夫記者は回想します。

記事は、「土呂久南地区には現在93人が住んでいるが70歳以上の老人はわずかひとりだけ。『早死にはヒ素のせいかも知れない』と人々は不安がっており、『問題はない』と発表したお役所仕事に怒りをぶちまけている」と結ばれていました。

土呂久にヒ素を含む水の飲用による健康被害発生の恐れがあることを示したのです。この記事が、土呂久児童の通う岩戸小学校の教師の心を揺さぶり、翌年の土呂久住民聞き取り調査に展開します。

四家からひむか神話街道を北に向かって約160キロ離れたところが土呂久。二つの廃鉱をつなぐストーリーをたどることができるのは、半世紀前に都城や高千穂の記者が書いた新聞記事のおかげです。

夕刊デイリーの社会面をつぶしたヒ素公害の記事

土呂久鉱山に関する新聞記事をもっとも多く書いたのは夕刊デイリー高千穂支局の興梠敏夫記者でした。興梠さん執筆の記事に目を通したくて、2021年2月、長女の工藤瞳さん宅で生前の記事を貼った約20冊のスクラップブックをめくっていたときでした。「アンケート回答」と書いた紙がでてきました。夕刊デイリー社が同社の元記者に求めたアンケートの回答の下書きと思われます。その中に、すぐには信じられない文章がありました。

「土呂久鉱山が休山後、〝砒素(ひそ)公害〟として私がはじめて報道したのは1969年10月31日付の夕刊デイリー社会面トップ記事で、全1ページ近いスペースを使い、鉱山地域の悲惨な問題点を社会に訴えた」

一般的には、土呂久公害を最初に報じたのは1971年11月13日、岩戸小学校の教師齋藤正健さんが宮崎県教職員組合の教育研究集会で発表したときだ、とされてきました。それより2年も前に、興梠さんは土呂久で起きていた被害を「ヒ素公害」ととらえて、社会面をつぶして報道したというのです。どんな記事なのか、書棚のスクラップブックを探しましたが、なぜかその年の記事を収めたものが見当たりません。

創刊以来の夕刊デイリー紙が延岡市立図書館に保管されています。69年10月31日の社会面を開くと、確かに「県北にも廃鉱の〝砒素〟公害/草の一本も生えぬ土呂久/砒鉱の残滓、雨ざらし日ざらし」という見出しの記事がありました。読んでみて感心したのは、土呂久公害のほぼ全容が俯瞰されていたことです。

たとえば、鉱山最盛期は戦前の中島飛行機系列のときで、閉山前には住友金属鉱山系列に入ったという鉱山の歴史。「大豆とキュウリの収穫は2年つづいて皆無」といった農産物被害。住民の訴えに対し、鉱山会社は「監督局の許可を得てやっているので実害はない」の一点張り。調査をおこなっても結論を出さずにウヤムヤにした宮崎県行政。鉱山が去ったあとに残された雨ざらしの鉱滓。鉱山下流で取水する用水のヒ素汚染――。

都城市高城町四家鉱山跡の鉱滓流出が報道されたのは、この記事掲載の8日前でした。あの事故に触発されて土呂久に目を向けた着想。四大公害訴訟が注目を集めだしたので、以前の「亜

県北にも廃鉱の砒素公害
草の一本も生えぬ土呂久
砒鉱の残滓 雨ざらし日ざらし
イタイイタイ病
魚影すらみえぬ日之影川
かなりの数の関節病
日之影町では飲料水に
鉱山汚水 知らぬが
煙 部落を包み、
ついに一家移転

宮崎県北の公害を報じた夕刊デイリーの記事

ヒ酸煙害」から「ヒ素公害」に言いかえた柔軟さ。時代の流れに鋭敏な新聞記者の面目躍如でした。

力を入れて書いた記事だったのに、まったく評価されずに忘れられていきました。その理由は、販売地域が宮崎県北に限られた夕刊紙であったこと、土呂久で起きていた健康被害の規模を十分につかめなかったことなどです。

「焙焼炉から出る煙はついに住民の健康をむしばみ、耐えかねた一人、佐藤操さん一家は4キロ離れた岩戸地区に移住した」と、取りあげたのは鉱山と隣接した「樋の口」の健康被害だけ。それに対し、岩戸小学校の教師たちは土呂久全体を対象に聞き取り調査をおこなったのです。

興梠さんは、四家鉱山跡鉱滓流出発覚の4か月前に日之影町見立鉱山跡のカドミウム汚染を警告する記事を書いています。土呂久が社会問題化すると、黒葛原、萱野、諸和久など近辺の亜ヒ酸鉱山の現状を報告しました。宮崎県北の廃鉱汚染に警鐘を鳴らしつづけた記者は、夕刊デイリー社のアンケートの回答の最後にこう記しています。

「私はことし73歳、土呂久山の赤い椿の花だけが事件の印象として残るだけである」

誰よりも早く土呂久で起こった被害を公害としてアピールしたにもかかわらず、顧みられることのなかった無念さが伝わってきます。

育ちの悪いわら束を手に心配ごと相談へ

宮崎県は2017年度から土呂久で大学、高校、小・中学生を対象にした環境教育をおこなっています。3年度目の19年7月、私と環境管理課の担当者が大学生の土呂久研修の準備で、南組の「母屋」の佐藤富喜男さん宅を訪ね、亜ヒ酸煙害で死んだ牛を谷を登った牛馬墓地に埋めたと聞いていたときです。おだやかに話していた富喜男さんが突然、声を荒らげました。

「年保のやつが亜ヒ焼きを始めたばっかりに!」

すでに話したように、佐藤年保さんは「樋の口」の跡継ぎだったのに、明治の末に近隣の山で鉱山を掘りあてて大阪の事業家に売って大儲けして鉱山師(やまし)に転じました。1920年に大分県佐伯から亜ヒ酸工場経営者の宮城正一氏を連れてきて、土呂久の鉱山で亜ヒ酸製造を始めました。富喜男さんは亜ヒ酸鉱山の開山から16年後の生まれ。当時のいきさつを祖父母あるいは父母から聞いていたのでしょう。それから100年近くたってなお土呂久に、年保さんに対する怒りをもっている人がいたことは驚きでした。

「樋の口」は戦前、中島飛行機系列の岩戸鉱山に山の木を坑木や建築材として、土地や家屋を社宅用に売って操業に協力しました。戦後、自作農創設特別措置法で鉱山に渡っていた土地を安く買い戻したのですが、ひとたび鉱毒で汚染された農地に作物は満足に育ちません。

「一生懸命に植えても、稲は反当り4、5俵、普通の半分しかできんやった。田んぼに水を入れたらブスブスたぎるので、稲をやめて畑作に替えました。たばこ、野稲、大豆では収入にならず、２反ばかり田を開いて、やっと米を買わずにすむようになったとです」

鉱毒汚染地に農作物を育てる困難を話してくれたのは、「樋の口」に嫁入りしたツルエさん。熊本県小国町出身で、伐木を生業とする父親とともに岩戸に来て製材所に勤めていたとき、助さんから「働き者」と目をかけられ、樋の口の跡取りだった操さんと結婚しました。

ふつうの稲わらと「樋の口」の汚染田で育った稲わら（右）

亜ヒ酸煙害が身にしみていた助さんの妻ヤソさんは、戦争中から中断していた亜ヒ焼きを再開する話がでたとき、婦人会に反対を呼びかけて村長のところに押しかけました。村人の声は無視され、１９５５年に亜ヒ酸製造が再開。焙焼炉から谷を下った煙が「樋の口」を直撃しました。咳で苦しむ娘たちを見て、ツルエさんは「ここにおったら命が危ない」と、土呂久外の親類宅に「疎開」させました。

戦前は亜ヒ酸を製造する鉱山に協力し、戦後は亜ヒ酸製造の煙害で家族の健康が侵される。鉱山と隣りあわせた悲運の農家。この「樋の口」から公害告発の歴史も始まるのです。

70年11月、ツルエさんは有線ラジオから流れてくるニュースを耳にしました。「岐阜県神岡町（現・飛騨市）の玄米からカドミウムに汚染された米が見つかり、農協の保管米

850トンの出荷が停止されました……」

ツルエさんは育ちの悪いわら束を手にすると、高千穂町主催の心配ごと相談の会場に飛びこんで、「うちの米にもカドミが入っとらせんかの」と訴えました。相談員は「自分たちにはわからん。人権相談に行って話を聞いてもらいなさい」と勧めました。

12月8日、宮崎地方法務局の職員は高千穂町内で開いた人権相談で、ツルエさんから話を聞き、事実なら重大な人権侵犯だとして土呂久鉱山跡で調査することを決めました。

日記があかす土呂久公害被害者の最初の一歩

四大公害裁判のニュースに接して「私も公害患者」と気づいた佐藤鶴江さんは、毎日のできごとを簡潔に日記に書いていました。1977年9月の鶴江さんの葬儀のあと、私は遺族から10冊に近い日記帳の保管を託されました。日記を読むと、鶴江さんが亜ヒ酸煙害によって受けた病苦を初めて行政に訴えた日が70年12月14日だったことがわかります。

「樋の口まで行く。昼から法務局より5人来られ、樋の口の現場で話す」

「樋の口」は土呂久鉱山の南に隣接し、激しい亜ヒ酸の害を受けた農家の屋号です。この家の佐藤ツルエさんが人権相談に駆けこんだのに応えて、宮崎地方法務局の高千穂支局長（当時）だった岡元弘富さんら5人が土呂久鉱山跡へ調査に来ました。

「加害企業から補償を取りたい」という鶴江さんに、岡元さんは法務局を通して法律扶助を申請することを勧めました。法律扶助は、資力のない人が裁判を起こすのを援助する制度です。健康被害の賠償を求めるには医者の診断書が欠かせません。鶴江さんが内科医からもらった診断書には「吸気性喘鳴、発作性呼吸困難、レントゲンで肺紋理増強」と呼吸器の症状が列記してあるだけで、その原因について何も触れていませんでした。

「医者が証明しないのなら、土呂久の住民に証明してもらいなさい」と、岡元さんは次の事実申立書を作成し、鶴江さんに渡しました。

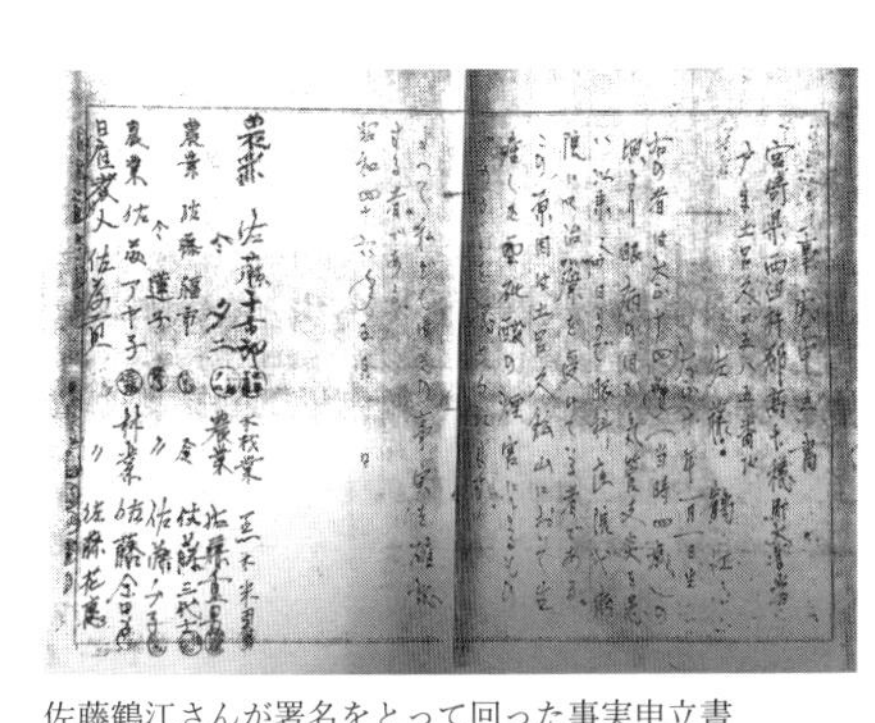

佐藤鶴江さんが署名をとって回った事実申立書

「佐藤鶴江は4歳の頃より眼病のほか気管支炎を患い、以来今日まで治療を受けている者である。この原因は土呂久鉱山において生産した亜砒酸の煙害によるものであることを認められる。私どもはその事実を確認する」

鶴江さんが署名集めに集落を回ったことを71年5月の日記があかします。

24日　夕方、早目食事して惣見の方廻る。夜11時半帰り寝る。
25日　朝6時半起き、南の方廻る。夜10時帰り。
26日　朝7時半起き、掃除洗たく。昼から畑中まわる。

惣見、南、畑中は土呂久を三つに分けた組の名前です。目が不自由なうえに坂道を歩くと息切れする体で、畑中組の急こう配の地域を除く家々を1軒1軒回りました。

「おまえが煙の中で生活して病気になったことは、みんなが知っちょるわい」と言って、真っ先に署名押印したのが元村議会議員の佐藤十市郎さんとタニさん夫婦。つづいて24世帯52人が署名に応じたのですが、中には「昔のことほじくりだして、静かになった集落に波風立てんでくれよ」と署名を断る家もありました。

鶴江さんら8人の健康被害者が法律扶助を申し込んだのは6月30日でした。亜ヒ焼き窯と川をはさんだ長屋に住んだ鶴江さん、姉のハルエさん、鶴野秀男さん、橋口タマ子さんと、鉱山と隣りあわせた「樋の口」の操さん、ツルエさん夫婦、その長女、「向土呂久の分家」の一二三さん。高濃度ヒ素汚染地で居住して被害を受けた8人の前に、医学と法律の二重の壁が立ちはだかりました。医学の壁は症状と鉱山操業の因果関係の証明、法律の壁は賠償義務を負っているのは誰かという問題です。

亜ヒ酸を製造した岩戸鉱山会社も中島鉱山会社もすでに解散して存在しません。唯一存在していたのは最後の鉱業権者だった住友金属鉱山会社。法務局が同社に問い合わせると、用紙の半分にタイプで打った素っ気ない回答が返ってきました。

「閉山後に鉱業権の譲渡を受けたので、操業当時のことについては関知しない」

公害被害者とは別に動き始めた岩戸小〝15人の侍〟

1971年6月、土呂久の佐藤鶴江さんら8人が宮崎地方法務局の協力を得て法律扶助の申請をしたころ、こうした健康被害者の動きとは別に、土呂久の児童が通う岩戸小学校の教師たちが活動を開始しました。それを伝えるのが72年2月11日発行の『週刊朝日』のルポ「『土呂久鉱害』を告発した岩戸小の〝15人の侍〟」です。

侍になぞらえられたのは、宮崎県教職員組合岩戸小分会に所属していた先生15人で、このルポには15人中4人の名前が登場します。私は2022年3月、その1人永田収さんに延岡市内で会って半世紀昔を回想してもらいました。

永田さんは1971年4月、同じ町内の上野(かみの)小から岩戸小に転勤してきて、土呂久の子どもたちが草1本はえていないズリ(捨石)堆積場で遊ぶ姿に不安を覚えたといいます。分会の集まりで話したのがきっかけで、宮崎県教組主催の教育研究(教研)集会のテーマに土呂久問題を取りあげることが決まった、と話してくれました。

小学校の教師はだいたい5年で転勤します。土呂久鉱山の閉山から9年たち、岩戸小には土呂久鉱山で何かあったらしいとおぼろげに耳にした人はいても、亜ヒ酸煙害や自治組織「和合会」の抵抗の歴史をはっきりと知っている人はいませんでした。土呂久の住民や岩戸地区の主だった人に亜ヒ酸煙害は周知のことだったのですが、教師たちはその調査が未知の公害の掘り起こしに思えて、新鮮な気持ちで取り組みました。

岩戸小分会は教研推進委員の3人を中心に15人全員が調査に参加しました。最初におこなったのが、鉱滓・ズリに対する岩戸小・中学生の意識調査です。小・中学生はズリで遊ぶと「へんな臭いがする。鼻が痛くなる」、親から「鉱毒の入った田畑ではあまり作物ができない」などと聞いたと回答し、鉱山跡地が子どもたちの健康に悪影響を与えていることが疑われました。

つづいて岩戸小分会の名前で、土呂久と周辺地区の父母にあてて「今まで鉱山、鉱毒、亜ヒについて経験したことをお知らせください」と、西洋紙の上半分にお願いを書き、下半分を空欄にして配りました。回答には、亜ヒ酸煙害の体験が率直につづってありました。

土呂久鉱山跡に草1本はえていないズリ山が残されていた（1969年ごろ山口保明さん撮影）

「米ができなくなった。豆類がほとんど絶滅。牛馬の飼料に困った。馬が3頭死亡した」

「家の者はみんな若死にし、生き残っているのは姉妹2人。私は毎年、気管支炎で20日間くらい入院しております」

15人の先生はこうした内容を約30ページのリポートにまとめ、10月30日の西臼杵郡教研集会で配布しました。会場に写真、図表、簡単な死亡分布図を貼りだしました。発表したのは、もっとも精力的に公害問題と取り組んだ齋藤正健先生です。『週刊朝日』のルポは、齋藤先生がとりわけ熱心だった理由をこう書いています。

「一昨年結婚した夫人は土呂久の出身だった。実家は（1955年〜62年に）操業していた一番新しいカマの近くだ」

戦後の焙焼炉にいちばん近かったのは、大正中期に亜ヒ酸製造が始まるきっかけをつくった「樋の口」でした。埋もれていた公害を告発する役が、その家と縁を結んでいた齋藤先生に回ったのです。

健康被害者と公害調査の教師が合流

宮崎県教職員組合が開く教育研究集会は、優秀な発表が支部教研、県教研、全国教研の3段階を昇っていくようになっています。1971年10月30日、岩戸小分会が西臼杵支部教研で土呂久公害について発表すると、参加した教師の評価は予想外に厳しいものでした。

「問題が重大なだけに、住民の記憶に頼るだけでなく、もっと資料や記録を集めて科学的な裏付けのある内容にしてほしい」

宮崎県教研まで残された時間は2週間。厳しい指摘にこたえるには説得力のある資料の収集が必要でした。「死亡分布の絵地図が幼稚だ」という批判に対して、「死亡調査」と「現存者の病歴調査」の用紙を土呂久全世帯に配ってアンケートをおこないました。回答したのは全世帯の約90パーセントの52世帯。呼吸器や内臓疾患による死亡が多く、若死にが目立つことがわか

宮崎県教育研究集会（1971年11月）の報告会場に掲示された土呂久被害地図

りました。この結果を見える形にするために、土呂久の地図に家のマークを描き、家族の現病歴と死亡者の年齢・死因を書きこみました。統計をとって、亜ヒ酸が製造された時期とそうでない時期の死亡年齢の比較、現存者がかかっている病気（目、胃腸、気管支、血圧、神経、腎臓、心臓、肝臓など）の患者数を棒グラフで示しました。

アンケート用紙を配ってすぐに、住民から「調査団の皆様」にあてた手紙が岩戸小に舞いこみました。差出人は、四大公害訴訟に触発されて裁判を思い立っていた佐藤鶴江さんです。

「もの心ついた5、6歳の頃は咳がはげしく、のどはゼイゼイいうし、目は赤くただれ、その頃から医者通いが始まりました。長い46年間、入院、通院して今まで死にきれず……」

この手紙を読んだ齋藤正健先生が11月5日、首からカメラをさげ、録音機をもって鶴江さんを訪ねました。家に入ると、ふすまや障子にぎっしりと煙害による環境破壊、長年の病苦、一人暮らしのわびしさを詠んだ短冊が貼ってありました。

うずをまき焙煙上る釜七つ　多くの人の息とめて　のこる我が身もせみのぬけがら
せきが烈しく背（せな）いたみ　柱にもたれ外ながむ　夕暮れせまるわびしさよ

そのときのインタビューを録音したテープが宮崎大学土呂久歴史民俗資料室に保管されてい

ます。「名前は?」「佐藤鶴江です」というあいさつで、提訴を考えていた健康被害者と公害を調査する小学校教師の動きが合流したのです。齋藤先生は同じころ、土呂久の自治組織和合会が煙害と闘っていたことを知り、その議事録を探しだしました。西臼杵郡教研から宮崎県教研までの2週間は、公害の歴史を少しずつ明らかにしていく凝縮した日々でした。

和合会が問題にしたのは、現金収入に影響する農林産物の不作や牛馬の病死でしたが、教師が掘り起こしたのは人間の健康被害でした。この違いは、四大公害訴訟の前か後かによって起きました。「環境汚染による健康被害は加害企業が補償すべきだ」という考えは、四大公害訴訟によって一般化したからです。亜ヒ酸煙害に反対していた和合会は、四大公害訴訟が始まる約5年前に解散しており、鉱山会社に健康被害の補償を要求することはありませんでした。

宮崎県教研が近づくと、岩戸小の15人の先生たちは夜遅くまでガリ版刷りの資料作成に打ちこみました。調査の内容が宮崎市の小戸小学校で発表されたのは11月13日のことでした。

西日本新聞の社会面にスクープ記事

1971年11月初め、西日本新聞延岡支局(当時)の安部裕人記者のもとに熊本のデスクから、高千穂町の岩戸小学校の教師たちが土呂久で公害調査をしているとの情報が届きました。そのころ熊本営林局(当時)が土呂久の奥の国有林にスズ竹を駆除する農薬の空中散布を計画、亜ヒ酸煙害を経験していた住民は農薬散布に反対してヘリポートに座りこみました。熊本営林局でこの取材をした記者が、土呂久の公害調査を聞きこんだというのです。

安部さんは翌日、岩戸小を訪ねました。5、6人の教師が一室に集まり、ガリ版刷りの冊子をつくっていました。先生たちの話から問題の大きさはわかっても、記事にするには裏付け調査が必要でした。延岡に戻って高千穂町役場や宮崎県工鉱課(当時)に電話したり、図書館で資料を集めたりしました。11月9日夕方には、岩戸小の齋藤正健先生といっしょに土呂久の佐藤鶴江さんを訪ね、幼いころから目や呼吸器などの病気で苦しんだ半生に耳を傾けたのですが、煙害によって健康被害者が多数発生していることの確信は得られません。

じりじりと日が過ぎていき、安部さんが11月12日に延岡の漁協で取材していると、妻から電話がかかってきました。「齋藤先生が明日の教育研究集会で発表する内容を各社に連絡するそうです」。そう聞いて、「もう待ったなしだ!」と、安部さんは記事を書く決断をしました。

齋藤先生は、記者の心理を読んで新聞を活用する術を心得た人でした。

朝日新聞の高千穂通信局から延岡支局に移っていた井口勝夫記者は、その夕刻、斎藤先生の訪問を受けたことを覚えています。「土呂久住民のアンケート結果を示されて『西日本の朝刊に記事が載ります』と告げられました。宮崎のデスクと相談し、アンケートだけでは事実関係が確認できないとして記事の掲載を見送りました。苦い思い出です」と、半世紀後のいま井口さんは振り返ります。

翌13日の西日本新聞社会面にスクープ記事が載りました。「亜ヒ酸鉱害明るみに/40年間も

〝死の煙〞／住民の3割に症状／失明やからだに斑点」という見出し。鶴江さんが胸に黒く染みついた斑点を齋藤先生に見せている写真が付いていました。

この記事を読んだ新聞、テレビ各社が、宮崎市小戸小学校の宮崎県教研の分科会に駆けつけました。西日本新聞はその後も九州全域に報道したのですが、他の新聞・テレビは報道する範囲を宮崎県内にとどめました。多数の公害患者発生に疑問符が付いたままだったからです。

宮崎日日新聞は14日、「父兄などからアンケートしたもので、山奥の一集落56世帯269人中74人もの人が今なお目や気管支の異常を訴えている」と岩戸小教師の調査結果を紹介すると、18日に齋藤先生と平嶋周次郎編集局次長との対談を掲載。19日から南村正明記者が「53年目の告発」と題する6回の連載で、公害の悲惨、和合会の闘いの歴史、行政の責任など総合的に課題を整理して、土呂久報道のひな型をつくりました。

齋藤先生は平嶋さんとの対談で「杉の年輪は亜ヒ酸の焙焼作業が行なわれていたころ成長がとまっていた。年輪はウソをつかない。動かぬ証拠です」「基本は人命尊重です。公害を克服することは人類にとって大変なこと。みんなが力を合わせねばならん」と語っています。人の心をつかんで情熱的に語る言葉には強い発信力がありました。

やがて新聞、テレビは、土呂久公害といえば齋藤先生を登場させるようになり、「山奥に埋もれていた公害を告発した小学校教師」という伝説が定着していきます。

朝日新聞が掲載した「集落ぐるみ鉱毒病」の記事

岩戸小学校の教師による土呂久公害の調査報告を受けて、宮崎県は1971年11月半ばから疫学、健康、環境分析からなる社会医学的調査に着手し、「報告されたような公害はない」と否定に動いたとき、対抗したのが72年1月17日の朝日新聞夕刊の記事でした。

当時、私は宮崎支局（現・宮崎総局）に赴任して3年目の記者。田中哲也支局長から「すぐ土呂久へ行け」と指示され、高千穂町の旅館に開設された前線本部で、西部本社夕刊一面の「集落ぐるみ鉱毒病」（東京本社夕刊社会面は「高千穂町に大型公害病」）という見出しの記事を読みました。土呂久公害が全国ニュースになったことに驚く半面、「水と大気両方の汚染に見舞われ集落のほとんど全戸が公害病」「イタイイタイ病や水俣病に四日市ぜんそくを加えたようなもので、これらに匹敵する大変な公害が隠されていた」という過大な表現に実際とは違うと感じたものです。

この記事掲載は宮崎支局にとって寝耳に水のできごとでした。誰がどんな取材をして書いたのか、長い間の疑問が解けたのは86年11月、関係者に会って話を聞いたときでした。

発端は71年12月に開かれた九州の公害教育研究の発表会。岩戸小の齋藤正健先生が土呂久公害を報告するのを聞いて、大分新産業都市の公害を調査していた高校教師の藤井敬久さんは「詳しく調べている」と感心しました。藤井さんは翌年1月5日、鹿児島県で開かれた喜入石油備蓄基地反対と新大隅開発計画反対の集まりで、名古屋大学医学部の大橋邦和医師、静岡県の三島・沼津コンビナート反対運動の理論的支柱だった西岡昭夫さんらと講演しました。そのとき2人に土呂久公害の話をすると――。

「どこかに同じ問題があると思っていた。九州にあったのか！」と喜んだのが大橋医師でした。岐阜県高山市の鉱山跡を水源にする上水道汚染の問題に取り組んでいたからです。翌朝、3人は藤井さんの車で土呂久へ向かいました。岩戸小に寄ると、齋藤先生は冬休みで不在。当直の先生から「齋藤先生が先走るので困っている」と聞いたとき、大橋先生は「齋藤先生は孤立している。つぶされるぞ」と感じたといいます。名古屋に戻ると、朝日新聞名古屋本社社会部の竹内宏行記者を「甲府に行こう」と誘いました。甲府市で全国教育研究集会が開かれることになっていたからです。

2人は1月16日の夜、発表を終えた齋藤先生の宿舎でスライドを見ながら土呂久公害の話を聞きました。その熱心さに打たれた竹内記者が、徹夜で執筆したのがあの夕刊の記事。土呂久の現場を訪ねることなく、調査した人の話を聞いただけで書いた記事でした。それが許されたのは、全国に反公害の熱気があふれる時代だったからでしょう。

もう一人、この記事に関与したのが朝日新聞の環境担当編集委員だった木原啓吉さんです。72年1月29日、環境庁（現・環境省）の調査官3人に同行して土呂久を訪れた際、車を運転する私に、あの記事掲載の裏話を聞かせてくれました。東京本社の夕刊デスクから記事の信憑性を尋ねられたとき、「大橋さんが談話を寄せているので問題ない」とゴーサインをだしたというのです。土呂久を見て回ったあと、木原さんは私に「飛ばすなよ」と忠告しました。土呂久で記事にあるような未知の公害病の多発を認めることができず、ゴーサインをだしたことを反省して、「現場を歩いて記事を書きなさい」と後輩記者に伝えたかったのでしょう。

いわば新聞の常道からはずれた記事だったのに、東京や福岡のメディアを巻きこんで報道合戦が始まり、このキャンペーンが多くの人を動かしました。木城町松尾鉱山の元労働者は「俺たちもヒ素の患者だ」と声をあげ、製錬所の亜ヒ酸による健康問題に取り組んでいた大学教授が土呂久へ調査に、宮崎のカトリック信者は全国に救済を呼びかけ、科学者会議の研究者たちは鉱山跡地の土壌や水質の分析に着手、出稼ぎ先から土呂久に戻ってきた被害者も。新聞記者になって3年目、初めて体験した報道のもつパワーでした。

特徴的な皮膚症状からヒ素中毒多発を確認

土呂久鉱山周辺で起きている健康被害が「大型公害病」「集落ぐるみ鉱毒病」と過大に報道された1972年1月、現地で採取した皮膚の病変を顕微鏡でのぞきながら、その症状が医学の教科書に載っている「ヒ素中毒」だと確信した人がいました。宮崎県が実施した土呂久住民健診で皮膚科を担当した県立延岡病院の桑原司医師です。

宮崎県教育研究集会で土呂久公害が告発されて約2週間後の71年11月28日に、土呂久の全住民を対象にした一次健診、それから3週間後の12月19日にヒ素など重金属汚染が疑われた15人の二次健診が実施されました。そのとき桑原医師は15人の皮膚病変を採取し、週に3日は午後から母校の熊本大学医学部に車を走らせ、泊まりこんで翌朝延岡病院に駆け戻る。とりつかれたように顕微鏡の中の皮膚組織を観察しました。

表皮内細胞に配列の乱れ、いくつもの空胞細胞……ふつうは見ることのない組織像が土呂久の住民に認められます。そんな中に「皮膚科で一年勉強すれば、まず見まちがえることはない」と言われるほど特異なものを発見しました。「ボーエン病」と呼ばれる表皮内のがんで、その原因としてもっともよく知られているのがヒ素です。

医学の教科書は、ヒ素中毒に特徴的な皮膚症状として、色素沈着（皮膚が黒ずむ）・色素脱失（色がぬけて白くなる）・角化（手のひら・足の裏がイボのように硬くなる）と並んで悪性腫瘍（皮膚がん）をあげています。桑原医師は一次、二次の健診票を見直して、72年2月26日に熊本市内で開かれた日本皮膚科学会熊本地方会で、こう発表しました。

「診察した79人のうち23人の皮膚にヒ素中毒症と酷似した症状が認められた」

こうして土呂久に発生している健康被害はヒ素中毒症で、判定の決め手は皮膚だとわかってきました。それは、皮膚科医が患者判定で大きな責任をもつことを意味しています。

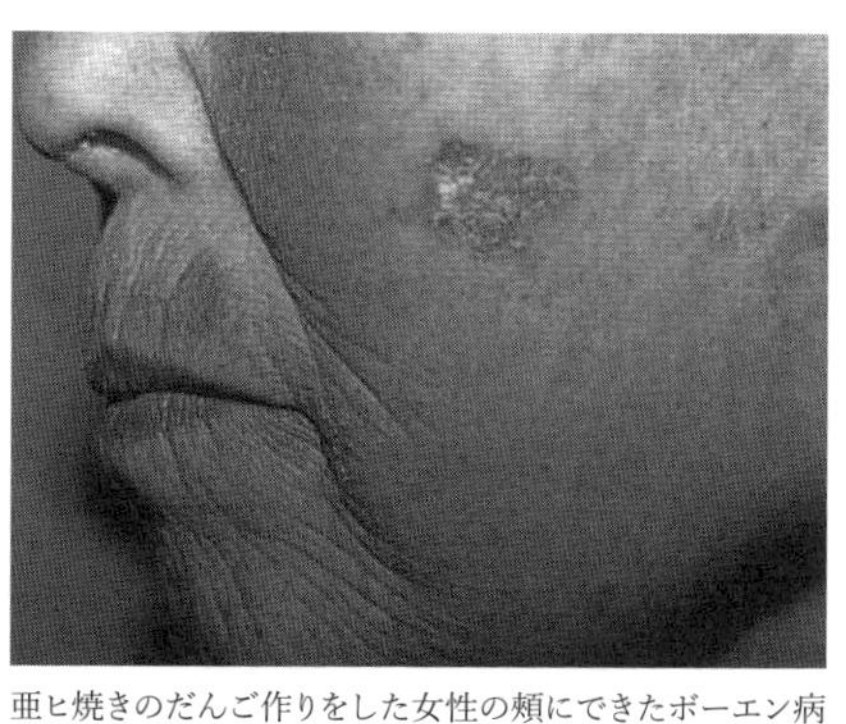

亜ヒ焼きのだんご作りをした女性の頬にできたボーエン病（1972年撮影）

新設された宮崎医科大学（現・宮崎大学医学部）に77年に皮膚科が開講、熊本大学から井上勝平教授はじめ多くの皮膚科医が移ってきました。それ以来、県のおこなう土呂久住民の皮膚検診を担当したのは、宮崎大学医学部の皮膚科教室です。この教室の医師たちは、皮膚症状からヒ素中毒症と認められた患者の内臓・神経などに見られる多様な症状、潜伏期を経て皮膚・肺・肝臓・泌尿器などに現れるがんについての論文を発表してきました。

たとえば99年9月発表の論文では、それまでに慢性ヒ素中毒症に認定された患者162人（死亡88人、生存74人）のうち、がんにかかった人数と発症率はボーエン病（51人、31・5パーセント）、肺がん（17人、10・5パーセント）、尿路上皮がん（4人、2・5パーセント）など。ボーエン病の発症率は、医学部が所在する旧清武町町民に比べて210倍。肺がんと尿路上皮がんの死亡率は全国民と比べ、それぞれ4倍、8倍の高さでした。皮膚科医の地道な努力によって、土呂久の健康被害の特徴は「非特異的な多様な症状」と「がんの多発」であることがわかったのです。

いろんな原因でふつうに起こる病気をヒ素の影響だと裏付けるのが「皮膚に特異な病変」です。そんな病変であるボーエン病は、土呂久に起こっている健康被害把握のための重大な手がかりだったのですが、宮崎県は72年1月28日に「岩戸小学校の教師が発表したような公害はない」と公害否定の中間報告を発表し、そのとき桑原医師が発見していたボーエン病について一言も触れませんでした。

公害否定を修正した裏で何が起きたのか

土呂久の社会医学的調査を進めていた宮崎県は、1972年1月28日に公害を否定する中間報告を発表して4日後の2月1日、突然「中間報告のデータは完全ではない。さらに資料を集める」と見解を修正しました。この4日間に何があったのか。それを明らかにしたのは、80年代前半に活動した新聞・テレビの記者たちでした。

NHK宮崎放送局の菅野道雅記者は81年10月、土呂久公害告発10年の番組の取材で天草の本渡市(現・天草市)の病院に桑原司医師を訪ねました。土呂久住民の皮膚病変からヒ素との関連の深いボーエン病の顕微鏡像を発見した皮膚科医です。桑原医師は、公害否定の中間報告がだされたあと、こんな電話をかけてきた研究者がいたと話しました。

「土呂久の住民にボーエン病は見られませんでしたか」

「認めました。そのことは宮崎県へも報告しています」と答えると、その研究者は「報告されたのですか。それなのに宮崎県が発表しようとしないのはおかしいですね」と返したそうです。

この電話の相手が誰だったのか、桑原医師は覚えていませんでした。

菅野記者は次に福岡市に行き、九州大学医学部公衆衛生学教室の倉恒匡徳教授に会いました。カネミ油症の原因が米ぬか油の製造過程で混入したポリ塩化ビフェニール(PCB)だと証明した現場重視の研究者。銅の製錬所のある大分県佐賀関町(現・大分市)に多い肺がん死亡と精錬労

土呂久公害調査の経過

1970年	12月14日	宮崎法務局高千穂支局が土呂久鉱山跡を調査
1971年	6月	佐藤鶴江さんら8人が法務局を通じて法律扶助を申請
	11月13日	岩戸小の教師が県教研で土呂久公害の調査結果を報告
	11月15日	宮崎県が土呂久地区の社会医学的調査を開始
	11月28日	宮崎県が県医師会に委託して土呂久の住民健診を実施
	12月19日	宮崎県が15人の第二次健診を実施
1972年	1月16日	岩戸小の斎藤正健教諭が全国教研で土呂久公害を発表
	1月24日	九州大学の倉恒匡徳教授が土呂久で調査(28日まで)
	1月28日	宮崎県が社会医学的調査の中間報告で土呂久公害を否定
	2月1日	宮崎県が公害否定の見解を修正
	2月27日	桑原司医師が23人にヒ素中毒の皮膚症状確認と発表
	3月2日	倉恒教授が社会医学的調査専門委員会の委員長に就任
	7月31日	社会医学的調査専門委員会が報告書を提出

働者のヒ素暴露の関連を調べていた時期に、土呂久のヒ素汚染が表面化。研究室の助手2人とともに土呂久に乗りこんで調査をした人です。

倉恒教授は桑原医師に電話したのが自分だったと認め、そのうえで、宮崎県の安西定環境保健部長に「もっと慎重にやった方がいい」と進言したことを打ち明けました。あの4日間に宮崎県の見解を修正させたのは、倉恒教授がかけた一本の電話だったにちがいありません。

その電話があるまで、安西部長は桑原医師のボーエン病発見を知りませんでした。なぜ、そんな重大なミスが起きたのか。その理由は、読売新聞の大堂眞圓記者が81年10月から「恨み歌」と題する土呂久の連載を執筆したときに明らかになりました。土呂久公害告発直後に住民健診をおこなったのは、宮崎県から委託された県医師会でした。その健診の責任者で県医師会理事だった平嶋尚文医師から、大堂記者はこんな証言を得たのです。

「医師会にボーエン病の報告が来ていたのは事実ですが、もっと詳しく調べたうえでと思って、中間報告のときには発表しませんでした」

医師会が土呂久に公害病が発生していると認めたくなかったわけは、宮崎地方法務局が苅部元継高千穂保健所長から聴取した調書（1971年11月29日）からわかります。

「煙害による気管支炎、ぜん息等は昔はあったかも知れないが、戦後は見受けられない。これは医師会の意見でもある。齋藤リポートは昔の事実である」

岩戸小の教師がアンケート調査で浮き彫りにした「現在の」健康被害を、地元の開業医は「昔の事実」として否定していたのです。このことはヒ素による健康被害の診断がいかに難しいかを示していました。

その困難に挑戦して、土呂久地区で集めたデータをもとに公害の有無を判定するのが社会医学的調査専門委員会でした。72年3月2日、宮崎県は倉恒教授を専門委員に委嘱し、6人の委員の互選で倉恒教授が委員長に選ばれました。公害が起きているかどうかの結論をだす責任者です。

過去の汚染による現在の健康被害を証明

社会医学的調査専門委員会は、約10年前に閉山した鉱山の操業当時の環境汚染はどうだったのか、過去の汚染情報が少ない条件下で現在の健康被害を明らかにできるのかなど、多くの難しさをかかえていました。その困難を克服するために、倉恒教授が提案したのが、次の二つの調査です。

一つは、家屋の梁の上にたまっているほこり（ハウスダスト）に着目し、ほこりに含まれるヒ素量を測定して過去の大気汚染を証明したことです。梁の上はふつう掃除をしないので、鉱山操業当時からのヒ素がたまっています。土呂久の6軒からほこりを採取してヒ素量を分析、亜ヒ酸焙焼炉からの距離を対照すると、焙焼炉から近い家ほどほこりに蓄積されたヒ素量の多い傾向が示されました。A焙焼炉（戦前の亜ヒ焼き窯）から100メートル、B焙焼炉（戦後の亜ヒ酸焙焼炉）から400メートルの家①は8000ppmという驚くべき高濃度。汚染範囲は土呂久全域に及び、もっとも低いのは畑中組の傾斜地の上の家⑥で80ppm。これは①の家の100分の1、土呂久地区内のヒ素汚染に大きな濃度差のあることがわかりました。土呂久地区外の家屋のほこりも分析しましたが、ヒ素は検出されません。汚染源は、亜ヒ酸焙焼炉から排出された煙と野積みされた鉱滓だと考えられました。

もう一つは、ケースコントロールという手法を用いて肺ガン死亡と亜ヒ酸鉱山の関連を調べたことです。ケースコントロールは、人口に関する情報が不十分な場合におこなう疫学の方法論。倉恒教授は、銅の製錬所のある大分県佐賀関町に多い肺がん死亡と精錬労働者のヒ素暴露の関連を調査したことがあり、その手法を土呂久に適用して「土呂久鉱山就業者および土呂久居住者にみられる高率の肺ガン死亡は、亜ヒ酸製造に起因するヒ素等が影響したことは否定できない」という結論を導きだしました。

こうした調査結果に基づいて1972年7月31日に発表した社会医学的調査専門委員会の報告書は、「土呂久鉱山の操業によって発生した亜ヒ酸等に暴露して住民7人が慢性ヒ素中毒にかかっている」と、科学的に公害病の発生を確認しました。

この委員会の委員は倉恒教授を含めて6人。そのうち当時の国立公衆衛生院の重松逸造・疫学部長、慶応大学の土屋健三郎教授、宮崎県医師会理事の平嶋尚文医師の3人は、宮崎県が公害否定の中間報告をまとめたときの同席者でした。そんな顔触れの専門委員会に飛びこんで、行政の調査を指導し、行政の姿勢を180度転換させたのだから、倉恒教授の信念と研究心と行動力が、行政に土呂久のヒ素公害発生を認めさせたと言ってよいでしょう。

忘れられないのは、この報告書で「土呂久全住民(土呂久鉱山就業者を含む)に長期にわたって専門医の参加による十分な保健サービスを行なうことが必要である」と述べたことです。この提言を受け入れた宮崎県は「定期的に健康観察と保健指導をおこなう」方針を発表し、半世紀たった現在も土呂久住民の健診は継続しています。それほど優れた業績を残した倉恒

試料	A焙焼炉からの距離	B焙焼炉からの距離	ヒ素量
①はりの上面	100m	400m	**8000**ppm
②はりの上面	200m	500m	**1350**ppm
③はりの上面	300m	600m	**210**ppm
④はりの上面	600m	900m	**230**ppm
⑤はりの上面	1070m	1100m	**200**ppm
⑥天井全面	1050m	1200m	**80**ppm

焙焼炉跡とハウスダストを採取した家の位置とヒ素蓄積量
(朝日新聞連載「和合の郷」第147話より)

教授が、この委員会解散後、土呂久を語ることはほとんどありませんでした。わずかに残っているのが、読売新聞の大堂眞圓記者が土呂久連載「恨み歌」第7回（1981年10月28日）に書きとどめた言葉です。

「もう昔のことで、ほとほと疲れました」

倉恒教授にそう嘆かせたほど、土呂久公害のその後の展開は混迷をきわめました。

皮膚以外の症状はヒ素との因果関係不明

土呂久公害に関する社会医学的調査専門委員会の報告で、最初に慢性ヒ素中毒患者に認められたのは7人（当時の土呂久住民269人）でした。

認定患者が少なかった理由は、宮崎県から住民健診を委託された宮崎県医師会が「煙害は戦後は見受けられない」という予断をもっていたからです。1971年11月28日に岩戸小学校体育館でおこなわれた1次健診では、受診した住民から「まるでベルトコンベヤーに乗せられたようだった」と不満が聞かれました。午前9時から午後3時まで6時間にやってきたのは年寄りから子どもまで224人。多くの住民を丁寧に診ることのないずさんな健診でした。

こうした1、2次健診を経て3次の精密検査に残ったのは8人。このうち4人は72年2月21日から4月1日まで熊本大学医学部附属病院に入院、残り4人は2月から6月にかけて宮崎県立延岡病院に通って検査を受け、８人のうち７人（患者Ａ～Ｇ）が慢性ヒ素中毒症にかかっていると判断されました。

鶴野秀男（患者Ｂ）さんが記録した「熊大検査入院日誌」によれば、検査は眼科精密検査、心電図、胸部と鼻のレントゲン、脳波テスト、胃透視、ＰＳＰ検査、基礎代謝、血糖検査、フィッツバーグテスト、足底の皮膚採取など多岐にわたりました。検査漬けの日々にがまんできず、鶴野さんは高千穂町役場に「モルモットにされている」と退院を願い出たほどでした。それほど細かくチェックした結果は、熊本大学附属病院「土呂久地区の健康調査報告」と宮崎県立延岡病院「土呂久地区住民三次検診結果報告」として宮崎県に提出されました。鶴野さんの診断結果はこうです。

「皮膚所見（良性角化症・色素斑・色素脱失斑）より慢性砒素中毒症と思われる。右上肺野の結節性陰影・全歯脱落・変形性腰椎症・感音系難聴・視力・視野障害・左水腎症と砒素等との関係は現時点では学問的にみて不明である」

ヒ素の影響を認めたのは皮膚だけで、その他の症状は因果関係不明。亜ヒ酸製造がやんで10年を過ぎ、髪や爪や尿から異常値のヒ素は検出されず、厳しい検査

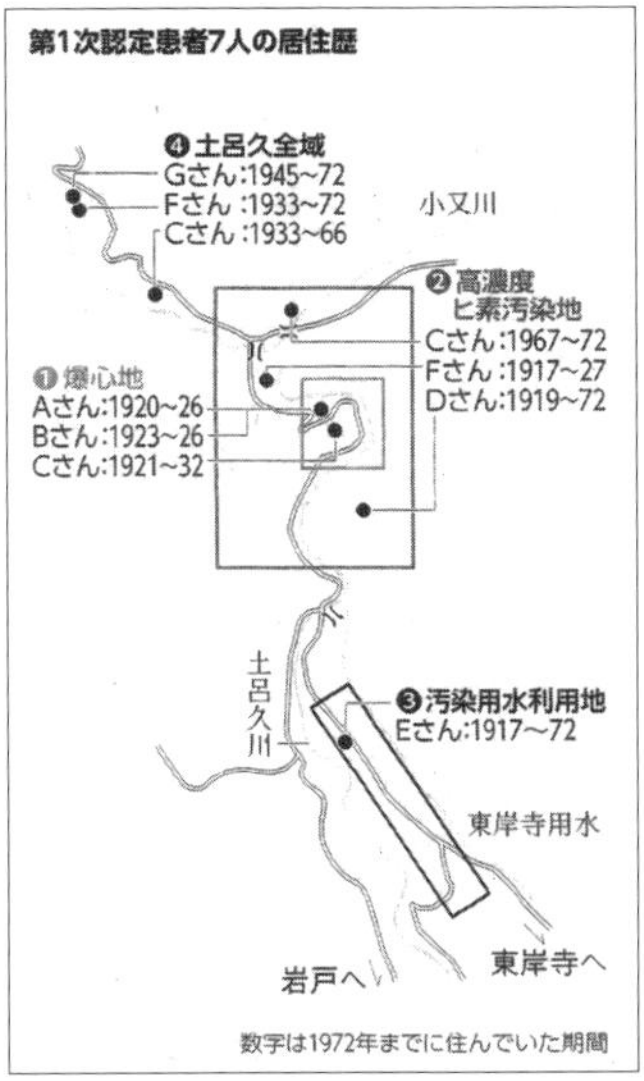

第1次認定患者7人の居住歴
（朝日新聞連載「和合の郷」第148話より）

第1次認定患者7人の症状

患者	皮膚症状	皮膚以外の症状
A	良性角化症・色素沈着・脱色素斑	肺気腫・全歯脱落・骨粗鬆症・感音系難聴・嗅覚障害・視野障害
B	良性角化症・色素斑・色素脱失斑	右上肺野の結節性陰影・全歯脱落・変形性腰椎症・感音系難聴・視力・視野障害・左水腎症
C	良性角化症・悪性角化症・色素斑	肺気腫・全歯脱落・嗅覚脱失・感音系難聴・視力・視野障害
D	良性角化症・色素斑・脱色素斑	肺気腫・変形性腰椎症・嗅覚脱失・視野障害
E	口腔内色素沈着・左下肢色素斑	気管支炎治療中・肺活量低下・視力障害・視野狭窄・感音性難聴・嗅覚異常・脳波異常
F	口腔内色素沈着・足蹠角化・びまん性色素沈着・色素脱失斑	肺活量低下・視力障害・視野狭窄・瘢痕性トラコーマ・網脈絡膜委縮・感音性難聴・嗅覚異常・脳波異常
G	足蹠角化・色素沈着と脱失	肺活量低下・視力障害・視野狭窄・感音性難聴・心筋障害・脳波異常

＊熊本大学附属病院と宮崎県立延岡病院から宮崎県へ提出された報告をもとに作成

によっても過去に暴露したヒ素の健康被害は証明できなかったのです。他の6人も同様の判断でした。

土呂久の集落は、東西約1キロ、南北約2・5キロの狭い谷間にあって、尾根が複雑に入り組んでいるため亜ヒ酸焙焼炉からの汚染には濃淡がありました。①爆心地＝1920～33年に亜ヒ焼き窯の近くに居住して猛烈な煙に襲われた。②高濃度ヒ素汚染地＝鉱山会社が農林畜産物の被害を認めて農家に煙害料を払った。③汚染用水利用地＝ヒ素など鉱毒を含んだ東岸寺用水の流域で飲用・生活用に利用した。④土呂久全域＝亜ヒ酸焙焼の煙が流れた。この4つの地区別に7人の居住歴を書きこんだ地図をつくってみました。

患者A～Cさんは20年代から30年代初頭に爆心地で暮らしました。Dさんは戦前戦後の50年余り、Fさんは戦前の約10年間高濃度ヒ素汚染地に住み、Eさんは子どものときから50年以上ヒ素などに汚染された用水を飲んで暮らしました。宮崎県外出身者のGさんは、結婚後に夫の故郷の土呂久に移ってきたので、ヒ素に暴露したのは戦後の亜ヒ酸製造期間（1955〜62年）だけでした。このようにヒ素を浴びた形態と期間はさまざまでした。

Bさんや Cさんは健康被害の確認を待ちわびていたのですが、それとは対照的に、Gさんはヒ素中毒患者に認定されたことを「恥ずかしい」と語っていました。こうした認定患者内の認識の落差は、健康被害の補償が問題になったときに表面化します。

法律論ではなく恩情による宮崎県知事あっせん

土呂久鉱山の亜ヒ酸製造に起因する健康被害者に対し賠償責任を負っているのは誰か、という法律上の難問がありました。鉱山が排出した煙や汚染水による被害は鉱業権者が補償する、というのが鉱業法の原則ですが、土呂久鉱山の場合、亜ヒ酸製造は1920年に始まり62年に終了し、それから10年後に行政が慢性ヒ素中毒の発生を認めるまで、半世紀を超える間に鉱業権者は転々と変わっていました。

この法律上の難問と最初に取り組んだ記事は、朝日新聞西部本社社会部の平位礼記者が書いた「けわし訴訟への道／転々変った鉱業主／どう扱うか過去の死者」（1972年1月22日）でした。

記事は、土呂久に適用される条文として鉱業法109条3項を紹介しています。

「損害の発生の後に鉱業権の譲渡があったときは、損害の発生の時の鉱業権者及びその後の鉱業権者が（略）連帯して損害を賠償する義務を負う」

これを土呂久にあてはめたとき、二つの問題が浮上しました。第一の問題は、鉱業法にこの条項が書き加えられたのが1939年、つまり亜ヒ酸製造開始から約20年後だったことです。

土呂久鉱山の鉱業権者の推移

亜ヒ酸を製造した鉱区は1934年以降、一つの鉱区から二つの鉱区にまたがった

1920年　1930　1940　1950　1960　1970　1980

亜ヒ酸製造開始　休山　中島飛行機の系列下に　亜ヒ酸製造中止　土呂久鉱山休山　土呂久鉱山再開　亜ヒ酸製造再開　土呂久鉱山閉山　土呂久公害が社会問題に　鉱業権を放棄・消滅

亜ヒ酸製造の形態　旧焙焼炉　旧焙焼炉　反射炉　新焙焼炉

鉱業権者　竹内令鄁　竹内勲　中島門吉　岩戸鉱山会社　中島鉱山会社　帝国鉱業開発会社　中島鉱山会社（戦前とは別法人）　住友金属鉱山会社

土呂久鉱山の鉱業権者の推移（朝日新聞連載「和合の郷」第149話より）

「それ以前の被害は補償の対象にならないだろう」というのが監督官庁の見解でした。

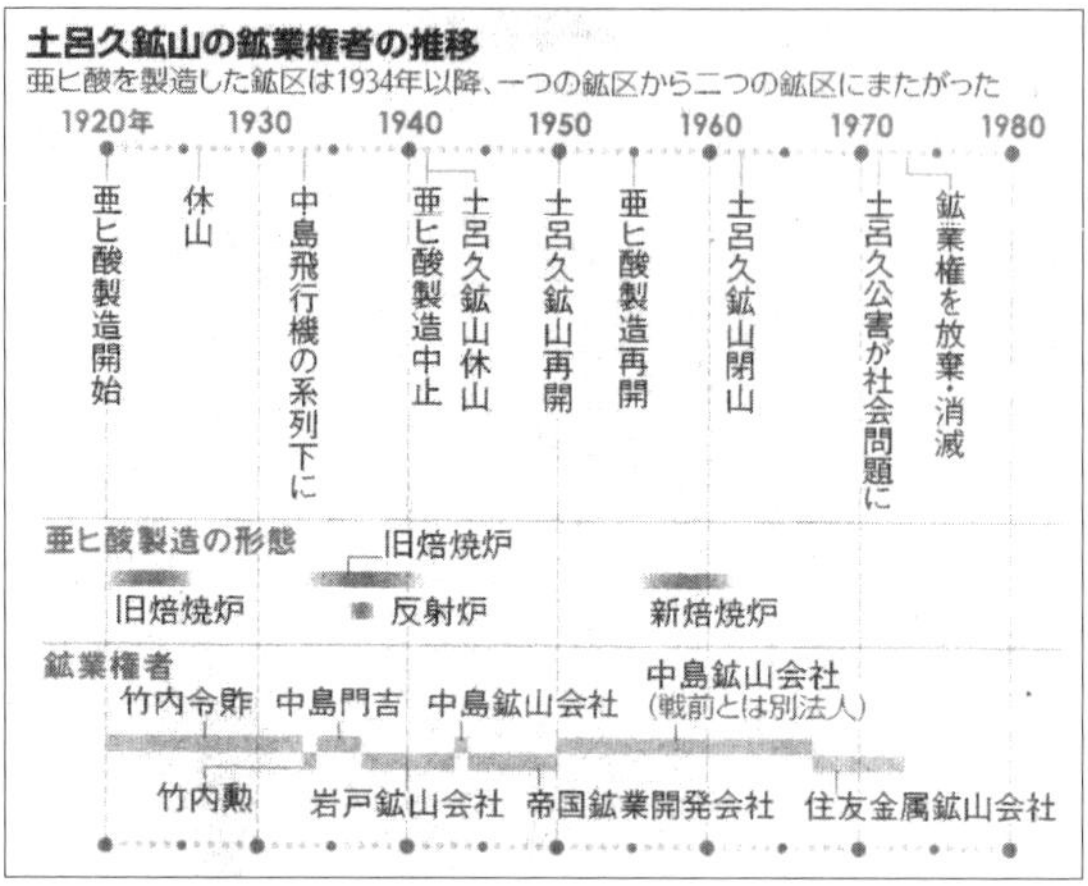

39年以降の土呂久鉱山の鉱業権者は、岩戸鉱山会社、帝国鉱業開発会社、中島鉱山会社、住友金属鉱山会社（住友鉱）の4社。この4社が連帯して賠償義務を負うのですが、公害が問題になった時点で3社はすでに解散し、存在していたのは住友鉱だけでした。

ここで第二の問題が浮かびあがります。住友鉱は50年代後半に中島鉱山会社が経営する土呂久産の鉱石を買うようになり、58年に大切坑出水事故で休山したときに資金を援助し、子会社の鯛生鉱業会社に経営させました。鉱業権を譲り受けたのは中島鉱山

のです。

会社が倒産した66年。つまり、住友鉱は公害の原因の亜ヒ酸製造に直接手を汚していなかった

平位記者は記事の中で、「亜ヒ酸をつくっていない住友鉱が損害賠償を全面的に負わなければならないのか」「連帯の相手方が3社ともいなくなっている特異なケース」と、土呂久鉱山における補償の難しさを指摘しました。

困難だと思われた補償の席に住友鉱を座らせたのは、当時の黒木博宮崎県知事でした。初めて土呂久を訪れた72年3月、住民の前で「健康問題は大事なので、どこに責任があるとかないとかは抜きにして取り組む」と話し、7月に社会医学的調査専門委員会の報告で7人の慢性ヒ素中毒患者が確認されると、「健康被害者と現在の鉱業権者双方の意向を確認のうえ、人間尊重の立場からあっせんに当りたい」という知事談話を発表しました。そこに現れていたのは、法律論ではなく恩情で現在の鉱業権者に健康被害の補償をさせ、円満に早期解決をはかるという姿勢です。これに応えて、住友鉱は「早急な問題解決にならないから鉱業権をめぐる議論をする考えはない」と、知事の提案に乗りました。

宮崎県と住友鉱は、谷間の集落土呂久にヒ素中毒患者は多くなく、知事あっせんで早期決着するとみたのですが、認定患者は2023年3月現在216人に増えました。さらに知事あっせんに納得できなかった患者が、鉱業法109条3項に基づく法的責任の明確化と全身の健康被害の補償を求めて住友鉱を相手に提訴、裁判は最高裁で和解するまで15年かかりました。土呂久の亜ヒ酸公害の歴史的根深さを読み間違えたのです。

3人の要求額とあっせん額に大きな開き

土呂久公害で最初に慢性ヒ素中毒患者に認定された7人の中に、2代にわたって亜ヒ焼きに従事した鶴野クミさんと秀男さん親子が含まれていました。

当時、朝日新聞宮崎支局の記者だった私は、初めて秀男さんの姿を見たときのことを今も覚えています。環境庁の調査員3人が土呂久鉱山跡を訪れた1972年1月29日、調査員に向かって「私の父は亜ヒにやられて死んだ。死体を掘りあげて、亜ヒが原因だとはっきりさせてください」と、衝撃的な言葉を発したのが秀男さんでした。

父政市さんは1920年から亜ヒ焼き窯で働き、母クミさんはヒ鉱の粉をだんごに握って手伝いました。家族が暮らしたのは、窯の川向かいにあった鉱山長屋。煙の舞いこむ長屋で生まれた秀男さんは、1週間目に亜ヒ酸の粉が目に入って赤く腫れ、物心ついたときには物が二重三重に見えたといいます。政市さんは約5年間働いたあと、故郷に山と畑を買って戻ったのですが、心臓が弱って坂道を登れず、横になると激しく咳込む病身で、農業のできないまま50歳で亡くなりました。

秀男さんは高等小学校を卒業した37年から土呂久鉱山で働きました。新焙焼炉が建設された55年から1年間は亜ヒ酸製造、そのあと坑内排水に従事し、閉山後は大阪へ出稼ぎに。土呂久公害が表面化して帰郷、住民健診を受けて慢性ヒ素中毒だと判定されました。ヒ素による病が労災ではなく公害に認められたのは、幼いころ鉱山近くに居住歴があったからです。

宮崎県知事によるあっせん補償は、「あっせん案審議専門委員」に委嘱された弁護士2人と医師1人が出した答申をもとに、宮崎県の担当者が患者と住友鉱の間に立って補償額をまとめる方法で進められました。3人の専門委員が土呂久を訪れて、健康被害者から事情聴取をおこなったのは72年10月25日。鶴野さん親子と佐藤鶴江さんの3人には時間をかけて、あとの4人は簡単に終了。夕刊デイリーは「3人は具体的な要求を申し入れ、4人は専門委員に一任したのだろう」と、患者が2つのグループに分かれていることを伝えました。

秀男さんはどんな要求を示したのか。要求額を計算した2通のメモが宮崎大学土呂久歴史民俗資料室に保管されています。1通には、逸失利益1560万円、精神的苦痛300万円、健康障害300万円、合わせて2160万円とはじき、その算出の根拠を付記していました。「少年時代より病身(特に目、歯、胃腸が悪かった)で、5キロの道を通って医者に行くのがつらかった。手や足にコブができ、目は白くにごって、社会的精神的に苦労した。人並みの仕事はできず、給料も安く、生活面で苦労した。病人屋敷と言われて付近の人からいやがられた」

もう1通は最初に計算したと思われるメモで、要求額は2486万円。2通に一貫しているのは、亜ヒ焼きの煙の中で幼年期を過ごし、目や内臓に病気をもち、人並みに働くことができず苦悩した人生の償いを求める姿勢です。

これに対し、あっせん案審議専門委員が算定した額は秀男さんに320万円、クミさんに160万円、鶴江さんに240万円、他の4人に200万円の低額でした。その理由は、熊本大学医学部附属病院と宮崎県立延岡病院が宮崎県に提出した精密検査の報告書が「ヒ素の影響が認められるのは皮膚症状だけ、その他の症状は現時点では因果関係不明」という結論だったからです。

鶴野さん親子と鶴江さんの要求額とあっせん額との間の大きな開きを認識しながら、宮崎県は患者と住友鉱を宮崎市に呼びました。年の瀬に補償交渉が始まりました。

ヒ素の影響を皮膚に限った低額のあっせん

1972年の暮れにおこなわれた宮崎県知事による補償あっせんの取材は、朝日新聞の記者だった私の生涯忘れることのできない屈辱の体験でした。

補償交渉が始まると教えてくれたのは、72年12月27日朝、岩戸小学校の齋藤正健先生からの電話でした。「佐藤鶴江さんたちが宮崎市へ行って補償交渉にのぞむそうです」と聞くまで、恥ずかしいことに、交渉は年明けだろうと高をくくっていました。

県政記者クラブの要求で、宮崎県環境保健部公害課(当時)は、土呂久鉱山の鉱業権者・住友金属鉱山会社代表と認定患者7人が顔を合わせる場面を30分間公開する、と約束しました。場所は、当時の宮崎市民会館横の宿泊施設。私が患者の話を聞こうと思って、休憩している部屋へ入ろうとすると、公害課の職員から押しとどめられました。振りほどいて部屋に入ると、職員はついてきました。5時間近く車に揺られてきた7人が、畳の部屋で疲れた体を休めていました。鶴江さんに「齋藤先生から電話をもらって交渉のことがわかりました」と言うと、「齋藤先生に連絡したことは黙っといてください。県から内緒にするように言われとるから」とそっと耳打ちされました。

環境保健部は外部との連絡を絶って交渉を進めようとしていたのです。

夕方、齋藤先生から「患者さんの行方がわからなくなった」と電話がかかってきました。顔合わせの場を公開したあと、どこかへ移動したのです。夜9時半、環境保健部の後藤一高環境長(次長格)が、市民会館横の宿泊施設に現れて経過を発表しました。「交渉場所はどこか」の質問に「秘密、秘密」と笑ってごまかします。発表が終わると、共同通信の金田哲郎記者が「あとをつけよう」と声をかけてきました。

環境長が乗った青色のタクシーの追跡が始まりました。上野町、宮崎県立宮崎病院横、高千穂通りを横切って北へ向かっていると、突然、環境長がうしろを振り返りました。とたんに青色のタクシーはスピードをあげて、住宅地の狭い道へ。私たちのタクシーはまかれてしまいました。宮崎県はそんなに後ろめたいことをやっているのかという憤り。同時に、隠れて進める交渉を制止できない自分が惨めでした。

翌日の午後、調印式の場がマスコミに公開されました。妥結した額は、鶴野秀男さんが350万円、鶴江さんが300万円、他の5人は200万~230万円。合計1680万円で、提示した額から160万円のアップでした。秀男さんと鶴江さんが県政記者室で会見にのぞみました。秀男さんの口をつくのは無念の言葉ばかり。

「ヒ素による症状は皮膚に限られるとするのが、今の科学の限界だと言われ、その他の病気は持病にされてしもたとです。それで補償額は安くなりました。内臓疾患をぜひ補償の対象に含めてくれ、と強く主張したとですが、医学的に認められんと言われては……」

年が明けて、私は粉雪の舞う土呂久を訪ねました。受け取ったのは、鶴江さんの請求額は1660万円、秀男さんは2160万円だったと聞きました。その2割にもならなかったのです。秀男さんは悔しくて「帰ってから、県の職員に示した要求額のメモを焼いた」と話してくれました。家をでると、凍てつく里に悔やみ雪が降りつづいていました。

国（環境庁）は1973年2月1日、土呂久の慢性ヒ素中毒症を第4の公害病に指定しました。翌3月、私は北九州市八幡西区の折尾に転勤しました。それから2年半後、新聞社を辞めて宮崎に戻り、土呂久の記録者、被害者の運動の支援者になりました。知事あっせん取材の無念を晴らしたかったのです。

全国に広がる被害者支援の輪

私が宮崎にいなかった2年半の間に、土呂久の情勢は大きく変化していました。知事あっせんの低額補償に納得できなかった佐藤鶴江さんと鶴野秀男さんが怒りの声をあげ、土呂久の外から多くの共感する人たちが現れて、くすんでいた種火が燃えあがったのです。この時期、孤立無援だった被害者を励ましたのが、岩戸小学校の齋藤正健先生、宮崎県教組西臼杵支部の阪本暁書記長と宮崎市の日向学院短大（当時）で西洋史を教えていた生態来吉さんらでした。

生態さんは敬虔なカトリック信者。宮崎県内のカトリック教会が社会に目を向けようと「愛の実行運動」を始めたころ、土呂久公害の新聞記事が目にとまりました。さっそく「岩戸小学校先生御一同様」あての手紙を書いて、資料を送ってほしいと頼みました。送られてきた資料をむさぼり読んでから、1972年5月の連休に初めて土呂久に行きました。佐藤実雄さんから鉱山跡、喜右衛門屋敷、墓地などを案内してもらい、竹松さんや十市郎さんに会って和合会の煙害反対運動の話を聞き、宿泊した西臼杵地区教育会館で阪本さんが収集整理した土呂久公害資料や、阪本さん撮影の100点以上の写真を見ました。

そのときの衝撃の大きさを、のちに生態さんは「巨大な手が鷲づかみして土呂久の谷に放り込んだ」と書いています。

73年8月、カトリック社研セミナーが横浜で開かれました。そこに出席予定の生態さんに、土呂久南組の佐藤アヤさんから「社会問題セミナー出席の皆様へ」と題する便せん16枚に横書きした手記が届きました。内容は、アヤさんが半世紀を超えて鉱毒に苦しんだ回想記で、こんな文章から始まっています。

「全国の皆様見て下さい。鉱害の為、永い年月積み重ねられて来た怒り、苦しみ、悲しみのうっ憤を腹の底からたたき上げてみます。私は手、足、体がちっとも思う様にかないません。でもかなわない手で、曲がった指で、ひざの上で、一生懸命書いて、全国の皆様に鉱害の恐しさを知ってもらいたいのです。なぜ私の様な、かなわない手で書かねばならぬ情なさ、でも私は書きます。命の続く限り。……」

土呂久公害の報告をした生熊さんに、強い関心をもった人が矢継ぎ早に質問を浴びせてきました。弁護士の矢島惣平さんでした。その年12月、同僚の加藤満生弁護士とともに土呂久を訪れ、法曹界に土呂久がかかえた問題を広げていくのです。

土呂久の被害者支援の輪が全国に広がる日がやってこようとは、「和合会」が単独で亜ヒ酸煙害を起こした鉱山会社と闘ったころは、まったく考えられない展開でした。

同じころ土呂久の中では被害者の会結成の動きが始まっていました。「土呂久公害被害者の会準備会」ができたのは、宮崎県が社会医学的調査を進めていた72年3月のこと。会発足を応援したのは、西臼杵郡内の教師のほか高千穂町内の労働組合員や宮崎市内の弁護士でした。翌年10月に知事あっせんが水面下で進んでいたときは、会の中心になるべき鶴江さんが「知事さんが力になってくださりよるとじゃき」と参加をためらって、会発足は見送られました。結成したのは73年8月27日。知事あっせんの低額補償に憤った鶴江さんも加わって「土呂久公害被害者の会」の旗をかかげました。

どんな会だったのか。私が会則(案)を見つけたのは2023年の秋、生熊来吉さんの遺品を整理しているときでした。会則(案)によると、会の目的は「鉱山の公害により身体諸器官に影響を受けた者を救済する」こと、会員は「土呂久公害に関し身体に異状のある者」とし、会長

1名、副会長2名、書記・会計1名、幹事若干名、会計監査2名の役員を置くなど25条からなっています。B4判4枚にガリ版で刷られた1枚目の右上に、生態さんが小さな字で「昭和48年7月16日、佐藤実雄氏より入手、宮崎県社会党作成」とメモしていました。当時の政界は「自社2大政党」と呼ばれた時代。最大野党の社会党が被害者の会結成に影響を与えようとしていたことがわかります。この案がそのまま会則として承認されたかどうか、今のところはっきりしませんが、土呂久を取り囲む状況が和合会による自治が機能していた時代とまったく変わってきたことは間違いありません。

被害者の会発足時の会員は6世帯10数人。ほとんどが元鉱山で働いた人とその家族で、会長に実雄さん、副会長に勝さん、班長に常義さんと三子さんを選びました。和合会の会長を経験したことのある勝さんを除くと、土呂久集落運営の主流からはずれた人たちによる船出でした。被害者の会は自立していると言いながらも、実際は土呂久外の支援者主体の運動ではないのか。公害被害者の運動につきもののこの問いは、1990年に土呂久訴訟が最高裁で和解して、被害者の会の運動が大きなヤマを越すまでつづきます。

土呂久支援の輪が拡大するのは、宮崎県内で自然保護運動を進めていた団体の役員が土呂久を訪れてからでした。宮崎で開催される予定の「九州の環境を守る連絡協議会」で、土呂久公害にどう関与するか話しあわれることになったことから、それを前にした73年10月27日に「宮崎の環境を守る連絡協議会」の落合正会長ら4人が土呂久を訪れました。鉱山跡近くの民家の庭先で、粉じん中のヒ素量を測定する装置を見て、元小学校校長で人権感覚に鋭敏な落合さんは問題の深刻さを認識しました。

「ここは安全に暮らす権利さえ保障されない現代の棄民の村なのか」

こうして翌74年3月2日、落合さんが会長になって「土呂久・松尾等鉱害の被害者を守る会」が結成され、患者の人権回復をめざして行政や企業と闘いを進めることになります。守る会がすぐれていたのは、党派性をもたないことを方針として堅持したことでした。会員それぞれが自身の主義主張をもっていても、会の活動にもちこむことはせず、被害者の手足になることを心がけました。

守る会結成に先んじた2月21日、細々と存続していた「土呂久公害被害者の会」を解消し、土呂久地区外の元労働者を加えた「土呂久鉱山公害被害者の会」に発展させて、会員を旧組織の約3倍になる56人に増やしました。

被害者支援の運動が大きくなったもう一つのきっかけは、74年1月に山形県で開かれた日教組教育研究集会全国集会に、鶴江さんと秀男さんが齋藤先生と阪本先生に伴われて出席したことでした。秀男さんは行きの列車の中、岡山付近で出血しました。4か月前に尿管を手術し、寒くなると出血するので、止血剤を注射し、薬を飲んでの参加でした。会場で秀男さんが「皆さん、私たち被害者を心から守ってください」と協力を求めると、小学校の体育館を埋めた200人の教師から「負けるな!」と声がかかりました。4人は帰りに横浜に寄って、矢島弁護士と加藤弁護士とともに東京・霞が関の弁護士会館に山本忠義・日弁連会長を訪ねて苦境を訴えました。これが伏線になって、この年9月に日弁連公害対策委員会の土呂久調査が実現します。

このように土呂久をめぐる状況を一変させた原因は、被害者の願いを踏みにじって強行した知事あっせんにありました。山間の集落の力なき者でも、権力者の理不尽に屈することなく声をあげると、その声に共感する人びとが応援に立ち上がり、想像を超えた反撃に展開したのです。

「地域振興」の名目でなされた農林畜産物被害補償

宮崎県知事あっせんで、マスコミが注目した健康被害者7人の補償とは別に、目立たない形で重大な補償がなされていました。それが「地域振興資金」という名目の農林畜産物被害への補償です。

土呂久の振興について、黒木博知事が最初に表明したのは1972年8月10日に土呂久を訪れたときでした。土呂久公民館に集まった約30人の住民の前で「土呂久を〝健康モデル地域〟にして明るい住みよい村にする」と約束したのです。この意向を受けて、あっせん案審議専門委員は「地域全体が鉱山により何らかの迷惑をこうむったと思われることを考えて、住友金属鉱山会社が土呂久の地域振興資金を配慮することが必要ではないかとする知事の提案は適当である」と答申に書きました。

この答申がでるまでに、資金を受け取る側の土呂久住民に何の相談もありませんでした。振興資金に関する確認書に調印したのは住友鉱の河上健次郎社長、宮崎県の黒木博知事、高千穂町の坂本来町長の三者だけで、土呂久住民は加わっていません。その代わり、7人の健康被害者が住友鉱と交わした文書にこんな文言が書きこまれていました。

「土呂久地区住民に地域振興資金1千万円を交付する。資金の使途その他必要事項は別途協議する」

土呂久全体に交付される資金のことが個々の健康被害者の契約文書に記されるとはおかしなことです。土呂久住民が説明を受けたのは、翌73年1月13日に土呂久公民館で開かれた臨時総会の場でした。出席したのは、土呂久住民のほか坂本町長はじめ役場幹部11人と高千穂町議会の正副議長ら議員6人。町長の経過説明のあと、佐藤正四さんが質問しました。

「新聞には、地域振興費に農林畜産物被害の補償も含まれると書いてあったが」

「会社は過去の農林畜産物被害も含めているという考えだ」と町長。

そこで佐藤来さんが「農林畜産物被害の補償あっせんもしていただけないか」と頼むと、町長は「物証が至難なので難しいと思う」と答えました。農林畜産物被害は、かつての自治組織和合会が鉱山会社

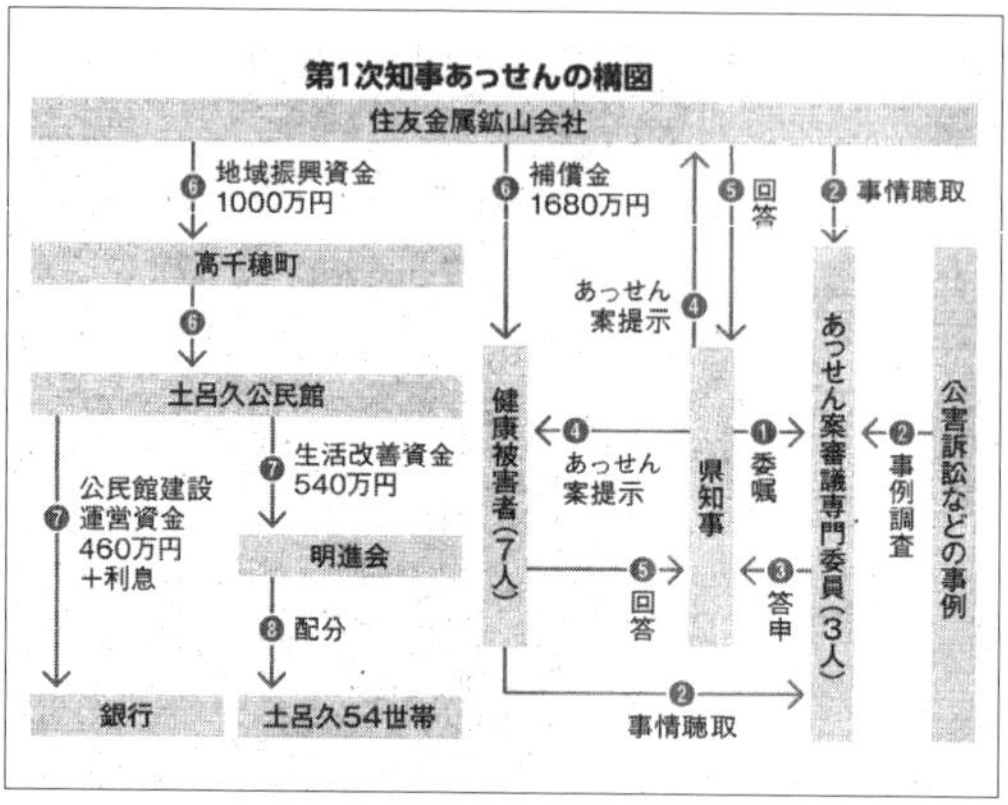

第1次知事あっせんの構図
（朝日新聞連載「和合の郷」第152話より）

に繰りかえし抗議し、煙害料を要求した重大問題。その補償を含んだ振興資金の契約から、当事者の土呂久住民は除かれていたのです。

土呂久住民が決めることのできたのは資金の使途だけでした。使いみちの議論が始まると、会場は騒然となりました。「1千万円を土呂久54世帯で分配してはどうか」という意見に対し、「預金して公民館の運営費にあてるべきだ」という反対意見がでて、会場のあちこちで議論が沸騰。その光景は、和合会が「けんか会」と揶揄された当時を思わせました。和合会総会では、農林畜産物の減収に憤る裕福な農家と、鉱山で働いて稼ぐ貧しい農家が対立したのですが、公民館総会で対立したのは、集落の運営に目を配る農家と日々の暮らしに追われる農家でした。いつの時代も、集落が割れる根底に農家間の貧富の差がありました。

その日の臨時総会は「1千万円を1年間農協に預金し、その間に使途その他必要な事項を決定する」として閉会。翌年2月15日の公民館総会で、二つの意見を折衷し、1千万円のうち540万円を54世帯に10万円ずつ配分、残り460万円を預金して利息とともに公民館建設費と運営費にあてることを決めました。このとき資金を配分する組織として54世帯を会員にした「土呂久明進会」が結成されました。

和合会の二つの顔を引き継いだ明進会と被害者の会

土呂久明進会の会則は「健康被害者を中心に地域住民が一体となって助け合い、旧鉱山公害対策にとりくみ、各家庭の生活を明るく豊かにし、土呂久を住みよい村にする」ことを目的にかかげました。「地域住民が一体となって助け合う」に、かつての和合会の精神が受け継がれています。主要な活動は、全戸救済の公害対策、インフラ整備、生活改善など集落の課題を高千穂町や宮崎県に陳情して実現すること。特に熱心だったのが、建築から40年を超えた公民館の改築と、岩戸の町と土呂久を結ぶ道路の改良舗装でした。

高千穂町企画調整課が作成した『土呂久鉱山鉱害調査覚書』を見ると、この2件を繰り返し町に要望していたことがわかります。願っていた回答を得たのは1980年8月8日、1年前に就任した宮崎県の松形祐堯知事を老朽化した土呂久公民館に迎えた対話集会の場でした。

住民を代表して佐藤栄志さんが要望書を読みあげ、それを公民館長の来さんが補足すると、松形知事の回答は「道路の改良は4カ年計画で実施し、公民館建設は町の方針に応ずる」でした。そのあと高千穂町の坂本来町長が「公民館建設と道路改良は地元の負担と協力を得ながら進める」と明言しました。

公民館建設は、地域住民が中心となって負担し、市町村が補助するのが原則です。知恵をしぼった宮崎県は、「公民館」ではなく県単独の地域農政特別対策事業の「集会施設」として建設することにして、81年1月着工、3月末までに面積1660平方メートルの建物を完成しました。建設費は1300万円。県が7割を補助しました。道路の改良も80年代半ばまでに終えて、明進会は約束が実現されたとして、会の活動を終えました。

かつて亜ヒ酸煙害に苦しんだ時期、和合会は行政への陳情だけでなく、鉱山事務所に押しかけて操業中止を求める抗議をつづけました。この闘う姿勢を引き継いだのが、明進会とは別に結成された土呂久鉱山公害被害者の会でした。会則に「鉱害によるあらゆる被害者を認定させる」「被害者の健康回復のため、企業並びに行政当局に治療対策を要求する」「鉱山操業に伴うすべての損害を完全に補償するよう要求する」と、企業や行政に要求を突きつけて実現させることを定めています。

二つの会は、集落の振興か、それとも個々の健康被害者の救済か、どちらに重点を置くかで性格を異にしていました。会員の条件も違っていて、明進会の会員が「土呂久住民でこの会の趣旨に賛同する者」だったのに対し、被害者の会は「土呂久鉱山公害による被害者及びその遺族は誰でも」と、土呂久外の元鉱山労働者の遺族にまで門戸を広げました。

行政・企業に対する姿勢は、明進会の「陳情」に対して被害者の会は「闘争」路線。被害者の会の闘う相手は宮崎県行政と国際的な鉱山会社。巨大な相手との闘いには外部の支援が必要でした。こうして土呂久の運動は山間の一集落から全国へ大きく踏みだしたのです。

狭い谷間から広い世界につながるのは、昔からの土呂久の特色でした。大分の豪商守田三弥が経営した外録銀山にヨーロッパから来ていた鉱山技術者。延岡藩直営の銀山に江戸から招い

和合会・明進会・被害者の会の比較

	和合会	明進会	被害者の会
時　期	1890～1966年	1974～80年代前半	1974～2006年ごろ
会　員	土呂久住民。創設時：35人	土呂久住民。結成時：土呂久54世帯	土呂久公害の被害者・遺族。結成時：56人、1990年25人
活　動	金融互助組織。 集落の課題討議・執行・煙害抗議など自治活動。	集落のインフラ整備・生活改善。 集落の公害対策。	あらゆる被害者の認定・治療対策。 鉱山操業による被害補償。
対行政	煙害問題を町と協力、県に陳情。	町、県に集落のインフラ整備・生活改善を陳情。	鉱山跡地の環境改善、被害者救済策を闘いとる。
対鉱山会社	煙害補償・亜ヒ酸製造中止を要求。	特になし。	健康被害の損害賠償求めて提訴、最高裁で和解。
支援団体	―	―	土呂久・松尾等鉱害の被害者を守る会。土呂久鉱害問題を考える会。共に歩むカトリックの会。訴訟共闘会議など。

た銀山奉行。東北や四国から渡ってきた鉱夫たち。鉱山集落の土呂久は、山峡の閉ざされた空間を打ち破って、外に開かれていく歴史をもっていました。

保守的な町や県の行政を頼りにしたのが明進会ならば、進歩的な都市の支援者の力を借りたのが被害者の会。二つの会の役員の顔触れの違いも際立っていました。

発足時の明進会の会長は惣見組の佐藤重男さん、公民館長と兼務でした。2年後の総会で惣見組の栄志さんに代わり、その1年後に畑中組の来さんが会長に選ばれました。明進会の会長は、土呂久の集落運営の中核をになう人のポストでした。

一方、被害者の会の初代会長の実雄さんは畑中組出身の元鉱山労働者。2代目会長の数夫さんは上寺集落の出身で、亜ヒ酸煙害に苦しんでいた姉の嫁入り先の手伝いに来て、土呂久で結婚して定着した人。3代目のトネさんは「惣見」の故勝さんの妻。いずれも集落の運営からはずれた存在でした。それゆえ、土呂久の外の支援者と一つになって行政や企業と闘うことに抵抗がなかったのでしょう。

通勤時、鉱山敷地でのヒ素暴露も公害と判断

土呂久鉱山公害被害者の会の大きな特徴の一つが、土呂久外の元鉱山労働者（鉱山社宅居住、近隣集落から通勤）を会員に巻きこんでいったことでした。元鉱山労働者に入会を働きかけたのは、親子2代にわたる亜ヒ酸製造労働者で、第1次知事あっせんで「小学校出の百姓が大学出の県の職員にだまされた」と、宮崎県行政に強い怒りをたぎらせた鶴野秀男さんでした。

宮崎大学の土呂久歴史民俗資料室の書棚に「鶴野秀男遺品資料」というファイルが立ててあります。この中に、秀男さんが鉱山労働者と家族にあたって調べた『土呂久鉱山被害者（死亡者）』と『鉱山健康被害者』という名簿があります。たとえば死亡者名簿は、第4章「毒物を産する鉱山」のさいごに紹介した佐藤イワ子さんの祖父母と母について、

①祖父　徳蔵（亜ヒ焼き）

昭和14年　61歳（死亡）

病気　ゼンソク、咳がひどかった

②祖母　シカノ（団子作り）
　　昭和20年10月　73歳（死亡）
　　病気　ゼンソク、気管支炎
③母　アキノ（団子作り）
　　昭和41年　56歳（死亡）
　　病気　ゼンソク

というように、調査した人の集落と名前につづいて亡くなった家族の名前、職種、死亡時期と年齢、病名が書いてあります。数えると、調査した人は35人、亡くなった家族は計54人、鉱山での職種は亜ヒ焼き、だんご作り、採鉱、選鉱、馬車運搬、鍛冶屋、大工、風呂焚きなど多種にわたり、罹患した病気で目を引くのは気管支炎、喘息、肺がん、肺結核に似た症状など呼吸器疾患の多さです。

鉱山健康被害者として、生存していた元鉱山労働者31人の住んでいる集落、名前、職種、生まれた年、病気が記載されていました。住んでいる集落は岩戸地区の小芹、立宿、上寺、皿糸、五ケ村、笹ノ都、永の内、上岩戸、才原、そこから南西に進んで尾谷、佐山、高千穂駅前、下野、田口野、日之影町赤石に及んでいます。秀男さんは、宮崎県の健康観察調査の対象からはずれていた元労働者も亜ヒ酸製造による被害者だと考えて、土呂久地区外居住の元鉱山労働者の掘り起こしを進めたのです。

被害者の会に入った元鉱山労働者は、岡山大学がおこなった自主検診を受診し、その診断書を沿えて宮崎県に公害認定申請書をだしました。宮崎県は約1年かけて、公害認定審査会の委員や環境庁と検討を重ね、鉱山社宅の居住、通勤時および鉱山敷地でのヒ素暴露も公害にあたると判断しました。こうして公害病に認定される元鉱山労働者の数が増えていきました。2023年3月末の認定患者は216人ですが、その中には、土呂久地区の住民だけでなく、土呂久鉱山に勤務した元鉱山労働者も多数含まれています。

1975年に提起された土呂久訴訟の原告になった患者の数は、一陣と二陣合わせて41人ですが、このうち12人の名前を「鶴野秀男遺品資料」に納められた『鉱山健康被害者』の名簿に見つけることができます。

取材ノートに記された谷間から飛び立つ軌跡

1974年2月に結成された土呂久鉱山公害被害者の会は、祖母山系の谷間から飛び立って全国的な反公害運動の流れに乗っていきました。そのときの激動が朝日新聞宮崎支局の宮田昭記者の取材ノート（1973年11月〜1975年6月）から伝わってきます。新聞切り抜きとメモが混在する独特のノートに「手をつなぐ『土呂久』」（1974年8月10日朝日新聞宮崎版）という記事が貼ってありました。

「土呂久の公害患者は長い間、運動も〝身内の域〟を出なかった。それが、今年3月の『土呂久・松尾等鉱害の被害者を守る会』の結成で支援者を得て以来、県外の同志とも手をつなぎ始めた」

土呂久の被害者と全国に広がる反公害運動を結びつけたのは支援組織の守る会でした。74年7月、環境庁から慢性ヒ素中毒症の公害地域に指定された島根県津和野町笹ケ谷鉱山周辺の被害者代表を招き、土呂久で交流会を開くと、その翌日、宮崎県庁に行って土呂久と笹ケ谷被害者の〝共闘による対県交渉〟を実現させました。

宮田記者によると、それまで土呂久では行政ペースで公害対策が進められていたのに、笹ケ谷では国も県も鉱山会社も「救済措置は被害者サイドで進められるべきだ」という姿勢を貫いていたといいます。このときの笹ケ谷との交流を通して、土呂久の被害者の会は「自ら救済を勝ちとる」という心構えを学びました。

守る会が開催した「土呂久・松尾等鉱害現地研究集会」で、被害者の会員は水俣病、三池CO中毒など九州各地の公害、労災被害者と交流する機会を得ます。土呂久の佐藤トネさんと木城町の「旧松尾鉱山被害者の会」会長の黒木金哉さんは、東京大学の宇井純さんが主催する自主講座に招かれて、亜ヒ酸製造による被害の苦しみを訴えました。

さらに特筆すべきは、訴訟につながる二つの重大な動きがあったことです。一つは、日弁連公害対策委員会の15人の弁護士が、全国の休廃止鉱山鉱害調査の先駆けとして土呂久で調査をおこなったこと。一行は9月22日に現地入り、鉱山跡見学、住民との懇談、高千穂町役場と宮崎県庁でのヒアリング、その後、住友金属鉱山本社で調査をおこない、翌年3月のシンポジウムで、住友鉱に鉱業法上の損害賠償責任があると報告しました。

もう一つは、岡山大学医学部衛生学教室の太田武夫医師ら11人が土呂久でおこなった自主検診。住民と元鉱山労働者１０８人が受診、公害病と診断された未認定者35人が宮崎県に公害健康被害認定申請書を提出しました。この検診報告は76年8月の『日本衛生学雑誌』に「旧土呂久鉱山従業員及び住民の健康被害」の題で掲載され、「土呂久にはヒ素を含む重金属の複合汚染によって全身にわたる健康被害が起っている」ことを明らかにしました。

日弁連の調査と岡山大学の自主検診によって、裁判の前に立ちはだかっていた法律と医学の壁に穴があきました。こうして被害者の会は都市の支援者の協力を得て訴訟の道を歩き始めます。ところが土呂久には「鉱山には働いて賃金をもらった恩義がある」「訴訟にはお金がかかるし、負けたときはどうなる」「裁判をやらなくても行政が救済の手を差し伸べてくれるだろう」と考えて、高千穂町や宮崎県を頼りにする人たちの方が多かったのです。健康被害の補償に対する考え方の違いは、認定患者がどんどん増えて、知事あっせんが繰り返される間に際立っていきます。

知事あっせんのあと住民は積極的に、認定患者は増加

土呂久公害が１９７１年11月に社会問題化したあと、住民からは「米、シイタケ、野菜が売

れなくなる」「嫁に来る者がいなくなる」と、風評被害を不安がる声が聞かれ、実際に土呂久産の作物が市場で買われなくなることもありました。住民の間では「公害は過去のこと。今は静かにしておいてくれ」という反発が強かったのですが、72年12月におこなわれた宮崎県知事あっせんのあと、明らかな変化が生じました。

私はあっせんの翌月、土呂久を訪れて、住友鉱が健康被害者7人に補償金を払ったことの影響の大きさを知りました。亜ヒ焼き窯から200メートルの所に住んでいた「富高屋」の佐藤カジさんは、あっせんを受けたFさんの実母。「鉱山から離れた家へ嫁に行った娘だけが認定されたのはおかしい」と不満をもらし、亜ヒ焼きの煙に襲われてカイコが全滅したことなどを語ってくれました。土呂久に〝もの言う住民〟が増えたのです。

鉱山の南隣で暮らしていた「向土呂久」の佐藤サミさんは左半身不随。歩行訓練の体を休めて、「煙の来るときは戸をあけるとツーンと臭ってね。牛が5頭くらい死にました。主人は皮膚にヒ素の斑点がでて肺がんで亡くなりました」と打ち明けました。カジさんとサミさんは73年7月と11月に、他の3人といっしょに第2次認定患者になりました。

鉱毒に汚染された東岸寺用水を使ってきた「母屋」の佐藤ミキさんは「50年も前から鉱山に反対して何もならんやった。今さら言うてもつまるもんかとあきらめとったのに、こんなに早く公害が認められて、本当のことが通る時代になったんじゃね」と、住友鉱が補償金を払ったことに時代の変化を感じとったようでした。ミキさんは74年2月に認定されました。早期決着を目論んだ宮崎県知事の意図とは逆に、住民の発言は積極的になり、認定患者が増えていきました。

慢性ヒ素中毒症の認定には、環境庁が示した要件＝土呂久居住歴とヒ素中毒の症状を満たすことが求められます。その症状は、73年2月段階で皮膚症状（色素異常、角化）と鼻の病変（鼻中隔穿孔、鼻粘膜瘢痕）の二つだけ。その後多発性神経炎（1974年5月）と慢性気管支炎（1981年10月）が追加されましたが、その前提として皮膚所見の疑いもしくは皮膚の既往症が必要とされました。皮膚症状が特別に重視されたのです。

宮崎医大（現・宮崎大学医学部）の井上勝平教授は、長い間、土呂久の検診医と認定審査委員をつとめた皮膚科医でした。77年3月に開催された行政不服審査の口頭審理に参考人として出席し、それまでに認定された患者全員に皮膚症状を確認していたと述べ、認定にあたっては「皮膚病を見つけるトレーニングを受けている私どもが一生懸命見ていくことが重要だ」と、皮膚科医の役割の大きさを強調しました。こうした自覚が、ヒ素の影響を少しも見のがすことなく診察する態度につながったのだと思います。

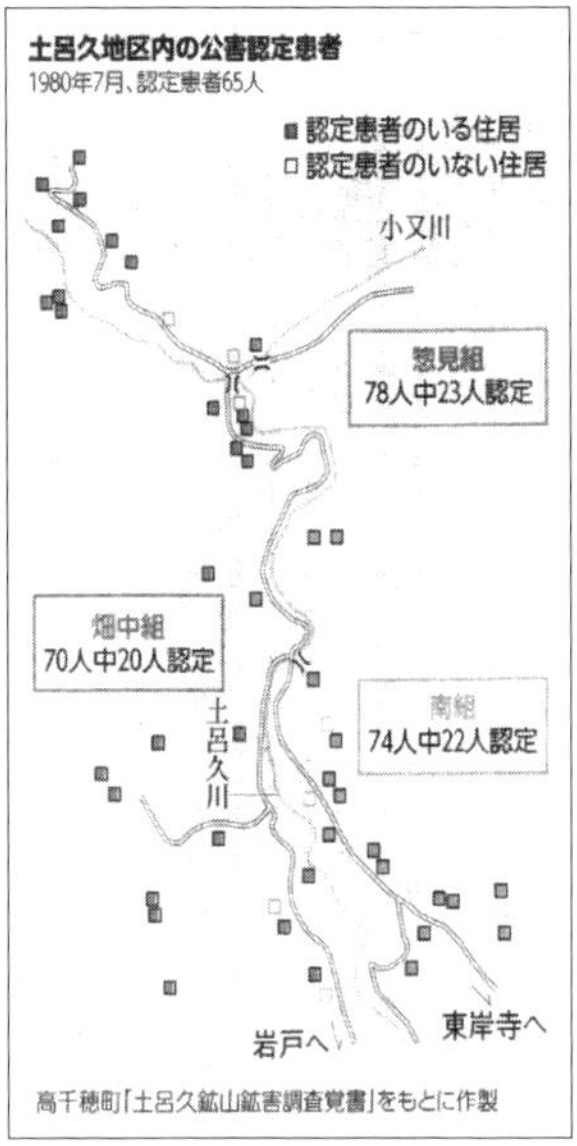

土呂久地区内の公害認定患者65人の居住地
（朝日新聞連載「和合の郷」第155話より）

高千穂町企画調整課が編集した『土呂久鉱山鉱害調査覚書』によると、80年7月1日時点の認定患者134人のうち土呂久居住者は65人。惣見組は住民78人中23人、畑中組は70人中20人、南組は74人中22人が認定されており、土呂久52軒のうち認定患者のいない家は9軒でした。これをもとに土呂久地区の認定患者の分布地図を描くと、この時点ですでに、土呂久の全域で慢性ヒ素中毒患者が確認されていたことがわかります。

土呂久地区外の認定患者は、結婚あるいは職を求めて土呂久から転出した人、鉱山操業中は社宅に住んでいて閉山後に帰郷した人、近隣の集落から通勤しヒ素に汚染された鉱山敷地で長時間働いた人たち。その数は69人で認定患者の半数を超えていました。

土呂久公害には公健法の給付金の財源なし

四大公害訴訟の判決を踏まえて、公害健康被害者を迅速に救済するためにつくられたのが、1974年9月1日に施行された公害健康被害補償法です。公害地域は一種と二種に分けられ、イタイイタイ病、水俣病、慢性ヒ素中毒症のように特定の企業の汚染による公害は二種地域になります。認定された患者に治療費や障害補償費や遺族補償費など7種の補償金が給付されるのですが、その財源は、汚染施設の設置者から徴収する賦課金です。

公健法が施行されたとき、土呂久は第3次認定患者13人の補償問題で揺れていました。それまでの1次認定7人と2次認定5人の場合、受け取ったのは知事あっせんによる補償金。宮崎県公害課長が3次認定患者を土呂久公民館に集めて、知事あっせんと公健法による補償はどう

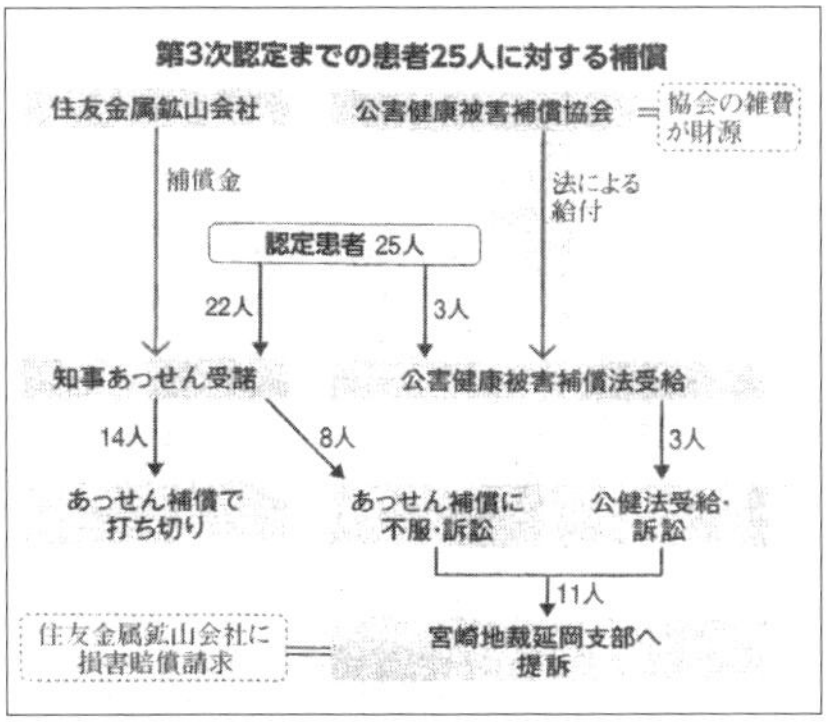

違うのか説明したのは8月30日でした。

最大の違いは、知事あっせんが一時金の打ち切り補償なのに対し、公健法は生涯にわたって補償費を受給できる点です。継続して治療を受ける患者には公健法の年金的受給が有利なのですが、当時、行政は慢性ヒ素中毒の症状は皮膚に限られるとしていました。皮膚の症状で通院している患者はおらず、13人中10人はあっせんによる一時金を望んで、町役場を訪ねて「知事あっせんを希望する」と表明。一方、「低額の知事あっせんには乗らない」と考えた患者3人は支援組織の土呂久・松尾等鉱害の被害者を守る会の落合正会長らと宮崎県庁を訪れ、「補償金は一律1600万円。あっせん交渉に代理人をつけること」などを要求。この要求に対し、高千穂町職員が「補償金額や代理人にこだわるなら知事あっせんはおこなわれないだろう」と切り崩しにかかるなど、あっせんをめぐる混乱がつづきました。

あとでわかったことですが、こうした動きの最中に宮崎県環境保健部の辺保真一環境長が環境庁に呼ばれて、保健業務課長から次のような話を聞かされました。

「住友金属鉱山会社は汚染施設の設置者ではないので、同社から賦課金を支出させることは困難だ。土呂久には公健法の財源がない」

すでに話したように、閉山後に鉱業権者になった住友

第3次認定までの患者25人に対する補償
住友金属鉱山会社
公害健康被害補償協会
協会の雑費が財源
補償金
法による給付
認定患者 25人
22人
3人
知事あっせん受諾
公害健康被害補償法受給
14人
8人
3人
あっせん補償で打ち切り
あっせん補償に不服・訴訟
公健法受給・訴訟
11人
住友金属鉱山会社に損害賠償請求
宮崎地裁延岡支部へ提訴

第3次認定までの患者25人に対する補償
（朝日新聞連載「和合の郷」第156話より）

鉱は、汚染施設すなわち亜ヒ酸焙焼炉の設置者ではないとみなされていました。土呂久は公害指定地でありながら、公健法で給付する補償費の出どこがありません。保健業務課長は暗に、知事あっせんで解決して公健法を適用しなくてよいようにほしい、と示唆したのです。

第3次知事あっせんは74年12月におこなわれ、13人中10人は受諾したのですが、3人はあっせん案の金額（280万〜330万円）が低すぎるとして拒否。環境庁の思惑に反して公健法適用の道を選ぶとともに、住友鉱に鉱業法第109条に定められた責任（鉱業権を継承した者の連帯賠償）があるとして損害賠償を求める訴訟を起こしました。

公健法が土呂久を無視してつくられていることに気づいて、「土呂久公害で補償協会／加害者消え、賦課金ゼロ／年金は利息流用」（1976年1月13日）という記事を書いたのは朝日新聞宮崎支局の臼井敏男さん。臼井さんはまた、守る会の機関紙『鉱毒』11号（1976年1月）に「住友金属鉱山は補償費負担せず」という文章を寄せています。

「現在、被害者に支払われている補償金は、企業からの徴収業務をしている公害健康被害補償協会内部の雑費などをやりくりしてあてている。なぜ、財源のあてのない欠陥法律ができたのか。環境庁の担当官は『初めから土呂久公害は補償法に乗りきらない』と話した。公健法は初めから土呂久公害を視野に入れず、問題にしていなかったようだ」

住友鉱から賦課金を徴収するには、鉱業法の賠償の考え方を取り入れるしかなかったのに、環境庁はそれをやりませんでした。土呂久を視野に入れなかったのは、「山奥の小さな公害は無視してもかまわない」という辺境差別の意識があったからとしか思えません。重大な問題をあいまいにしたツケは後輩の官僚に回ってきて、担当者を長く苦しめることになるのです。

裁判に負ければ財産失うという反対を押し切って提訴

1975年12月27日、土呂久鉱山の亜ヒ酸製造による健康被害者5人と1遺族が、宮崎地裁延岡支部に最終鉱業権者だった住友金属鉱山会社（本社・東京）を相手に損害賠償請求訴訟を起こしました。

原告には不安がありました。山間の小集落の住民が国際的な企業相手に裁判を起こすのは、小さなアリが巨ゾウに立ち向かうようなもの。裁判には莫大な費用がかかります。親族からは「裁判に負ければ家・土地・財産を失ってしまう」という反対の声が聞かれます。果たして勝てるのか、訴訟資金を応援してくれる人たちをどこまで信じることができるのか。そうした不安と闘いながら提訴した被害者は、それぞれ確たる信念をもっていました。

裁判の道を開いたのは、第3次知事あっせんを拒否した3人。

佐藤仲治さんが育ったのは鉱山と向かいあった「荒地」という農家。亜ヒ酸製造が始まると、シイタケは芽をださず、果樹は実をつけず、竹林は枯れ、稲の成長は鈍り、牛馬は死に、減収を補うために鉱山に働きにでました。亜ヒ焼き、坑内水の汲みだし、鉱石採掘に従事。その見返りは、息切れ、せき、頭痛、肝障害。大阪に出稼ぎに行ったあと、体が動かなくなって帰郷。

この奪われた人生に対し、知事あっせんで提示されたのは310万円の打ち切り補償でした。

「こんな額で承知できますか。体を元に戻してくれさえすれば何もいらん」

仲治さんのノートには「いづみに玉あれば水たえず」という鎌倉時代の尼僧の言葉が記されていました。「信心の基盤がしっかりしていれば、いかなることがあっても退転することはないという意味です」。座右の銘に、一歩も引かない決意を託していたのです。

佐藤ミキさんが心に刻んでいたのは、義兄の佐藤十市郎さんが亡くなる前に語ってくれた言葉でした。「被害者の運動を一生懸命やろうと思うが、どげ思うの」と聞いたとき、「俺たちがなしとげざった仕事じゃから、お前にそれをやりとげようという気持ちがあるなら、やってもいい」。十市郎さんは和合会会長や村議会議員をつとめた土呂久のリーダー。ミキさんは最高裁和解までの15年間、その言葉に励まされつづけました。

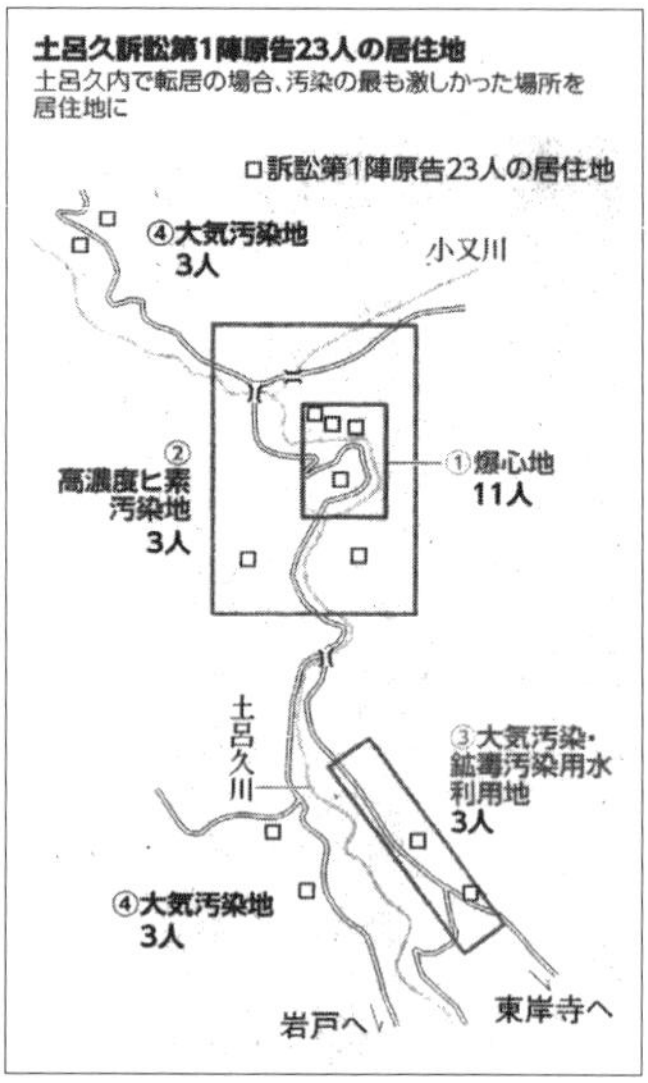

土呂久訴訟第1陣原告23人の居住地
(朝日新聞連載「和合の郷」第157話より)

佐藤数夫さんは小学校卒業後、鉱山に隣接する農家「向土呂久」に嫁いだ姉を手伝いに土呂久へ来ました。「農作物は育たず、家畜は次々と死に、山林を切り開いてつくったトウモロコシを食べて生活しました。やむなく木炭を焼いて鉱山に売ったり、焼き殻を片付ける日稼ぎ労働に出たり……」。姉一家と苦しんだ日々を含め、すべての被害を鉱山会社に償わせねば！

この3人に加わったのが佐藤鶴江さんと鶴野秀男さん。2人は大正時代の後期、亜ヒ焼きの煙がうずまく鉱山長屋で育ち、全身にさまざまな病気をかかえていたのに、第1次知事あっせんで「ヒ素の被害は皮膚に限られる」と低額補償を押しつけられました。これで引き下がるわけにはいきません。しかも鶴江さんにとって、健康被害の補償を求める裁判は、土呂久公害が社会問題化する前から宮崎地方法務局に訴えていた悲願でした。

故佐藤勝さんの妻トネさんと長男幸利さんら5人の子どもも原告に連なりました。宮崎県がおこなった住民健診後の公害病判定会議で「認定相当」とされたのに、その半年後に脳出血で死亡。74年10月に発表された第4次認定患者から勝さんの名前は消されていました。遺族が認定申請しても宮崎県は拒否、残されたのは裁判で補償を求める道だけでした。

原告が困難な訴訟に踏み切った根底には公害行政への怒りがありました。

環境保健部長室で亜ヒ焼きを再現

土呂久公害患者が起こした訴訟の第1回口頭弁論が1976年5月26日、宮崎地裁延岡支部で開かれました。原告代表として意見陳述に立ったのは佐藤鶴江さんでした。

その2週間前、弁護団から「鶴江さんは目が悪いのでタイプの字が読めない。意見陳述は他の原告にしてもらおう」という連絡を受けて、原告たちは会合をもちました。話しあった末に「やっぱり鶴江さんが適任だ」という結論になりました。原稿を読むのでなく、生の言葉で裁判官に語りかける方がよいと考えたのです。

「原告団を代表いたしまして」と、鶴江さんは素朴な語り口で始めました。亜ヒ焼きの煙に傷つけられた体、根治なしと見放されて死のうかと思ったこと、土呂久公害が社会問題となり、宮崎県知事のあっせんで住友鉱から受け取ったのは低額の補償金……。

「神と頼んだ知事さんに裏切られたと、夜は眠れませんでした。何もかにも私たちは一方的に無視されたのでございます」

鶴江さんが子どものころから夢見たのは浪花節語りになることでした。その日の法廷はまさに一世一代の舞台。最高潮に達した鶴江一代記は、次の言葉で幕を下ろしました。

「私たちには、たとえどんなに根治の見込みはないと言われましても、生きていく権利があります。また、生きとうございます」

原稿なしの語りを記録するために、傍聴人のバッグの中でこっそりと録音機が回っていました。そのテープが反訳されて、鶴江さんの没後に出版された遺稿集『生きとうございます』(1979年)に、このときの意見陳述が収録されています。

鶴江さんが亡くなったのは1977年9月17日。それから1年余りたった78年10月6日、鶴江さんと同じ第1次知事あっせんを受けて「小学校出の百姓が大学出の県の職員にだまされた」と悔やみぬいた鶴野秀男さんが亡くなりました。その日の朝、被害者仲間8人が宮崎県庁に黒木博知事を訪ね、「鶴野さんに公害健康被害補償法の給付を」「病院に見舞ってください」と訴えました。願いに耳を貸さない知事の冷ややかな返事を高千穂町病院の秀男さんに届け、病院を離れて間もなくのこと。尻から流れでる血の海に沈んでいくように、秀男さんは腰から下を真っ赤に染めて息を引きとりました。死因は尿管がんでした。

それから2週間後、土呂久鉱山公害被害者の会と土呂久・松尾等鉱害の被害者を守る会は宮崎県庁に6日間泊まりこんで抗議をつづけました。入山文郎環境保健部長との交渉の席でのこと。のらりくらりの答弁に業を煮やした佐藤仲治さんが、テーブルに置いた七輪で燃える炭火の中に硫ヒ鉄鉱の粉を降り注ぎました。亜ヒ焼きの煙を再現して土呂久の苦しみを経験してもらおうとしたのです。あわてた公害課の職員が部屋の窓を開け放ちました。

環境保健部長（中央）の前で亜ヒ焼きの実験をしてみせた佐藤仲治さん（手前左）

この場面は、40年を経た今でも、私のまぶたの裏に焼き付いています。いっしょに宮崎県庁に泊まりこんでいた私にとって目の前で展開したできごとは鮮烈でした。七輪と炭を用意したのは支援者ですが、亜ヒ焼きを発案し、硫ヒ鉄鉱をもってきたのは仲治さんです。被害者の苦難に理解を示さない宮崎県の担当者に、亜ヒ酸製造による苦しみをちょっとでも体験させたかっ

佐藤鶴江さんの娘たちは亡き母の墓石に
「生きとうございます」の言葉を刻んだ

たにちがいありません。

仲治さんが生まれ育った「荒地」から見下ろすところに大切坑があります。目の前にあった鉱山から、亜ヒ酸を含んだ煙はたえず吹きつけてきました。78年12月に土呂久訴訟の本人尋問にのぞんだ仲治さんは、「柑橘類、竹はほとんど全滅、シイタケは生えず、ミツバチはいなくなり、大豆、小豆の被害は大、米、麦は5、6割減収、牛は流産を繰り返し、馬が1頭狂い死にした」と農林畜産業の惨状を語りました。そのとき68歳の仲治さんは、「頭に鉄かぶとを押し付けられたような痛み、右手の感覚がなくなって物を落とす、足はつまずきやすく、喉がヒューヒュー鳴って大きな声はだせず、臭いがかげず、夜は眠れない」と、多彩な症状を訴えていました。

環境保健部長室で亜ヒ焼きを再現した仲治さんの姿に、私は改めて、被害者の声に背を向けた宮崎県行政に向けた怒りの強さを知らされました。

補償金受けて哀しや命の代価

1976年3月24日、宮崎県は土呂久公害の第5次認定患者38人を発表しました。それまで宮崎県は知事あっせんによる一時金補償を推進してきたのですが、5次のときは方針を変えて、あっせんに消極的でした。その理由は、①日弁連公害対策委員会の調査で知事あっせんが「被害者無視」と批判された、②あっせん受諾患者の中から低額補償に不満だとして提訴する人がでた、③公害健康被害補償法が施行されて認定患者に法律に基づく補償がおこなわれ始めたからです。

3月30日、宮崎県の公害課長が高千穂町役場岩戸支所に第5次認定患者を集めて、公健法による補償制度の説明会を開きました。会の終了後、患者の代表5人が高千穂町の幹部に「公健法で給付される月2、3万円の障害補償金では生活できない。裁判は判決まで何年かかるかわからない。知事あっせんで一時金をもらいたい」と申し出ました。あっせんを希望する患者は30人を超え、4月24日に岩戸支所に集まると「守る会に脱退届を提出する」「絶対に提訴しない」などを誓約して「第5次認定患者同志会」を結成しました。

そのころ土呂久・松尾等鉱害の被害者を守る会は、知事あっせんではなく訴訟によって納得のいく補償金を獲得することを勧めていました。守る会の落合正会長宅に同志会の6人から絶縁状が郵送されてきました。その中に40歳代の女性患者の内容証明付郵便もありました。

5回の知事あっせんと補償金額

	年月日	斡旋受諾者	平均補償金額	合計補償金額	補償額に不満で提訴
第1次あっせん	1972年12月28日	7人	240万円	1,680万	3人
第2次あっせん	1974年2月2日	5人	222万円	1,110万	1人
第3次あっせん	1974年12月27日	10人	272万円	2,720万	3人
第4次あっせん	1975年5月1日	23人	301万円	6,920万	1人
第5次あっせん	1976年10月16日	37人	352万円	1億3,030万	1人
計		82人	310万円	2億5,460万円	9人

「家族とも相談の結果、訴訟に持ち込むことは全員不賛成につき、この段御通告いたします。私は守る会の会員として取扱いあるやに思われますから、この際脱退を表明いたします」

守る会は支援者の組織なので、患者が会員になることはありません。「脱退」はおかしな表現で、「支援を拒否する」という意味でしょう。

この女性は8か月前に守る会の機関紙『鉱毒』に次のような手記を寄せていました。

「結婚してからも咳は出る、血痰は出る、熱は出るのくり返しで、たびたび39度余りの熱が出ていました。3人目の子供ができてからは経済的にも苦しくて、医療費が続かず、いつも病院に行きたいけれどやめていました」

土呂久鉱山の社宅で炊事係として働きながら、しばしば焙焼炉から亜ヒ酸をかきだす仕事に駆りだされました。閉山後、呼吸器の病気に苦しむのに、収入が乏しくて病院にかかることができません。守る会の機関紙に寄稿したあと、県から公害病に認定されると、すぐにお金が渡される知事あっせんを選択したのです。

同志会と守る会の間で苦悩したのが南組の佐藤アヤさんでした。胃腸障害と気管支炎などの病をもち、青春の夢も人並みの生活も断たれた人生。その償いとして、あっせん案審議専門委員に示した希望額は2253万円だったのに、受け取ったのは、その5分の1にも満たない金額。涙があふれ、便せんに書いていた歌を「新聞記者さんに渡して下さい」と、あっせん現場を撮影していた写真家の芥川仁さんに頼みました。

　半世紀うらみはこもる補償金受けて哀しや命の代価

　わが疾病(やみ)を砒素中毒と切り離し低額迫る行政に泣く

この歌は76年10月17日の朝日新聞に載りました。それから1年半後、アヤさんは「皮膚症状などに限ったあっせん補償は納得いかない。全身の症状を償ってほしい」との願いから、土呂久訴訟の原告に加わりました。知事あっせんは第5次を最後に終了しました。

低額を押しつけられたという強い反発。板ばさみの苦悩。一時金補償に対する不安。和合の郷は深い傷を負いました。知事あっせんが残したのは、公害による健康被害を金銭によって補償する意味は何なのか、という根源的な問いです。

全身の多彩な症状を証明した医師たち

土呂久公害訴訟の最大の争点は、原因物質のヒ素によってどんな健康被害が起きているのか。

すなわち慢性ヒ素中毒症の病像をめぐる争いでした。

原告がヒ素による全身の症状で苦しんでいると訴えたのに対し、被告の住友鉱は、慢性ヒ素中毒の症状は環境庁が認定要件に定めた皮膚（色素異常、角化症）と鼻（鼻中隔穿孔、鼻粘膜瘢痕）と多発性神経炎に限られると主張しました。この3症状のうち鼻は木城町松尾鉱山の元労働者の検診で、多発性神経炎は島根県笹ケ谷鉱山周辺住民の検診で確認されたもの。1971年11月の第1回土呂久住民検診で見つかったのは皮膚の症状だけ。そのことから「ヒ素の症状は皮膚に限られる」という虚構がうまれました。

この認識の誤りを正したのは、公害健康被害認定審査会委員だった井上勝平医師（皮膚科）らが76年8月に医学雑誌『西日本皮膚科』に発表した「慢性砒素中毒症―土呂久地区廃止鉱山周辺の症例―」という論文でした。第1回住民健診のあと宮崎県がおこなった健診データから、当時の認定患者48人に皮膚だけでなく全身の多様な症状が現れていることを示したのです。

行政の健診とは別に自主検診で、よく似た結果を得たのが熊本大学体質医学研究所（当時）の堀田宣之医師でした。熊本市内の病院で土呂久鉱山の社宅で働いた女性患者を診察したのがきっかけで、75年のゴールデンウイークに単身土呂久へ。10月に同じ研究所の医師らと元鉱山労働者・住民を診察して、79年3月に「土呂久鉱毒病（慢性砒素中毒症）の臨床的研究」（『体質医学研究所報告』第29巻3号）という論文をまとめました。そこに、こう書いています。

「健康障害はきわめて深刻であり、きわめて多彩であり、個々の症状は非特異的であっても砒素中毒によって出現することが歴史的・文献的考察によっても明らかである」

医学の文献を開けば、ヒ素は細胞の酵素に存在するチオール基（SH基）にくっついて酵素の活性を阻害し、皮膚のほか呼吸器、消化器、泌尿器、循環器、神経など全身に障害を起こす、と載っています。土呂久の慢性ヒ素中毒患者も、世界の文献通りのさまざまな症状をもっていることが証明されたのです。

このようなヒ素による全身の障害を認識して公害健康被害補償法を適切に運用せよ、と繰りかえし宮崎県に申し入れたのが、土呂久・松尾等鉱害の被害者を守る会の落合正会長でした。公健法は、公害病で治療を受けた場合は療養手当を受給できると定めています。落合会長は認定患者の佐藤仲治さんらに療養手当を請求するように勧めました。患者から請求された宮崎県は、どんな病気を療養手当の対象とするか、検討を余儀なくされました。

1978年5月のことでした。私は土呂久の被害者宅で、宮崎県が認定患者に配布した『慢性砒素中毒症の療養の範囲』と題する文書を見たとき、「まさか」と信じられない思いでした。そこには、慢性ヒ素中毒に起因すると考えられる症状として「胃腸障害、栄養障害、腎障害、肝障害、造血器障害、呼吸器障害等」が並んでいて、これらの疾患で治療を受けたときは公健法から医療費や療養手当が支給される、と通知してあったのです。宮崎県が国際的な知見を受け入れて、ヒ素による全身的な障害を認めた画期的な文書でした。

ずいぶんたってから私は、「療養の範囲」を討議した宮崎県公害健康被害診療報酬審査委員会の議事録を目にする機会がありました。その討議の席で、療養の範囲を狭くしぼろうとする環境庁の方針に反対し、地元の専門医が「環境庁に従うと該当する症状はなくなる」「医師の良心としてできるだけ広くしたい」と気骨ある主張をしていたことを知りました。それまで、私の頭には71年~72年にずさんな住民健診を実施して土呂久公害の否定にかかった宮崎県医師会のイメージが焼きついていたのですが、そのイメージは崩れました。70年代後半には、健康被害の実態を率直に見つめて公害行政に反映させようとする医師が増えていたのです。

それから40年以上たった2021年、「土呂久のようにしだいに救済制度が充実していく公害問題はきわめて稀だ」と考えた研究者がいました。奈良教育大学社会科教育講座の渡辺伸一さんです。「土呂久公害における被害者救済対策の独自性とその成立過程」(同大学『紀要』第70巻1号)と題する論文で、毎年実施される住民健診と、それに基づいて患者を認定する独特の「健診・認定システム」に着目し、その成立過程をひもといていったのです。その中で、認定要件や障害度の評価基準や療養給付の対象症状を増やすことに尽力した3人の専門医を紹介しています。

土呂久の住民に多数のボーエン病患者を確認した桑原司医師。認定患者48人に多様な症状がみられることを報告して、認定要件を狭く限ってはならないと主張した井上勝平医師。もう一人が県立宮崎病院耳鼻咽喉科の大野政一医師です。

大野医師は、県病院に入院中の公害認定患者の喉頭腫瘍は「ヒ素によるもの」と判断して、宮崎県に公健法に基づく療養手当の支給を求めました。このことも、宮崎県に「慢性砒素中毒症の療養の範囲」を明確にさせた要因の一つでした。

土呂久の検診で見られた全身の症状

	井上論文 （認定患者48人）		堀田論文 （元鉱山労働者・住民91人）	
呼吸器	呼吸器障害	54%	慢性気管支炎 気管支ぜん息・ぜん息様発作	62% 24%
耳鼻科	鼻粘膜委縮 嗅覚脱失 感音性難聴	25% 29% 83%	慢性鼻炎・副鼻腔炎 嗅覚脱失・減弱 難聴 構音障害	34% 57% 29% 22%
眼科	視野異常 網膜血管硬化 結膜炎	31% 21% 48%	視野狭窄 白内障 角膜炎・結膜炎	37% 30% 19%
神経科	多発性神経炎 その他の神経症状	25% 46%	知覚障害 粗大力低下 固有反射異常 自律神経異常	67% 64% 64% 36%
消化器科	消化器異常 肝機能障害	21% 21%	慢性胃腸障害 肝障害	47% 13%
循環器科	高血圧 心臓障害	42% 15%	高血圧 心雑音	59% 32%
整形外科	調査していない		四肢関節変形 脊椎変形 筋萎縮	43% 36% 18%
皮膚科	皮膚病変	100%	色素沈着 異常角化 白斑	75% 56% 45%
歯科	調査していない		総義歯	32%

＊井上論文：「慢性砒素中毒症—土呂久地区廃止鉱山周辺の症例—」（1976年8月）
＊堀田論文：「土呂久鉱毒病（慢性砒素中毒症）の臨床的研究」（1979年3月）

非特異的症状を総合判断してヒ素中毒を判定

1976年8月、土呂久の健康被害者10人（裁決のときは9人）が、公害病の認定申請を棄却した宮崎県の処分の取り消しを求めて公害健康被害補償不服審査会に審査を請求しました。被害者に行政不服を起こすように勧めたのは土呂久・松尾等鉱害の被害者を守る会の落合正会長。守る会のメンバーが被害者の代理人になって宮崎県行政との闘いが始まりました。

私は75年7月に朝日新聞社を辞めて記者振りだしの宮崎に戻り、印刷会社に1年間勤めたあと無職になって、土呂久の記録と被害者支援に専念し始めた時期でした。自由に動ける身になって、まず岡山大学医学部衛生学教室に行政不服への協力依頼に行きました。快く引き受けてくれた青山英康医師が、別れるときに口にした言葉に身が引き締まりました。

「宮崎県の資料で争うのだから難しい。1人でも認定を取れれば勝ちと言っていい」

そのころ環境庁が定めた慢性ヒ素中毒症の認定要件は皮膚と鼻と多発性神経炎の3つ。この狭すぎる認定要件を改めさせて、慢性ヒ素中毒症にかかっていることを証明しなければなりません。宮崎県がおこなった社会医学的調査の分厚い報告書、土呂久に関する医学論文、世界各地で起きているヒ素中毒の文献を集めて読んでいくうちに、71年11月に宮崎県が実施した第1回土呂久住民健診のあまりのずさんさに腹が立ちました。

77年3月、宮崎市内で第1回口頭審理が開かれました。環境庁の関連機関である不服審査会の委員3人は中央官庁の元官僚。審査員席を正面にして、右側に請求人と代理人、左側に宮崎県公害課の職員が座りました。私たち代理人は詳細かつ具体的に公害行政を追及しました。

71年11月の検診票にはなぜか耳鼻科の項目がありません。そのことを問うと、「耳鼻科は診ていません」、その理由は「わかりません」。呼吸器の検査が聴診だけで、その結果土呂久の呼吸器異常が1人だけになったおかしさを突くと、答えは「レントゲン（X線）を撮ればよかった」。土呂久公害の主要な原因はヒ鉱の焙焼による大気汚染です。耳鼻科、呼吸器科の検査は必須なのに、それが欠落していたことが明らかになりました。

行政不服の裁決書を手にして喜ぶ被害者と支援者
（1980年5月22日）

なぜ、そんな大きなミスを犯したのか。住民健診を委託された宮崎県医師会が、公害患者がいるはずはないという予断をもち、土呂久で起きていた大気汚染を考慮せず、当時知られていた新潟県中条町（現・胎内市）の地下水汚染によるヒ素中毒を参考にして検診項目を決めたからとしか考えられません。

宮崎県側が審査会に対して非礼な態度をとったのは第3回口頭審理のときでした。認定患者は104人に増えていました。私たちは、実際のヒ素中毒症の病像を知るために104人の症状の一覧表を提出するよう要請し、松尾正雄審査長も同感して宮崎県側にこう求めました。

「私どもが正しい判断をする上で必要なので、統計的一覧表を作っていただけませんか」

その要望に平野之道環境長は「特にお答えするものはございません」と返答し、「私の提案はお分かりでしょう」と二度、三度頼む審査長に「確答申しあげかねます」とかたくなに拒否したのです。その応答を目にして、審査会が三つの症状に限った認定要件に疑問を持ち始めたことがわかり、初めて「この行政不服は勝てるかもしれない」と思いました。

裁決文が届いたのは80年5月でした。

裁決は、「まず皮膚所見について砒素による疑いの有無を検討し、次いで多発性神経炎をはじめ慢性砒素中毒症に見られ得る他の非特異的症状についてもそれが他の原因によるものかどうかを検討し、これらの所見を総合して判断すべきものと考える」という独自の基準を示しました。検討の対象に含まれた非特異的症状は、視野狭窄、難聴、嗅覚脱失、慢性副鼻腔炎、鼻粘膜委縮、肝障害、貧血などです。

これらの所見を総合的に判断した結果、9人中4人を慢性ヒ素中毒と認めました。狭い要件を打ち破り、4人の逆転認定を勝ちとったのです。裁決書を手にした被害者と勝利を喜ぶ席で、私は、新聞記者時代に取材した第1次知事あっせんで体験させられた屈辱の一端が晴れていくのを感じました。

土呂久公害を象徴した「樋の口」の解体、主戦場は東京に

4人の患者の逆転認定を勝ちとったことで、行政不服に総力を傾けた守る会は燃え尽きて、次に向かって進む気力を失っていました。2年前に何の成果もなく終わった宮崎県庁6日間泊まり込みのしこりを引きずっていたのに加え、土呂久鉱山公害被害者の会の主力メンバーの相次ぐがん死に打ちのめされていたのです。

「私も公害患者だ」と最初に訴えて出た佐藤鶴江さん、1977年9月17日、脳梗塞。

元鉱山労働者に被害者の会入会を勧めた鶴野秀男さん、1978年10月6日、尿管がん。

入院先の病室に笑いをふりまいた佐藤ハルエさん、1980年8月16日、尿道がん。

鉱毒の苦しみを短歌に詠んだ佐藤アヤさん、1980年11月5日、心不全。

亜ヒ酸鉱山へ怒りをたぎらせた佐藤仲治さん、1981年9月2日、肺がん。

温厚だった2代目被害者の会会長の佐藤数夫さん、1982年8月13日、肺がん。

被害者の会の主柱が倒れ、土呂久・松尾等鉱害の被害者を守る会の支援が行き詰まった1981年から82年にかけて、東京で土呂久の運動に共鳴する動きが始まりました。きっかけは80年11月に岩波新書として出版された拙著『口伝 亜砒焼き谷』の学習会でした。土呂久のことをもっと知りたくなった対馬幸枝さんと小林さか江さんが81年9月に土呂久を訪ねました。初めて対面した被害者の愉快な語りと笑いで緊張をほぐされたといいます。対馬さんは「山里に

むすんだ青春」（土呂久を記録する会編『記録・土呂久』本多企画、1993年、所収）に、佐藤ミキさんと実雄さんの軽い笑話を書きとめています。

「被害住民を見捨てた県の仕打ちには憤りを覚えました。もうヨロケておるような時代ではない。今度は翔んでるカラスになって世界一周しようと思います」

「亜ヒを焼く時は男でも白粉をつけたものですよ。じゃけれども結局は亜ヒ負けして皮膚の柔らかいところからやられていく。ココがやられた時はガニ股で歩むとですよ」

帰京後、11月に「告発から10年、いま土呂久は語りかける―記録映画と講演の夕べ」を開催し、土呂久訴訟弁護団の加藤満生弁護士の報告、朝日新聞元宮崎支局長の田中哲也さんの講演、映像集団エラン・ヴィタル制作の長編記録映画『咽（むせ）び唄のさと 土呂久』（1976年）を上映しました。その勢いで12月に発行した機関紙『土呂久通信』創刊準備号で、「私たちは、まさにゲリラ的に、あちこちで〝土呂久〟を語り広めていくしかない」と表明して、「土呂久鉱害問題を考える会」が発足します。こうして東京に被害者を支援する核ができ、毎年、土呂久から被害者を呼んで、新橋の住友鉱本社前でビラまきをおこなうようになりました。

対馬さんと小林さんが81年9月に土呂久を訪れたとき、宮崎日日新聞が「土呂久公害告発から10年」のタイトルで連載記事を掲載中でした。9月6日に始まった連載は「第1部　患者たちはいま」（7回）、「第2部　鉱毒の病像を追う」（6回）、「第3部　現代への問いかけ」（5回）と12月2日までつづき、混迷していた守る会と被害者の会の背中を押しました。取材チームは、報道部の園田米男記者と町川安久記者、高千穂支局の武田憲一記者、写真部の沼口啓美カメラマンの４人。高校教師だった荒武義夫さんが土呂久報道のあとを丹念にたどった「記者としてより人間として」（『記録・土呂久』所収）によると、取材は8月半ばに終わっていたのに、患者の重たい現実にどうやって切りこむか、悶々として書き始めることができなかった、といいます。その状況を破ったのが、肺がんにかかっていた佐藤仲治さんの訃報でした。

「仲治死亡の知らせが入った。県立延岡病院に見舞った際目にした仲治の苦しむ姿が浮かんだとき、園田の鉛筆がひとりでに走り出した」

連載第2部では、「土呂久鉱害告発以後、認定患者１３４人のうち、すでに22人が死亡しているが、うち９人がガンである。肺ガン６人、膀胱ガン１人、尿管ガン１人、前立腺ガン１人。日本人のガン死亡の統計からみれば、肺ガンの発生は通常の約10倍の高さ。異常なガン発生である」という現実を示して、ヒ素暴露から長い潜伏期間を経て発症するがん患者救済の課題を公害行政に突きつけました。

取材チームの武田記者は高千穂支局在任の3年間、土呂久に深く分け入って集落の視点に立った記事を書いた人です。記憶に残るのが「鉱毒に埋もれ半世紀／宿命的ドラマ残し解体」（１９８１年2月1日）という記事でした。解体されたのは「樋の口」の母屋と馬屋。すでに一家は岩戸に引っ越していたので、このとき壊されたのは空き家になっていた建物でした。それでもニュースになったのは、「樋の口」が宿命的なドラマをうみだした農家だったからです。

１９２０年に窯祝いをして亜ヒ焼き開始を喜び、大正の終わりに飼っていた馬が狂い死に、背戸につくられたズリ山から鉱毒があふれ、亜ヒ焼きの煙から逃げて家移りを繰り返し、71年に娘の夫の小学校教師が公害事件を告発する――。武田さんの言葉を借りると、「樋の口」は「土呂久鉱毒の象徴的舞台」だったのです。その母屋の解体が「一つの時代の終焉を告げるものかもしれない」と、武田さんは書きました。

その予感は当たりました。「樋の口」の家族は被害者の会の集まりに姿を見せなくなり、岩戸小学校から西諸県地域の小学校に転勤していた齋藤正健先生は、被害者支援の活動から離れていきました。亜ヒ酸煙害を象徴した「樋の口」が解体され、和合会の闘いの歴史が忘れられ、土呂久公害の主戦場は東京に移っていくのです。

松尾訴訟の原告は全面勝訴後、会社と協定締結

土呂久訴訟が1975年12月に始まると、翌年8月、兄弟関係にあった松尾鉱山の元労働者5人と1遺族があとを追って提訴、同じ宮崎地裁延岡支部で審理されました。両者の違いは、土呂久の原告が環境汚染によって慢性ヒ素中毒にかかった公害患者だったのに対し、松尾の原告が労働によって慢性ヒ素中毒にかかった労災患者だったという点です。

「第二の土呂久」と言われてきた松尾訴訟の原告の評価が高まったのは、結審が近づいた81年12月2日に森脇勝裁判長が突然「職権で和解勧告をしたい」と提案してからです。1週間後に弁護士に伝えられた和解案は「企業責任を明記せず、原告に一律900万円の解決金を払う」

という内容。「和解案受け入れか、裁判続行か」で揺れました。原告団、弁護団、土呂久・松尾等鉱害の被害者を守る会は正月をはさんだ1か月間、腹を割った協議をつづけました。私のノートにそのときのやりとりが記録されています。

「和解を蹴ると、裁判官の心証を害さないか」

「裁判を独断で始めて、親類から『負けたらどうするか』と怒られた。今度は親類と相談して決めたい」

「和解だと、ヒ素中毒で勝ったことにならない」

「提訴するとき負けたら牢屋に入る覚悟だった。腹は決まっちょる」

原告の結論がまとまったのは、82年1月11日の支援者との会議の席でした。原告団長の戸高藤平さんが「提訴したとき全国の休廃止鉱山の被害者のために頑張ろうと誓った。その原点に戻ろう」と決意を表明して、判決を勝ちとるまで闘うことで一本化しました。

宮崎地裁延岡支部が判決を言い渡したのは83年3月23日。被告の日本鉱業に総額約1億円の支払いを命じる原告全面勝訴の内容でした。認容額は和解案が示した解決金の約2倍、原告が苦悩したあと和解を蹴る決断をしたのは間違っていませんでした。

判決の翌日、原告を含む「旧松尾鉱山被害者の会」の10人は「控訴するな！」「原告以外の被害者にも同様の補償を！」というスローガンをかかげて支援者とともに東京へ。港区赤坂にある日本鉱業本社玄関に突入すると、そこに布団を敷きつめました。被害者の会員は昔、日本鉱業経営の鉱山労働者。平川誠四郎会長は取り囲むスーツ姿の社員に向かって「みんなわしらの

旧松尾鉱山被害者の会と日本鉱業が結んだ協定書の要旨

一、会社は、原告らの症状が進行し、上位ランクに移行した場合は、既に受領した金額を控除した残額を支払う。

一、会社は、原告を除く被害者の会の会員のうち慢性ヒ素中毒症又はじん肺症の認定を受けた者に対し、判決の認める基準に従い損害金を支払う。

1. 死亡者　3850万円　　2. 重症者　3080万円
3. 中症者　1650万円　　4. 軽症者　880万円

一、会社は、慢性ヒ素中毒症及びじん肺症の治療、入通院及び介護に要する一切の費用を負担する。

一、会社は、被害者の会の会員が年1回の一般検診及び年2回のガン検診を受けるために必要な費用を負担する。

一、会社は、松尾鉱山跡地に起因して周辺に被害発生の懸念が生じた場合、責任を持って必要な施策を講じる。

後輩たちだ。わしらの汗と涙で生きているのを忘れるな」と言い放ちました。

支援者の中心は日向地区の労働組合員と東京で結成されていた土呂久鉱害問題を考える会の会員でした。労組員は労働争議の経験を生かして、夜遅くまで焼酎を飲んで騒ぎ、昼間はカラオケ大会や日向名物のひょっとこ踊りで座り込みを盛り上げました。会社の強硬姿勢が軟化したのは、考える会が応援に呼んだチンドン屋を先頭にオフィス街をねり歩き、ビラ配りをして周辺の話題をさらったあとのことでした。

座り込みの裏で進んでいたのが、日本鉱業と原告側弁護士との予備交渉。型破りの支援運動の展開に、会社が折れて原告の要求をのみました。4月5日、被害者の会、弁護団、守る会の代表を社屋に迎え入れ、佐々木陽信社長が深々と頭を下げたのです。

「控訴は断念します。病気に対する十分な対応がなされていなかったのは遺憾です」

そう謝罪して10項目の協定書に調印し、「被害者の会の会員（57人）のうち慢性ヒ素中毒症またはじん肺症の認定を受けた者に、判決の基準に従い損害金を支払う」など、救済対象者を広げて判決内容を履行すると約束。宮崎県労働運動史上に輝く誇らしい成果をあげました。

住友鉱と円満解決をかかげた自主交渉の会結成

慢性ヒ素中毒症にかかった松尾鉱山元労働者が全面勝訴の判決を得たことで、土呂久訴訟原告は奮い立ちました。勝訴の自信を深めただけでなく、旧松尾鉱山被害者の会が原告以外の被害者の会員にも判決同様の補償金を支払う内容の協定を勝ちとったことで、さらなる勇気を得ました。「松尾につづけ！」を合言葉に土呂久鉱山公害被害者の会は組織固めに入りました。

1983年7月9日、被害者の会12人と東京・宮崎・日向の支援者5人が土呂久に集まりました。「被害者全員救済を目的にしよう」「全被害者が一本化しないと被告の住友金属鉱山会社につけ入れられる」と呼びかける支援者に対し、被害者の多くは「住友鉱に頼まれて裁判の証拠集めに協力した人を会に加えるのは反対だ」「わしらはこれまで会費を払い、裁判のたびに延岡へでかけてきた。何もしなかった者が補償金だけもらうのは筋違い」と、被害者一本化のために会員を増やすことに否定的でした。

そんなころ土呂久に「自主交渉とか円満解決とか書いてある書類にハンをついた」という話

が広がっていました。だんだん明らかになってきた話の真相は——。

「住友鉱に対し、慰謝料等についてあらためて考慮善処を要望し、円満なる解決をはかることを目的とする」という会則をつくった「土呂久鉱害補償自主交渉の会」の世話人会が発足し、被害者の会に入っていない認定患者宅を回り、住友鉱との交渉に関する委任状を取っていたのです。土呂久の被害者が補償をめぐって二つに分断されました。

自主交渉の会の世話人は7人(土呂久在住3人、土呂久外4人)でした。このうち3人は76年10月に終了した知事あっせん後の認定患者で、公害健康被害補償法の給付を受けていました。他の4人は知事あっせんで一時金を受領した患者。うち2人は第5次認定患者同志会の中心人物で、黒木博知事に「名目のいかんを問わず、将来にわたり一切の請求をおこないません」と誓約してあっせんを嘆願していました。ところがあっせんによる一時金をもらってから7年後、その約束を反故にして、住友鉱にあらためて補償に応じてもらおうというのです。

当時の新聞に自主交渉の会の会員の談話が載っています。

「今さら被害者の会には入れない。私たちがもらった補償金は低かったので、判決で上積みがされれば、泣き寝入りせず、自分たちも上積みを要求する」(1983年9月14日朝日新聞)

原告が勝訴すれば、その勝ち馬に乗ろうとするのが自主交渉の会でした。土呂久の内外合わせた会員は、被害者の会の人数を上回る73人になりました。「自主」と冠していても、被害者の会が進める裁判の結果に頼らざるをえないのです。

年が明けた84年3月28日に原告勝利の判決、翌日に住友鉱が控訴。その流れを見ていた自主

健康被害の補償をめぐる分断

	被害者の会	自主交渉の会
時期	1975～2006年ごろ	1983～1991年
会員（1984年当時）	53人	73人
運動の方針	鉱業法に基づいて裁判で住友鉱の賠償責任を追及	住友鉱に慰謝料等について考慮善処を要望、円満解決をはかる
知事あっせんに対する考え	あっせんの対象は皮膚などに限られており、全身の症状に対する補償はなされていない	低額だったので、土呂久訴訟の判決に沿った上積みを求める
住友鉱の対応	法廷で原告と全面対決。一審敗訴後、ただちに控訴	土呂久訴訟の判決が確定した時点で誠意をもって話しあう
支援組織	土呂久・松尾等鉱害の被害者を守る会、土呂久鉱害問題を考える会、共に歩むカトリックの会、訴訟共闘会議など	なし
最終的な決着	1990年に最高裁で和解（1人平均1130万円の見舞金）	1991年に簡裁で即決和解（一律80万円の見舞金）

交渉の会は、5月23日に世話人2人を東京に派遣し、住友鉱の副社長に会いました。会社の回答は「判決が確定した時点で誠意をもって話しあう」。それを聞いて、会の活動を凍結しました。次に動きだすのは、裁判が最高裁和解で決着して1年後の91年12月です。

健康被害の補償をめぐる分断は、被害者の会に「すべての被害者を受け入れる寛大さ」、自主交渉の会に「会社と闘って補償を獲得する気概」が欠如していたことが原因でした。二つに割れた被害者の年齢層は1900年から35年にかけて生まれた人たち。当時、土呂久の中核世代は、それよりひと世代若く、被害者の分断が集落の運営に支障をきたすことはありませんでした。

土呂久訴訟の原告勝訴に人権尊重の時代を知る

1984年3月28日、土呂久公害訴訟を審理してきた宮崎地裁延岡支部の森脇勝裁判長は被告の住友金属鉱山会社に請求額の7割にあたる約5億円の賠償を命じました。原告は23人中1人が請求を棄却されたほかは、ほぼ完勝しました。

土呂久集落の真ん中の鉱山で猛毒の亜ヒ酸製造が始まってから64年後、裁判所は「大気、水、土壌のすべてにわたってヒ素汚染され、住民が長期間にわたって間断なく経気道、経口、経皮、複合的に暴露を受けた」ことを認めたのです。

健康被害については「身体に多数の症状が出現しており、その障害・苦痛が労働と生活の全過程において、本人および家族に多大の苦痛をもたらしている」と述べました。

この判決が、訴訟に加わらなかった長老の耳にどんなふうに聞こえたのか知りたくて、小又谷でマスを養う惣見組の佐藤三代士さんを訪ねました。

「鉱山が盛んなころ、福岡の鉱山監督局は『ひと集落くらいつぶれてもいい』『国策じゃから亜ヒ酸製造をやめるわけにいかん』。シイタケが芽をださんときは調査にきた専門家が『こりゃ管理が悪いから』と言いました。わたしらが、なんぼ申し立てても聞かんとですよ。通らなかった道理が、人権尊重の時代になって、やっとわかったもんでしょうな」

鉱山が亜ヒ焼きを始めたとき三代士さんは23歳。40歳を過ぎてから24年間、煙害に抗議しつ

土呂久訴訟の主な争点と一審判決

主な争点	原告の主張	被告の主張	一審判決
環境汚染	亜ヒ酸製造、ズリの堆積、坑内水の排出等により大気、水質、土壌が汚染された	鉱床地帯で、もともと汚染されており、汚染と鉱山操業の間に関係がない	亜ヒ酸や亜硫酸ガスの排出、捨石・廃石の堆積、坑内水の放流により環境が汚染された
ヒ素中毒の症状	全身の諸臓器に障害をもたらし、しだいに悪化、潜伏期を経てがんを引き起こす	症状は皮膚、鼻、末梢神経に限られ、内臓疾患との因果関係は証明されていない	皮膚、呼吸器、心臓循環、胃腸、肝、神経、嗅覚、造血器等の障害、肺と喉頭のがんは因果関係がある
責任	鉱業法は、被害者救済の立場から鉱業権を継承した者の連帯賠償責任を定めている	閉山後に鉱業権を譲渡されただけ。操業していない者には賠償義務はない	被告は、損害発生時の鉱業権者、鉱業権消滅時の鉱業権者として損害賠償責任を負う
知事あっせん	公序良俗に反した知事あっせんは無効。有効だとしても、一部の症状が補償されたにすぎない	「今後一切の請求はしない」と約束しており、あっせんを受けた時点で請求権は消滅している	あっせんの対象は、皮膚、鼻、多発性神経炎に限られ、それ以外の症状は和解の効力が及ばない

づけた自治組織和合会の役員をつとめ、会長のときは「亜ヒ酸炉廃止」を町長に陳情。その当時は聞き入れなかった自分たちの叫びを、閉山から20年以上たって、裁判所が受けとめてくれたのです。「人権尊重の時代になった」というのが長老の感慨でした。

経済優先から人権尊重へ。この価値の転換は、高度経済成長によって深刻な汚染に襲われた60年代に起こりました。人びとは環境汚染による健康被害を身近な問題として感じるようになりました。労働組合が公害反対を旗印に被害者支援に乗りだしたのも、この時期です。

土呂久では「裁判に負ければ財産を失う」とささやかれていたのですが、実際はそうはなりませんでした。土呂久・松尾等鉱害の被害者を守る会の落合正会長の働きかけで、76年3月、宮崎県労働組合評議会（当時）が中心になって「土呂久・松尾訴訟共闘会議」を結成。労組主体の77団体で構成された共闘会議は、解散するまで8年間で3360万円のカンパを集め、土呂久と松尾の二つの裁判に資金を提供しました。おかげで被害者は訴訟費用の心配をせずにすんだのです。資金面だけでなく、多くの労働組合員が口頭審理のたびに傍聴席を埋めました。

日向学院短大（当時）で西洋史を教えていた生熊来吉さんの働きかけで、カトリックの人道支援組織「カリタスジャパン」が14年間に援助金3450万円、さらに生熊さんらが結成した「共に歩むカトリックの会」が1035万円を集めて、被害者の運動を応援しました。こうした支えがあったからこそ、山間の小集落の公害患者が国際的な鉱山会社を相手どった裁判に挑むことができたのです。

日常的に被害者の手足になって動いたのが土呂久・松尾等鉱害の被害者を守る会の会員でした。「私たちのために犠牲になって」と申し訳なさそうに言う被害者に、「楽しいからじゃわー」と、このメンバーは屈託がありません。辺境の地に築かれた人の輪は、土呂久の人たちの想像を超えました。

小又谷の長老は、土呂久の歴史の中に判決を置いて、孤立していた和合会時代との違いにしみじみと〝時の流れ〟を感じたのです。

住友鉱社長にぶつけた患者を看取った家族の苦悩

土呂久公害訴訟一審で勝利した原告ら被害者の会員22人は、判決翌日の1984年3月29日、弁護士、支援者と東京へ飛びました。「松尾訴訟につづけ」と新橋にある被告住友金属鉱山会社の玄関前で座り込みを開始。松尾の場合、被告の日本鉱業と被害者の関係は経営者と労働者。労使関係を無視できなかった会社は、被害者の要求をのんで協定を結んだのですが、土呂久の場合、住友鉱は閉山後に鉱業権をもった会社。「操業していない」ことを理由に控訴し、被害者と対決をつづけました。

座り込みから2週間たったとき、愛宕警察署が「事態打開へ仲介したい」と間に立ち、4月19日に藤森正路社長が被害者と会うことになりました。閉ざされていた玄関が開かれたのは座り込み21日目。黒装束の被害者・遺族11人と支援者3人がビルに入り、社長との交渉が実現しました。実態は、交渉とは名ばかりの1時間半に限られた対面。それでも被害者と遺族は抱きつづけてきた思いの丈を社長にぶつけました。

和合会のことを語ったのは佐藤ハツネさんでした。

「土呂久の村には和合会という自主的、民主的な会が作られていて、平和に暮らしていました。財政は豊かでなくても、心豊かな農民の満たされた生活がそこにはあったのです。それが亜ヒ焼きによって破壊され、純真だった村人の心まで乱されてしまいました」

佐藤則子さんは、母鶴江さんのヒ素にむしばまれた一生を話しました。

「失明した母は『一晩寝れば、明日は見えるかもしれない。健康であれば、他に何も望みはない』と口にしておりました。母の生涯は病気との闘いでしかありませんでした」

亜ヒ焼き窯のそばで育ってヒ素の病を背負い通した父佐保仁市さんを語った光宏さん。

「僕が12歳のころ『父ちゃん、体の色がおかしいね』と聞くと、『これは亜ヒに負けたんだ』。訳がわからずに『フーン』と言うだけでした。それが恐ろしいヒ素中毒だったとは。『畳の上で家族みんなの前で死にたい』と言っていた父は、判決も聞けず帰らない人に」

社長をきっと見すえて、夫数夫さんの壮絶な最期を話したのが佐藤ハナエさん。

「主人は喉頭がんという恐ろしい診断を受けました。痛みにたえきれず『肩を切り落としてくれ』『3階の窓から飛んで死ぬ』と口走っていました。顔は見る影もなく腫れ、つぶれた目では、どちらが飯か味噌汁か分からず、私の心は毎日毎日暗闇の世界でした」

カトリック信者の松村静子さんは、消えることのない心の闇を明かしました。

「主人(敏安さん)の血管はボロボロで、両足を切って、そこから点滴することでした。苦しさを訴える言葉はなくとも、私には表情でわかるのです。点滴の中に一滴の毒薬をもれば楽になれるがと、そんな罪深いことをいくど思ったことか。今思い出しても恐ろしい罪深い心を悔やんでなりません。社長さん、私の十字架を少しでも軽くして下さい。お願いいたします」

ヒ素中毒患者をそばで見た者にしか語ることのできない体験に、藤森社長はなんら反応せず「控訴は取り下げない。謝罪もできない」と、用意した原稿を読みあげて席を立ちました。

社屋をでた被害者・遺族は、抗議のシュプレヒコールを繰り返す大勢の支援者に迎えられました。力を出し切ったのに得るもののなかった虚しさを引きずり、テントに戻って横になった被害者と遺族。私は、社長に向けた真実の言葉の数々を土呂久の歴史に残さねばと、11人から原稿を集めて回りました。

立ち現れた見えざる敵の強大な姿

土呂久公害訴訟の判決が注目された点の一つは、被告にすえられた最終鉱業権者の住友金属鉱山会社の「わが社は操業していないので賠償責任はない」という主張を裁判所がどう判断するかでした。宮崎地裁延岡支部は、その判決の中で住友鉱の言い分を全面的に退けました。その内容を整理すると——。

鉱害賠償を規定した鉱業法109条1項と3項には、鉱害が起こった場合に賠償義務を負うのは「鉱業を実施した者」ではなく「鉱業権者」にあると明記している。その理由は、鉱山操業は昔から多くの鉱害を引き起こしてきたが、誰の稼業によって被害が生じたかを確認することとは困難である。そこで、被害者保護の観点から、賠償義務者は、稼業したかどうかと関係なく一定の時点（損害発生時、鉱業権消滅時）に鉱業権をもっていた者にあると定めた。同法はまた、鉱業権者に遅滞、中断のない稼業を義務付けており、「稼業なき鉱業権者」の存在は許されてい

鉱業法109条

> 1項　鉱物の掘採のための土地の掘さく、坑水若しくは廃水の放流、捨石若しくは鉱さいのたい積又は鉱煙の排出によって他人に損害を与えたときは、損害の発生の時における当該鉱区の鉱業権者（略）が、損害の発生の時既に鉱業権が消滅しているときは、鉱業権の消滅の時における当該鉱区の鉱業権者（略）が、その損害を賠償する責に任ずる。
>
> 3項　（略）損害の発生の後に鉱業権の譲渡があったときは、損害の発生の時の鉱業権者及びその後の鉱業権者が（略）連帯して損害を賠償する義務を負う。

ないとも述べています。

「稼業なき鉱業権者」の賠償責任に関する初の法律判断だっただけに、この判決は法曹界の反響を呼びました。公害賠償に詳しい民法学者の淡路剛久立教大教授は判例紹介誌の『ジュリスト』（1984年6月15日）で「判決の結論および理由は正当」と評しながら、「原因者でない鉱業権者に責任を負わせるのは酷かもしれない」として、「鉱害賠償基金」などの制度をつくってはどうかと付け加えました。

行政法学者の原田尚彦東大教授は学習法律雑誌の『法学教室』（1984年11月）で、判決の結論は「文理上もとより当然で、とくに驚くにあたらない」と述べながら、住友鉱に同情して「いさぎよく被害者に賠償金を支払った」うえで、国に「なんらかの補償措置」を求めてはどうか、と提案しました。

この判決に猛反発したのが、非鉄金属の鉱業・精錬業の会社でつくっている日本鉱業協会です。1984年3月30日の定時総会後の記者会見で、新会長に就任した西川次郎古河鉱業社長が「閉山したあと何百年も公害の面倒をみろというのは困る。あの悪法は改めてもらいたい」と発言。さらに4月24日に次のような文書を発表しました。

「鉱業は非常に古い産業であり、同じ地域で新たな鉱床の発見が何十何百年の間に繰り返されるのが普通だ。昔々にさかのぼってすべての賠償責任を現在の企業に負わせるのは、実質的に鉱業の否定につながりかねない」

全国に6千も7千もあると言われる休廃止鉱山から、土呂久につづく訴訟が提起されるかもしれない。日本鉱業協会はそんな危機感をあふれさせたのです。土呂久鉱山公害被害者の会と支援者は、住友鉱の背後にいる鉱山会社の団体の存在に初めて気づきました。

住友鉱玄関前に座りこんで5日目の4月3日、被害者、弁護士、支援者の10人は参議院予算委員会の傍聴に行きました。答弁に立った小此木彦三郎通産大臣(当時)は「争訟中の問題なので発言は差し控えたい」、他の大臣からも何一つ前向きな答えが聞かれません。官僚の一人は「とろく」と言えずに「とくろ公害」と繰り返し、九州の奥深い山間の小鉱山で起きた健康被害のことはまるで眼中にないようでした。

「稼業なき鉱業権者」であっても賠償責任を負うという判決がでると、鉱業協会が猛反発して政府機関がそれに呼応する。土呂久の被害者の前に、それまで見えなかった強大な敵の姿が立ち現れました。

一審で受け取った金額を返還せよという控訴審判決

土呂久公害の健康被害者に対する補償は、1972年の黒木博知事によるあっせんで始まりました。74年9月に公害健康被害補償法が施行されたのですが、あっせんで「補償金を受領したのちは、名目のいかんを問わず、将来にわたり、一切の請求をしないものとする」と請求権を放棄していることを理由に、宮崎県はあっせん受諾者に公健法を適用しませんでした。

宮崎県の姿勢は「法で保護されている認定患者の受給権を剝奪するものだ」と憤ったのが土呂久・松尾等鉱害の被害者を守る会の落合正会長。公健法の給付を求めるあっせん受諾者に、宮崎県を相手にした行政不服を起こすように勧め、守る会のメンバーが代理人となって闘いを支えました。最大の争点はあっせん補償額（1人平均310万円）の妥当性でした。

代理人が「あっせんは皮膚など一部症状に限られ、低額で不当」と主張したのに対し、宮崎県は「補償額算定にあたっては全身の症状を勘案した」と応戦しました。

83年9月ごろ、宮崎大学工学部の瀬崎満弘さんが、当時は珍しかったコンピューターの演算、配列の機能を使って、あっせんの提示を受けた患者85人の補償額を男女別・年齢順に並べてみました。すると、わずか5人を除いて、5歳きざみの年齢層で同じ金額、それも若い年齢層ほど金額の高いことが一目瞭然に。あっせん額は男女別・年齢別一律で決められていて、宮崎県が言うような「全身の症状を勘案した」金額ではありませんでした。

さらに年月がたつにつれて、公健法による補償の累積額が、一時金で打ち切られたあっせん額をどんどん上回っていきました。私と瀬崎さんは連名で小論文を書いて、あっせん補償額の低さ、不当性を証明したのですが、そこには大きな落とし穴が待っていました。

住友鉱の控訴によって土呂久訴訟の審理は福岡高裁宮崎支部に引き継がれていました。控訴審が結審する3か月前のことでした。被告の住友鉱が突然、原告の損害から公健法受給額を差し引くべきだとする準備書面を提出したのです。書面には、原告が受けたあっせん額と公健法受給額が、金額の多寡が明白になるのもかまわず並んで表記されていました。あっせん額の低さ、不当性は誰の目にも明らかに。しかし、それは、追いつめられた被告の「肉を切らせて骨を切る」捨て身の反撃でした。すでに紹介したように、住友鉱は汚染施設（亜ヒ酸焙焼炉）の設置者ではないので、公健法の賦課金を負担してはいません。自分は払っていない金額を差し引けと、なりふり構わぬ主張を土壇場で始めました。

88年9月30日、福岡高裁宮崎支部で控訴審判決が言い渡されました。亜ヒ酸焙焼による環境汚染、健康被害、鉱業権者の責任、すべて一審判決通りだったのに、最後に「公健法給付の限度において損害の一部が補填されたものと解すべきである」と述べたところで、原告にとって喜びの判決が非情な判決に一変しました。住友鉱の捨て身の反撃が功を奏し、裁判所は、健康被害の損害額から公健法の給付額を差し引くという判断を示したのです。その結果、公健法を受けてきた原告は、認容額を大幅に減らされただけでなく、一審判決の仮執行宣言に基づいて受け取っていた金額（一審認容額の3分の2）の大半を住友鉱に返還することを命じられました。

土呂久訴訟高裁判決が命じた原告13人の返還額

（単位：万円、千円以下は切り捨てた）

原告番号	①高裁判決が認めた損害料	②公健法の給付額	③高裁が認定した慰謝料	④一審判決の仮執行受領額	⑤高裁が命じた返還額
3	2000	1837	300	2303	1940
5	2000	2176	300	2303	1940
7	2000	△200	1800	2168	79
9	2000	753	1300	2155	646
10	3000	3732	300	2155	1793
11	1000	732	300	692	328
12	3000	1701	1300	1924	415
13	1500	1718	300	1227	862
14	1500	1186	350	1000	578
15	1000	740	300	1231	867
16	2000	1561	500	2309	1702
17	3000	1819	1200	2309	916
18	3000	1663	1400	2309	684

＊△は知事あっせん受諾額
＊③認定慰謝料は、①－②をもとに高裁が判断した
＊⑤返還額は、④―③に弁護士費用や遅延損害金を加味して高裁が計算した

たとえば原告番号17の患者の場合、健康被害の損害は３０００万円なのに、公健法で１８１９万円を受給していること から高裁が認定した慰謝料は１２００万円。すでに一審の仮執行で２３０９万円を受け取っていたので、住友鉱へ９１６万円を返還せよという内容でした。お金を返せと言われたのは23人の原告中13人。返還金の総額は1億２７００万円を超えました。

「公健法は生活費や医療費に使ってい くお金。それをなぜ差し引かれなければいけないのでしょうか」という涙声に、その夜の集まりは沈鬱な空気におおわれました。途方に暮れた原告をよそに、住友鉱は判決の3日後に上告、決着は最高裁にもちこまれました。

56日間の住友鉱前座り込みを支えた考える会

土呂久訴訟の判決を得たあと、健康被害者が「控訴するな」「上告するな」「社長は話し合いに応じよ」と東京都新橋にある被告住友金属鉱山本社前で座り込みを決行したとき、裏方として活躍したのが東京につくられていた土呂久鉱害問題を考える会でした。「苦渋の勝利」と言われた控訴審のときの座り込みは、判決日をはさんで1988年9月19日から11月13日まで56日間の長期にわたりました。

座り込み場を確保した手際は、実に鮮やかでした。考える会のメンバーは、ゴミ捨て場から拾ってきた古畳10枚を住友鉱玄関前に敷くと、ビニールシートで囲んで居間をつくり、真ん中にこたつ、まわりにタンス、本棚、靴箱などを並べ、レンタルの簡易便所を設置して日常生活の空間を完成させました。土呂久鉱山公害被害者の会事務局長の横井英紀さんが「土呂久いのちの広場」と命名し、「この豊かな空間を心あるすべての人びとに解放します」と宣言文を貼り出しました。

呼びかけに応えてさまざまな若者が集まってきました。農業青年のリョウイチ君は居心地よい環境づくりに精をだし、バンドのドラマーのエッちゃんは街頭宣伝で太鼓をたたき、サナエさんとアケミさんは昼食のおかずをもって日参、指圧などで被害者を癒したのがセイコさん。道路向かいの金光教の教会に通ってくるサダばあさんは、毎日のように押しかけてくる地上げ屋を洒脱な話術で追い返す話をして、座をわかします。

三角地の3・3平方メートルの地価を聞いて、被害者は「畳2枚の土地の値段が私たちの命よりも高いとですか！」と絶句。電気のないこたつに足を入れ、都心と土呂久の暮らしを比べながら、文明の行く末を語りあう。バブル経済の最盛期に、祖母・傾山系の谷間の水が突如、都心のコンクリート砂漠に湧きだしたオアシス。それが土呂久いのちの広場でした。

10月下旬、弁護士から「座り込みを解くなら社長が会う」という打開案が伝えられました。被害者には「社長と会えばわかってもらえるのではないか」という淡い期待があったのですが、支援者から「座り込み解除のセレモニーにすぎない」と反対の声があがり、「話し合いには乗らず、座り込みを解除する」という結論に落ち着きました。

住友鉱本社前でつづいた「土呂久いのちの広場」

何も得るものなく、展望を失った被害者は土呂久に引き揚げました。窮地に立たされたのが、控訴審判決で住友鉱への返還金を命じられた原告と遺族でした。

一方、長期座り込みの高揚感を引きずっていた考える会は、被害者の苦境がわからず、被害者の会に相談することなく「住友鉱の株主総会に被害者代表を送る」という運動を始めました。89年1月に資金カンパを呼びかけ、3月末までに

457万円を集めて住友鉱の3千株を購入したのです。

その動きを察知した住友鉱は、ただちに土呂久担当者を高千穂町に派遣しました。担当者は岩戸のホテルで被害者の会の佐藤トネ会長ら5人と会うと、返還金を書いた紙を示しながら、「近く重役になる総務部長は解決に前向きです。株主総会を混ぜ返すなら話し合い解決の芽は消えます」と警告。動揺した被害者は「株主総会にはでない」方向に傾いて、考える会が提唱した運動は破綻し、株を売却して協力者にお金を返すと、無期限の活動休止に入りました。

「当事者は被害者である。それを忘れたところに運動の前進はない」

東京と土呂久をつなぐ役をつとめた青木亘さんの自戒の言葉です。

禁句だった「和解」が飛び交った湯布院会議

土呂久鉱山公害被害者の会は、なんの成果もなく終わった東京都新橋の住友鉱本社前座り込みのあと、裁判長期化の泥沼にもがいていました。ふだんは楽天家の西浪(にしなみ)さんが1989年5月21日、支援団体の土呂久・松尾等鉱害の被害者を守る会の総会で、「どうしたらいいか全然わからんとです」と悩みを打ち明けました。両親は裁判の原告で、公害健康被害補償法の補償金を受給していたことから、控訴審判決で2人合わせて1400万円の返還を求められていたのです。

「一日も早く解決したい」という願いが高齢化する被害者の間でふくらんでいきます。弁護団は「最近の最高裁は企業、行政寄りの逆転判決が目立つ。最高裁判決はもらうべきでない」という意見に傾いていました。そんな状況下、守る会は早期解決の道をさぐるために原告、弁護士、支援者の三者で合同会議を開こうと呼びかけました。

8月25日、大分県湯布院町（現・由布市）の保養施設で合宿中の弁護団に、被害者の会の佐藤トネ会長ら5人、守る会の上野登会長ら10人が合流しました。「新しい局面を冷厳な目で見つめ率直に話しあおう」と、上野さんが挨拶して会議は始まりました。目的は、腹を割って話しあい、先の見えない真っ暗なトンネルの出口を探すこと。

佐藤トネ　被害者の希望は、返還金を返さずに今後も公健法をもらうということです。

池田純一弁護士　そんなに木目細かな解決は和解でないと無理だな。

佐藤ミキ　命ある間にちょっとでいいから、いい目にあいたい。勝つめどがないのに待ちつづけるより、和解で一日も早い解決を。

禁句になっていた「和解」の言葉が初めて飛び交いました。3時間余りつづいた議論を整理し、「命あるうちの救済を」「命あるかぎり救済を」という二本柱にくくったのは加藤満生弁護士でした。判決を武器にして住友鉱と交渉する路線から、裁判所を舞台にした和解決着の路線へ。状況を冷静に分析し、被害者の願いにそった現実的な解決へと方針が変更されました。難局を打開するには柔軟な戦術転換が必要だったのです。

少し話を戻すと、一審判決で完敗した住友鉱が控訴し、審理が福岡高裁宮崎支部に移って7

か月後の84年10月30日、被害者の会の19人（判決時は18人）が宮崎地裁延岡支部に第二陣訴訟を起こしました。二陣原告には、近隣の集落から土呂久に通勤した鉱山労働者、炭鉱でじん肺認定を受けている患者が含まれているうえ、15人が公健法の給付を受けているなど、法律的に難しい問題をかかえた裁判でした。

二陣訴訟の判決が近づいた90年2月8日のこと。突然、主任裁判官である右陪席から弁護団の事務所へ電話がかかってきました。

「新聞報道によると原告は一日も早い解決を望んでいるようだが、原告に和解に応ずる気持ちがあるのかどうか、19日までに返事をいただきたい」

判決を目前にした和解の打診をどう考えればよいのか。岡村正淳弁護士は「長引く訴訟を待ちきれず死んでいく原告を気の毒に思った裁判所の積極的な発言と受けとめてよい」と説明し、原告の同意を得て「和解のテーブルにつく用意がある」と裁判所に回答しました。一方の住友鉱の回答は「和解には応じない」。柔軟に受け入れた原告と頑なに拒否した被告。

どちらの判断が的確だったのか、判決言い渡しは3月26日です。

裁判での請求と公健法の給付を両立させた二陣判決

土呂久鉱山公害被害者の会と支援団体の土呂久・松尾等鉱害の被害者を守る会は、1974

土呂久訴訟 3つの判決の比較

	一陣一審判決（宮崎地裁延岡支部）	一陣控訴審判決（福岡高裁宮崎支部）	二陣一審判決（宮崎地裁延岡支部）
判決日	1984年3月28日	1988年9月30日	1990年3月26日
原告(患者)数	23人	23人	18人
認容額	5億600万円	3億900万円	2億1800万円
仮執行額	3億5400万円	（公健法受給者）1億2700万円返還	1億1000万円
環境汚染・健康被害・鉱業権者の責任・知事あっせん	亜ヒ酸製造によって排出されたヒ素などが土呂久の環境を汚染し、住民に多様な健康被害をもたらした。被告は鉱業法に基づいて損害賠償の責任を負う。知事あっせんは皮膚など一部の補償にすぎない	一陣一審判決と同じ	一陣一審判決と同じ
公健法給付の控除	触れていない	公健法は損害賠償の立て替え払いの性格を有しており、同法によって給付された金額は賠償責任額から控除されるべきである	原告は精神的苦痛に対する慰謝料を請求しており、財産的損害を填補する公健法とは性格を異にするので、公健法給付を控除する必要はない

年の結成から約15年間、現地で開く集会・宿泊に空き家になっていた故小笠原武宅と故佐藤鶴江宅を使わせてもらいました。90年から使い始めたのが土呂久山荘。熊本大学の堀田宣之医師らが、古い民家を山小屋として利用していたのを譲り受けて、土呂久の大工佐藤一一さんと被害者の会事務局長の横井英紀さんが改築したのです。

土呂久川をはさんで鉱山社宅跡の対岸に立つ山荘は、「累々たる巨岩・奇岩に砕け散り、音を立てて流れ落ちる渓流。夜はかじかの声がまじって深山幽谷の宵闇に包まれる」（生熊来吉さん）と描写されるほど、谷間の風雅を楽しむことができました。

90年3月24日の落成式に合わせて

「木霊（こだま）」をテーマにしたメールアート展が開催されました。メールアートは、インターネットが普及するまで、郵便を使ってメッセージの交換を楽しむ現代美術の一つの方法でした。「鉱山のヒ素で山林や農畜産物そして人体が被害を受け、今も多くの人が苦しみつづけています。あなたのメッセージは患者を励まし、環境保護の意思表明になるでしょう」と44か国のメールアーチストに呼びかけて、集まった約千点の作品を壁に障子に襖に天井にぎっしりと飾りつけました。

2日後の26日が土呂久公害二陣訴訟の判決日でした。メールアートによる国際的な応援を得た原告と支援者は、その日の朝、山荘を出発して高千穂鉄道（当時）高千穂駅へ。延岡駅近くで事故があり、予定の時刻に発車できないという放送を聞き、「開廷に間に合わない」と弱っていると、テレビ局のディレクターが「使ってください」とタクシー券を渡してくれました。4台のタクシーに分乗して宮崎地裁延岡支部に着くと、傍聴券を求める列ができていました。私に「原告補佐」という特別席が与えられました。裁判官のいちばん近くです。

鏑木重明裁判長が主文につづいて判決要旨を朗読しているときでした。「違う」と小さな声が耳に入ってきました。陪席裁判官が裁判長に読み方を注意していたのです。そのようすから、判決文が、陪席裁判官が心を込めて書いた労作であることが理解できました。

注目されていたのは、訴訟での請求と公健法の給付との関係をどう判断するかでした。一陣の控訴審判決は、両者は二重塡補にあたるとして、原告の損害から公健法の受給額を控除して、原告の認容額を大幅に低くしたのですが、二陣判決の見解は、それとはまるで違っていました。

原告は、当時の公害裁判で一般的だった「包括一律請求」、すなわち財産的損害と精神的損害のすべてを含む原告全員同額の賠償を求めたのですが、判決は、原告が主張するのは諸々の精神的苦痛（健康被害により受けた病苦、入通院の心理的負担、家族にかける迷惑等）であって、健康被害により受けた財産的損害（治療費、休業損害、通院交通費、付添い費用等）には言及していない。具体的な原告・被告の応酬から、この訴訟は「純粋な慰謝料請求訴訟と大差ない」と判断しました。そのうえで、公健法は「財産的損害のみを補填する」もので、その給付には慰謝料が含まれていないから、原告の損害から公健法給付を控除することは許されないと述べたのです。裁判所は具体的な審理の展開をもとに、原告が「純粋な慰謝料を請求している」と独自に判断して、公害訴訟と公健法を両立させた全国初の判決でした。

閉廷後の集会は原告全面勝訴にわきたちました。マイクを握った水俣病患者の川本輝夫さんが「画期的な判決」と評価。私は「住友鉱に感謝したい。住友鉱が判決前の和解打診を蹴ったおかげで、この判決を聞くことができた」と皮肉を言いました。これで、次の目標が明確になりました。公健法給付の継続を可能にする和解を一、二陣一括して最高裁で成立させることです。

原告・被告の納得する和解案を示した最高裁調査官

「突然のことでびっくりするかもしれませんが……」と切りだしたのは、土呂久公害訴訟の岡村正淳弁護士でした。1990年8月5日、原告・被害者、弁護士、支援者が延岡市の旅館で開いた合同会議でのこと。原告らはその席で初めて、最高裁で進んでいる和解折衝について聞かされたのです。

「独断専行」を詫びたうえでの報告によると、5月7日に「提訴から15年を経過、これ以上長期化したら司法救済の意味がない。人道的見地から早急な救済を」と、最高裁に和解勧告を要請する上申書を提出。第1回の和解折衝で最高裁の大竹たかし主任調査官と佐藤歳二上席調査官が、被告住友鉱と原告双方の弁護士から事情を聴き、第3回折衝までに、原告が「一、二陣含めた一括解決。公健法の受給継続」を優先して「住友鉱の責任には触れず、支払うお金の性格は『見舞金』でもよい」とし、被告は「公健法の給付金を求償されないように『責任なし』の明記」を求めました。焦点は住友鉱の賠償責任をどう書くかにしぼられていたのです。

弁護士の報告に対する質問・討論がつづきました。大勢の意見は、「賠償責任なし」では15年間も裁判を闘った意味がなくなるので「責任なしの和解には乗らない」でした。

和解の成り行きを注視していたのが、公害健康被害補償法を所管する環境庁です。同庁は「住友鉱は汚染施設の設置者でない」と判断して賦課金を徴収せず、財源のないまま公健法による補償をつづけてきました。もし住友鉱の責任が明確になれば、それまでの給付金約9億円と今後の年間約8千万円の給付を同社に求償することを検討しなければなりません。それゆえ住友鉱は「責任なしの明記」を主張、これには原告が反発しています。

環境庁に足を運んで、どういう和解内容なら被害者の公健法受給が継続できるか、意見交換

土呂久訴訟和解条項の骨子

■住友金属鉱山会社は、鉱業権の取得の前後を問わず、土呂久で鉱業権に基づく事業活動をしておらず、事業活動のための施設を設置したことがない。

■一、二陣訴訟原告がそれぞれの一審判決で受け取った仮執行金合計4億6475万円を住友鉱に返す。

■住友鉱はその同額を「見舞金」として一、二陣原告に一括して支払う。

■この見舞金は公害健康被害補償法13条1項の損害の填補にあたらず、鉱業法上の賠償義務を前提としたものでない。

■原告の損害については今後、公健法と労災法の給付により解決する。

を重ねていたのが土呂久鉱山公害被害者の会の横井英紀事務局長でした。はっきりしてきたのは、原告が「補償金」を受け取ると、公健法の給付と二重填補になり、和解後に公健法打ち切りの公算大ということです。

原告・被告の対立点は、第5回折衝で調査官が示した和解案で克服されました。原告側弁護士は「今の段階ではベスト」と評価し、被告側の弁護士も「同意する」と応じました。その案による和解が成立したのは10月31日でした。午前10時半に最高裁第三小法廷の和解室で、佐藤上席調査官が原告側5人と被告側2人の弁護士から和解案承諾の返答をもらって姿を消し、代わって現れた坂上寿夫裁判官が9項目の和解条項を読み上げました。

最初に、「住友鉱は鉱業権に基づく事業活動をしておらず」「事業活動のための施設を設置したことがない」と事実のみ表現しました。ここに「責任なし」という言葉を使わなかったことで原告を納得させるとともに、住友鉱が公健法の給付金を請求されないように工夫したのです。つづいて、原告がすでに受領した一陣と二陣の仮執行金の合計

4億6千余万円をいったん被告に返し、被告が同じ額を「見舞金」として原告に一括支払います。この手の込んだやりとりで補償金の性格を消し、原告個々に払われる見舞金額は明らかにならず、公健法継続の道が確保されたのです。

最高裁調査官は、全国の地裁の裁判官選りすぐりのエリートが付くポストだと言われています。原告・被告の意見を十分に聞き、第5回折衝で両者が納得できる和解案を示した手腕は見事としか言いようがありませんでした。

土呂久山荘に集まった原告・被害者は、テレビ画面を流れる「和解成立」のテロップに「やっと終わった」と安堵しました。15年かかった裁判が幕を下ろした瞬間、歓喜の声もわきたつ拍手もありません。和解が適用されるのは一、二陣の原告患者41人だけ。訴訟に加わらなかった生存・死亡を合わせ105人の土呂久公害認定患者が取り残されました。

自主交渉の会と即決和解後、土呂久から足をぬいた住友鉱

土呂久公害訴訟の原告が和解の道を探っていた1990年1月、原告の佐藤ハツネさんから私に手紙が届きました。

「半世紀にわたり共に患い、共に苦しんできた原告外の人たち、たとえ色々理由はあるけれど、一緒に解決できるものならと思っております」と、すべての患者が仲よく同時解決することへ

の思いがつづってありました。ハツネさんの義父の竹松さんは、明治末期から半世紀にわたって和合会の役員として集落をまとめるために奔走した人。ハツネさんは、その和合の精神を引き継いでいました。

すでに紹介したように、訴訟に加わらなかった認定患者が83年に土呂久鉱害補償自主交渉の会を結成しました。訴訟組が一審で勝利判決を得たあとの84年5月、同会の代表2人が被告・住友金属鉱山本社を訪ねたのですが、「高裁に控訴したので判決が確定した時点で話しあう」と返答され、会は活動を凍結しました。その2人が亡くなったあと、会長になったのが惣見組の小笠原徳一さんでした。

徳一さんの家と土呂久鉱山公害被害者の会の佐藤トネ会長の家は、離れてはいるが隣同士。「アリが巨ゾウに立ち向かう」という気概で住友鉱に挑む被害者の会に対し、自主交渉の会は補償問題の「円満解決」をかかげて住友鉱と友好な関係づくりを望んでいました。トネさんは90年3月ごろ、自宅を訪ねてきた徳一さんからこんな話を聞いたそうです。

「住友の山本厚さんと自主交渉の会の会員で鹿児島の温泉に行った。山本さんから『被害者の会と自主交渉の会は仲よくして、早く会社と和解してはどうですか』と言われた」

山本氏は住友鉱で長く土呂久訴訟を担当した人。山本氏もハツネさんと同じように「被害者の会と自主交渉の会の仲よく解決」と口にしても、2人の間には根本的な違いがありました。ハツネさんは、和合会の精神に基づいて被害者が一つになって平等に解決することを願ったのですが、山本氏は企業の営利のために早急な低額解決をねらっていたのです。

最高裁和解と即決和解の比較

	最高裁和解	宮崎簡裁即決和解
和解成立日	1990年10月31日	1991年12月2日
健康被害者数（うち死亡者数）	41人（23人）	88人（32人）
見舞金の額	1人平均1130万円	1人1律80万円
住友鉱の事業活動	鉱業権に基づく事業活動をしていない。事業活動のための施設を設置したことはない	鉱業権に基づく事業活動をしていない。事業活動のための施設を設置したことはない
住友鉱の損害賠償義務	触れていない	法律上の損害賠償義務は存在しない
見舞金支払いの根拠	公健法13条1項にいう損害の填補ではない。鉱業法を含む法的義務を前提としていない	公健法13条1項にいう損害の填補ではない。鉱業法を含む法的義務を前提としていない
今後の救済	今後、公健法及び労災法に基づく給付で解決する	触れていない

一足先に公害訴訟の原告が、最高裁で住友鉱と和解しました。この和解を報じた新聞に、徳一さんの焦りの談話が載りました。

「これ以上ないがしろにされたら、うちの方も何もしないというわけにはいかない」

自主交渉の会の動きが表面化したのは、それから1年後の91年11月25日、読売新聞「自主交渉の会、近く和解／患者88人へ見舞金」という報道によってでした。同じ日の午後発行された夕刊デイリーは、読売の記事で不明だった見舞金の額をすっぱぬきました。「1人80万円、総額7040万円」。最高裁和解の1人平均1130万円の1割にも満たない低額でした。

自主交渉の会の88人（うち死亡32人）と住友鉱は12月2日、宮崎簡易裁判所で即決和解に調印しました。出席したのは住友鉱側1人と自主交渉の会側2人の弁護士だけ。マスコミ各社に送られてきた和解条項には「住友鉱に法律上の損害賠償義務は存在しない」と「責任なし」が明示されていました。

即決和解は、当事者間であらかじめ話し合いのできた合意内容に強制力を与えるために簡裁でおこなうものです。住友鉱は争いを嫌う自主交渉の会を手玉に取って、同社の描いた筋書き通り、和解条項に「損害賠償義務なし」の文言を入れました。

翌年2月3日、二つの会に所属していなかった認定患者16人（死亡10人）と住友鉱の即決和解が成立。ただし2人（死亡1人）の患者はこれを拒否したのですが、その日を最後に住友鉱は土呂久から完全に足をぬきました。

1971年に始まった公害患者の救済運動は、鉱山会社から支払われる補償金に大きな格差をうんで幕を降ろしました。

知事あっせんで請求権を放棄した公害患者の悲鳴

土呂久公害の患者救済の歴史は、1972年12月、当時の黒木博宮崎県知事が最終鉱業権者の住友金属鉱山と7人の慢性ヒ素中毒症患者の間に立ち、平均240万円の補償をあっせんしたことで始まります。それから20年間、住友鉱相手の長期裁判、患者内部の分断など混乱の原因は知事あっせんがつくりだしたものでした。

知事あっせんの大きな過ちは二つありました。

第一の過ちは、ヒ素による健康被害の全体像がはっきりしないのに拙速に過ぎるあっせんをおこなったこと。低額補償に納得できなかった患者が「ヒ素の影響を皮膚に限られた」と訴え、その声に応えて支援組織の土呂久・松尾等鉱害の被害者を守る会結成、岡山大学医学部の土呂久検診、日弁連公害対策委員会の調査。そこから15年におよぶ長期裁判闘争へ展開したのです。

第二の過ちは、患者に「将来にわたり一切の請求をしない」と請求権を放棄させたこと。国は74年9月から、公害健康被害補償法に基づいて認定患者に障害補償費や療養費などの給付を始めますが、宮崎県は、あっせん受諾患者は「すでに補償ずみ」として公健法を適用しませんでした。あっせんは一時金の打ち切り補償、公健法は患者の健康と生活を支えつづける年金的補償。時間がたつにつれて、打ち切り補償の欠陥が目立つようになりました。

公健法の優位性が認識されていなかった76年、第5次認定患者同志会に集った患者が「嘆願書」をだして、知事あっせんを切望したことがありました。そのとき、知事あっせんに反対していた守る会の会長宅に絶縁状を郵送した患者たちがいました。「3人目の子供ができてからは経済的にも苦しくて、医療費が続かず、いつも病院に行きたいけれどもやめていました」と訴えていた女性もその一人。生活困窮ゆえに目の前の一時金を希望し、受け取ったのは350万円でした。

それから10年近くたつと、公健法を適用されている患者の給付金の累積があっせん額(平均310万円)を大きく上回ることが明白になりました。約10人のあっせん受諾患者が「公健法を適用されずに不利益をこうむっている」として行政不服を請求し、公害健康被害補償不服審査

知事あっせんと公健法の補償金額の比較

ケース	死因	死亡時年齢	補償金額
認定(障害程度は特級)されたあと公健法を受給。1年3か月後に死亡、遺族が葬祭料と遺族補償費(10年間)を受けた	肺がん	63歳	①障害補償費 379万円 療養手当 44万円 ②死亡後に遺族が受給 葬祭料 32万円 遺族補償費 1475万円 ③総額 1930万円
認定されたあと死亡。遺族が知事あっせんで一時金を受けた	肺がん	57歳	390万円
知事あっせんで一時金を受けたあと死亡。死亡後は何もなし	肺がん	69歳	350万円

＊川原一之・瀬崎満弘「知事斡旋額の研究２」を参考にして作成

会は90年3月、請求人のうち2人に公健法を適用するという裁決をだしました。理由は、「あっせん時に比べ症状が重くなった」「あっせん時は原因不明だったのに、その後ヒ素起因だと認められた」ことです。

宮崎県はこの裁決に準じた「補償給付支給基準」を作成し、その基準に適合したあっせん受諾者に公健法による給付を始めることにして、91年5月、土呂久公民館にあっせん受諾者を集めて公健法の新規適用者を発表しました。公健法を受給できるようになったのは、対象となる生存患者44人のうち7人だけ。あまりの少なさに「納得できん」「厳しすぎる」と憤る声が渦を巻きました。

公健法の新規適用が決まった患者が新聞記者の取材を受けています。「朝起きた時は、咳やたんが出て止まらない。健康面が不安で外に出ることもない」と、咳込みながら答える女性がいました。15年前に守る会会長に絶縁状を送った女性でした。その姿が、年齢とともに悪化する慢性ヒ素中毒には、知事あっせんによる一時金でなく、公健法による年金型救済こそふさわしい、と語っていました。

　土呂久公害患者の補償問題をこじらせた原因は宮崎県知事あっせんにありました。なぜ黒木知事は、亜ヒ酸鉱山による公害患者の存在を公式に確認した日、即座に最終鉱業権者の住友鉱と患者の間に立って補償をあっせんすると表明したのか。長い間の謎を解く手がかりを89年12月11日の宮崎日日新聞に載った黒木知事の言葉に見つけました。

「知事が公害あっせんをするなど全国にも例がなかった。僕の立場は被害者側だわな。最善を尽くしました。それにしても住友がよく金を出したもんだ」

　この言葉に黒木知事の本音が表れています。「被害者の立場で補償をあっせんした全国初の知事」という名声を望んだのです。しかし黒木知事が後世に残したのは、希望したような名声ではありませんでした。土呂久の患者救済史に刻まれているのは、知事あっせんの請求権放棄条項をのんだことによって、生涯にわたる救済が受けられなくなった多くの患者の悲鳴でした。

住友鉱との和解後、訴訟組と非訴訟組がエールを交換

「鉱山操業時代は、鉱山に働きに行っている住民と行っていない住民の間で、煙害のことでケンカばかり。鉱山がなくなって住民が仲ようなったと思ったら、こんどはあっせんや裁判で真っ二つじゃ。勝った負けたは、もうたくさん」

これは、宮崎大学土呂久歴史民俗資料室に保管されているスクラップ帳の記事（1981年10月）から拾った言葉です。語ったのは、鉱山の南隣に住んで呼吸器などを侵された佐藤一二三さん。公害患者が二つに割れた理由の一つは、鉱山に対する態度の違いです。

患者の遺族として土呂久訴訟の原告になった慎市さんが「うちは先祖代々の百姓で、鉱山から山一つ離れている。それなのに、ヒ素を含んだ空気と水にやられたんです。裁判に勝って、何としてもかたきを討ちたい」（1981年10月）と語るのに対し、「鉱山の賃金も高かったし、何より地元に働く場があったわけでしょう。ある意味では感謝しているんです」（1991年12月）と話したのは訴訟に加わらなかった芳松さん。鉱山への〝怒り〟か〝恩義〟かという点で、訴訟組と非訴訟組に分かれました。

二つ目に、行政に対する姿勢の違いもありました。

「時の将軍には逆らえません。行政を信頼していくなら、行政にあんまりなことは申し上げられません」（1981年9月）と、非訴訟組の栄志さんは行政への〝信頼〟を口にします。原告団長をつとめた数夫さんは「裁判やる気なんか毛頭なかった。だが、知事あっせんの200万円や300万円の金で、過去の言語に絶する苦しみ、これから先のイバラの一生を、どうして売れますか。宮崎県に仕掛けられて裁判に持ち込まざるを得なくなったんです」（1981年10月）と行政への〝不信〟をぶちまけました。

村人の性格、信条、経験などに起因する亀裂は、非訴訟組が土呂久鉱害補償自主交渉の会を結成したことで、感情的な対立に進みました。ふだんは穏やかな訴訟組の直さんが自主交渉の

土呂久公害患者の対立・分断の歴史

1920～1962年	和合会が煙害に反対する農家と鉱山擁護の労働者に割れて「けんか会」に
1950年代前半	鉱山労組が亜ヒ酸製造再開に反対する農家を戸別訪問して切り崩し
1972年	小学校教師が土呂久の被害を調査・発表して社会問題になると、多くの農家が「農作物が売れなくなる」「嫁に来る者がいなくなる」と公害掘り起こしに反対
1974年	行政の応援を得て明進会が発足、同時期に支援者の力を借りて土呂久鉱山公害被害者の会を結成
1975年	住友鉱相手に提訴したとき、冷淡な農家から「負ければ財産を失う」などと陰口
1976年	第5次認定患者同志会が知事にあっせんを依頼、被害者の会は低額あっせんに反対
1983年	一審判決が近づいたとき、円満解決をかかげて土呂久鉱害補償自主交渉の会が発足。被害者の会は「他人のふんどしで相撲をとるな」と反発
1990～91年	土呂久訴訟の原告は最高裁で1人平均1130万円の見舞金で和解、自主交渉の会は簡裁で一律80万円の見舞金で即決和解

会に憤慨し、語気を強めた言葉が新聞に残っています。「私たちが提訴する時『お上に逆らうとロクなことはない』と批判した自主交渉の会が、（判決に便乗しようとするのは）他人のふんどしで相撲をとるのと同じ」（1990年11月）

訴訟組と非訴訟組が、こうした対立を越えてエールを交換するときがやってきます。住友鉱との和解が成立したときでした。訴訟組の最高裁和解が成立すると、自主交渉の会の黒木米男さんは「15年もの裁判は大変な苦労があったはず。原告が喜んでいるならよかった」（1990年11月）。自主交渉の会の即決和解が成立したときは、二陣訴訟の原告だったトネさんが「本当によかった。鉱毒にむしばまれた体は元通りにならないが、土呂久は昔のように平和になるのでは」（1991年12月）と語りました。

健康被害の補償をめぐる立場の違いさえなければ、同じ集落で「和合」を標語にして暮らす仲間同士だったのです。

土呂久歴史民俗資料室に保管している新聞記事から、個々人の生き方に根を置く亀裂が、土呂久の外からのさまざまな力に呼応して、大きな分断へと発展した経過が読みとれます。営利を目論む鉱山会社、問題を小さく収束しようとする行政、公害患者の人権を守れと立ち上がった支援組織。最高裁和解と簡裁の即決和解によって補償問題が決着し、土呂久の外からの影響力が消えたあと、期待されたのは「和合の郷の再生」でした。

公健法の財源確保の努力を怠った東京の官僚

土呂久公害訴訟が1990年に最高裁で和解したとき、被告の住友鉱の賠償責任がどう判断されるか、やきもきして見守っていたのが環境庁でした。同庁はそれまで「住友鉱は汚染施設（亜ヒ酸焙焼炉）の設置者でない」と解釈して、公害健康被害者補償法で義務付けられた賦課金の徴収をせず、財源のないまま土呂久公害患者に補償費の給付をつづけていたからです。

最高裁和解から約4か月後の91年2月21日、私は知り合いの新聞記者からファクスで送られてきた読売新聞夕刊の記事を手にしました。見出しは「公健法給付の全額10億円／国、住金鉱に請求決定」。翌日の朝日新聞と西日本新聞がこの記事を追いかけました。

「環境庁は公健法に基づいて約17年間支払ってきた約10億円を住友鉱に請求するとともに、将来の補償費についても同社に支払いを求める方針を固めた」という内容です。

土呂久鉱山公害被害者の会の横井英紀事務局長が「給付財源が確保され、救済の仕組みがすっきりするのでうれしい」と歓迎する談話も載りました。ところが、この記事の続報はなく、住友鉱へ求償する話は立ち消えになったのです。

思いだすのは84年の土呂久訴訟一審判決で住友鉱が敗訴したとき、日本鉱業協会が「あの悪法(鉱業法)は改めてもらいたい」と猛反発したことと、国会での通産省(現・経済産業省)官僚の冷ややかな答弁でした。このことから推測できるのは、政府内で強大な力をもつ通産省が、鉱業協会の意向をくんで弱小の環境庁(現・環境省)の独自案をつぶしたことです。

「加害者ではなく鉱業権者が鉱害賠償の責任を負う」という鉱業法の規定は、日中戦争の最中の1939年に旧鉱業法を改正して定められました。これは「悪法」だったのか？　住友鉱が裁判の書証として提出した平田慶吉著『鉱業法要義』(有斐閣、1937年)にこうあります。

「被害者側の熾烈(しれつ)な要求と、政府当局の公正な理解とによって(改正される法律は)従来の賠償関係に法的秩序を与え、鉱業権者の行う賠償を合理、適正ならしめるものとして、ひとり被害者の幸福たるに止まらず、兼ねて鉱業権者の利益でもある」

つまり泥沼化する戦争の時代に、地下資源開発が急がれる状況のもとで鉱害賠償を法制化することは「被害者の幸福」だけでなく「鉱業権者の利益」にもなると考えられたのです。鉱業界にとっても「良き法」として定められました。

混乱は、それから30年余りたって、公健法が制定されたときに生じました。鉱業法と公健法。どちらも鉱山操業による被害のすみやかな解決を目指しながら、鉱業法が賠償義務者を「鉱業

鉱害の賠償に関する法制度と解釈の歴史

1873年	日本坑法	鉱害賠償に関する規程なし
1890年	鉱業条例	公益を害するときは予防を命じるか鉱業を停止する
1905年	旧鉱業法	上に同じ
1939年	旧鉱業法改正法	鉱害が発生したときは鉱業権者が賠償責任を負う
1950年	現行鉱業法	上に同じ
1973年	公害健康被害補償法	汚染施設設置者が賦課金を払う。鉱害に関する特別な条文なし
1984年	土呂久訴訟一審判決	鉱業法の賠償規定を適用して最終鉱業権者に損害賠償を命じた
1990年	最高裁和解	事業のための施設設置に関する事実のみを記載。鉱業権者の責任に触れず
1991年	環境庁の方針	鉱業権者に公健法給付金を請求する方針を打ちだすが、実際に求償するに至らなかった

権者」としていたのに、公健法は「汚染施設の設置者」としました。土呂久鉱山では、汚染施設の設置者はすでに倒産して存在せず、一方の鉱業権者は唯一残存していたのが住友鉱。ところが同社は「稼業の実績がない」と主張して賠償義務を否定。公健法を作成する段階で、このことはわかっており、土呂久の財源を確保するためには条文を工夫するしかなかったのですが、環境庁はその努力を怠りました。東京の官僚は、九州の祖母・傾山系の集落に起きた公害問題に真剣に取り組もうとしませんでした。

今から約100年前に土呂久で亜ヒ酸製造を始めたのは、大分県佐伯で亜ヒ酸工場を経営して、周辺の農作物被害に対する補償金を払った経験をもつ事業家でした。この人物もまた、土呂久の人びとをみくびって、狭い谷間で猛毒物の生産を始めました。共通するのは、辺境の小集落に対する差別の意識です。こうした差別の根をなくすには、土呂久が埋もれた宝物を発掘し、山の村の魅力を発信して、都会人が敬慕する土地になることではないでしょうか。

過去の被害は一括慰謝料、現在と将来の被害は年金的補償がベスト

土呂久公害患者の救済は、①宮崎県知事のあっせんで住友金属鉱山が支払った補償金、②公健法に基づく補償費、③住友鉱が土呂久訴訟の原告および自主交渉の会の会員に払った見舞金、この三つが複雑に混じっていました。被害者の所属するグループ間で大きな格差があって、かつての和合会の理念を引き継いだ佐藤ハツネさんの「すべての患者が仲よく解決」という願いからかけ離れたものでした。

私は新聞社を辞めたあと、15年余り被害者の会の活動を支援しました。住友鉱に金銭賠償を要求する訴訟を後押ししながら、心の隅を占めていたのは、北九州市で社会部記者をしたときに出会った食品公害患者の潔い生き方でした。

紙野柳蔵さんは、カネミ倉庫が製造したライスオイル（米ぬか油）に混入したポリ塩化ビフェニール（PCB）を摂取して、皮膚の吹き出もの、手足のしびれ、肝臓障害などを負った重度の患者でした。「カネミ・ライスオイル被害者の会全国連絡協議会」の会長だった紙野さんは、加害企業のカネミ倉庫などを相手に損害賠償請求訴訟を起こしたのですが、「命に値段をつける」ことに疑問を感じて、突然原告を降りました。1972年9月、カネミ倉庫前の道路端に小屋を建てると、家族4人で寝泊まりを始めました。毎朝、会社の正門前に立って「社長よ、心の底から謝れ！」と呼びかけたのです。

私が初めて座り込み小屋を取材したのは73年の秋でした。いつ小屋を訪ねても、クリスチャンの紙野さんは分厚い宗教書や哲学書を読んでいました。幾本も赤線が引かれ、細かい字の書きこみがされ、ボロボロになった難解な宗教・哲学書。徹底的に読みつくそうとする姿勢に圧倒されました。家族の病状が悪化し、紙野さんは3年8か月間の座り込みをやめて、福岡県添田町の実家に戻って無農薬野菜の栽培を始めました。「公害患者の健康や命は金では買えない」と叫び、社長の誠意ある謝罪だけを求めた、お金に惑わされない崇高さに胸を打たれます。しかし、思想的に研ぎ澄まされた闘いに他の油症患者はついていけませんでした。

公害による健康被害者の生き方は世俗にまみれています。病気の治療だけでなく、家庭生活を送るためにお金を必要とします。そのお金をいかにして加害企業に補償させるのか。企業に向きあう姿勢はさまざまでした。円満解決を求めて企業と手を握る人がいれば、憎しみを押さえることができず激しく企業と闘う人もいます。その姿勢の違いから被害者組織は分立し、人間関係は壊れ、集落に亀裂が入ります。お金を求めることで醜態をさらすのですが、それでも加害企業に補償させることには意味がありました。社会的な制裁を加えることで、企業に「公害を起こせば企業はつぶれかねない」と悟らせるからです。

さて土呂久公害は、どういう形の解決がベストだったのでしょうか。

患者救済の経過を整理してみると、被害者が望んだのは、①認定時に、それまでの健康被害に対する精神的慰謝料を一括して住友鉱から受け取る、②認定以降の治療費、休業補償、通院交通費、付添い費用などを公健法によって受け取る、ことだったとわかります。

宮崎県知事のあっせんで住友鉱が支払った補償金は、過去の被害に対する慰謝料にすぎないとして、「将来にわたり一切の請求をしない」という請求権放棄条項を付けなければよかったのです。もちろん、そのとき慰謝料の対象とする症状はヒ素によって起きた多様な症状でなければなりません。そのうえで、現在と将来にわたる治療費や障害補償費などは公健法にゆだねればよかったのです。土呂久の公害患者救済の教訓は、過去の被害は認定時に慰謝料として一括補償、現在と将来の被害は年金的補償で見る、という点に行きつきます。

都市の支援者が土呂久と結びついた固有の理由

祖母・傾山系の小集落土呂久内の少数派だった土呂久鉱山公害被害者の会が、国際的大企業の住友鉱に損害賠償を請求して闘いつづけたのは、都市から支援した人たちのおかげでした。その支援者が闘いを振り返って執筆した『記録・土呂久』が1993年5月に出版されると、朝日新聞の北野隆一記者は12人の執筆者をインタビューして「記録・土呂久を語る―支援者の22年」を連載しました。その記事から、支援者たちはなぜ土呂久にひきつけられたのかを探ってみます。

首都圏の市民が結成した土呂久鉱害問題を考える会は毎月、東京・新橋の住友鉱本社近くでビラをまき、被害者が玄関前に座り込んだときは炊き出しをして、住友鉱に抗議をつづけました。そのエネルギーの源をたどると――。

会の代表の対馬幸枝さんは、土呂久を囲む山並み、満天の星、茶摘み、たい肥背負い、田植えの景色を並べて「土呂久は懐かしかった。ゆったりした時間の流れがあり、自分の子どものときの世界に入っていくような感じだった」と語ります。土呂久は、故郷を離れた都市生活者の〝憧憬〟の地だったのです。

高千穂町出身ゆえに〝懺悔（ざんげ）〟の気持ちをもちつづけたのが、「人権を守れ」の旗をかかげた土呂久・松尾等鉱害の被害者を守る会の初代事務局長で3代目会長をつとめた田中初穂さんです。「遠足で土呂久の谷を見下ろし、弁当を広げた少年時代」の体験をもち、「医者だった祖父の往診先」でもあった土呂久。「被害のすさまじさと、自分の故郷なのに気づかなかったことに、二重のショックを受けました」と打ち明けました。

高校教師だった田中さんの教え子が写真家の芥川仁さん。こんな体験を語っています。

1976年ごろ土呂久で「写真なんか撮っちょって、何でおれたちん苦しさがわかろうか。知りたいとなら百姓手伝いない」とからまれました。「やってやろうじゃねえか」と家族を連れて10日間滞在。泊まり込みで農作業を手伝い「いっきに親しくなった」。そうして写真集『土呂久―小さき天にいだかれた人々』（葦書房、1983年）と『輝く闇』（同、1991年）がうまれたのです。写真家の心と技を磨いた〝修練〟の道場、それが土呂久でした。

もっとも濃厚な出会いをしたのが、共に歩むカトリックの会代表の生熊来吉さん。

「娘が突然『大学をやめて結婚する。相手は慎市さん』というのには驚いた。幼いころ土呂久に連れていったこともあるが、まさか土呂久の青年と結婚するとは思わなかった。今までは支援してきただけの立場だったが、これからは生態の血が土呂久に流れていくのかと思うと、感慨深いものがありました」

成長した3人の孫は大学を卒業して土呂久の外に生活の場を築きました。娘のマリ子さんと慎市さんは有機農業で収穫した果樹や農作物を加工し、かつての支援者を含む都市の消費者に産地直結で届けています。支援を縁に生態家は土呂久と〝融合〟しました。

都市の支援者一人ひとりが土呂久と結びついた固有の理由をもっています。そこに、公害が社会問題化するまでは気づかなかった〝土呂久の魅力〟がありました。公害患者救済の運動は、健康被害の賠償という点では不満を残して収束しましたが、都市の人たちと共に埋もれていた〝宝物〟を見つけたことは、未来につながる成果でした。

世界に類を見ない慢性ヒ素中毒の健診データ

健康被害者への補償問題が決着し、支援者の運動が終結したあとに残ったのが、ヒ素によってどんな健康障害、特にどんながんが発症するかという問題でした。ヒ素が引き起こすがんとして、国際的に知られていたのが、皮膚がん、肺がん、肝臓がん、尿路系（尿管、膀胱、尿道）がんでした。体内に入ったヒ素が肝臓で解毒され、汗や呼気や尿として排泄されるときに接触する器官でがんは起こりやすいのです。ところが環境庁が、慢性ヒ素中毒に起因するとみなしていたのは皮膚と肝臓と肺だけで、尿路系のがんを認めていませんでした。

1986年から89年まで宮崎県公害課に勤めた大坪篤史さんは、宮崎県公害認定審査会の常俊義三会長（宮崎医科大学公衆衛生学教授）から「土呂久では尿路系がんにかかった認定患者が2例見つかっている。もう1例増えると、発症率の統計的優位性が高くなって、ヒ素の影響が証明できる」と聞いたことがありました。

認定患者の中から新たな膀胱がんが見つかったのは94年と95年でした。尿路系がん患者が4例に増えたとき、常俊会長から宮崎県に「アメリカの環境保護庁が尿路系がんとヒ素中毒の関連を示す論文を発表した」という連絡がありました。県庁の組織替えで、土呂久公害の担当が公害課から環境管理課に代わったころでした。職員の谷本隆さんは、その論文を日本語に翻訳し、尿路系がんとヒ素の関係の検討を依頼しに環境庁を訪ねました。

環境庁は慢性ヒ素中毒症検討会を設置し、「尿路上皮がん（尿管、膀胱、尿道の内面を覆う細胞層にできるがん）は慢性ヒ素中毒によるものとみなして差し支えない」という結論を得ると、96年7月に認定患者の障害度を決める基準に尿路上皮がんを加えました。宮崎県庁を退職した谷本さんは「常俊先生の影響力のおかげだった」と当時を振り返ります。

常俊さんは宮崎医大が設立された74年に公衆衛生学の教授に着任し、79年から2006年まで宮崎県公害認定審査会の会長をつとめました。その間、環境庁が設けた「ヒ素による人体影響についての臨床疫学的研究班」「慢性ひ素中毒症に関する会合」「慢性砒素中毒症に関する情報調査に関する研究班」に加わった専門家です。1987年8月発行の医学雑誌『公衆衛生』に「ヒ素による健康影響とその後」を書いて、土呂久地区のがん発症を世界の報告と比較しながら、「一時的な高濃度汚染による急性的な影響よりも、暴露中止後10数年後に生じる悪性新生物の多発（遅発的影響）を重視する必要がある」と、長期にわたる健康追跡の重要性を指摘しました。

常俊さんの後任の公害認定審査会長になったのは、宮崎大学医学部皮膚科学教室の出盛允啓医師でした。出盛さんらが「慢性砒素中毒後遺症—土呂久慢性砒素中毒症患者の発癌状況—」という論文を発表したのは、土呂久鉱山が閉山しヒ素の暴露がやんでから37年後の99年のこと。「認定患者に多発する悪性腫瘍は皮膚ではボーエン病（被覆部）と日光角化症（露光部）が多く、内臓悪性腫瘍としては肺癌（がん）と尿路上皮癌が高頻度に出現している」といった分析は、数十年におよぶ認定患者の健康観察から導きだすことができました。

こうした論文の基礎になった医学データは、宮崎県が毎年おこなっている土呂久地区の住民健診によって蓄積されたものです。内科、呼吸器科、皮膚科、耳鼻咽喉科、眼科、神経内科の分野にわたる総合的な健診には、医師だけでなく臨床検査技師、言語聴覚士、視能訓練士なども参加します。常俊さんと出盛さんが属した宮崎医大は、2003年に宮崎大学医学部になったあとも、この健診の中心的な役割を果たしてきました。半世紀におよぶ健診に、国立宮崎東病院、県立宮崎病院、県立延岡病院、宮崎江南病院、潤和会記念病院、古賀総合病院、高千穂町病院、それにいくつかの個人病院も協力しました。

この土呂久住民健診のきっかけは、72年7月に「土呂久地区社会医学的調査専門委員会」（倉恒匡徳委員長）が「土呂久全住民（土呂久鉱山就業者を含む）に長期にわたって専門医の参加による十分な保健サービスを行なうことが必要」と提言し、それを受けた宮崎県が「土呂久地区を健康観察地区として定期的に、住民に対する健康状態の観察を行なうとともに必要な保健指導をおこなう」という方針を打ちだしたことです。それから半世紀、宮崎県はこの方針を守り通してきました。

半世紀を超えるヒ素汚染地住民の健康調査は、世界のどこにも例がありません。宮崎県にはそれほど貴重な医学データが蓄積されてきました。国内にとどまらず海外で、ヒ素汚染による健康被害が起きたとき、土呂久住民の継続的な健診がうみだした慢性ヒ素中毒に関する知見がおおいに活用されることでしょう。

第8章

国際協力

アジア各地からヒ素汚染情報届く

タイ南部のナコン・シ・タマラート県ロンピブン村に「カイダム」(黒い熱病)と呼ばれる風土病がありました。この病気がヒ素中毒だとわかったのは1987年のことで、環境と健康の調査がおこなわれ、村人が飲用していたダグウエル(つるべ井戸)から高濃度のヒ素が検出されて、住民1万4000人の約1割に色素沈着、角化症などヒ素中毒特有の皮膚症状が見られたのです。汚染源は、この村で操業した露天掘りの鉱山でした。採掘したスズ鉱石に含まれていた鉄やヒ素が鉱山周辺に廃棄され、適切な汚染防止策をとらなかったために、ヒ素が浅層の地下水を汚染したのです。

ロンピブンのヒ素汚染の情報は、三つのルートで土呂久に伝わってきました。

一つは、タイに派遣されていた青年海外協力隊員から大阪大学医学部衛生学教室の丸山博教授に届いた手紙です。丸山医師は、後遺症で苦しむ森永ヒ素ミルク中毒児の「14年目の訪問」で知られた人。その手紙から、ロンピブンのヒ素中毒患者を診ている医師がヒ素ミルク中毒児の障害に関する文献を探していることがわかり、この情報が、日本各地のヒ素中毒を検診していた岡山大学医学部衛生学教室を経て、土呂久で自主検診をつづけていた堀田宣之医師に届きました。

第二のルートは、水俣病患者の立場から診察・研究をつづけていた原田正純医師による現地報告です。タイで開かれた学会でロンピブンのことを知り、現地を訪ねた原田さんは、飲料水だけでなく貯水池、農地、家畜もヒ素に汚染されている現状を「まるで砒素の畑の中に住んでいるようなもので、宮崎県の土呂久の砒素中毒事件を想いおこす」と、全国労働安全衛生センター発行の『情報』(1992年2月)で報告しました。原田さんは「土呂久・松尾等鉱害の被害者を守る会」に「土呂久の経験を海外で生かしなさい」と勧めました。

三番目のルートが、JICA(国際協力機構)から環境分析の専門家としてタイ環境省に派遣されていた福岡市衛生試験所(現・福岡市保健環境研究所)の廣中博見君が、ロンピブンで撮影した8ミリフィルムです。廣中君は、このときの映像を松尾と土呂久のヒ素中毒訴訟にかかわった中村仁弁護士に渡しました。廣中君と中村君、それに私は、北九州市にある中学と高校の同級生という関係でした。

この映像を土呂久にもってきたのが、廣中君と同じ時期に、青年海外協力隊員としてタイ北部の水道公社で水質管理をしていた薬剤師の押川尚子さんです。タイから帰国後、宮崎県高千穂保健所勤務になった押川さんは、保健所管内の土呂久で知りあった被害者と支援者に、この映像を見せて「ロンピブン調査に行きましょう」と誘いました。

ロンピブンの情報は三つのルートで土呂久に集まったのですが、こうした経緯について、堀田さんは『砷地巡歴』(熊本出版文化会館、2013年)という著書の中で「森永砒素ミルク中毒事件、土呂久松尾鉱毒事件および中条町井戸水砒素中毒事件に取り組んだ人々、さらにロンピブンの砒素問題にかかわった医師、JICA、青年海外協力隊、NGOの方々、これら多くの人たちが何か不思議な糸でロンピブンに手繰り寄せられた」と書いています。1980年代後半からアジア各地で噴きだしたヒ素汚染に関する情報が、90年の土呂久訴訟最高裁和解後、何をすべきか迷っていた土呂久の支援者のもとに届き始めたのです。

土呂久の経験をアジアのヒ素対策に生かすNGO

1992年9月、堀田医師（神経科）、古城八寿子医師（皮膚科）、廣中君（分析化学）、押川さん（薬剤師）、芥川仁さん（写真家）と私はロンピブン村に出かけました。廣中君は井戸水を採水し、自ら改良したフィールドキット（簡易分析器）でヒ素濃度を測定、堀田さんと古城さんは皮膚症状のでている患者を診察しました。現地調査を終えてから、国立ソンクラ大学で皮膚科、毒物学、鉱山学、土壌学のタイの研究者らと検討会を開きました。堀田医師はメキシコ、アルゼンチン、台湾、ハンガリーなど11か国のヒ素汚染地で撮影したヒ素中毒の症状をスクリーンに映しました。参加者に衝撃を与えたのが、台湾の南西海岸に発生していた「烏脚病」患者の写真でした。ヒ素の影響で末梢血管に血液が回らなくなって、手足の先からカラスのように黒くなり、腐って脱落していくのです。

「ヒ素の症状は皮膚に限られず、内臓や循環器や神経にでます。気をつけねばならないのが、長い潜伏期を経て発症するがんです」。土呂久で自主検診を始めてから約20年、世界のヒ素汚染地をめぐってきた堀田さんの現場報告には説得力がありました。

ロンピブン調査で、土呂久から発信する慢性ヒ素中毒の医学とヒ素分析の化学は、国際的に十分通用する手応えを得ました。土呂久の支援者を中心にNGO「アジア砒素ネットワーク（AAN）」を結成したのが94年4月で、6月にトヨタ財団に「アジアにおけるヒ素汚染のネットワークづくり」のテーマで活動助成を申請して採用されて、土呂久の経験をアジアのヒ素汚染地に活かす活動が開始されました。

翌年2月、インド・西ベンガル州コルカタのジャダブプール大学で「地下水のヒ素に関する国際会議」が開かれたとき、AANから廣中君と押川さんと私の3人が、世界のヒ素研究者約150人による、チューブウェル（管井戸）で汲みあげた地下水を飲んで発生したヒ素中毒に関する討議に参加しました。会議を主宰したチャクラボーティ博士の推計では、西ベンガル州のヒ素中毒患者は20万人を超えます。フィールドワークで回った村々で会った多数の患者に、手足の干しブドウのような突起（角化）、シャツの胸元の黒い肌よりもっと黒い点々（色素沈着）と白い点々（色素脱失）が現れていました。71年以降の土呂久では見たことのない激しい症状でした。

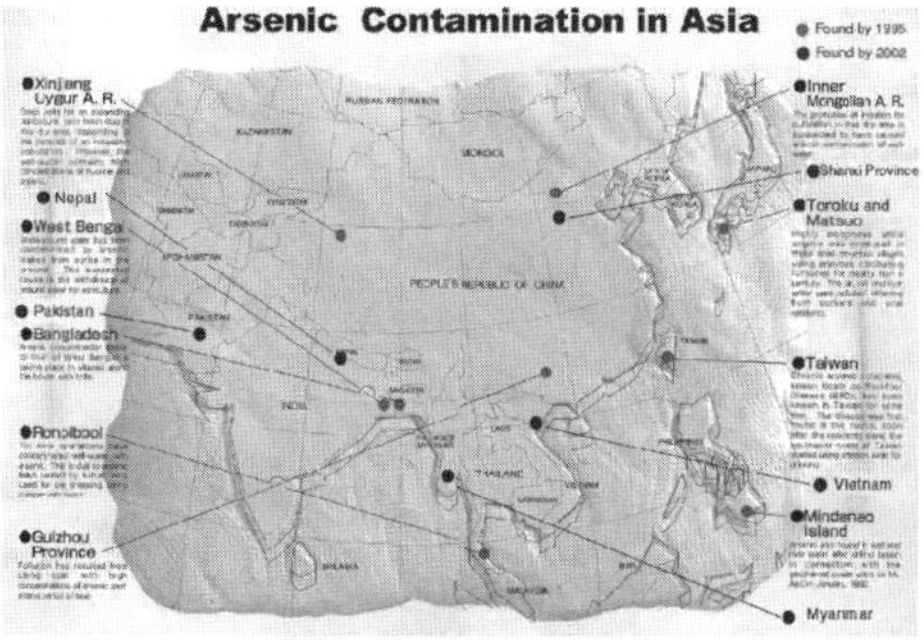

私たちは、AANが作成した「アジアのヒ素汚染」とい

AANが1995年に制作したアジアのヒ素汚染地図
（デザイン＝青木幸雄）

う英文の折りたたみパンフレットを配布しました。そのころまでにわかっていたアジアのヒ素汚染地を地図に落とし、それぞれの被害の概要を記したものです。会議に集まっていたヒ素研究者が初めて目にしたアジアのヒ素汚染地図でした。日本の土呂久という鉱山跡周辺にヒ素中毒患者がでていることを世界に知らせたのです。

自主検診と行政健診の垣根を取り払う

中国内モンゴル自治区地方病防治研究所の郭小娟医師は、1994年6月から日本医科大学（東京都文京区）に留学して、ヒ素が引き起こす赤血球の形態変化を研究していました。土呂久を最初に訪れた95年1月、土呂久山荘に集まった被害者から、亜ヒ酸鉱山に隣接した家で7人家族が死に絶えた話を聞くと、郭さんは「内モンゴルにもあります。ヒ素が原因で家族みんながんになり、一人もいなくなりました」と応じました。内モンゴルでも土呂久と同じような悲惨が起きていることがわかりました。

AANは地球環境基金の助成を受けて、96年8月に内モンゴルのヒ素汚染調査にでかけました。この調査の特徴は、土呂久で自主検診をしてきた医師と宮崎県がおこなう住民健診にあたってきた宮崎医科大学（現・宮崎大学医学部）の医師が合流したことでした。その調整にあたった私が、宮崎医大皮膚科学教室の井上勝平教授を訪ねると、井上医師は「内モンゴルの医師に皮膚症状を見落とさないように伝えることが大切です」と応じて、皮膚科学教室の医師の派遣に同意しました。こうして自主検診をしてきた熊本市の古城八寿子医師と宮崎県の健診に参加してきた宮崎医大の出盛允啓医師、2人の皮膚科医が自主検診・行政健診の立場を超えて調査団に加わりました。2人は熊本大学医学部の卒業生。ヒ素による皮膚症状の診断に「自主検診」「行政健診」といった垣根はありませんでした。

調査は、内モンゴル州の首都フフホトから西へ700キロ、ゴビ砂漠が迫ってくるバインモドという開拓農場でおこなわれました。文化大革命が展開された1970年ごろ開拓に入った人たちは、深さ15〜220メートルのチューブウェル（管井戸）を掘って地下水を飲むうちにヒ素中毒にかかったのです。村人160人を診断し、調査を終えてフフホトに戻った翌日、日本と中国の研究者によるヒ素中毒学術交流報告会を開きました。堀田医師の「インドのヒ素中毒」、横田教授の「河套（かとう）平原のヒ素汚染の原因」につづいて、出盛医師が「土呂久慢性ヒ素中毒症」と題する報告をしました。

「色素沈着と角化はヒ素暴露の証拠です。ボーエン病が見つかると、何年かして皮膚がん、肺がん、尿路系がんが多くでます。がんを予防するには、ヒ素の摂取をやめて禁煙することです」。さらに「症状の経過を追ってデータを残してもらえると、世界のヒ素中毒患者が助かります」と、出盛先生は宮崎県が土呂久でおこなっているような長期にわたる経過観察を提言しました。

バングラデシュのシャムタ村でパイロット事業

土呂久のヒ素中毒の原因は鉱山で猛毒の亜ヒ酸を製造したことですが、アジアに広がっているのは、ヒ素を含む地下水を飲用したことによるヒ素中毒でした。ヒ素対策の国際協力を進めるには、地下水に詳しい専門家の参加が欠かせません。誰かいないかと探すうちに、「市民感覚をそなえた水文地質学者」として新潟大学理学部の柴崎達雄教授を紹介されました。1996年5月、電話をかけると、すでに柴崎さんは留学生などからアジアの地下水ヒ素汚染の情報をつかんでいました。柴崎さんが顧問をしている市民団体の「応用地質研究会（応地研）」とAANが力を合わせることになり、12月にバングラデシュへ合同の予備調査団を派遣しました。

バングラデシュでヒ素汚染地を案内してくれたのが保健家族福祉省予防社会医学研究所（NIPSOM）のアクタール医師とハディ医師でした。2人に案内された村の中に、インド国境に近いジョソール県シャシャ郡シャムタ村がありました。

シャムタ村に原因不明の皮膚病が広がり始めたのは80年代の初めで、村人はその原因を「天罰、災い、呪い」と根拠なく信じ、「近づくとうつる」と恐れていました。レザウルという青年は、骸骨（がいこつ）のように痩せた体で足から流れだす膿（うみ）の悪臭を放ちながら、物乞いをして回っていました。家に帰ると、あまりにも臭いので牛小屋に寝かされていました。そんなレザウル青年と日本から来た予備調査団が対面したときのようすが、シャムタ選出の地方議員だったモンジュワラ・パルビンさんの著書『シャムタ―バングラデシュ砒素汚染と闘う村』（松村みどり訳、海鳥社、２０１７年）に、次のように描写されています。

「杖をつきながら牛小屋から出てきたレザウルは、この寒さの中、一枚のルンギをはいているだけです。対馬幸枝さんは自分のタオルで彼の体を拭いてあげていました。まるで母親が病気の子供を世話するように、愛情深く接しています。家族や親戚ですら忌み嫌って近寄らなかったレザウルに、そんなふうに接する幸枝さんの姿に、私はとても驚きました。外国人が村人に対して、どうしてこれほど優しくできるのでしょう」

予備調査団はフィールドキットでチューブウェルのヒ素濃度を測定し、「ヒ素が含まれています。この水を飲むせいで病気がまん延しているのです。うつる病気ではありません」と伝えて村を離れました。「長い闇の時代が続いたのち、やっとシャムタ村に一筋の光が差し込みました。謎の不治の病の正体が村人の前に暴かれたのです」と、モンジュワラさんは著書の中で述べています。

ヒ素に汚染されたチューブウェル（シャムタ村で）

NIPSOMと応地研とAANは、シャムタ村をヒ素汚染調査・対策のパイロット地区に決めると、97年3月からトヨタ財団の助成を受けたプロジェクトを開始しました。医学調査がおこなわれたのは98年2月でした。参加したのは、土呂久で自主検診をつづけてきた堀田宣之医師と古城八寿子医師、宮崎県の健診に参加してきた宮崎医大皮膚科学教室の黒川基樹医師と津守伸一郎医師、NIPSOMのアクタール医師とハディ医師とセリム医師。受診したのは、シャムタ村ヒ素対策委員会が選んだ135人の皮膚症状をもつ患者でした。

3日間にわたる検診の結果、皮膚科の所見として色素沈着132人(97・8パーセント)、色素脱失94人(69・6パーセント)、手の角化121人(89・6パーセント)、足の角化128人(94・8パーセント)、悪性変化23人(17・0パーセント)が見つかりました。内科・神経科では、胃腸炎60人(44・4パーセント)、気管支炎57人(42・2パーセント)、結膜炎44人(32・6パーセント)、鼻炎44人(32・6パーセント)、貧血26人(19・3パーセント)など、土呂久と同じように「皮膚に特異な病変」のでている患者の全身に「非特異的な多様な症状」が認められました。特に悪性変化(がん発症)の患者が17パーセントの高率で見つかったことは、早急な対策の必要性を警告していました。

土呂久住民の健康を追ってきた医師らの手で、バングラデシュの広範な地域で発生していたヒ素中毒の実態を解明する端緒が開かれたのです。

国際協力で活躍した宮崎の大学生

バングラデシュのシャムタ村でおこなった国際協力で、目立った活躍をしたのが宮崎市の大学生でした。

宮崎大学工学部の横田漠教授に率いられた学生12人は、一人20万円の旅費を先輩の寄付とアルバイトのお金でつくって、1997年3月の地下水調査に参加しました。学生は3班に分かれ、シャムタ村のすべてのチューブウェル（管井戸）から採った地下水の電気伝導率や酸化還元電位、携帯用測定器でカルシウム、鉄、アンモニアなどの濃度、福岡市衛生試験所の廣中博見君が開発したフィールドキットを使ってヒ素濃度を測定しました。6日間の調査を終えた夜、ゲストハウスの食堂に集まってシャムタ村の地図を広げ、管井戸の位置にヒ素濃度別に色分けした小さな丸を描いていきました。バングラデシュの飲料水のヒ素濃度基準は0・05ppm。その10倍以上は赤、基準以下は緑と紺、その間はピンクと黄と青。全井戸282本を6色の丸印で示した「シャムタ村ヒ素汚染地図」が完成。地図を見れば、安全な井戸は北東部に集中し、危険な井戸は村の南の水田との境を東西に伸びていることが一目でわかります。

「南部は貧しい家がたてこんでいて、井戸のまわりに便所やにごった池があり、衛生環境は非常に悪かった。雨が降ったときは、家畜の糞がぷかぷか浮いて流れていた」

汚染地域に住むのは地主に雇われて働く貧しい農業労働者の家族。炎天下で働くためにチューブウェルで汲みあげた地下水をたっぷり飲んでいたのです。毒物のヒ素が含まれているとは夢にも思わずに。

首都ダッカに戻ると、横田先生と私はシャムタ村ヒ素汚染地図をもって世界保健機構（WHO）、ユニセフ、世界銀行の事務所を回りました。そのころバングラデシュにヒ素を分析できる機器はほとんどなく、どうやって全土に広がるヒ素汚染の調査をすればいいのか、国際機関は頭を痛めていました。学生が1週間足らずで村の全井戸のヒ素濃度を測定し、地図を作成したことに驚き、「近くニューデリーでインドとバングラデシュの政府関係者がヒ素対策を協議する。そこに出席しないか」と声をかけてくれました。こうして安価で簡便なフィールドキットの評価が高まり、アジア各地のヒ素汚染調査に使われるようになっていきます。

この調査から1年後、宮崎国際大学の環境サークルの学生が文化人類学の谷正和先生に率いられて、シャムタ村で社会経済調査をおこないました。「収入の高い世帯ではヒ素中毒の発症は少なく、収入が低くなると患者は多くなる」ことをつきとめると、その後4回にわたって栄養・水の摂取とヒ素中毒発症の関係を調査しました。

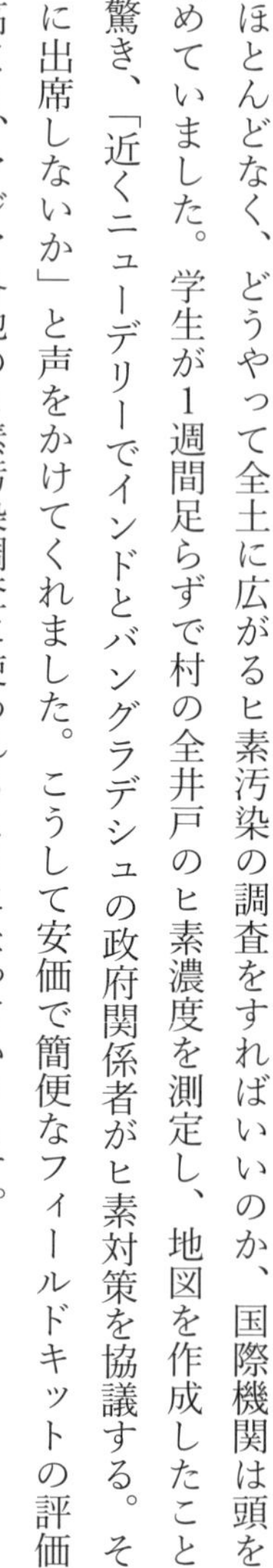

宮崎大学生が作成したシャムタ村ヒ素汚染地図

学生たちは台所に座りこんで、調理に使う肉、魚、野菜、米などの重さを測定し、そこの家族がどのくらいの栄養をとっているか計算しました。この調査に基づいて、谷先生が「動物性たんぱく質の摂取が少ない世帯は、ヒ素に対する防御力が低く、ヒ素中毒症状を発症しやすい傾向にある」という論文を発表。いっしょに調査したNIPSOMの医師が政府に働きかけて、安全な飲料水の飲用だけでなく栄養状態の改善もヒ素中毒対策の重要な柱として認識されることになりました。

宮崎の大学生がアジアのヒ素汚染対策で活躍する場をつくったのは、もとをたどると土呂久のヒ素公害でした。

治療を支援しても完治せず、ヒ素中毒患者の悲しい結末

1998年2月のシャムタ村医学調査で23人のがん患者が見つかったとき、宮崎医科大学の医師から「私たちの目的は、患者を見つけることでなく、見つけた患者を治療することだ」という声が聞かれました。それに応えてAANは日本で寄付を集めて、山形大学に6年間留学した経験をもつエクラスル・ラーマン医師が院長をつとめる山形ダッカ友好病院に重度の患者の治療を依頼しました。

最初に入院したのは、頭の上に円形の大きな皮膚がん(4センチ×5・5センチ)ができていたフルスラットさん。痛みがひどくて眠ることができないのに、貧しさゆえに治療を受けることができないでいました。エクラスル医師の執刀で、頭頂部のがんを切除し、そのあとに胸の皮膚を移植しました。手術後、会いにいった私にスカーフをとって手術のあとを見せて、「二度目の人生をもらいました」と、心の底から喜びを表してくれました。

それから数年後、髪の生え際に小さながんがいくつもできてきました。60歳を超えたフルスラットさんの応援をつづけるよりも若い人の治療に協力した方がよい、とAANは考えて、2度目の手術費の支援は見送りました。冷酷な判断でしたが、治療を待つ多くのヒ素中毒患者を

前にしては、やむをえないことでした。

シャムタ村がAAN・応地研・NIPSOMのヒ素汚染調査・対策地区になったことで人生が一変したのが、牛小屋を寝床にしていたレザウル青年です。NIPSOMの医師の世話で郡病院に入院して1か月余り、ヒ素を含まない水を飲み、栄養のある食事をしたことで、すっかり元気になって村に戻ってきました。シャムタ診療所の医師に買ってもらったリキシャバンを運転し、人や荷物を運んでお金を稼ぎ始めます。皮膚の病気は人に感染しないとわかって、隣村の女性と結婚、2人の娘ができました。娘たちが成長し、苦しいながらも希望がうまれたのに、ヒ素中毒は完治せず、体調が悪いと胸の下に痛みが走って足が腫れあがります。とうとう左足が壊疽にかかって黒く変色し、2017年に膝から下を切断、前途が真っ暗になりました。

モンジュワラさんが書いた『シャムタ』に描かれている多くの村人のつらく悲しい人生の中で、代表的な女性がレンジュワラさん(通称レヌ)です。両親と兄弟をヒ素による病で亡くしたとき、レヌは12、13歳。小さな家に一人で住み、親せきの家で家事を手伝うだけでは収入は乏しく、栄養のある食事はとれず、レヌはやせ細ってしまいました。周囲の勧めで孤児の男性と結婚。妊娠したレヌにヒ素は容赦なく襲いかかってきました。最初にみごもった子どもは死産。打ちのめされていたレヌに、日本の支援者が牛1頭と1年分の干し草代を贈りました。

11年11月に二度目の妊娠をしたとき、レヌは気管支炎の持病から激しく咳込んで血を吐くほどでした。医師から入院を勧められても、レヌにはお金がありません。私はモンジュワラさんから相談され、宮崎のAAN本部の下津義博理事に寄付集めを依頼し、集まったお金で入院・

出産・治療費などを援助しました。予定日が近づくにつれて、レヌの容体は悪化する一方です。貧血がひどくなって、緊急に協力者を探して輸血。緊迫した状況のもと、産科医は小児科医、麻酔科医、外科医の立ち会いを求めて、帝王切開の手術に踏み切りました。無事に１６００グラムの低体重の男児を出産しました。少しずつ健康を回復したレヌが「レジュワン」と名付けた赤ん坊を抱く姿から、ヒ素中毒に負けずに生きてきてよかったという幸せが感じられました。

レヌは退院して家に帰ることを希望しました。ＡＡＮのワゴン車でシャムタ村に帰り着くと、レヌの家の近くに多くの女性たちが待ち構えています。「まさか子どもを連れて帰ってくるとは……」。驚く女性たちに囲まれて、静かな笑みを浮かべたレヌは誇らしげに見えました。それから育児に励む日々がつづいたのですが、レジュワンが3歳になったとき、レヌは新たな子を宿しました。その妊娠は母体の生命力の限界を超えていました。おなかの赤ちゃんが育つにつれてレヌの体力は失われていき、14年11月13日、病院のベッドで息を引き取りました。

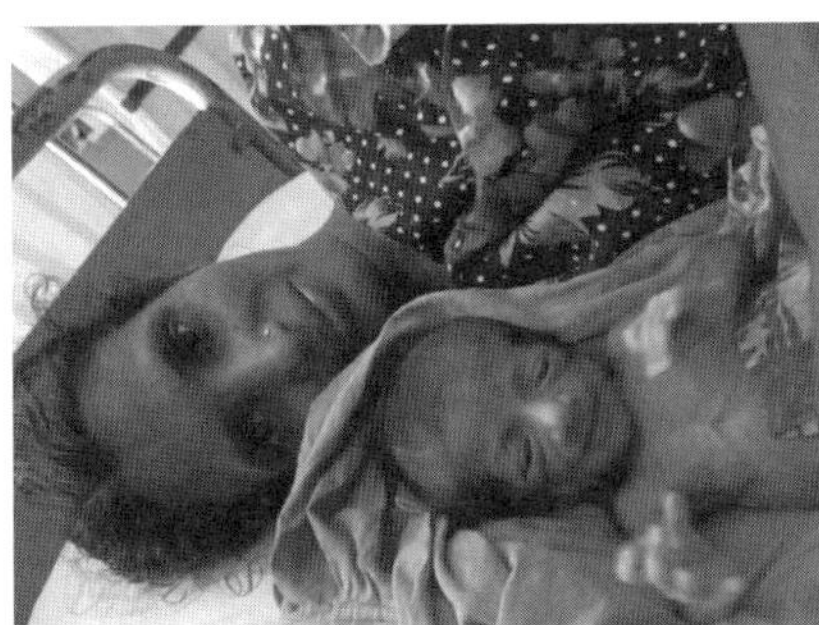

出産12日目のレンジュワラさんと息子のレジュワン君

ここに紹介したのは、フルスラットさん、レザウル青年、レンジュワラさんの3人だけですが、シャムタ村の他の重症患者の医療支援も、束の間の喜びのあとに決まって悲しい結末を迎えました。ヒ素汚染が進行する中で命を落としていったシャムタ村の患者たち。土呂久で匹敵するのは、亜ヒ酸鉱山周辺の「爆心地」で暮らした人びとの病苦と病死ですが、私たち土呂久・松尾等鉱害の被害者を守る会のメンバーが見てきたのは、ヒ素の暴露が止んで15年以上たって亡くなった患者さんたちでした。いったんヒ素に侵されると、健康被害はどこまでもつづきます。

代替水源の維持管理に必要な「和合の郷」の精神

地下水が原因のヒ素汚染の第一の対策は、ヒ素を含まない安全な飲料水源を確保することでした。AANがシャムタ村を訪れた当初、住民から「昔のように池の水を飲むようにしてほしい」と要望されました。ヒンズー教徒が支配していた時代に、ザミンダールと呼ばれた大地主が門番を置いて飲料用の池を管理し、時間を決めて村人に使わせていました。この維持管理の仕組みが崩れてから、池の水が汚れてバクテリアが含まれるようになり、コレラや赤痢がはやるようになったと言われています。

地下水に塩分が混じっている沿岸地域では、池の水をポンド・サンド・フィルター（PSF）という装置でろ過して飲んでいました。AANは1998年3月、宮崎大学工学部の横田漠教授、宮崎市水道局の宮田建生さん、バングラデシュ人技術者のミジャヌールさんらをバングラデシュの沿岸部とインド西ベンガル州へ派遣し、PSFに関する調査を始めました。PSFは、池の水を手押しポンプでレンガ造りの水槽に汲み入れ、まず横並びの三つの砂利槽で汚れを落とし、次いで砂槽をゆっくり降りていくときに、砂に棲む微生物が細菌類を捕捉して水をきれいにする仕組みだとわかりました。

ＡＡＮは、ＪＩＣＡの委託を受けて三つのヒ素汚染対策を実施しました。２００2年から04年までジョソール県シャシャ郡を対象にした「移動ヒ素対策プロジェクト」（第一プロジェクト）、05年から08年までシャシャ郡とチヨウガチャ郡を対象にした「持続的砒素汚染対策プロジェクト」（第二プロジェクト）、12年から15年までジコルガチャ郡を対象にした「地方行政（ユニオン）による飲料水サービス支援事業」（第三プロジェクト）です。

第一のプロジェクトでＰＳＦを13基建設したのですが、プロジェクトが終了して1年後に、多くのＰＳＦが使われなくなっていることがわかりました。池の所有者が、共同水源として提供する約束を反故にして、池で魚の養殖を始めていたのです。肥料や飼料を投入した池の水面は緑や赤に染まって飲料水源としては使えません。

ＰＳＦを建設する際、水源にする池を掘り直して容量を大きくし、底の泥をさらってから新しい雨水をためました。池の所有者は池がきれいになったことを見て、集落の飲料用から個人の養殖用へ変えたのです。地域の人たちの健康よりも自分の利益を優先する姿は〈共同性の欠如〉の現れでした。代替水源（ヒ素を含む井戸水に替わる安全な水供給施設）を継続運用するために、土呂久につちかわれていた「和合の郷」の精神が、バングラデシュのヒ素汚染地に必要とされていると感じました。

湖を水源にした生物浄化の簡易水道

ＡＡＮのホームページで、バングラデシュのヒ素汚染地に安全な水を提供するために、ＰＳＦを建設していることを報告したときでした。それを読んだ信州大学繊維学部応用生物科学科の中本信忠教授から、途上国の飲料水供給には緩速ろ過法がベストであるというメールが届きました。中本さんは、藻や小動物や微生物が水中の有機物や有害物質を取り除くシステム（生物浄化法による緩速ろ過）の普及をはかっている研究者でした。

ＡＡＮが第一プロジェクトで、中本さんのシステムを使った簡易水道を1基建設しました。ジョソール県シャシャ郡のラジュゴンジ湖を水源にし、生物の力を利用したろ過装置で安全な水をつくり、パイプで約３００世帯に給水したのです。ＰＳＦは利用者がポンプで水を汲んだときしか水は動かないのですが、生物浄化の装置では絶えず水が流れています。ＰＳＦがトタン屋根を付けて暗くしているのに対し、生物浄化の装置は光を取りこんで動植物が繁殖するようにしていました。ＡＡＮは第二プロジェクトでも2か所に、中本さん提唱の生物浄化法を活用した簡易水道を建設しました。

簡易水道の水は利用者からたいへん喜ばれました。２０１０年10月、私が2年前に完成させたチョウガチャ郡クスティア村の簡易水道がどうなっているか見にいくと、ヒンドゥー教徒の集落でヒ素中毒患者から「皮膚症状が治ってきた」とお礼の言葉をもらいました。ペットボト

生物浄化法を活用した簡易水道の施設

ルをもって外出する婦人がいたので、その中身をきくと、「隣村の親類が簡易水道の水はおいしいと喜ぶので、お土産に持っていくのです」と答えました。

薬品を使わず生物の力でつくった水は、日本の「名水百選」を想起させます。日本には、山に降った水が表土や岩や砂利や砂を潜りぬけ、澄み切ったおいしい水として山麓に湧いてでます。ところがデルタの国バングラデシュには、国の東側のインドやミャンマーとの国境地帯を除くと、山がありません。そんな平坦な国の湖の水を、あの自然の原理を応用して浄化し、人工的につくりだした〝名水〟でした。

「おいしい水」「胸やけが治る水」をつくりだすヒ素鉄除去装置

ＡＡＮがバングラデシュに提供した「おいしい水」がもう一つあります。宮崎大学工学部の横田漠教授は、池の水にも低濃度のヒ素が含まれていることに気づきました。そのヒ素の濃度がＰＳＦを通過したあとは下がっていることから、「砂利と砂を通る間にヒ素がとれるのではないか」というヒントを得て実験を始めました。宮崎大学につくったＰＳＦ

にヒ素濃度の高い水を流し、流速とヒ素や鉄の濃度の変化を調査して開発したのが砂利（グラベル）と砂（サンド）の槽でヒ素を除去する「グラベル・サンド・フィルター（GSF）」です。PSFは池の水のバクテリアを除去する装置、GSFは地下から汲みあげた水のヒ素を取り除く装置という違いがあります。

夕方になるとGSFに女性や子どもが水汲みに集まる

GSFに関するエピソードを紹介しましょう。ジョソール県ジコルガチャ郡クッラ村のモスクの敷地にGSFを建設しました。モスクは女性の立ち入りが禁止された場所です。その禁止事項を破って、女性たちは「この水はとてもおいしい。鉄が含まれていないので料理にも使える。胸やけがなくなって健康にもよい」と、モスクの敷地に入って水を汲んでいくようになりました。モスク側が折れてGSFの前の塀を取り払ったので、今は、女性たちは自由にGSFの水を汲んでいきます。

ヒ素には色も臭いも味もありません。人びとの五官はヒ素の有無を判断できないのですが、「おいしい水」「胸やけが治る水」はわかります。GSFがヒ素を除去するだけでなく、過剰に含まれている鉄やマンガンなどのミネラルも取り除いて、「おいしい水」「胸やけが治る水」をつくりだしていたのです。

このような苦労を重ねておいしくて安全な水を提供できるようになったのですが、代替水源の維持管理の問題は未解決のままでした。AANは第二プロジェクトで151基の代替水源を建設し、3万人に安全な水を供給して、プロジェクトを閉じて間もなく、維持管理の難しさに直面しました。

プロジェクトは代替水源の建設にあたり、利用者が建設費の10パーセントを出資し、利用者でつくった組合の銀行口座に預けて、修理費などお金が必要なときに使うようにしていました。ところがプロジェクトが終わると、利用者組合が次々と銀行からお金をおろして出資者に返金しだしたのです。地域住民の健康を共同で守ることよりも、自分の目先の利益を優先する姿を見て、これでは継続した安全な水供給はできないとがっかりしました。

住民の主体性をあてにしたヒ素汚染対策は行き詰りました。残る砦は地方行政しかないと考えて、第三プロジェクト「地方行政(ユニオン)による飲料水サービス支援事業」を企画しました。

国のヒ素対策実行計画に盛りこまれた水監視員の制度

バングラデシュのヒ素汚染対策に協力しながら、どうしてこの国には日本の農山村のような共同体がないのか、という疑問がふくらんでいました。その答えをだしてくれたのが、AAN二代目代表の宮崎大学教育学部の上野登名誉教授。ひらめきと博学の経済地理学者です。シャムタ村で突然のスコールがやんだあと、水田にたまった雨水がすぐに減っていくのを見て、70

歳代半ばの上野さんは田んぼのあぜ道をすたすた歩き始めました。

「日本の田んぼの底は粘土がはってあり、水を地下に落とさずに次の田へ回すようにしている。ところがバングラデシュの天水田は、底に粘土がないので水は地下にぬけていく。そうしないと雨季の間、稲が水につかってしまうからだ。田んぼの水を周囲の農家と分かちあう必要のないことが、この国に共同体が育たなかった理由の一つだろう」

その解釈に、私はなるほどとうなずきました。バングラデシュの農村に〈共同性が欠如〉している理由は、日本のように稲作灌漑の水を共同で利用する必要がなかったからで、この国の農民は日本と違って独立性が高く、自分の利益を優先して動く習性をもっている。この上野理論が正しければ、ヒ素対策として設置した代替水源を共同で維持管理するように、住民でつくった利用者組合に求めても難しい。住民主体の飲料水供給の考えを捨てて、地方行政の中に安全な水供給の仕組みをつくるプロジェクトに挑戦してはどうだろうか。

バングラデシュで飲料水供給に責任をもつ政府機関は公衆衛生工学局（ＤＰＨＥ）です。設立は１９３６年ですが、70年代から急速にチューブウェル（管井戸）が広がるのに対応して、82年に組織を改革し規模を拡大しました。首都ダッカに本部、６つの管区、64の県、５１０の郡に地方事務所（２０１０年当時）を置いて、主としてチューブウェルの技術的サポートをしていました。ところがチューブウェルのヒ素汚染が表面化し、コミュニティ（集落）を単位にした安全な水供給が始まると、ＤＰＨＥでは対応できなくなりました。ＡＡＮが第三プロジェクトで水供給の責任機関にしようと考えたのは、日本の町村にあたるユニオンパリシャドでした。プロジェクトの実施地域はジョソール県ジコルガチャ郡で、郡内11のユニオンのうち8ユニオンが参加。実施期間は2011年12月から3年半です。

プロジェクトは、①ユニオンがヒ素汚染の現状を把握して安全な水供給計画を立てる、②新規水源の必要な場所に住民の望む代替水源を建設する、③ユニオンに水監視員というスタッフを置いて利用者組合による水源の維持管理をサポートする、ことを目標にしました。

最初の段階で、ヒ素汚染の現状把握のために宮崎公立大学の辻俊則教授（システム工学）に現地に来てもらいました。最先端技術のＱＧＩＳ（オープンソースの地理情報システム）を使って、汚染されたチューブウェルと、ヒ素対策で設置された安全な水源の位置が一目でわかる地図の作成を指導してもらったのです。

除去した鉄で汚れたGSFを掃除する水監視員

次の段階で、ユニオンの関係者を集めてスクリーンに地図を映しだし、客観的な情報に基づく新規水源の優先順位を討議してもらいました。裏でこそこそ決めるのでなく、公開の話し合いで新たな水源の場所を決定しました。

最後に、各ユニオンに1人、住民からの相談や水質検査や水源の維持管理を仕事にする水監視員を配置しました。

最大の難関が水監視員の給与の財源でした。あるユニオンの長から「給与が払えないと、わしが裁判所に訴えられる。住民からお金をとると、次の選挙は勝てない」と言われました。

国が認めた制度ではないので、税金を水監視員の給与にあてることはできません。水源の利用者から飲料水サービス料金として月10タカ(当時15円)を徴収することにしました。決して高い金額ではないのですが、飲み水にお金を払ったことがなかっただけに、「胸やけが治って薬代がいらなくなった」といったインセンティブが必要でした。行政が住民にサービスすることがほとんどない国で、飲料水供給の事業を地方行政にもちこむことは容易ではありませんでした。

この難しいプロジェクトを終えて3年後の2018年7月、バングラデシュ政府が定めた「ヒ素対策(水供給)の実行計画」に、AANがジコルガチャ郡で試行したプロジェクトの成果が盛りこまれました。ユニオンパリシャドに、ユニオンの長、事務局長、コンピューターオペレーター、水監視員で構成される水部局の設置が必要だ、という内容でした。

宮崎がアジアのヒ素研修の拠点に

AANはアジアのヒ素汚染地で安全な水供給や患者の治療支援のプロジェクトをおこなう一方、2001年から09年まで日本国内で、JICAから招待された中国、カンボジア、タイ、バングラデシュ、ネパール、インド、ミャンマー、ベトナム、ラオスなどアジアの国々の医師、水供給技術者、行政官、NGO関係者に、1か月半にわたる総合的ヒ素汚染対策の研修をおこないました。宮崎、福岡、熊本、島根、新潟、東京などを回って、多彩な専門家から、①世界のヒ素中毒の現状、②ヒ素汚染のメカニズム、③ヒ素分析の実習、④ヒ素による健康被害、⑤ヒ素中毒患者の救済、⑥代替水源の建設などについて学ぶのです。研修の途中では、必ず土呂久に寄って、鉱山跡を見学し、被害者と交流しました。

ヒ素研修の中核になったのは宮崎大学でした。たとえば07年度の研修では、土壌や水に含まれるヒ素分析を指導した機器分析センターの田辺公子さん、アジアのヒ素汚染を講義した教育学部の上野登さん、地下水ヒ素汚染概論と安全な水供給は工学部の横田漠さん、ヒ素の化学は工学部の大榮薫さん、ヒ素と微生物は工学部の宮武宗利さん、ヒ素除去は工学部の塩盛弘一郎さん、事前適性調査は工学部の瀬崎満弘さん、慢性ヒ素中毒の症状は医学部の黒川基樹さんなど、33の実習と講義のうち13を宮崎大学が受けもちました。

この研修で、宮崎県環境森林部環境管理課の職員が公害健康被害補償法による公的補償制度を講義したことは、土呂久公害の歴史で画期的なできごとでした。AANは、被害者救済に後ろ向きだった宮崎県行政と対立した土呂久・松尾等鉱害の被害者を守る会からうまれた組織です。1990年の最高裁和解で運動の幕は降りたとはいえ、宮崎県庁内には昔のわだかまりが残っていました。そうした空気の中で環境管理課がAANに協力したことから、両者の対立の傷は薄れていきました。2016年に宮崎県からAANに土呂久を教材にした環境教育の検討が依頼されたとき、AANが協力を惜しまなかった伏線に、総合的ヒ素研修で講師を引き受けてもらった返礼の意味があったのです。

アジア各地から来た研修員の感想が、毎年の新聞に載りました。

「ネパールでは自然由来のヒ素で被害が出ているが、土呂久は鉱害という形で犠牲者が出た実態を聞き驚いた。国で被害者を増やさないための対策などをこの研修で学べた」(ネパールの研修生、2004年11月17日宮崎日日新聞)

「すべての場所が印象的で、それぞれが悲しくつながっていた。土呂久の話は私の国や他のアジアの被害地につながる」(ネパールの研修生、2006年11月7日朝日新聞)

「認定患者の話を聞くと、土呂久鉱害はいまだに心の解決ができていない。帰国後は安全な水の供給などに努めたい」(バングラデシュの研修生、2008年11月22日宮崎日日新聞)

9年間にわたって国内のヒ素研究者を結集し、アジアの国々を対象にした総合的ヒ素汚染対策研修を実施したことは、宮崎大学とAANが見せた底力と言えます。

ヒ素研修とは別に、アジアで著名なヒ素研究者2人を土呂久に案内したことがありました。06年9月、熊本学園大学が主催して水俣病50年国際フォーラムが開催されました。同大学の原田正純教授から「アジア地下水ヒ素汚染の報告者として適任者は誰か」と問われた私は、インドのチャクラボーティ博士とバングラデシュのアクタール医師の名前をあげました。フォーラムに参加した2人は「ベンガル平原における地下水ヒ素汚染とその健康被害」(チャクラボーティ博士)を報告したほか、親しく

熊本城の前に立つチャクラボーティ博士(左)とアクタール医師

なった参加者と教室内外で討議し、小噺や冗談を連発して笑わせました。「ベンガルの2頭の虎」が「ベンガルの2人の寅さん」に変わったようでした。1週間の滞在中、私は2人の通訳をつとめ、車で土呂久に案内しました。この期間にチャクラボーティさんから聞いた言葉が忘れられません。

「解決の道はお金ではない。住民自身が動くことだ」

インド・コルカタのジャダブプール大学でチャクラボーティさん主宰の「地下水のヒ素に関する国際会議」で会ってから11年余り、インドだけでなくアジアに広がるヒ素汚染の解決のために闘いつづけた研究者が得た教訓だったのでしょう。

土呂久が伝えた共同体による維持管理

土呂久でヒ素対策と異なる目的の研修がおこなわれたことがあります。2019年11月、JICAがカメルーン、ウガンダ、エチオピア、ケニアなどアフリカ7か国の飲料水供給にたずさわっている政府と自治体の関係者8人を案内し、土呂久の2か所の簡易水道の維持管理の仕組みを見てもらったのです。アフリカの国々では、水供給施設を建設したあと、どうやって継続して給水をつづけるかが重大な課題になっていました。バングラデシュのヒ素汚染地とまったく同じ問題です。

土呂久の簡易水道視察のきっかけは、13年にバングラデシュで開かれた「ガンジス川流域公平な水の利用」をテーマにしたワークショップで、土呂久南組の佐藤マリ子さんが南組で運営している簡易水道の事例を報告し、AANが編集した「みんなに、未来へ、水をつなぐ」と題する冊子に「南簡易水道の事例から」として掲載されたことでした。

「土呂久には、共同体は常に結束すべしという『和合』の精神が引き継がれ、現在の自治活動に生かされている。南集落の住民による水道建設、運営もその一つ」

「1970年ごろまで南集落は、山の湧き水や沢の水や農業用の東岸寺用水の水を飲用していた。鉱山が操業するようになって、用水は黄色く濁り、田んぼの土も汚染され、米のできがよくない。夫の父健蔵は、若いころから胃腸が弱く、胸の痛みに耐えながら農作業をやっていた。用水の水が原因ではないかと考え、佐藤富喜男氏、佐藤全作氏に声をかけ、思いの一致した賛同者9人で共同の水道をつくることになった。伏流水の豊富な『樋の口』の水源を選んだが、保健所からヒ素濃度が基準値ぎりぎりで飲料に不適とされ、別の水源を探して見つけたのが惣見通洞という元坑道。水質は安全だとわかって、新しい水源地にし、国、県、町の補助のほか最初の9軒が1万円、後の9軒が2万円を出して、76年3月に南簡易水道(ヒ素濃度0・002mg/l)が完成した」

「この水道を運営していくために様々なことが取り決められた。役員の報酬は年間会長1万円、会計7000円。役員はタンクを点検し、節水を呼び掛けたり、断水を決行したりする。施設が壊れたときは修理や補修をおこなう。人手が必要なときは役員以外も作業に参加し、手当は

1時間500円と決められている。水道料金は3つの蛇口（風呂、台所、牛の飲料用）を基本として月1000円。メーターをつけて使った分だけ徴収という意見も出たが、金さえ払えばいくらでも使える考えになり、水が足らなくなるということで却下された。水は大切に使わなければみんなが困るという認識で一致した。村人一人一人が助け合って守っていかなければ水道を存続することはできない」

マリ子さんの報告の要点は、「住民自身が水源を探し、住民自身の手によって施設を作り、住民自身が共同で維持運営する」「その背景には、常に結束すべしという和合会の伝統がある」ということ。JICAの研修担当者の目を引いたのは〈土呂久伝統の共同性〉でした。安全な水を供給するための国際協力に、慢性ヒ素中毒症を追いつづける医学者、ヒ素の簡易分析法を開発した化学者、水供給施設を建設する工学者など多方面の研究者が参加しました。そんな中で土呂久の集落が海外に伝えたのは共同体の役割、まさしく〈和合の精神〉でした。

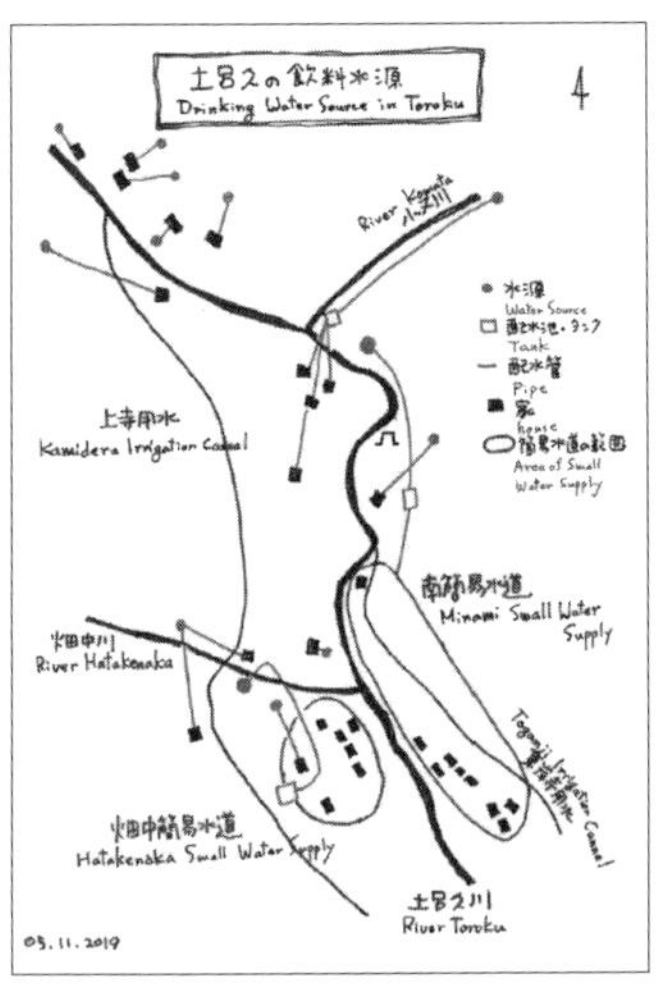

JICAの研修で使った「土呂久の飲料水源」の図

11月4日朝、土呂久公民館に着いたアフリカの研修生は、館長の佐藤元生さんから土呂久の概要、マリ子さんから南組簡易水道の報告を聞き、婦人たちが準備した昼食に舌鼓を打ったあと、午後は畑中組と南組の簡易水道につづいて大切坑を見学しました。

この視察に同行した朝日新聞延岡支局の浜田綾記者は「給水体制に組合制度を取り入れていることなどが参考になった。公害の原因を究明した人たちの姿勢が印象的だった」というマラウイの研修生の談話を紹介しました。その記事の載った宮崎版は、1952年6月に新設された高千穂通信部の岩本利佐男記者が亜ヒ酸製造再開の動きを追ってから、70年後に国際的な研修地になるまでの土呂久の稀有な歴史の証言者です。この先も、宮崎県がすすめる生徒・学生の環境教育、サクラが植樹された鉱山跡地を「憩いの広場」にする活動、日本一おいしい肉牛を生産した畜産農家、深刻化する過疎のこれから、というように常に変貌する祖母・傾山系土呂久の環境史を報告しつづけることでしょう。

第9章　環境学習

土呂久の歴史を次の世代に伝えよう

2015年になって、土呂久の歴史を風化させずに次世代へ継承していこうという動きが始まりました。

その年、宮崎県環境森林部長に就任した大坪篤史さんは、1980年代後半の3年間、宮崎県環境保健部公害課(当時)に勤務したことがありました。忘れられないのが、知事あっせんによる補償を受けた被害者が公害健康被害補償法の適用を求めて起こした行政不服でした。口頭審理の場で対峙した被害者が「私たちにも公健法による給付をせよ」と迫るのに、「あっせんで請求権を放棄しており、法の適用はできない」と県の立場で反論したのですが、「温厚な宮崎の住民があれほど真剣に怒るのなら、被害者の言っていることは間違っていないのではないか」と、相手の主張にも耳を傾けてみなければと思ったそうです。

そのときの環境保健部長は田原直広氏。行政不服の口頭審理を前にした勉強会で「本当は負けるが勝ちなんだ。負けていいんだ」と口にするなど、異色の部長でした。環境庁の関連機関である行政不服審査会の委員に、事実を全部提出して判断してもらえばよい、という考えです。ともすれば不利な資料を隠そうとしてきた宮崎県の公害行政に、一石を投ずる田原部長の柔軟な発想が大坪さんの心をずっととらえていました。

環境森林部の中に、土呂久の住民健診や公健法に基づく認定・補償などを担当する環境管理課があります。大坪さんは部長の立場で再び土呂久と向きあうことになりました。翌年が宮崎県の環境基本計画を見直す年。環境管理課の職員に「土呂久公害は宮崎県史に残る大事件。それを次世代に伝える環境教育を環境計画の目玉にしよう」と提案しました。忘れられかけていた土呂久公害に新しい光を射しこもうとしたのです。

2016年の年明け、環境管理課の恒吉直人さんと青柳成明さんが宮崎市鶴島の「アジア砒素ネットワーク(AAN)」本部を訪ね、「土呂久公害の歴史をわかりやすく伝えるパネルの制作に協力してほしい」と依頼しました。そのときのAAN代表は宮崎大学工学部の横田漠教授です。「宮崎県が土呂久公害の記憶を残す作業は、今後への大きな一歩だ」と評価して引き受けました。パネルの草稿は、当時AANの理事だった私が執筆しました。

この時期、AANは月1回の市民講座「土呂久を学ぶ」を開いていました。焼け跡のようだった土呂久鉱山跡が緑におおわれ、公害を体験した語り部が亡くなっていく中で、歴史の伝達者を育てようという企画でした。私が講師をつとめ、16年2月から17年1月までつづけました。参加者は毎回20名程度、環境管理課の職員がビデオカメラで撮影しました。

マスメディアも土呂久を風化させないための企画をおこないました。宮崎日日新聞が15年11月10日から16年6月21日まで約8か月間、大型企画「知見次代へ—土呂久鉱害45年」を連載したのです。第1章「バングラデシュ」、第2章「認定患者」など6章からなり、各章の記事は5本から7本、章の間に社説や統計資料がはさまれていました。

連載のしめくくりは公開討論でした。パネリストは、佐藤鶴江さんとアヤさんの友情と闘いを描いた紙芝居「十連寺柿」（本書540ページ参照）の演者佐藤マリ子さん、水俣で学生たちの現地学習を企画している森山亜矢子さん、宮崎県環境森林部長の大坪篤史さん、NGOで国際協力を経験してきた私の4人です。コーディネーターは宮崎日日新聞論説委員の中川美香さん。

大坪さんは「土呂久には悲惨で厳しい歴史があり、そして今があることを次世代に伝えないといけない」と話し、新聞連載を企画した奈須貴芳記者は「土呂久地区に鉱山があったことを伺い知ることは難しくなっているが、目を凝らせば痕跡を見つけることができる。本県独自の残し方を模索する必要がある」と連載の最後をしめくくりました。

宮崎県とAANとマスメディアが「土呂久公害の歴史を伝えていこう」という方向で一致したのですが、土呂久の住民がどう考えているかは定かでありませんでした。

公害史を伝えるのか、環境史を学ぶのか

土呂久公害のパネルが完成すると、宮崎県環境管理課は2016年8月、AANに「土呂久公害の教訓を次世代に残すための環境教育検討事業」を委託しました。業務は、「他の公害被害地を調査し、土呂久公害に関する資料の状況等を把握・確認することにより、環境教育に関して行うことができるメニューを検討して提言をおこなう」こと。つまりAANは、土呂久公害を教材にした環境教育の基本方針の提言を求められたのです。

ＡＡＮの理事だった私が環境教育の基本方針案をまとめました。最初にやったのが四大公害事件の資料館めぐりです。8月に富山県立イタイイタイ病資料館、清流会館、新潟県立環境と人間のふれあい館、あがのがわ環境学舎、四日市環境と未来館、あおぞら財団。12月に水俣市立水俣病資料館と水俣病歴史考証館。木造平屋の民間施設の一方に、加害企業と行政が資金を出した立派なコンクリート建設のミュージアムがありました。公害の歴史を教訓に現在の地球環境を学習するように工夫しています。お金をかけた公害資料館を回ったことで土呂久の特性がわかってきました。狭い谷間に公害事件のエッセンスが凝縮されており、美しい自然を散策するうちに公害の史蹟に出合う。建物内ではなく自然の中で環境を守る重要性を認識できる。集落をまるごとフィールドミュージアムにして、村の人との交流を通して環境について学ぶ。それが土呂久の特性ではないだろうか。

石垣田を見学する土呂久の環境教育を検討する委員たち（2016年10月28日）

宮崎県に提出する報告書を検討する委員8人を選びました。土呂久の外部から、地質に詳しい元高校地学教師の白池図さん、高千穂町で地域再生と国際協力に取り組んでいる田阪真之介さん、全国の自然保護に精通している郷田美紀子さん、高千穂町教育委員会の甲斐周作さんの4人。土呂久内から公害史の説明役の佐藤慎市さんとマリ子さん、土呂久公民館長の佐藤元生さん、副館長兼産業部長の佐藤和明さんの4人です。

10月28日、土呂久公民館で開いた第1回検討会に先立って現地を見学しました。土呂久の上手の林道にかかる惣見大橋から集落を見下ろし、江戸末期に掘削された上寺用水取水口で水利権争いの裁判の話を聞き、100年前に捕獲したツキノワグマの右手を見せてもらいました。鉱山跡では、煙害で一家が死滅した屋敷跡、土呂久訴訟で「生きとうございます」と訴えた佐藤鶴江さんの旧家、環境基準を超えるヒ素を含んだ水が流れだす大切坑……。亜ヒ酸鉱山の閉山から50数年たち、当時の裸山は草木におおわれて、案内人がいなければ鉱山のあったことさえわかりません。

見学後の話し合いで、郷田美紀子さんは「都会からやってくる若者たちが、自然の美しさの中で無常観を含めていろんなことを学ぶことができる。公害だけでなくていろんなことを語る稀有の場所。いっぱい可能性を感じました」と語りました。

「土呂久には文化とか歴史、自然、特徴的な地質があり、公害が起こって、そこから立ち直っていく。人の心を打つストーリーがある。伝えなくてはいけない教育のストーリーがある」と、田阪真之介さんは土呂久を〝環境教育の適地〟だと評しました。

AANはこうした意見を反映させて『土呂久公害の教訓を次世代に残すための環境教育検討事業報告書』をまとめ、2017年3月に宮崎県に提出しました。土呂久の環境教育の特質を述べたあと、「環境教材には、公害が起こる前の和合のむら土呂久、公害が問題化したあとの環境復元、集落の再生もふくめる」とした報告書は、宮崎県が求める「土呂久公害の教訓を次世代に残す」より、時間的に空間的に長くて広い内容でした。

土呂久で学ぶのは、猛毒亜ヒ酸を製造した短期間の公害史なのか、もっと長期にわたり内容に富んだ集落の環境史なのか。研修で訪ねるのは鉱山跡地なのか、いたるところに民俗、信仰、産業のあとを残している集落全体なのか、という根本を問うた報告書でした。

寝た子を起こすな、風評被害を招くな

2017年6月28日、宮崎県は環境教育を始めるにあたって「農村活性化に向けた県と土呂久の意見交換会」にのぞみました。土呂久公民館の広間に机が並び、舞台を背にした宮崎県側の出席者は4月に環境森林部長になったばかりの川野美奈子さん、前任の部長の大坪篤史さん、川井田哲郎環境管理課長のほか、西臼杵支庁長、高千穂保健所長ら、それと向きあう土呂久側は佐藤元生公民館長ら約20人が出席しました。

冒頭、小田三和子課長補佐が「昨年度、AANから①江戸時代の銀山の歴史、亜ヒ酸製造による公害の歴史を含む環境教育、②自然に恵まれた土呂久をフィールドミュージアムに、③世界農業遺産、ユネスコエコパークとの連携、④資料の保存といった提言をもらいました。これをもとに環境教育を進めたい」と、宮崎県行政の新しい方向を示しました。

つづいて大坪さんが「高千穂町はFAO（国連食糧農業機関）から世界農業遺産の指定を受けました。土呂久も石垣の水田を築き、牛を飼って、山間地農業の伝統をもっています。祖母・傾・

大崩山系はユネスコ（国連教育科学文化機関）からエコパークの指定を受けましたが、土呂久は昨年ニホンカモシカが現れるなど、貴重な動物が生息する環境パークの一角にあります」と、土呂久は環境教育の拠点になれる場所だと評しました。

これに対し、土呂久を代表して意見を述べたのが公民館長の佐藤元生さん。祖父の十市郎さんは和合会会長と岩戸村会議員、父の来さんは明進会会長をつとめるなど、集落のリーダーになってきました。家は畑中組の傾斜地の上手に位置し、小学1年のとき土呂久鉱山が閉山したことから煙害を体験した記憶はありません。憶えているのは、高校生のとき土呂久公害が社会問題化し、市場から帰ってきた父親から「土呂久産の野菜だとわかると買い手がつかなかった」と聞いた風評被害でした。

「鉱山には住宅が建ち並んでにぎやかだった。親戚のおばあちゃんは『鉱山は悪いという声を聞くけど、人間がおらんごつなったらダメじゃわ』と言います。鉱山がなくなって二男、三男は都会に出ていき、さびしい村になった。土呂久公害の経験を教材にしたいという県の考えに、私は風評被害を心配している」

その発言は宮崎県の積極姿勢から一歩引いたものでした。

「私もそこを心配している。地元の意見を遠慮なく聞かせてほしい」と応じた大坪さんに、さらに元生さんはこう釘をさしました。

「人口が減ってさびしくなった村だけに、外からのお客さんは歓迎だ。公害の歴史を隠す必要はないが、公害だけにスポットを当てることのないように」

他の住民の発言も多くが消極的なものでした。「いまさら公害をもちだして寝た子を起こさんでもいい」「高齢化が進んで、環境教育で訪ねてくる人を応対する余力はない」。

土呂久訴訟がつづいていたころ、私は何の迷いもなく被害者支援に奔走しました。21世紀に入ってから、急速な少子高齢化が進む土呂久を環境教育で元気づけたい。そういう思いで、宮崎県の方針に協力してきただけに、拒否反応が多いことは予想外でした。

この日の意見交換会を取材した共同通信宮崎支局の徳永早紀記者は、「憲法ルネサンス」という連載に収められた「ヒ素鉱害の歴史　次代へ」に、私の姿をこう書きとめています。『県を責めているようで、俺を突き刺している』。針のむしろで、川原さんは支援の難しさを痛感していた」

後ろ向きの意見の中で「土呂久公害は地球環境の汚染を凝縮した形だから、環境教育に生かしてほしい」という声には励まされました。最後に大坪さんが「地元と十分に意思疎通をはかり、風評被害が起こらないようにして進めていく」と締めくくり、土呂久の住民は「来る者は拒まず」の態度で環境学習に訪れる生徒・学生を受け入れていきます。

行政による環境復元事業終了へ

風評被害とは、根拠のない噂やデマによって被害を受けることです。土呂久公害が社会問題になった1971年から72年にかけて、「土呂久産の米や野菜はヒ素で汚染されている」と、裏付けのない風評による被害が起きました。「土呂久に嫁をやるな」「土呂久から嫁をもらうな」という噂も、適齢期の男女を傷つけました。こうした噂は閉山から10年くらい後のことだったのですが、それからさらに50年近くたって、再び土呂久で風評被害の不安を耳にしたのは衝撃でした。心に負った傷は深くて消えることがないのです。

風評被害をなくすには、土呂久の環境が改善されてヒ素汚染の懸念がなくなっていることを説得力あるデータで証明することが欠かせません。

土呂久が社会問題になって以後の環境改善の跡をたどってみます。

鉱山跡に積まれていたズリ(捨石)や鉱滓(焼き殻)の堆積所近くの橋の欄干とツバキの葉のほこりから高濃度のヒ素が検出されて、閉山後もつづく粉塵汚染が疑われました。この汚染を解消するために、ズリと鉱滓に土をかぶせて草や木を植えました。

困難をきわめたのが土呂久川のヒ素汚染対策です。土呂久公害が表面化した直後の宮崎県調査によれば、鉱山下流の東岸寺用水取水点で0・031〜0・112ppmのヒ素が検出されました。主なヒ素汚染源は、土呂久川に流れこむ大切坑内水0・016〜0・108ppmと新焙焼炉下の沢水0・255〜1・33ppmでした。ヒ素の環境基準は、そのころは0・05ppm、93年に改定されたあとは0・01ppm。この値を下回ることが求められました。

水量の少ない沢水は、鉱滓捨て場を覆土植栽するとともに砂防ダムをつくって川への流入量を減らして対応したのですが、大切坑内水対策は難航しました。大切坑は1935年ごろ排水坑道として掘削され、その後は鉱石を掘りだす主要坑道になりました。むかし掘った坑道の水が上からも奥からも流れこんできます。斜坑から湧きだしてくるのは、58年に地下110メートルを掘削中に水脈をぶちぬいた水です。これらが合流して、渇水期に毎分数トン、豊水期に最大20トンという膨大な量になる坑内水に、環境基準を超えるヒ素が含まれているのです。

一般に、坑内水をためた沈殿池に薬品を投入してヒ素を除去する方法がとられるのですが、狭い谷間の土呂久で沈殿池用の土地を確保するのは困難です。そこで、坑道の岩盤や坑内に堆積しているズリをコンクリートで覆ってヒ素の溶けだしを防ぐ方法がとられました。坑内水のヒ素濃度が0・012〜0・045ppmに下がりました。しかし環境基準（0・01ppm）をクリアするのは不可能に近く、高千穂町は2020年3月、東岸寺用水取水点で農業用水の基準の0・05ppm以下になったのを確認して、「住民の健康や日常生活に影響を及ぼさないレベルになった」と大切坑の水質改善事業を完了させました。同町建設課は、大切坑の工事にかかった費用は14億円、調査費を含めると19億円にのぼったといいます。

それから3年後の23年8月、宮崎県農業技術普及課は、東岸寺用水をかんがいに使っている水田など土壌汚染対策地域の指定解除へ動きました。

大切坑を見学する高千穂町立上野中学校の生徒たち（2021年7月）

土壌中のヒ素濃度が15ppmを超えた惣見組と南組の農

地13・5ヘクタールを対策地域に指定したのは1979年2月でした。80年度から84年度に客土事業を実施し、それ以後、惣見組と南組に調査地点を1か所ずつ設けて、毎年土壌中のヒ素濃度を測定してきました。直近の3年間、調査地点のヒ素濃度が15ppmを下回るという法律の条件を満たしたことで指定解除に舵を取ったのです。

土呂久公害が社会問題化して52年目、行政による環境汚染の復元事業は終わりました。それでも、鉱山と隣接した「向土呂久」などには稲作を放棄した農地があり、鉱山周辺の土を掘ればヒ素重金属を含むズリや焼き殻がでてきます。環境基準の0・01ppmを超えるヒ素を含む坑内水が、毎分何トンも土呂久川に流れこんでいきます。地下にヒ素を含んだ鉱石があり、廃棄された焼き殻が埋まっている以上、環境からヒ素を消し去ることは不可能です。亜ヒ酸を製造した歴史が消せないのならば、鉱山があった歴史を集落の活性化に使う道をさぐってはどうでしょうか。

高千穂町建設課は大切坑の工事完了後、環境教育で訪れる生徒・学生に大切坑内を案内しています。長靴、ヘルメット、懐中電灯を手に坑内に入ると、ごうごうと坑内水が流れる側溝、高さ30メートルの通気坑道まで掘りあけた竪坑、腐りかけた坑木に支えられた横坑、ヒ素混じりの水が湧きだす斜坑。日常とかけ離れた空間を体験しながら、坑口から535メートル地点に進むと、闇の坑道から大量の水が押し寄せてきて、左右二手に分かれていきます。闇への恐れ、奥まで見きわめたい冒険心、生徒・学生の魂が揺さぶられます。

大切坑は宮崎県内に唯一残された坑道。60年代初めまで日本各地にあった鉱山で、労働者がいかに苦闘して鉱石を掘りだしたか、後世に伝える貴重な遺構です。

昭和と異なる令和の土呂久交流

何かが胎動し始めたと感じたのは、2017年6月、京都大学大学院のアジア・アフリカ地域研究研究科で学ぶ岡部友樹君を土呂久に案内したときでした。AANの国際協力に関心をもった岡部君が、もっと土呂久を知りたいと要望したのに応じて、私は、「土呂久鉱山公害被害者の会」の会長だった故佐藤トネさんの長男幸利さんと孫の和明さんに宿泊をお願いしました。

食卓にイノシシの味噌鍋、シカ肉のしゃぶしゃぶ、酒はビール、日本酒、焼酎、ごはんは牛肉のカレー。この豪華な夕食にバーベキューの牛肉が加わりました。もってきたのは「畑中の下」の佐藤隆彦さんと「中鶴」の佐藤孝輔さん。2人は和明さんと同じ土呂久消防団の団員。その日、雨のために訓練が中止になり、打ち上げ用に準備していた肉をもって夕食会に参加したのです。

私が二人と会うのは初めてでした。隆彦さんは農協勤務で高千穂町の中心部に住んでいるのですが、消防団の訓練指導で実家に帰ってきていました。孝輔さんは11年前に北方町鹿川(ししかわ)から土呂久へ養子に来て、義父の畜産を引き継いで100頭だった肉牛を150頭に増やした畜産農家です。幸利さんが、熊本市内のスナック並みと自慢するカラオケセットのスイッチを入れ

佐藤富喜男さんの案内で牛馬墓地を見学した（2019年5月19日）

ました。孝輔さんがマイクを握ると、体をよじって、うちに秘めたものを腹の底から噴きあげるように熱唱します。これまで土呂久で見たことのないタイプの青年が出現した、と目を見張りました。和明さん、隆彦さん、孝輔さん、３人の年齢は30代後半から50代初め。公害被害者の世代とは祖父母と孫の開きがありました。土呂久の主役は、この世代に移っていたのです。

客間に敷かれた寝床に就く前に、佐藤家の仏壇に手を合わせました。鴨居の上に飾られた先祖の遺影。３年前の２０１４年11月２日、92歳で亡くなったトネさんの遺影も並んでいます。かつて被害者の会のリーダーだった「女三羽ガラス」の一翼だったミキさんは１９９７年11月２日に75歳で、ハツネさんは２０１１年11月30日に93歳で亡くなり、トネさんがその後を追いました。さらに二陣訴訟の原告団長だった直さんが２０１５年６月11日に95歳で死亡して、被害者の会は実質的に消滅しました。

新段階にはいった土呂久で、新しい魅力を求めるイベント「土呂久の宝さがしエコツアー」を企画したのが、ＡＡＮ事務局の西村佳代さんでした。「土呂久の歴史と集落の暮らしにふれよう」と呼びかけるチラシに、こう書きました。

「土呂久には江戸時代に銀山で栄えた歴史があり、当時を語る地名やお墓も残っています。大正から昭和にかけて、亜ヒ酸を製造したことにより大気や水、土壌が汚染され、多くの住民がヒ素中毒で苦しんだ歴史もありました。今は緑がよみがえった鉱山跡地を散策して、環境を保護することの大切さを学んで、持続可能な社会のために私たちにできることを一緒に考えましょう」

19年5月19日、祖母・傾山系の谷間の集落で都市では見ることのできない宝ものを探そうと、高校生、大学生を中心に20人が集まりました。車で林道までのぼって惣見組の風景を見下ろしてからスタートしました。江戸末期に開通した上寺用水などを見て、鉱山跡地を歩き、南組の「母屋」のツルさんから「鉱山跡に残っていた白い粉でままごとして、いっしょに遊んだ女の子が急死した」というつらい思い出を聞きました。富喜男さんに、亜ヒ酸煙害で死んだ牛馬を埋めた「牛馬墓地」まで急な坂道を案内してもらいました。

こうして、昭和とは異なる令和の交流が始まりました。

大学生の土呂久研修コースが定まった

宮崎県が始めた環境教育のプログラムの一つが、大学生を現地に招いて「土呂久を学ぶためのフィールドワーク」をおこなうことでした。２０１７年8月宮崎大学生18人、18年10月熊本大学生17人、20年2月佐賀大学生22人、同年12月宮崎国際大学生16人、21年12月宮崎国際大学生9人、22年11月南九州大学生10人、23年12月に宮崎公立大学生11人。実施を重ねるうちに土呂久研修のコースが定まってきました。

研修のベースは土呂久公民館です。ここで休憩をとりトイレを使います。最初の講話は佐藤元生公民館長の「土呂久の現状」について。

「子どものころ、鉱山跡は自然が壊されたはげ山でした。大きなお金と長い年月をかけて自然がよみがえってきたが、これは人がつくった自然。ほんものの春は桜、菜の花、山桜。夏は濃い緑が美しい。秋の夜空は天の川が流れ、宝石をちりばめたようです。冬は5、6年前まで雪が40センチくらい積もっていました。土呂久の産業は、昭和40年ごろまでシイタケ、ワサビ、ミツバチといった換金作物。その後、トマト、キク、ナス、果樹、野菜をだしていたが、畑の面積が狭いので連作ができず、園芸作物もつくらなくなりました。最終的に取り組んでいるのが牛で、繁殖農家が5軒に肥育農家が2軒……」

人口が約30世帯60人に減った過疎の実情を聞いたあと、車で惣見組の上まで登り、「惣見」という屋号の佐藤幸利・和明さんの家からフィールドワークが始まります。

約100年前に射殺したクマの手、最近とったシカの角に目を丸くしている学生たちに、幸利さんが現物のわなを示して狩猟の話をします。和明さんが、橋を渡って江戸末期に掘削された上寺用水と明治後期に築かれた石垣田を案内します。沢水で育つワサビの葉を取って口に入れた学生が、「ツーンときた!」とうれしそうな声をあげます。

「惣見」の南斜め下の「中鶴」は150頭の牛を育てる畜産農家。静かな音楽の流れる牛舎で、孝輔さんが「土呂久は畜産に最適の土地」と話します。牛の名前や出産年月日や繁殖農家名を書いたボードから、何頭か土呂久産の牛がいることがわかります。繁殖農家と肥育農家が力を合わせて、土呂久で生まれた牛をセリで買ってきて育てると成績がいいそうです。

大きい岩と岩の間に、形が不揃いの狭い田が何枚もつくられています。大岩の一つは、人間が機械で切って磨いたように表面が真っ平。背景に3本の梨の木。「石舞台」と呼ぶこの岩に座って、心地よい風に吹かれ、緑の山と青い空を眺めながら弁当を開きます。

午後は公害の歴史を学びます。土呂久山荘に「S46・12・26」という制作年月日の入った土呂久被害地図がかかげてあります。その地図を背にしてマリ子さんが紙芝居「十連寺柿」(*)を演じ、慎市さんが亜ヒ酸公害の説明をしてから、山荘を出て鉱山跡見学へ。独身寮、職頭長屋、職員住宅、テニスコートのあった社宅跡。家族7人が死んだ喜右衛門屋敷を左に見ながら、戦前の亜ヒ焼き窯や風呂場のあった広場へ降りていきます。坂道を戻ると、小又川のそばに土呂久訴訟の先頭に立った鶴江さんの旧家。土呂久山荘の西側の墓地で、「生きとうございます」と彫りこんだ鶴江さんの墓、喜右衛門一家の墓、江戸後期の銀山時代の渡り鉱夫の墓を見ることができます。

宮崎大学生が作成した
「土呂久のいま」のポスター
(2022年12月)

土呂久山荘の横の坂道を下っていくと、ズリ山を土でおおった広場があります。30年前まで年寄りがゲートボールを楽しんでいました。狭い道を降りて、モカさんの大石垣に支えられた水田跡に。ここは焼き殻を埋められて永久に耕作不能。近くに、石を置いただけの朝鮮人亜ヒ焼き労働者の墓。「樋の口」の白壁の倉庫の川向かいに大切坑。高千穂町建設課の職員が、環境学習の生徒・学生を坑内に案内・説明してくれます。

南組に行くと、江戸時代に祖母山下宮八社八王神の1社に数えられた奄婆嶽(おばだけ)神社。紙芝居のタイトルになった樹齢180年の十連寺柿。「母屋」の土間でツルさんから公害体験を聞き、富喜男さんの案内で細く急な山道を「牛馬墓地」まで歩いて登ります。

畑中組では、講元の洋さん方で「土呂久講中の仏壇」にお参りし、道路下に降りると、岩戸で2番目に古い用水と土呂久最古の水田。階段状に開かれた農地の中に立って、山間地農業の歴史を聞かせてもらいます。

これが土呂久の研修コース。環境を学習する教材の宝庫です。散歩道を整備し、案内板を設置すれば、「土呂久フィールドミュージアム」が完成するにちがいありません。

＊紙芝居「十連寺柿」
江戸末期に植えられた十連寺柿の大木は、煙害で実をつけなくなっていたのに、閉山して亜ヒ酸製造がやむと、再び枝もたわわに甘い実をつけるようになりました。どんな困難にも打ち勝つ十連寺柿の生命力に、行政や鉱山企業に屈しない患者のたくましさを重ねあわせた作品です。土呂久訴訟一審判決の前年1983年8月、川原が書いた文に画家の坂本正直さんが絵をつけて完成し、支援の輪を広げるために全国で

上演されました。土呂久の物語を紙芝居にしたのは、反公害学者の宇井純さんから「電気のきていないアジアのヒ素汚染地に土呂久の経験を伝えるには紙芝居がいちばん」と勧められたからでした。その言葉に従って、92年にタイのヒ素汚染村でタイ語に翻訳して上演したこともあります。現在は、土呂久学習に訪れる生徒・学生の前で、佐藤マリ子さんが語り手になって演じています。絵は27枚、上演時間は30分。

公害を教材にした中学生の科学的探求学習

２０２１年6月、私は高千穂町教育委員会の社会教育担当者からメールを受け取りました。「本町の上野（かみの）中学の先生が、環境教育の一環として土呂久公害の学習を計画していて、土呂久公害の説明や案内をしてくれる方を紹介してくれないか、と相談を受けました」という内容でした。「高千穂町の先生が……」とあるのが、すぐには信じられませんでした。

長い間、高千穂町内の学校で土呂久公害の授業はおこなわれませんでした。教育現場で土呂久はタブーになっていたのです。原因は二つ。一つは高千穂町政が宮崎県政とともに被害者の会の運動と対立していたこと。もう一つは、町民の間に「土呂久の者は鉱山で儲けたうえに、公害が問題になると、知事あっせんや公害健康被害補償法で補償金をもらい、さらに裁判まで起こしている」と、ねたみや反感の雰囲気が漂っていたことです。

土呂久訴訟が終わってから30年が経過。教育委員会の職員も学校の教師も若返り、昔の空気を知らない人が増えてきたのでしょう。町内で起きた公害を教材にすることを当たり前と考える教師の出現を、私は感慨深く受けとめました。

土呂久学習を計画したのは、上野中学校の3年生14人を担当する社会科教師吉田智さんです。「山一つ越えた地域の出来事なのに、土呂久公害を知っている生徒は23パーセントしかいない。公害が発生した過程や、公害から復興していく過程を学び、地域の実情を調査して、土呂久地区のこれからのよりよい地域づくりを考えさせる」と、学習の方針を決めました。

授業は現地学習を含めて6時間、その報告書によると――。

第1時。なぜ土呂久で亜ヒ酸の生産が始まったのか。地元の人は公害とどう向き合ったのか。生徒に資料を渡して、こうした問いに回答させました。

第2時。土呂久の現地訪問。語り部の話を聞いて、わいてきた疑問を整理させ、土呂久はどうやって安全な環境を取り戻すことができたか調査させました。

第3時。豊かな自然を生かして農業や畜産が盛んだった土呂久で、誰が何の目的で亜ヒ酸生産を始めたのか、亜ヒ酸生産は土呂久にとってどうだったのか、を話し合いました。

第4時。なぜ亜ヒ酸製造をやめられなかったのか。生徒を国、企業、鉱山労働者のグループに分けて、資料をもとに考えさせると、国は「亜ヒ酸を日中戦争で使った毒ガスの原料にしていた」、企業は「亜ヒ酸を農薬として使ったアメリカにたくさん輸出して利益をあげていた」、労働者は「生活が苦しい人、土地が少なくて農業のできない人が、賃金を得るために亜ヒ酸を製造した」といった意見が出ました。

第5時。他の公害地域の現在のようすを調査。水俣市は「環境モデル都市」。四日市市は「CO_2ダイエット作戦でCO_2削減に取り組む」。新潟市は「田園型環境都市」。富山市は「SDGs教育旅行」と、それぞれ現代的課題に向かっていることがわかりました。

第6時。土呂久のよりよい地域づくり。生徒は「土呂久オンライン学習会の開催」「土呂久森林セラピーの開催」「山の生物巡りイン土呂久」「土呂久に緑を増やそう」といった提案をしました。

吉田先生は土呂久学習の成果を「科学的探求学習をおこない、生徒の社会参画力を高めることができた」とまとめています。

生徒提案の「土呂久オンライン学習会」は、上野中学と高千穂中学の3年生、五ヶ瀬中等教育学校の2年生をビデオ会議システムでつないで実現しました。

「土呂久に緑を増やそう」という提案からうまれたのが、鉱山跡のサクラやヤマモモやカエデなどの植樹地にサクラの苗木を追加植樹する活動でした。2022年3月24日、上野中学の25人が獣害予防のプラスティックのカバーを巻いたサクラの苗木4本を土呂久鉱山跡に植えたのです。UMKテレビ宮崎のニュースで、インタビューを受けた3年生がこう答えていました。

「私の住む地域に近い所で、昔あった公害と現状を授業で学んで、多くの人たちが土呂久に集まってほしいという気持ちが強くなりました。サクラは大きく育って、たくさんの人に楽しんでもらえたらいいと思いました」

大学生と住民が協力して鉱山跡を「憩いの広場」に

土呂久公害訴訟が進行中の1980年代後半、土呂久鉱山跡にサクラの植樹を始めた夫婦がいました。鉱山が操業していた当時、鉱石を採掘した盛実弘行さんと選鉱の仕事をしたケサ子さん。「亜ヒ酸焙焼の煙で荒廃した鉱山跡地に花を咲かせよう」とケサ子さんが言いだして、土地の所有者の住友金属鉱山会社の許可を得て苗木を植え始めました。2人は1974年に慢性ヒ素中毒症に認定され、翌年の知事あっせんで補償を受けた患者。土呂久訴訟には加わっていません。

当初、公害の根源だった鉱山の跡地で何が起ころうとしているのかと、私は訝（いぶか）しんでいました。わかったのは、2012年の大晦日の朝日新聞社会面に坂本進記者が書いた「病んだ山　花咲か夫婦／苗植え25年　笑顔の輪」を読んでからでした。

「茂った竹を平日にケサ子さんが切り倒し、週末には出稼ぎ先から戻った弘行さんと一緒にサクラの苗木を植えた。苗木の種類は増え、ヤマモモ、ケヤキ、カエデ、ボケなど30種類を超える。何本植えたのか、夫婦にも分からない」

私は15年間のバングラデシュ滞在を終えて帰国し、以前のように土呂久を訪ねるたびに、小型電動車で鉱山跡地に行く盛実さんを見かけました。道路脇の落ち葉を集めて木の根にかぶせ、はしごをかけて木の枝を落とす。ケサ子さんに先だたれて一人で植樹を手入れする姿は90歳という年齢を感じさせません。私は満開のサクラの下で花見を楽しみながら、「鉱山跡地を花で飾ることは環境再生の象徴なのだ」と理解しました、MRT宮崎放送は、県内のサクラの名所シリーズにドローンで撮影した土呂久鉱山跡を登場させました。

盛実さんのひたむきな姿に共感したのが若い世代でした。2022年3月、高千穂町立上野中学校の生徒25人が土呂久学習のお礼にサクラの苗木4本を追加植樹すると、土呂久公民館の役員たちが「盛実さんだけにまかせておれない」と動きだしました。

「植樹地の維持管理に協力する」という話が、土呂久で学習した宮崎国際大学の学生たちの胸に響きました。大学が22年から始めたチャレンジプロジェクトに、4年生の川越怜奈さんらが「鉱山跡地を整備し、花や樹木を植えて、土呂久の魅力を発信する」という企画を応募し、採用されました。題して「土呂久に集まれ!プロジェクト」。学生たちが事前調査で訪ねたとき、盛実さんは鎌の使い方を指導しながら、何度も「家内が喜んでいる」と繰り返しました。

プロジェクトの実施は11月25日から3日間。回覧板に応じて土呂久から8人、宮崎国際大の学生10人と卒業生3人、宮崎市民など約15人が参加、住民が草刈り機で払ったあとを学生たちが掃除し

鉱山跡地の整備に集まった土呂久の住民や宮崎国際大学の学生たち（2022年11月）

て約3000平方メートルを整備し、サクラ2本とカエデ4本を追加植樹しました。宮崎県内三つのテレビ局のニュースで「土呂久が明るくなりますね。楽しいです」「自分たちもお手伝いして〝憩いの広場〟になるといいな、と思います」と住民の喜びの声が流れました。

公害健康被害の補償が問題になっていた時期、都市からやってきたのは、企業や行政と闘う被害者を支援した人たちでした。荒廃していた鉱山跡がサクラの植樹でよみがえった今、土呂久で環境学習した生徒・学生が植樹地を〝憩いの広場〟にするために、公民館の役員らと協働するようになりました。新しい形の交流の始まりです。過去の公害の遺構は憩いの広場の見学ポイントとして残されます。「ウサギ島」として国際観光地になった瀬戸内海の大久野島を散策すると、「毒ガス資料館」「毒ガス貯蔵庫」など戦前の陸軍の秘密兵器製造の跡に行き当たるように。

日本一おいしい肉牛を生産して総理大臣賞受賞

急速な過疎・高齢化の進展で、土呂久のあちこちに廃屋が目につくようになりました。そんな中で奮闘しているのが、牛の繁殖農家5軒と肥育農家2軒でした。牛のせり市があった夜、7軒は公民館に集まって、育てた牛の肉を食べながら牛養いの技術を高めるための情報を交換します。リーダーは公民館長の佐藤元生さんで、グループの公式名は「土呂久肉用牛生産振興会」。

2019年9月には高千穂農協から優秀な団体として表彰されました。こうした研鑽(けんさん)と牛にそそぐ愛情が実を結んで、栄誉ある日がやって来ました。

22年10月10日、鹿児島県霧島市で開かれた全国和牛能力共進会のニュースを見ていた私は、目を赤くした孝輔さんが大写しされたのにびっくりしました。「脂肪の質」のクラスで最高においしい肉牛を育てたと評価され、内閣総理大臣賞を受けたのです。サシの入った霜降り肉一辺倒から新たなおいしさを求める時代へ。その転換期に始まった「脂肪の質」の審査。記念すべき最初の年に最高賞を与えられたのです。

感動したのは、この快挙によって土呂久の環境の素晴らしさが証明されたことでした。江戸時代に放牧場を開き、明治の終わりには「土呂久馬」の名をはせた畜産の地。ところが猛毒の亜ヒ酸製造によって牛馬は次々と病気にかかって死に、家畜保険に入ることさえ拒否された屈辱。そんな負の歴史を克服して、日本一の牛を育てあげる環境に回復したのです。「空気はおいしい。水はきれい。青草はイキイキと育つ。牛養いに最適」と、孝輔さんはよみがえった土呂久を絶賛します。

「環境の力だけではない」と知らされたのは、高千穂の記録文芸誌『かなたのひと』第5号（2023年4月）に孝輔さんが書いたエッセイを読んだときでした。「日本一おいしい牛肉」の評価を獲得した裏には、たゆまぬ努力と持続する精神力と周囲の温かい協力、どれも人並み外れたものがあったのです。

5年に1度、各県から選ばれた優秀な和牛が集まって、品種の改良や肉質の向上をめざして

佐藤孝輔さんと飼育している牛
（2022年11月）

競いあうのが全国和牛能力共進会です。ここで高い評価を受ければ、肉屋で最高級品として扱われます。孝輔さんは8年前から、共進会の宮崎県代表をめざしてチャレンジを始めました。候補素牛を導入して飼育を始め、巡回調査で「部屋のサイズが小さい」と言われれば牛を引っ越し、「壁があって風の流れが悪い」と言われれば壁をぶちぬき、そうした指導に従っただけでは宮崎県代表になれずに落選。「次こそ絶対に」と、鹿児島県で開かれる共進会に向けて候補素牛を4頭導入し、毎日牛と向きあい、懸命の管理をつづけて、22年8月2日に宮崎県代表を決める検査会を迎えました。

「最後に自分の名前が呼ばれた。時間が止まった。真っ白になった。身震いを抑えられなかった」。鹿児島県で10月に開かれる全国共進会に出場する切符を手にしたのです。そして日本一おいしい肉牛を育てたとして、岸田首相から内閣総理大臣賞を受けたのですが、そのあとにもっと大きな驚きが待っていました。枝肉のせりが始まり、孝輔さんの肉に1キロ10万円の値がついたのです。会場は騒然となりました。共進会史上最上の高値だったからです。

私が和明さんの家で、初めて孝輔さんに会ったのは17年6月でした。あのとき、カラオケのマイクを握って、うちに秘めたものを腹の底から噴きあげるように熱唱する姿に、「これまで土呂久で見たことのないタイプの青年が出現した」と目を見張ったのですが、エッセイによれば、孝輔さんが日本一の牛への挑戦を始めたのはそれより3年前のこと。「うちに秘めたもの」は、日本一への挑戦だったのでしょう。それを現実にして見せてくれたのだから感服するほかありません。

毎年数回、土呂久研修の生徒や学生に牛舎を見学させてもらい、牛養いの話を聞かせてもらってきました。いつも依頼を快諾し、誠実な態度で若者たちに接してくれます。日本一を手にした人物とはとても思えない謙虚さに、土呂久史に新たなページを開く人物が登場したのだと確信しています。

亜ヒ焼きを体験した最後の語り部の死

2019年の春、UMKテレビ宮崎とNHK宮崎放送局が土呂久のドキュメンタリーの撮影を始めました。UMKの雪丸千彩子記者が編集した『山峡に咲く―土呂久100年の記憶』は、第29回FNSドキュメンタリー大賞にノミネートされて関東地方でも放送されました。この作品は、前半と後半に今の土呂久を紹介し、その間に要約したヒ素公害の歴史をはさんでいて、土呂久公害を知りたいと思っている人から喜ばれました。環境教育の教材に使った中学校や高校もあります。

NHKの生田晃子ディレクターが撮影・編集した『土呂久に生きる』は、ハンディカメラの特性を活かして土呂久の人びとの本音や素顔を撮っているのが印象的でした。たとえば、草刈りを終えた公民館の役員が、公民館の隣の小屋でビールを飲んでくつろいでいる場面——。

公害が社会問題になったころ、「土呂久出身とは言えずに、岩戸出身と言っていた。土呂久に嫁女はやられんと言われるし」。

公害の補償が話題になったころ、「土呂久の人は金持ちみたいに思われて、(お前は)銭もっとるとやろ、と言われた」。

小・中学生のころ投げられた言葉で受けた心の傷。めったに口にすることはないのに、ハンディカメラの前の気楽さで打ち明けました。この人たちが現在の土呂久の中核世代。環境学習を進めるうえで、彼らの理解と協力は不可欠なのに、「公害」に拒否反応を示す人が多いのです。

二つのドキュメントには、被害者の会が進めた公害訴訟の時期には表にでてこなかった人たちが登場していました。その一人が佐藤ツルさんです。亜ヒ酸煙害から逃れた「避難小屋」で誕生。廃炉に残る白い粉でままごとした友だちの急死。黄疸がでたとき「長うせず死ぬ」という診断。土呂久訴訟の原告になった叔父と義理の叔母を「最後までやっちもらわな。公害は嘘じゃねえ、本当のことじゃきよ」と応援した経歴の持ち主でした。

「鉱山には恨みもつらみもない。土呂久に生まれ

自宅で高校生に話をする佐藤ツルさん
(2021年8月)

育った運命じゃきよ」と人生を達観し、朝は神棚と仏壇、庭の薬師堂にお茶とご飯を供え、訪れる人を土間の食卓で菓子と漬け物でもてなす。穏やかに見えて、芯が強く、自説は決して曲げません。

「亜ヒの煙を吸った薪を燃やすと青い炎がでるとよ。それを『幽霊、幽霊』と言うてね」体験者だからできる具体的な表現で煙害の過去を伝え、「今の土呂久でいちばん好きな場所は」と問われると、「盛実弘行さんがサクラを植樹した鉱山跡地」と答えます。公害を克服して自然が蘇生した土呂久に最適の語り部でした。生徒・学生に語るライフストーリーの締めくくりはいつも同じ。「自然を壊すような事業をもってきたらいかん。自然を守るのがいちばん大事」。この言葉に、土呂久公害の教訓をこめたのです。

2023年2月、ツルさんの訃報が飛びこんできました。82歳、内臓をがんに侵されて帰らぬ人になりました。通夜は21日。宮崎からの参列者は、AANの西村佳代さん、恒吉直人さん、北村和夫さん、宮崎国際大学の坂倉真衣先生、4年生の川越怜奈さん……。顔触れは、土呂久公害の支援運動の時期から一新されていました。坂倉先生は「土呂久の今と過去とを横断的に実感させてくれた方だった」と惜しみ、川越さんは書きあげたばかりの卒論「過去と現在をつなぐ環境学習教材の提案」を祭壇に捧げました。ツルさんの人生を軸にして試作した学習教材の小・中学生向けスライドと幼児向け紙芝居を添えて。

式場で喪主の峯春さん、受付の高也さんに会ったとき、土呂久の中核世代の顔が浮かんできました。フィールドワークの大学生に人気の和明さん、隆彦さん、日本一の牛を育てた孝輔さん、公民館役員をつとめた康雄さん、栄治さん……。最近は見学者への応対も増えて、風評被害の危惧も消えて、中核世代の心の傷も癒えているのではないでしょうか。

「南無阿弥陀仏」の掛け軸の下、生花に囲まれた青い池からツルさんの遺影が浮きあがっています。岩戸の浄土真宗泉福寺の住職、副住職と土呂久の講元の洋さんによる読経が始まりました。洋さんは和合会の精神を大切にしてきた人。その経を読む声が、私の耳には土呂久の願望に聞こえてきます。

「ヒ素で汚染された枯れ木に緑が戻ったように、村にまた和合会が戻りますように」

ツルさんを迎える西方浄土が、新生される「和合の郷」と重なってくるのでした。

土呂久につながる新たな人脈

農山漁村文化協会（本部・埼玉県戸田市）出版の『増刊現代農業』『季刊地域』の編集長をしていた甲斐良治さんから、私は何度か雑誌の原稿の執筆を頼まれました。甲斐さんは高千穂町岩戸の出身、祖父の市治さんが土呂久産の亜ヒ酸を馬車で日之影まで運んでいたことから、土呂久の歴史に強い関心をもっていたのです。

２０２１年2月に土呂久公民館長の佐藤元生さんから、「和合会の議事録を読んで、和合会を日本の農村史に位置付けてくれる人はいないだろうか」と相談されたとき、私の頭に浮かんだのが甲斐さんでした。その甲斐さんから「最適任者」として紹介してもらったのが、「日本の協同組合の起源に造詣が深い」元山形大学農学部教授（農業経済学）の楠本雅弘さんでした。甲斐さんと元生さんが岩戸小学校の同級生だったこともわかり、楠本、甲斐、元生、私の4人で「土呂久和合会プロジェクト」をつくって、江戸時代以降の土呂久に関する古文書や和合会議事録などのコピーを共有し、楠本さんに導かれながら和合会に関する理解を深めていきました。

1年近くたった22年1月のことでした。高千穂町出身の作家髙山文彦さんのフェイスブックで「良治さんに別れの挨拶をしてきた」というメッセージを読んで青ざめました。キーパーソンだった甲斐さんの突然の死！　これから和合会の研究はどうなるんだ。

土呂久公民館に展示された和合会議事録

髙山さんは『火花―北条民雄の生涯』で大宅壮一ノンフィクション賞を受けた作家、高千穂あまてらす鉄道の社長、郷土の記録文芸誌『かなたのひと』の編集責任者。同誌は創刊号に佐藤マリ子「土呂久に生きる」、2号に佐藤浩美「家族―土呂久の自然のなかで」、3号に川原一之「抱きしめる巨人―甲斐徳次郎と土呂久」、4号に雪丸千彩子「土呂久に魅せられて」、5号に佐藤孝輔「日本一おいしいお肉」と、毎号、土呂久に関するエッセイを掲載してきました。大車輪の活躍をする髙山さんが、いつも土呂久を気にかけているのです。

6月26日、髙山さんの呼びかけで岩戸の神楽の館で「甲斐良治さんを偲ぶ会」が開かれました。宮崎から岩戸へ私を車で運んでくれたのは、岩戸出身の獣医師工藤寛さんでした。

工藤さんには『高千穂牛物語』『名利無縁―高千穂町岩戸、故郷を拓いた気骨の系譜』『フライトラスト―奥高千穂 隼・B29墜落秘話』など郷里につながる著書があります。土呂久の「惣見」の幸利さんと「畑中」の洋さんは遠い親戚、孝輔さんの義父盛志さんや元生さんの姉恭子さんは同級生になります。

亡くなった甲斐さんに代わる「土呂久和合会プロジェクト」のメンバーに、岩戸の歴史に詳しい工藤さんと、大分県佐伯市で地域づくりの活動をしている岩佐礼子さんに加わってもらいました。佐伯は土呂久と深いつながりをもつ町。土呂久で亜ヒ酸製造を始めた宮城正一氏が、土呂久に来る前に佐伯で亜ヒ酸工場を経営して農作物被害をだして補償していた史実は忘れられません。こうした佐伯と土呂久の関係史を調べている岩佐さんは22年8月、宮崎県主催の土呂久講演会で演壇に立って、こう提案しました。

「土呂久の環境と歴史を学ぶ『フットパス』で地域活性化の糸口を探ってみてはどうでしょうか」

フットパスとは、ありのままの風景を楽しみながら散策する小径のこと。ヒ素公害を学ぶ環境教育コース、修験道と神仏信仰のコース、自然を満喫するコースなどをつくり、公害にかたよらない土呂久の集落全体を知ってもらおう、というのです。

「土呂久と佐伯は亜ヒ酸煙害という負の縁をもっていたが、これからは未来を見つめる新しい交流を復活させましょう」と、岩佐さんは講演をしめくくりました。

土呂久和合会メンバーが土呂久公民館を訪ねたのは23年4月11日でした。楠本さんが調査・研究してきた成果を「和合会について」と題して講演したのです。回覧板の呼びかけに応じて土呂久の住民12人が参加。ほかに新聞記者2人とテレビディレクター1人も加わって、公民館に並べられた机は満席になりました。

その日、公民館の舞台上手にアクリルケースが設置され、公民館長宅に保管してあった和合会議事録と関連資料がすべて展示・公開されました。

年2回全戸が集まる総会を約75年間つづけた

楠本雅弘さんの「和合会について」の講演内容を要約します。

和合会結成の背景：明治維新後、地租改正によって山林・農地・宅地の所有者は高額の地租を現金で納税する義務を負って、土呂久も貨幣経済に巻きこまれていきます。経済先進地に、余裕のある人が出資して必要な人がお金を借りる信用組合ができたころ、佐藤善縁さんが彦根に修行に行きました。彦根は「近江商人」の本拠地。お寺には門徒宗が集まって助けあう講がありました。それらを勉強して帰ってきて、善縁さんは「和合会」の仕組みを提案したのだと思います。

伝統的な共同と近代的な金融：ヨーロッパの合理的な金融機関と江戸時代からの頼母子講を

組みあわせた「信用組合」に、善縁さんは土呂久で「和合会」という名前を付けて規約をつくりました。そして岩戸村長の認証、いわば公的なお墨付きをもらいました。規約には、役員は全財産を和合会に預けると書いてあります。全財産を預けて、署名捺印して役員になったのです。全国に信用組合ができたけれど、集落が自前で信用組合をつくったのは土呂久だけでしょう。

助けあって共同体を運営：土呂久には金融機関の和合会とは別に集落の自治会がありました。明治44年ごろ二つの会は合併し、「和合」を自治会全体の名前にして、もとの和合会は自治会の信用部・金融部という位置付け。金儲けに失敗した人がでると、みんなでカバーして、助けあいながら村の共同体を運営した。普通の金融機関ではないですよ。

年2回の総会を75年つづけた：昭和7年に公会堂ができて例会を開くようになるまで、何人かの大きな家を順番に回して30人、40人集まって総会を開いていました。今と違って車も電動車もない時代に、こんな峠道で、年に2回全戸集まって総会を開いてきた。欠席したら罰金を取られるのに、よく文句もださずにやってきた。なぜ全戸出席にこだわったかというと、決めたことを全員が守るには、全員の出席が前提ですからね。

議事録は簡単な書式：議事録には、何月何日、会場はどこ、出席者の名前、議題に結論だけが書いてあります。形が簡単だから、誰が書記役になっても書ける。これで1890年の和合会創設から1965年に公民館に合併するまでの約75年間、全部の総会の議事録を残してきました。明治20年代に、この仕組みをつくりあげたのは、本当に素晴らしい。

陳情でなく自ら交渉して獲得：土呂久に鉱山ができたことで、一時的に２００何十人もが暮らして、経済的なメリットがあったかもしれない。でも１００年たって振り返ってみると、亜ヒ酸の害にかく乱されて、村の歴史としてはマイナスが残ってしまいました。教訓は、みんなが当事者として経営者側と交渉して補償を取ったことです。陳情して助けてもらうんじゃなく、当事者として主張することに目覚めたことですね。

制裁の建前は厳しく発動はゆるやかに：和合会の議事録を見て感心するのは、全員が参加して落伍者をださない、誰かが独り勝ちをすることもなければ損をすることもなかったことです。しかし共同体は下手すると、マイナスもあります。実際に処分された事例では、何年かたって制裁を解くことを総会で議決し、村での付き合いを元に戻しています。リカバリーする道を開いています。これが共同体の知恵ですね。建前は厳しくして実際の発動はゆるくしておく。日本中の村が、こういうふうにやってきたんだなと思いました。

選挙で選んだ重大責任の役員：今だったら役員を順繰りに回していくでしょうが、和合会の役員は明治23年から選挙で選んできました。当選すれば、何年間でもつづけてやれる。無給、手当なし。しかも、家屋敷や田んぼなど全財産を和合会に登録して、いざとなったら、それを売って和合会に弁償という信用でやってきたんです。

和合会の自治力：明治時代は、貧しい家は囲炉裏の火、裕福な家はランプで照明をとっていました。それが、地元に発電所ができて電線が引かれるようになりました。当時は民営の発電所ですから、お金をださないと電線を引いてくれない。どうやったかというと、和合会がお金をだして、山奥の全部の家に電線を引いたんですね。役場に陳情して税金でつくってもらうんじゃなくて、和合会がお金をだして全戸に電灯がともるようにした。これが自治ですよ、自治。

ギリギリの段階の今やらねば：土呂久が過疎になってきました。明治の初めに和合会ができたときの会員の名簿には、30何人が載っています。それが全戸の数だと思います。現在は32軒か33軒、土呂久全体で60何人、しかも高校生以下は3人だけ。このまま成り行きにまかせていたら、1軒減り、2軒減り、後継ぎが戻ってこないので集落が傾いていきます。和合会は全戸出席で年2回総会をやったけど、今の公民館の総会は年1回で、参加しない人たちがでてきている。共同がギリギリになっていると思いますね。

和合会の議事録をどう生かすか：和合会は素晴らしい仕組みでした。土呂久の先輩たちがすごいことをやった。全国的に見ても、こんな例はまずないとみています。みなさんが、祖父や曾祖父がすごいことをやったという感想をもったなら、和合会議事録の実物がありますので、これを見てください。全部、実名が入っております。リアリティーがあります。

「自主・協働・助け合い」か、「個立・自助・ネットワーク」か

楠本雅弘さんの講演に私は深い感銘を受けました。和合会創設の背景、投票で選ばれた役員

の献身、約75年間つづいた団結力、議事録の簡潔さと継続性などを指摘し、「自主・協働・助け合い」の和合会の精神を的確に説明してくれました。それは、本書『和合の郷』が伝えたかったことでもあります。

和合会について語ったあと、楠本さんは各地で展開されている「集落営農」の紹介に移りました。集落営農とは、集落を単位として共同で農業生産に取り組むこと。集落営農によって限界集落からよみがえった例の一つが、大分県宇佐市安心院（あじむ）町の松本集落です。

「イモリ谷」と呼ばれる56戸の集落は、ホタルの住める環境、ワラ草履で歩く散歩道、クリ林の図書空間などのアイデアをだしあって、地域の共同、行政との連携、外部との協力によってグリーンツーリズムを実現しました。集落のもつ資源と高齢者の技術を活かした「イモリ谷れんげ祭り」というイベントは、石臼挽き豆乳、豆腐づくり体験、炭焼き体験、レンゲ畑散策などで、都市から来た参加者の心をひきつけました。並行して「松本営農組合」を設立、水田転作作物として大豆を選択し、納豆や清酒の製造もおこなって、大分市に生産物を販売するアンテナショップを出店。「都会にでていった人がいつでも安心して帰れる集落」をめざしています。

こうした例を報告して、楠本さんは「集落営農で地

土呂久の世帯数・人口の推移

	世帯数（*は戸数）	人口	出典
1609（慶長14）	20*	—	岩戸竿帳
1732（享保17）	26*	—	御検地帳
1871（明治4）	28*	194	五人組帳面惣寄控
1925（大正14）	44*	—	池田牧然報告記
1935（昭和10）	142	754	国勢調査
1947（昭和22）	72	465	高千穂町役場
1960（昭和35）	—	595	高千穂町役場
1971（昭和46）	55	269	高千穂町役場
2007（平成19）	40	127	高千穂町役場
2023（令和5）	33	63	高千穂町役場

1925年、1935年、1947年、1960年は土呂久鉱山操業中

域の再生を」と呼びかけたのですが、土呂久の出席者の反応はかんばしくありません。集落の再生はとても無理というあきらめの空気が支配していました。

前の年、土呂久の消防団員が佐藤孝輔さん1人になりました。消火活動に必要な4人を確保できなくなり、公民館横の消防小屋に置いていた消防車を高千穂町に返納しました。火事になれば、隣の集落の消防団に駆けつけてもらいます。土呂久は、自分たちの力だけでは集落の防災ができなくなったのです。

古文書をひもといて土呂久の世帯数（戸数）と人口の推移を表にしてみました。江戸中期の1732年に26戸、明治初期の1871年に28戸。この戸数は、令和5（2023）年の世帯数33とだいたい一致します。現在の世帯数（戸数）は150年前に戻ったのですが、人口は194人から63人へ激減し、残っているのはほとんどが高齢者。つまり、勢いがあって上り坂だった150年前の土呂久に対し、現在はどんどん衰退する一方なのです。

明治・大正・昭和・平成の約150年は、企業が自由競争で利潤を追求する資本主義の全盛期でした。消費社会は人間の欲望を解き放ち、商品市場は世界の隅々に拡張し、環境より経済を優先して進んだ結果、自然生態系の破壊や気候変動を招き、人類の生存が脅かされるまでに悪化しました。

日本の農山村に目をやれば、急激に若者が都市へ流出したのは1955年に始まった高度経済成長の時期でした。21世紀に入ると、人口の大都市集中と山村の少子高齢化が顕著になって、集落を維持できるかどうかが問われる深刻な状況になりました。和合会の自治の力で共同体を守ってきた土呂久も、その荒波にのまれて沈没しかけています。

２０２３年後半の土呂久を観察すると、都市を嫌ってポツンと一軒家を好む農家、特別な技術で時代を生きぬく農家、農業をやめて町の職場に通勤する農家など、何軒かは今後も谷間に分散して居住をつづけると思えます。車を運転すれば土呂久から岩戸の町まで10分、高千穂町の中心まで30分、インターネットを使えば世界中と通信できる世の中になっているからです。田舎暮らしを求める転居者が住みついて、ネットを活用して土呂久と都市の交流を促進し、環境学習の地・土呂久の魅力を発信することもありえるでしょう。「自主・協働・助け合い」の共同体に代わる「個立・自助・ネットワーク」の少数者の村の未来図です。

土呂久の環境史に加わる新たな歴史

楠本講演会から5か月余りたった２０２３年9月13日、私は宮崎国際大学生4人と坂倉真衣先生の土呂久行きに同行しました。小雨の土呂久に着くと、真っ先に前年11月に整備した鉱山跡の「憩いの広場」へ。夏の間に伸びていた草が、住民によって草刈り機で払われて茶色くなって横たわり、雨に打たれています。1年前に植えたおさな木を野生動物から守るためのネットで囲まれた場所は、雑草が茂るままになっていました。学生たちが手にもった鎌で雑草を払い、2本のサクラと4本のカエデが1メートルほどに育っていることを確認しました。

約1キロ下った公民館で昼食の弁当を開きました。松形祐堯宮崎県知事が土呂久初訪問時に約束し、高千穂町と宮崎県が協力して1982年に建設した集会施設です。それから40年たち、床がきしんで抜けそうになっています。環境教育の生徒・学生が来るようになって、トイレを男女別に区切り、便器を洋式に替えることが必要になっています。公民館長の佐藤元生さんが高千穂町と宮崎県に、床下をコンクリートで張って床板を新しく替える資金は土呂久が負担するので、トイレの改修は行政に補助してもらえないかと要望し、前日、その実現が可能になると伝えられたばかり。土呂久が〈環境教育の適地〉として定着してきたことの証左です。

昼食のあと、「第2回土呂久に集まれ！プロジェクト」の打ち合わせが始まりました。土呂久側は元生さんと和明さんと孝輔さんの3人、学生側は3年生2人と2年生2人。3年生の三浦智祥(ちさき)さんが、持参したパソコン画面にパワーポイントのスライドを開いて説明します。

「今年度も宮崎国際大学のチャレンジプロジェクトに採用されました。『土呂久に集まれ！プロジェクト』に参加希望の学生は27人(昨年は10人)です。宮崎大学土呂久歴史民俗資料室で公害の歴史を学び、週に2回集まって土呂久に関するDVDやYouTubeを見てきました。過去の歴史を踏まえた現在の土呂久の魅力。ヒ素公害を克服したこと、日本一おいしい牛を生産したこと、地域の方々の優しさ、深刻な過疎の現状などを発信する場所をつくりたいと考えています。たとえば、ウェブサイト上の資料館、YouTubeでの活動紹介、インタビュー動画の作成……」

その説明のあと、「第2回土呂久に集まれ！プロジェクト」の実施日は12月8日からの3日間、さらに次年度は5月、7月、9月の3回草を刈り、12月に「第3回土呂久に集まれ！プロジェクト」をおこないたいと提案しました。学生の案をたたき台にして公民館側が意見を述べて決めていく。これまで見ることのなかった地域住民と学生が対等に協議する姿でした。

鉱山跡をサクラの名所に変えた盛実弘行さんの家は、公民館から歩いて3分のところにあります。学生たちが庭に回って声をかけると、盛実さんが板の間にでてきました。年配者のライフストーリーを作成する授業を受けている3年生の中村朱里さんは、盛実さんのライフストーリーの制作を考えています。聞きたいことがいっぱいあります。

盛実さんはいつから土呂久に住むようになり、鉱山でどんな労働をしたのか、公害病に認定されてあっせん補償を受けたときの気持ち、公害訴訟を起こした原告をどう思っていたか、鉱山跡地にサクラを植樹するようになった動機など。

「録音テープとデジタルカメラを回してインタビューをさせてください」という中村さんの願いを、盛実さんは照れたような笑顔で承諾しました。年齢が70も開いた元鉱夫と学生の共同作業で、鉱山集落で暮らした人生が文字と音声と映像で記録されるのです。

盛実さんの小型電動車がとまっている車庫の前のスロープを降りると、水量を増やした土呂久川が小さな波をたてながら流れていました。猛暑の夏に別れを告げる涼風が雨上がりの谷を吹いて下ります。祖母・傾山系の

植樹地を小型電動車で行く盛実弘行さん。後ろは宮崎国際大学生（2022年9月）

谷間に人が住みつくはるか昔から吹いている風です。

学生たちに「土呂久に住んでみないか?」と問いかけてみました。「やってもいい」と答えた学生が複数いました。「土呂久の役に立つことなら進んでしたい」「活性化についてさまざまな人と意見交換して、土呂久の魅力を発信したい」と意欲的です。宮崎県が始めた環境教育を機縁に、過疎の土呂久を元気づけるために何かやりたいと語る学生がでてきたのです。

宮崎国際大学生の訪問から2か月近くたった11月8日、五ヶ瀬中等教育学校の生徒36人と教師4人が土呂久にやってきました。土呂久学習のパイオニアとして22年間フィールドワークをつづけている学校です。公民館に着くと、公民館長の元生さんが折り畳みの机を並べて待っていました。過疎の現状とかつて集落をまとめた和合会について語ったあと、元生さんは話をこう結びました。

「都会にでている子どもはいずれ定年を迎えます。土呂久に帰ってこようと思ったときに、猪と鹿のすみかになって荒れているのでなく、帰ってこられる状態にしておかねばと、私は牛養いとナバ(シイタケ)の栽培をやっております。土呂久を離れた人が戻ってきて、先祖が残した『和合一致』の気持ちを引き継いでくれることを願いつつ、元気なうちはもう少しがんばります」

定年後にUターンするかもしれない子ども世代に、多少なりとも収入になる仕事を残し、和合の郷の精神の継承を託そうとしているのです。

公民館の外は山の木々がうっそうと迫ってきています。土呂久谷の底から、四方を囲む山々の奥の、奥の、そのまた奥にそびえる古祖母山の頂に向かって、私は心の叫びをあげました。

「古祖母の山の神よ、あなたは私に、土呂久の記録を書き残せと命じて、この谷間の集落に投げこんだ。いま私は、その記録を終えようとしている。だが土呂久はまだまだくたばりはしない。若者の手によって、この分厚い環境史のノートがめくられて、まっさらなページに想像のつかない新たな歴史が書きこまれることだろう！」

あとがき

2018年の暮れ、朝日新聞宮崎総局の仙崎信一さんから「宮崎版に何か連載しませんか」と声をかけられたのが、本書のできるきっかけでした。「土呂久の集大成を書かせてもらいます」と答えて、週1回の「土呂久つづき話　和合の郷」の連載が始まりました。第1話が載った19年2月3日、宮崎版紙面の4割くらいを占める大きさにびっくり。生半可な姿勢では取り組めないと気持ちを引き締めたことを覚えています。

土呂久公害に関する書物は何冊もでているので、連載では、これまでに書かれていない事実、埋もれていた重要な事実を記録して残すことを心掛けました。回数が進むにつれて、祖母・傾山系の一集落の歴史が、こんなにも豊富な内容をもっていたのかと驚きながら執筆をつづけました。連載が4年を超えた23年3月29日の第181話で打ち切ったのは、体力的・脳力的に限界を感じて、休みを取りたかったからでした。本書の第8章「国際協力」と第9章「環境学習」の大部分は、連載終了後、少し時間をおいてから加筆したものです。また新聞連載の字数の制約から、随所に説明不足があることに気づき、できるだけわかりやすく書き足すことに努めました。

書棚に土呂久を記録する会編『記録・土呂久』（本多企画、1994年、毎日出版文化賞特別賞受賞）を並べている方は、本書『和合の郷』とその大きさ、厚さがほぼ同じことに気づかれることでしょう。私は『記録・土呂久』を編集した中心メンバーだっただけに、本書がその姉妹版となることを常に意識していました。二つの本の違いは、『記録・土呂久』が土呂久の公害被害者とその支援者の運動史をテーマにしたのに対し、『和合の郷』は土呂久が生まれてから最盛期を経て衰退の時期にいたる集落史をテーマにしたことです。

「土呂久学校の生徒」と自称するほど、私は土呂久から多くのことを学んできました。1971年に初めて土呂久を訪ねてから50年余、この間に上梓した土呂久関連の書籍は6冊。本書は、そうした私の著作の集大成、私の人生の総まとめです。「記録が大がかりになれば世界の記録になる」(武田泰淳)という目標は、いまだに手が届かないにせよ、これだけ豊富な内容をもつ祖母・傾山系の小集落の記録を書き残した背後に、古祖母の山の神の力を感じています。

本書ができるにあたって、亡くなった被害者を含む土呂久の人たちに言葉で言い尽くせないほどお世話になりました。私に生きる道を指し示してくれたのは土呂久の人たちであり、文学の師・故上野英信さんであり、ジャーナリズムの師・故田中哲也さんでした。この方たちの導きなしに『和合の郷』執筆にいどむことはできなかったでしょう。

朝日新聞宮崎版の連載に際しては仙崎さん、佐藤修史さん、森田博志さんに原稿を見てもらいました。ひんぱんに読後の感想を送ってくれた齋藤正健さん、山口加津子さん、小野和道さん、小野節子さん、福崎享子さん、高妻三郎さん、岩本年詮さん、工藤瞳さん、梶井裕子さん、杉本サクヨさんらにどれだけ励まされたことか。連載を執筆した仕事場は宮崎大学の土呂久歴史民俗資料室でした。土呂久資料にぐるりと囲まれた最高の環境のもとで『和合の郷』を書き進めることができました。私がバングラデシュに滞在してヒ素汚染対策に協力した15年余り、この資料を保管してくれたのは野の花館の則松節男さんと則松和恵さんでした。宮崎大学に土呂久歴史民俗資料室を開設することに尽力いただいた國武久登さんと中川佳奈子さん、土呂久公害訴訟の資料を閲覧させてくれた成見正毅弁護士、患者支援運動の資料を見つけては送ってくれた青木亘さんと中野英幸さん、資料整理に協力してくれた下津義博さん、井上直敬さん、リー・ウォンソクさん、永野欣子さん、宮崎大学生、日常的に支えてくれたアジア砒素ネットワークの西村佳代さん。そして、この本の校正を手伝ってくれた藤原桜さん、装画を引き受けてくれた山福朱実さん、編集・出版に力を貸してくれた「編集室 水平線」の西浩孝さん。ここに名前のあがっていない大勢の人びとの協力によって本書は完成しました。

この大部の記録をなんとか出版できないものかと考えていたころ、宮崎県公害認定審査会長の出盛允啓医師から「出版の助成をしたい」という申し出を受けました。本書を自費出版（非売品）として上梓できたのは、長年にわたって土呂久住民健診にたずさわってこられた「土呂久慢性砒素中毒研究班」の先生たちの資金援助のおかげです。巻末に年度ごとの「土呂久検診参加医師等」の名簿をかかげて、研究班の先生方への感謝の表明といたします。

2024年1月

川原一之

世織書房版あとがき

古祖母山麓の岩戸から土呂久へ初めて車で登ったとき、道路は舗装されておらず、道の両側はうっそうとした木々におおわれて、いったいこの先に集落があるのだろうか、と不安を覚えたものでした。現在、その道は舗装され、木々は伐採されて見通しがきくようになりました。集落に着くと、坑内水が流れ出る大切坑を除けば、かつて亜ヒ酸煙害を起こした鉱山をしのばせるものは目にできません。江戸時代には銀山で栄え、昭和初期にはスズ鉱山でにぎわった歴史があったのですが、現在の土呂久は、少子高齢化が極度に進んで集落存亡の危機に直面しています。本書「和合の郷」の終局から見えてくるのは、都市ばかりが繁栄して急速に地方が衰退していく現代社会の深刻な病理です。

２０２４年３月に自費出版し、希望者への配布を終えた「和合の郷」を世織書房が出版してくださることになりました。広く世に残すことに尽力してくれた友人の菅井益郎君、国立歴史民俗博物館の佐川享平さん、そして世織書房の伊藤晶宣さんに心より感謝します。自費出版本の巻末に掲載した「土呂久検診参加医師等名簿」は本書では省略しました。

２０２４年10月

川原一之

著　者

川原一之（かわはら かずゆき）

1947年福岡県生まれ、北九州市で育つ。早稲田大学政経学部新聞学科卒、朝日新聞記者のとき高千穂町旧土呂久鉱山周辺で起きたヒ素公害を取材、75年に新聞社を辞めてヒ素中毒患者を支援する一方、記録作家として土呂久の歴史を著述した。土呂久訴訟が最高裁で和解した後、94年にアジア砒素ネットワークを結成、アジアのヒ素汚染地の調査・対策に踏みだし、2000年にJICAからバングラデシュに派遣され、その後15年までヒ素汚染対策プロジェクトの総括。20年に宮崎大学が土呂久歴史民俗資料室を開設後、客員教授・非常勤講師として資料の収集・整理にあたる。著書に『口伝 亜砒焼き谷』『アジアに共に歩む人がいる』(以上、岩波書店)、『浄土むら土呂久』(筑摩書房)、『土呂久羅漢』(影書房)、『辺境の石文』(径書房)、『いのちの水をバングラデシュに』(佐伯印刷出版事業部)、『闇こそ砦 上野英信の軌跡』(大月書店)、『アートは君のハンディのなかに』(たんぽぽの家) など。

和合の郷　祖母・傾山系土呂久の環境史（わごうのさと　そぼ・かたむきさんけいとろくのかんきょうし）

2024年12月8日　第1刷発行 ©

著　者	川原一之
編　集	西　浩孝（編集室　水平線）
協　力	宮崎大学土呂久歴史民俗資料室
	土呂久慢性砒素中毒研究班
	NPO法人　アジア砒素ネットワーク
装画・挿画	山福朱実
造　本	design POOL（北里俊明・田中智子）
発行者	伊藤晶宣
発行所	(株) 世織書房
印刷所	新灯印刷（株）
製本所	協栄製本（株）

〒220-0042　神奈川県横浜市西区戸部町7丁目240番地　文教堂ビル
電話 045-317-3176　振替 00250-2-18694

落丁本・乱丁本はお取替えいたします　Printed in Japan
ISBN978-4-86686-039-8